AF349228

Biblioteca de Obras Maestras del Pensamiento

Diálogos acerca de dos nuevas ciencias

Galileo
GALILEI

Biblioteca de Obras
Maestras del Pensamiento

Diálogos acerca de dos nuevas ciencias

Edición anotada por el doctor
Teófilo Isnardi

Traducción:
José San Román Villasante

Galilei, Galileo
  Diálogos acerca de dos nuevas ciencias / Galileo Galilei. - 1ª ed
  1ª reimp. - Ciudad Autónoma de Buenos Aires: Losada, 2021.-
  400 p.; 22 x 14 cm. - (Biblioteca de obras maestras del pensamiento; 37)

  Traducción de: José San Román Villasante.
  ISBN 978-950-03-9213-6

  1. Ensayo. I. San Román Villasante, José , trad. II. Título.
   CDD 530

Título del italiano original:
Discorsi intornoa due nuove scienze

1ª edición en Biblioteca de Obras Maestras del Pensamiento:
noviembre de 2003

© Editorial Losada, S. A.
Moreno 3362
Buenos Aires, 1945

Composición: *Taller del Sur*

ISBN: 978-950-03-9213-6
Queda hecho el depósito que marca la ley 11723
Libro de edición argentina
Tirada: 1000 ejemplares
Impreso en la Argentina – *Printed in Argentina*

Prólogo del Dr. Teófilo Isnardi

Galileo Galilei (Pisa, 1564; Arcetri, 1642) no fue solamente uno de los más grandes físicos de todas las épocas por sus descubrimientos en esta ciencia, sino más bien el fundador de la física y el creador de su método.

Suele atribuirse, especialmente en Inglaterra, este último mérito a su contemporáneo Francisco Bacon, barón de Verulam (1561-1626), quien en 1620 publicó su célebre libro *Novum Organum*, en que combate los principios de la filosofía aristotélica como fundamento de las investigaciones naturales. Pero el método propuesto por Bacon, que podría denominarse empirismo, difiere fundamentalmente del de Galileo, que es el método de la física. Basta para demostrarlo, el menosprecio de aquél por la matemática, a la que asignaba sólo una importancia secundaria para el estudio de la naturaleza, frente al constante y eficaz empleo que de ellas hacía Galileo. Por otra parte "mejor que hablar sobre el método, hubiera sido operar con él, como Galileo lo hacía desde muchos años antes de la aparición del libro de Bacon. Y ¿cómo siguió el mismo Bacon sus propios consejos? Intentó investigar, por ejemplo, cuáles cuerpos se mueven por la gravedad y cuáles por su ligereza, y determinar los límites de ésta, y decidir si el aire es un cuerpo, pesado, o ligero. Disminuyó 19 distintas clases de movimientos, y entre ellas, el movimiento por horror al movimiento. ¡Y sin embargo, combatió contra las explicaciones mediante causas finales!"[1] Finalmente, rechazó desdeñosamente el sistema de Copérnico, que con tanta eficacia ¡y tanto perjuicio, personal! defendió Galileo.

También el celebrado *Discurso del método*, de Descartes (1637), suele considerarse como el fundamento de la ciencia moderna. En otro lugar[2] he comparado el método cartesiano con el de Galileo, y creo haber rebatido con éxito aquella opinión. Descartes intentó el último sistema racionalista y sintético para la investigación de la naturaleza; Galileo fundó el método experimental. Sin contar con que a la publicación del *Discurso* la obra galileana, de muchos años, estaba ya terminada, aun cuando los *Discorsi e dimostrazioni matematiche intorno a due nuove scienze*, terminados de redactar varios años antes y que fueron el último de sus libros que alcanzó a ver impreso el eminente italiano, aparecieron un año después (1638).

"En Galileo se aúnan Bacon y Descartes, superándose así la 'ceguera' del puro empirismo y los 'extravíos' del puro racionalismo";[3] lo cual sólo es completamente verdad si se aclara que la obra científica del primero fue anterior a las publicaciones de los otros dos.

No tuvo, pues, Galileo precursores en cuanto al "método"; pero tampoco los tuvo en cuanto a sus descubrimientos sobre mecánica. Cuando él inició el estudio del movimiento, toda la dinámica conocida y aceptada podía resumirse en algunas frases de la *Física* de Aristóteles: "Si la misma fuerza mueve al mismo cuerpo en tal tiempo, y según tal cantidad (espacio), en la mitad de tiempo lo moverá en la mitad de esa cantidad"; es decir: una fuerza constante actuando sobre un cuerpo le imprime un movimiento uniforme; afirmación errónea, como lo demostró Galileo. "Si una fuerza completa ha movido (a un cuer-

---

[1] P. LA COUR Y J. APPEL: *Die Physik*; traducción alemana, tomo I, pág. 182; 1905.

[2] T. ISNARDI, en *Descartes; homenaje en el tercer centenario, etc.* Facultad de Filosofía y Letras; Buenos Aires, 1937; tomo I, pág. 75 y sig.

[3] LIDIA PERADOTTO, en: *Descartes* (ob. cit.), pág. 193.

po) cierta cantidad (espacio), la mitad de la fuerza no lo moverá tal cantidad (en ningún tiempo)". Es decir: por debajo de un cierto mínimo, que depende del cuerpo, la fuerza no producirá ningún movimiento; concepto también erróneo; y así siguiendo.

Galileo debió liberarse de todas estas ideas erróneas y demostrar que lo eran, tarea muy difícil por cuanto ellas parecen fundarse en un gran número de experiencias, desde luego groseras, a saber: siempre que "resistencias pasivas" influyen sobre el movimiento. Por eso en sus escritos, tan frecuentemente, sostiene polémica en contra de Aristóteles.

Los *Diálogos acerca de dos nuevas ciencias* están escritos en forma de diálogo, y se los designa también así.[4] Intervienen tres interlocutores: SALVIATI, que representa a Galileo; SAGREDO, espíritu culto de su época; y SIMPLICIO, filósofo peripatético, que frecuentemente invoca las opiniones de Aristóteles. Se incluyen en ellos seis *Jornadas*; pero las dos últimas fueron agregadas después de la muerte de Galileo, de acuerdo con notas póstumas; quedaron posiblemente inconclusas y su ordenación es dudosa. No se incluyen en esta edición.

De las jornadas "primera" y "segunda", aquélla puede considerarse como una introducción, pues diversos asuntos que sólo se mencionan en ella serán tratados extensamente en las dos últimas. La jornada segunda se refiere a la resistencia a la ruptura de los sólidos, especialmente cilíndricos. En ella, haciendo caso omiso —como lo dirá después— de "algún profesor de los más estimables que consideraba viles" sus resultados "por depender de fundamentos muy bajos y populares; como si la más admirable y estimada condición de las ciencias demostrativas no fuera salir de principios conocidísimos, entendidos y aceptados por todos", utiliza observaciones sencillas y la ley de equilibrio de la palanca —de la que expone una demostración propia— para deducir interesantes

---

[4] Pero no deben confundirse con los *Diálogos sobre los sistemas tolomeico y copernicano* del mismo Galileo.

proposiciones y resolver problemas ilustrativos sobre dicha resistencia.

Las jornadas "tercera" y "cuarta" tratan especialmente de la dinámica. De ellas dijo Lagrange: "Nunca podrán ser suficientemente admiradas; fue necesario un genio extraordinario para producirlas".

Galileo es, además, considerado como el más grande escritor italiano de su siglo. En la presente traducción se ha procurado conservar, en lo posible, sus giros de lenguaje y su belleza de sabor arcaico.

Tuvo también perfecta conciencia de la importancia de su obra. Por eso le hace decir a uno de sus interlocutores al final de la tercera jornada: "Creo, verdaderamente, que así como las pocas propiedades (diré, por ejemplo) del círculo, demostradas en el tercero de los Elementos de Euclides, conducen a innumerables actos más recónditos, así también las producidas y demostradas en este breve tratado, cuando cayera en las manos de otros ingenios especulativos, serían el camino hacia otras, y otras más maravillosas; y es de creer que así sucedería, por la nobleza del asunto sobre todos los otros naturales". ¡Admirable profecía que la mecánica analítica ha realizado!

Galileo no emplea la notación algebraica, entonces desconocida en Europa; para facilitar su lectura la hemos agregado en las notas correspondientes. Además, sólo utiliza proporciones entre magnitudes, y por eso introduce a menudo en sus raciocinios segmentos auxiliares. Aquella notación permite en tales casos abreviar las demostraciones; y así lo hemos hecho. Tal vez algunos lectores las prefieran en esta forma.

Creemos que la lectura de este libro será altamente instructiva, no sólo para los estudiantes, sino también a los profesores de física. Encontrarán en él modelos de exposición sencilla, en lenguaje llano, de temas científicos; sugerencias y ejemplos didácticamente útiles; problemas y ejercicios adecuados para la enseñanza. Quienes no se dediquen a ésta ampliarán, sin duda, su cultura con el estudio de uno de los tratados clásicos de la ciencia, y de los pocos que pueden ser comprendidos no siendo especialista; aparte de que el conocimiento de las obras geniales y el placer de apreciarlas directamente es la suprema satisfacción del espíritu.

TEÓFILO ISNARDI

Buenos Aires, diciembre de 1944.

Prólogo del traductor

La obra

La obra de Galileo *Diálogos acerca de dos nuevas ciencias*,[1] aparece ahora por primera vez en su correspondiente versión castellana. Otros trabajos del mismo autor gozan tal vez de mayor popularidad, pero es éste el exponente más cabal de la labor científica, de Galileo;[2] así lo reconoció él mismo expresamente en sus cartas,[3] mas para convencernos de ello bastaría con sólo recordar el proceso de su formación dentro de la vida de su autor. Los fundamentos de esta obra deben buscarse en el magisterio de su autor en Padua, pero ella fue continuamente enriquecida a través de los largos años que Galileo dedicó a la ciencia matemática hasta el fin de su vida, pues fue la última en ser publicada durante los días de su autor. Además el ahínco con que Galileo procuró la publicación de sus *Diálogos acer-*

---

[1] Se la cita también con el título de *Diálogos de la nueva ciencia*, *Las dos nuevas ciencias*, *Discusiones y demostraciones matemáticas acerca de dos nuevas ciencias*. El título original (con el que no estaba de acuerdo Galileo) puede verse en la portada reproducida en facsímil de la página 19.

[2] "Por ello que no sólo debe ser considerada [*Diálogos de la nueva ciencia*] obra póstuma, sino también la obra cumbre del genial pensador", CORTÉS PLÁ, *Galileo*, pág. 143.

[3] Carta de Galileo a Elia Diodati del 25 de julio de 1634; y Carta de Galileo a Mattia Bernegger del 15 de julio de 1636.

ca de dos nuevas ciencias, nos hace ver perfectamente la importancia que él les atribuía. Su primera providencia para que sus escritos no se perdiesen (según afirma en la Dedicatoria) fue enviar ejemplares manuscritos a Alemania, a Flandes, a Inglaterra, a España y también a algunas ciudades de Italia. Mas no por ello cejó Galileo en su empeño de buscar editores para su obra. Giovanni Pieroni, entonces en Alemania al servicio del Emperador, le sugirió (4 de enero de 1635) que podría publicarla fácilmente en Alemania. Fra Fulgenzio Micanzio puso todo su empeño en conseguir los permisos necesarios para su publicación en Venecia, pero obtuvo de Roma la respuesta de que había *divieto generale de editis omnibus et edendis*. También intentó Galileo interesar en la publicación a Pierre Carcaville en Tolosa y a algunos otros amigos suyos en Lyon. Las dificultades parecían insuperables, pero en mayo de 1636 pudo celebrar en Arcetri una entrevista con L. Elzevir, quien ya antes había publicado algunos trabajos de Galileo, y se avino a publicarle también éste. En septiembre partía de Venecia llevando consigo un manuscrito de *Las dos nuevas ciencias*. En julio de 1638 estaba ya impresa; en abril de 1639 había ejemplares en Venecia, pero sólo en diciembre del mismo año, llegaron algunos a manos de Galileo.

La traducción

Nuestra traducción de *Las dos nuevas ciencias* (la primera que aparece en castellano), fue hecha sobre la edición nacional italiana de 1898, dirigida por Antonio Favaro. Esta edición crítica reproduce fielmente la *editio princeps* de Leyden; además introduce a pie de página (indicando en cada caso su procedencia) las adiciones y aclaraciones que Galileo dejó escritas de su propia mano sobre algunos manuscritos o ejemplares de la misma obra. De modo que sin desvirtuar en nada la *editio princeps*, ofrece una edición corregida y aumentada por su mismo autor. Estas adiciones proceden de los códices siguientes:

1º El que Antonio Favaro llama *códice A*; se refiere a un

manuscrito del siglo XVII, que se conserva en la Biblioteca Nacional de Florencia.

2º El llamado *códice G*; es otro apógrafo también conservado en la Biblioteca Nacional de Florencia. Coincide con el apógrafo original de la edición de Leyden, pero en él introdujo el mismo Galileo muchas adiciones, no sólo marginales e interlineales, sino también en interfolios.

3º También se conservan algunas adiciones sobre un ejemplar de Leyden que Galileo regaló al P. Clemente Settimi o P. Clemente de las Escuelas Pías.

Para hacerse cargo de las muchas y serias dificultades que hemos tenido que vencer en la presente traducción, es necesario tener en cuenta lo siguiente. La obra se compone de dos partes, una no dialogada, escrita en latín, y otra dialogada escrita en italiano. Ahora bien, Galileo era un perfecto humanista al mismo tiempo que gran conocedor de todos los resortes del italiano de su tiempo, hasta tal punto que muchas de sus páginas pueden servir de modelo del italiano literario del siglo XVII. Además, escribe de ciencias físico-matemáticas, las que hasta él habían sido tratadas en términos escolásticos. En otras palabras, no existían en realidad las ciencias físico-matemáticas (de ahí el título de su obra *Discursos y demostraciones acerca de dos nuevas ciencias*), y por consiguiente no existía tampoco el lenguaje de fórmulas o el lenguaje matemático moderno (mucho menos todavía en la parte escrita en latín), por cuyo motivo usa de perífrasis, giros y razonamientos pintorescos, pero difíciles y engorrosos; usa un mismo vocablo empleado en sentido vulgar unas veces y otras en sentido matemático. Todavía más, es conocedor como pocos de la filosofía que predominaba en su tiempo,[4] y del latín; por ello, a veces los vocablos que emplea están tomados en sentido filosófico-escolástico, otras veces en sentido etimológico. Viene a agravar todas estas difi-

---

[4] Galileo era partidario de la filosofía platónica o de la Academia en contra del aristotelismo escolástico. Tenía sus motivos. Tal vez aquí se ha de buscar el origen del nombre de Académico con que gustaba designarse, y no en las academias de Cimento o de los Lincei.

cultades la tendencia a escribir en párrafos excesivamente extensos (hasta tres páginas en cuarto mayor sin un solo punto y aparte), y el estar la obra escrita en diálogo (tal como lo habían hecho Platón, Cicerón, Fray Luis de León, etcétera) donde cada uno de los interlocutores representa una tendencia que le es propia, ya filosófica, ya científica, ya vulgar, y habla en los términos propios de su tendencia.

Consideramos incumbencia de todo traductor dar la idea cabal y exacta del autor que traduce sin desvirtuarla con deficiencias ni añadiduras; pero al lado de este deber existe otro no menos importante (descuidado sin embargo con mucha frecuencia) que es el de dar el color local, el sabor de la época de la obra, respetando en todo lo posible el original. Hemos procurado conseguirlo, y por consiguiente desde estos dos puntos de vista debe juzgarse nuestra traducción. A esto precisamente se debe el que hayamos dejado intactas algunas frases hechas, tales como "ex aequali", "ex aequali in proportione perturbata" "convertendo", "permutando", "sesquiquarta", "sesquialtera", etc.; así como el que no hayamos usado nunca signos matemáticos, como el signo +, el X, etc. Siempre que en la traducción se halla la equivalencia de esas frases o la introducción de esos signos, se debe al Dr. Teófilo Isnardi, quien tradujo en fórmulas modernas (intercaladas entre [ ] en el texto) el lenguaje complicado de Galileo, y tuvo a su cargo la revisión de la parte físico-matemática de la traducción. A esta misma idea de ser fieles al autor aun en lo accidental se debe el que hayamos conservado el vocablo italiano entre paréntesis y en cursiva al lado del castellano que lo traduce, siempre que el aquilatamiento de la idea lo requiere, así como algunos modos en apariencia chocantes, tales como "en razón doble", "en razón triple", etcétera, para indicar el cuadrado, el cubo, etc.; o, también usar promiscuamente cifras y vocablos en una misma operación, por ejemplo: 5 más siete.

Por fin, se reproducen las figuras de la *editio princeps*, aunque algunas no sean del todo exactas en sus medidas, porque como dice A. Favaro, "Le numerose figure che illustrano i *Dialoghi*, le abbiamo riprodotte in facsimile da quelle dell'edizione originale, perchè alcune di esse non sono puramente geometriche, ma hanno altresì qualche cosa di artistico, che ci piacque conservare; tanto più che si può anche congetturare che siano state disegnate dallo stesso Galileo, il quale, como è noto, era valentissimo, in quell' arte".

El diálogo

Ya dijimos que la obra se compone de dos partes que se entremezclan, pero que se distinguen porque una está escrita en latín y no es dialogada, la otra está en italiano, y se desarrolla en forma de diálogo entre tres personajes: Salviati, Sagredo, y Simplicio. Tiene lugar en Venecia, según se desprende del comienzo de la Primera Jornada.

A propósito de estos tres interlocutores podrían citarse las palabras de Umberto Forti: "*Filippo d'Averardo Salviati*, de quien podríamos decir que representa en el diálogo al mismo Galileo, fue probablemente discípulo de Galileo en Padua. Era hijo de una noble familia florentina y una profunda amistad lo ligaba al Maestro, a quien solía recibir a diario en su Villa delle Selve, que se hizo después famosa por las observaciones astronómicas que Galileo llevó a cabo en ella...

"*Giovanfrancesco di Nicolò Sagredo* representa en el diálogo a la persona culta, a la mente clara y aguda, pero no especializada en el estudio de la matemática, y más todavía desconocedora de las ideas y descubrimientos últimos. Por ello lo vemos muchas veces refutando a Simplicio, pero no desde un punto de vista nuevo, sino simplemente haciéndole notar sus contradicciones. Es, en suma, el buen sentido (y quizás algo más que el buen sentido) puesto como juez entre el aristotelismo de Simplicio y el galileísmo de Salviati.

"Sagredo, de noble familia veneciana, fue primero alumno de Galileo en Padua, y después cónsul de la Serenísima...

"*Simplicio* no representa probablemente una persona real. Es verdad que en el Diálogo repite los argumentos con que el Pontífice solía oponerse a quienes defendían el movimiento de la Tierra, pero sólo la calumnia puede atribuir al gran Físico el propósito de representar en Simplicio a Urbano VIII.

Simplicio, homónimo del gran comentarista de Aristóteles, encarna simplemente al empirista y al partidario de la filosofía peripatético escolástica."

Ofrecemos, pues, la primera traducción castellana de *Diálogos acerca de dos nuevas ciencias* de Galileo Galilei. Para su autor era la principal de todas sus obras y contenía los resultados más importantes de todos sus estudios.

JOSÉ SAN ROMÁN VILLASANTE

Buenos Aires, diciembre de 1944.

DISCORSI
E
DIMOSTRAZIONI
MATEMATICHE,

intorno à due nuoue scienze

Attenenti alla

MECANICA & i MOVIMENTI LOCALI;

del Signor

GALILEO GALILEI LINCEO,

Filosofo e Matematico primario del Serenissimo
Grand Duca di Toscana.

Con vna Appendice del centro di grauità d'alcuni Solidi.

IN LEIDA,

Appresso gli Elsevirii. M. D. C. XXXVIII.

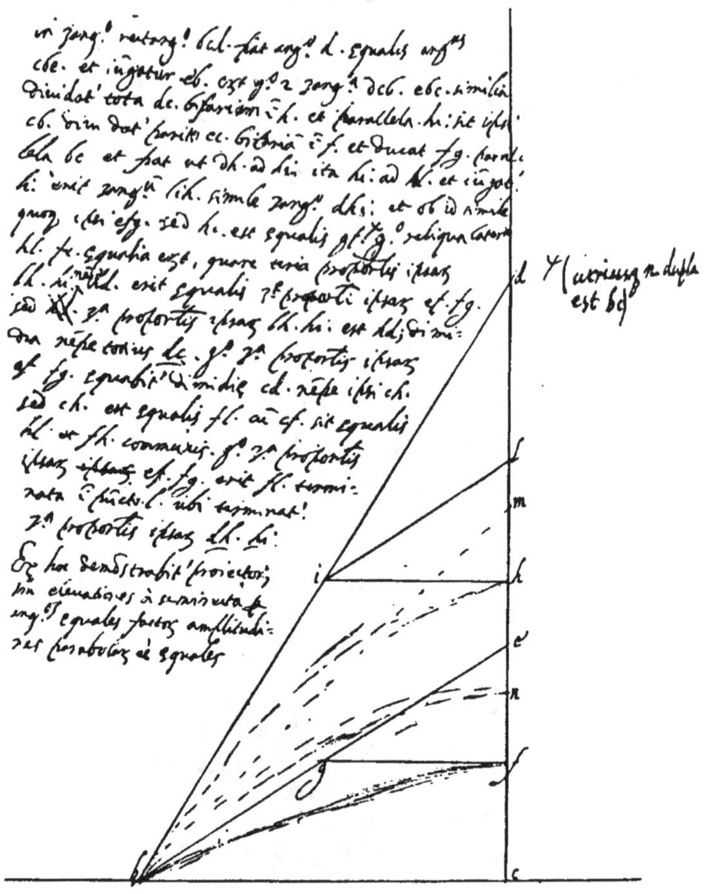

*Página facsímil de Galileo correspondiente al Teorema V,
Proposición VIII de la Jornada Cuarta, pág. 365 de esta obra.*

Dedicatoria del autor

Al ilustrísimo señor
el señor
Conde de Noailles

Consejero de Su Majestad Cristianísima, Caballero de
la Orden del Espíritu Santo, Mariscal de Campo y
Ejército, Senescal y Gobernador de Rouergue, y
Lugarteniente de Su Majestad en Auvergne, mi Señor y
Dueño Venerabilísimo.

Ilustrísimo Señor:

Reconozco ser efecto de la magnanimidad de V. S. Ilustrísima, la benévola acogida que a esta mi obra ha dispensado. Ya sabe que yo, confuso y abatido por el poco afortunado éxito de otras obras mías, estaba resuelto a no publicar jamás ninguno de mis trabajos. Pero convencido de que, para salvarlos de un olvido completo, me era necesario dejar algunas copias manuscritas en algún lugar accesible por lo menos a muchos estudiosos de las materias por mí tratadas, parecióme que ningún lugar mejor ni más ilustre podría ser elegido, para depositarlas, que las manos de V. S. Ilustrísima, con la persuasión de que, por su particular afecto para conmigo, habrá de cuidar con todo esmero de la conservación de mis estudios y trabajos. A esto obedeció mi determinación de ir a presentarle personalmente mis respetos, pues por carta lo había hecho ya varias veces, cuando pasó por aquí durante el regreso de su embajada a Roma; y durante esa entrevista ofrecí a V. S. la copia de estas dos obras que ya entonces tenía terminadas, recibiendo [de V. S.] muestras de su benévola complacencia en ellas, y seguridad de que las conservaría y de que las haría conocer en Francia por todos sus amigos, que estuvieran versados en tales ciencias, para demostrar que, si bien guardo silencio, no por ello paso la vida totalmente en el ocio.

Estaba después haciendo los preparativos para mandar algunas otras copias a Alemania, a Flandes, a Inglaterra, a España y quizás también a algunos lugares de Italia, cuando los Elzevir inesperadamente me comunican, que tienen en prensa mis obras, y que les remita en seguida la dedicatoria y mi resolución al respecto. Esta imprevista e inesperada nueva me hizo pensar que sólo el empeño de V. S. Ilustrísima por encumbrar y difundir mi nombre, al poner mis escritos en conocimiento de varias personas, ha sido la causa de que ellos llegaran a manos de los editores, quienes, habiendo publicado antes otras obras mías, han querido honrarme dando a luz también ésta entre sus ediciones llenas siempre de belleza y ornato. Mis escritos serán avaluados por haber sido sometidos al juicio de un tan gran juez, como es V. S. Ilustrísima, quien, entre el extraordinario conjunto de virtudes que le ganan la admiración general, ha hecho resaltar la incomparable magnanimidad por la cual, así como por el celo del bien público, al que creyó que esta mi obra habría de contribuir, se pudo determinar a ensancharle los términos y los confines del honor. Siendo esto así, muy razonable me parece el que yo, con las más expresivas palabras, demuestre reconocer y agradecer el generoso afecto de V. S. Ilustrísima, que de todo corazón ha acrecido mi fama, haciéndola desplegar libremente las alas bajo el ancho cielo, cuando me parecía demasiado honor el que pudiera permanecer en reducidísimos espacios. Por lo tanto, es necesario, Ilustrísimo Señor, que a vuestro nombre dedique yo y consagre este fruto [de mis trabajos]. Muéveme a hacerlo, no sólo el cúmulo de obligaciones contraídas, sino también el interés, al considerar a V. S. Ilustrísima en la obligación (si me es permitido hablar así) de defender mi reputación contra quien quisiera menoscabarla, mientras me tenga a reparo contra mis adversarios.

Así, avanzando bajo su estandarte y protección, me inclino humildemente, deseándole toda clase de felicidad y grandeza, como premio de estos sus favores.

En Arcetri, a 6 de marzo de 1638.

De V. S. Ilustrísima
Afectísimo Servidor

GALILEO GALILEI

Jornada primera

En torno
a la coherencia de las partes
en los cuerpos sólidos

Interlocutores:
SALVIATI, SAGREDO, SIMPLICIO

SALVIATI. Extenso campo de investigación ofrece a los entendimientos estudiosos la constante actividad de vuestro famoso arsenal, venecianos, y muy particularmente en lo que a la mecánica se refiere; puesto que aquí se halla, entregado constantemente a la construcción de toda clase de artefactos y de máquinas, un gran número de artesanos, entre los cuales forzosamente ha de haber algunos muy peritos y con gran habilidad en la exposición, no sólo a causa de las observaciones realizadas por sus antecesores, sino también en virtud de las que ellos mismos van continuamente haciendo.

SAGREDO. Estás en lo cierto. Y yo, que soy curioso por naturaleza, visito con frecuencia estos lugares, por mero pasatiempo, y para observar la labor de estos a quienes nosotros, por la superioridad que tienen sobre los demás artesanos, llamamos "principales" (*proti*). El trato con estas gentes me ha ayudado más de una vez en mis investigaciones sobre la razón de algunos hechos, no sólo maravillosos, sino también recónditos y aun increíbles. También es verdad que a veces me han dejado perplejo y sumido en la desesperanza de llegar a comprender, cómo se explica aquello, cuyas razones no alcanza mi entendimiento, pero cuya verdad atestiguan mis sentidos. Y aunque eso, que hace un instante nos dijo aquel buen viejo, es un dicho y una frase asaz vulgar, con todo yo la juzgaba completamente falsa, como muchas otras, que andan en boca de los ignorantes, introducidas por ellos, según creo, para hacer ver que saben algo de cosas que no entienden.

SALVIATI. ¿Te refieres, sin duda, al aserto que él profirió, cuando averiguábamos por qué razón empleaban tan gran aparato de sostenes, andamios y otros reparos y refuerzos, alrededor de aquella gran nave que se debía botar; cosa que no sucedía con las naves de menor tamaño; y él respondió que todo eso se hacía, para evitar el peligro de que el buque se partiera (*direnare*) bajo el enorme peso de su vasta mole, peligro que no amenaza a los navíos pequeños?

SAGREDO. A eso me refiero, y principalmente a la última conclusión que él añadió, la que he considerado siempre como falso concepto del vulgo; en una palabra, que en éstas y otras máquinas semejantes, no se puede argumentar de las pequeñas a las grandes, porque muchos proyectos de máquinas tienen éxito en tamaño pequeño y no dan resultado en el grande. Sin embargo, si las razones de la mecánica tienen sus fundamentos en la geometría, en la que veo que el grandor y la pequeñez no hacen cambiar las leyes a que están sujetos los círculos, triángulos, cilindros, conos, y cualquier otra figura sólida; no alcanzo a comprender, por qué una máquina grande, cuando está fabricada en todas sus piezas conforme a las proporciones de otra menor, que es fuerte y resistente para el propósito a que ha sido destinada, no ha de poder también ella ser capaz de resistir los encontronazos adversos, que le sobrevengan.

SALVIATI. La opinión del vulgo es absolutamente falsa; y tan falsa que con la misma verdad puede aducirse su contraria, diciendo que muchas máquinas podrán construirse en gran tamaño, más perfectas que en pequeño; así, por ejemplo, un reloj que señale y dé las horas, con más precisión se hará de grande, que de pequeño tamaño. Mejor fundamento buscan para ese mismo aserto algunos más inteligentes, que ponen en la imperfección de la materia, sujeta siempre a muchas alteraciones e imperfecciones, la causa de la disconformidad entre el resultado de tales máquinas grandes y lo que se deduce de las puras y abstractas leyes geométricas. Pero no sé si podré afirmar, sin incurrir en cierta nota de arrogancia, que ni aun el recurrir a las imperfecciones de la materia, capaces de contaminar las purísimas demostraciones matemáticas, es bastante para disculpar la inobediencia de las máquinas en concreto a las mismas en abstracto e ideales; además, yo diría que aun prescindiendo de todas las imperfecciones en la materia y suponiéndola perfectísima, inalterable y exenta de toda mutación accidental, el solo hecho de ser material, haría que la máquina mayor, fabricada de la misma materia y con las mismas proporciones que la menor, respondiera con plena exactitud a la menor en todo, menos en la solidez y resistencia contra las violentas acometidas; y cuanto más grande sea, tanto más débil será proporcionalmente. Y como supongo que la materia es inalterable, vale decir siempre la misma, no cabe duda que ella, como cualidad (*affezzione*) eterna y necesaria, puede dar origen a demostraciones, no menos que las demás escuetas y puras matemáticas.

Así pues, Sagredo, debes abandonar la opinión que tenías, y que coincide con la de muchos otros estudiosos de la mecánica, de que las máquinas y estructuras (*fabbriche*), compuestas de una misma materia, con estricta observancia de unas mismas proporciones entre sus respectivas partes, deben ser igualmente, o por mejor decir, proporcionalmente eficientes para resistir y para ceder a las acometidas y choques exteriores; porque se puede demostrar geométricamente que las mayores son siempre, en proporción, menos resistentes que las menores; de tal modo que, en último término, no sólo las máquinas y obras artificiales, sino también las cosas de la naturaleza tienen, necesariamente señalado, un límite que ni el arte ni la naturaleza pueden traspasar; digo traspasar, con tal que se observen siempre las mismas proporciones y la identidad de la materia.

SAGREDO. Ya siento trastornado mi cerebro y, cual nube repentinamente desgarrada por el relámpago, aturdirse mi mente de momentánea e insólita luz, que desde lejos me ilumina y de pronto mezcla y oscurece ideas extrañas y confusas. De cuanto has dicho, paréceme que debería deducirse la imposibilidad de hacer de una misma materia dos mecanismos semejantes, pero de diferente tamaño, y resistentes en igual proporción entre sí; y aun cuando esto se lograra, sería imposible encontrar dos solos listones de un mismo leño semejantes entre sí en solidez y resistencia, pero desiguales en tamaño.

SALVIATI. Así es, Sagredo, y para tener mayor seguridad de que ambos coincidimos en el mismo concepto, yo digo que si redujéramos un listón de madera a tal largura y grosor, que hincado, por ejemplo, contra un muro en ángulo recto, es decir paralelo a la horizontal, quedara reducido a la máxima largura con que puede sostenerse, a tal extremo que alargado un pelo más, se quebrase, abatido por su propio peso, éste sería único en el mundo; de modo que siendo, por ejemplo, su largura cien veces mayor que su grosor, ningún otro listón de la misma materia podrá hallarse que, siendo su largura cien veces mayor que su grosor, sea, como aquél, apto para sostenerse precisamente a sí mismo y nada más; todos los mayores se quebrarán y los más pequeños podrán sostener, además de su propio peso, algún otro. Y esto que yo digo de la propiedad de sostenerse a sí mismo, se puede entender también de todo otro experimento; y así, si un tablón (*corrente*)* pudiera soportar el peso de otros diez tablones iguales, una viga semejante a él no podrá, por el contrario, soportar el peso de diez vigas iguales.[1]

Pero se ha de notar, en obsequio tuyo y de Simplicio, que las conclusiones verdaderas, aunque a primera vista parezcan improbables, con sólo que se las explane un poco, deponen el ropaje que las ocultaba y desnudas y simples muestran alegremente sus secretos. ¡Quién no ve que un caballo, al caer de una

* Qué es lo que Galileo quiere significar con la palabra "corrente", puede verse en la Jornada III, *Del movimiento naturalmente acelerado*, Teorema II, Corolario L Salviati. *(N. det T.)*.

altura de tres o cuatro codos (*braccia*)* se romperá los huesos, pero que un perro cayendo de la misma altura, y un gato desde otra de ocho o diez codos, no sufrirán mal ninguno; lo mismo que pasará con un grillo que caiga de una torre o una hormiga que se precipite de los cuernos de la luna! ¿No quedan ilesos los muchachos en una caída que costaría a los ancianos la fractura de las piernas o de la cabeza? Y lo mismo que los animales más pequeños son proporcionalmente más robustos y fuertes que los mayores, así también las plantas se sustentan mejor. Y creo que ya vosotros dos comprendéis que una encina de doscientos codos de altura no podría sostener sus ramas extendidas, a semejanza de una de mediano tamaño, y que la naturaleza no podría hacer un caballo grande por veinte caballos, ni un gigante diez veces más alto que un hombre, a no ser por milagro o alterando mucho las proporciones de los miembros y en particular de los huesos, engrosándolos desproporcionadamente sobre la simetría de los huesos comunes. De igual modo, el creer que, entre los mecanismos artificiales, sean igualmente factibles y conservables los muy grandes y los pequeños, es un error manifiesto. Y así, por ejemplo, pequeños pilares (*guglie*), columnitas y otras figuras sólidas, se podrán manejar, tumbar o erigir sin peligro de fractura, mientras que las muy grandes, por cualquier accidente adverso, se harán pedazos; y esto sólo en razón de su propio peso. Aquí es necesario que yo os cuente un caso digno de saberse, como son todos los

---

* Difícil es conocer la longitud exacta que Galileo asignaba al *braccio*. Esta medida tenía distintos valores en las diversas regiones de Italia, y aun dentro de cada región, según la materia que se medía.

Al implantarse en Italia el Sistema Métrico Decimal, tenía el "braccio", los siguientes valores, en metros: en Bolonia 0,640; en Florencia 0,584; en Génova 0,578; en Milán 0,595; en Módena 0,648; en Parma 0,542; para la agrimensura y 0,644 para las telas; en Reggio 0,530; en Venecia 0,683 para la lana y 0,639 para la seda.

Como se verá, oscilaba su longitud entre los 0,53 m en Reggio, y los 0,68 m en Venecia.

Teniendo en cuenta que en España había el *codo común*, de 0,418 m, el *codo mayor* o morisco, de 0,552 m. y el *codo real*, de 0,574 m: hemos resuelto traducir el vocablo "braccio" por "codo". (*N. del T.*)

acontecimientos inesperados, y principalmente cuando el partido tomado para obviar un inconveniente, se convierte después en causa principal del desastre. Había una gruesa columna de mármol, tendida y apoyada por sus dos extremos, sobre dos trozos de viga. Después de cierto tiempo ocurriósele a un artesano que, para tener mayor seguridad de que no se rompiera por la mitad, cediendo bajo su propio peso, estaría bien ponerle, además, en el medio un tercer soporte similar; pareció oportuno el consejo, pero el resultado demostró ser contraproducente, puesto que no habían pasado muchos meses y la columna estaba hendida y rota, justamente sobre el nuevo apoyo del medio.

SIMPLICIO. Accidente en verdad asombroso y por cierto inesperado (*praeter spem*), supuesto que se produjera por haberle añadido el nuevo sostén del medio.

SALVIATI. De ahí se derivó seguramente y, al conocer la razón del hecho, desaparece la sorpresa; porque, depositados en tierra plana los dos trozos de la columna, se vio que una de las vigas, sobre la cual se apoyaba uno de los extremos, se había podrido y hundido por la continua acción del tiempo, y al permanecer la del medio firme y fuerte, fue causa de que la mitad de la columna quedase en el aire, sin el apoyo de uno de los soportes; por esta causa su excesivo peso hizo que ocurriera, lo que no hubiera sucedido de hallarse apoyada solamente sobre los dos soportes primeros, porque al hundirse uno cualquiera de ellos, la columna le hubiera seguido. No cabe duda que este accidente no hubiera ocurrido en una pequeña columna, aun de la misma piedra y de una largura correspondiente a su espesor, con la misma proporción del grosor y la largura de la columna grande.

SAGREDO. Ya estoy plenamente convencido de la verdad del hecho, pero no alcanzo a comprender la razón de por qué no aumenta la solidez y la resistencia en la misma proporción en que aumenta el material; y mucho más me confunde el que, por el contrario, veo que en otros casos la solidez y la resistencia a la fractura aumenta mucho más de lo que se acrece el engrosamiento de la materia; que si, por ejemplo, en un muro se fijan dos clavos, uno dos veces más grueso que el otro, aquél soportará no solamente doble peso más que éste, sino triple y aun cuádruple.

SALVIATI. Puedes decir óctuplo y no andarás lejos de la verdad, ni este hecho está contra aquél, aunque a primera vista aparezca tan diverso.

SAGREDO. Entonces, Salviati, explícame estas dificultades y aclárame estas dudas, si encuentras el modo, porque sospecho que este problema de la resistencia es un campo lleno de hermosas y útiles ideas, y, si te place que esto sea el tópico de nuestros razonamientos de hoy, a mí, y creo que también a Simplicio, nos será muy grato.

SALVIATI. No puedo negarme a complacerte, con tal que pueda recordar aquello que ya antes aprendí de nuestro Académico,* quien sobre esta materia había hecho muchas especulaciones, y todas, según es su costumbre, geométricamente demostradas; de tal modo que, no sin razón, podría ésta llamarse una nueva ciencia. Porque si bien algunas de sus conclusiones ya habían sido observadas antes por otros, y en primer lugar por Aristóteles, sin embargo no son éstas las más hermosas, ni han sido (y esto es lo que más importa) demostradas apodícticamente desde sus fundamentos primarios e indubitables. Y porque, como digo, quiero convencerte con demostraciones y no persuadirte con razonamientos verosímiles, dado que tengas aquellos conocimientos de las conclusiones mecánicas, por otros hasta aquí tratadas, que son necesarios para nuestro co-

* *Académico* es el mismo Galileo. Suele decirse que él mismo se llamaba así porque pertenecía a la academia "Cimento". No será difícil percatarse de que debajo de ese nombre se esconde la tendencia platónica de Galileo, en contra de la aristotélica que primaba en su tiempo. *(N. del T.)*

metido, nos conviene ante todo considerar qué sucede cuando fracturamos un trozo de madera o de otro sólido de firme cohesión. Porque éste es el hecho fundamental en que consiste el primero y simple principio que, como muy conocido, conviene suponer.

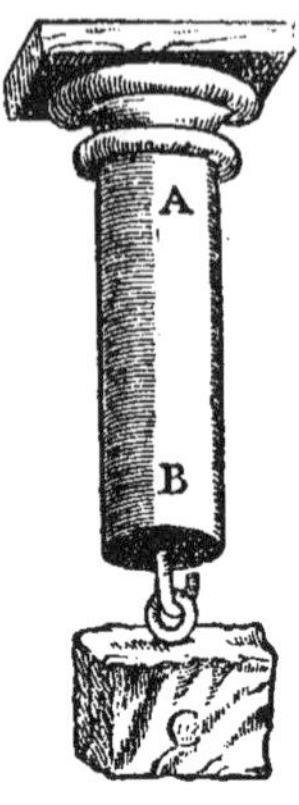

Fig. 1

Para su más clara explicación, figurémonos el cilindro o prisma A B, de madera o de otra materia sólida y coherente, afirmado en A por la parte superior y pendiendo verticalmente, al que en el otro extremo B, se le haya suspendido el peso C; es claro que cualquiera sea la tenacidad y coherencia que guarden entre sí las diversas partes de este sólido, con tal que no sea infinita, podrá ser superada por el solicitante peso C, cuya gravedad suponemos que pueda acrecentarse cuanto nos plazca, y ese sólido se romperá como una cuerda. Y así como en la cuerda sabemos que su resistencia deriva de la cantidad de hebras de cáñamo que la componen, así en la madera, corren a lo largo las fibras y filamentos que la hacen extraordinariamente más resistente a la fractura de lo que sería cualquier cuerda del mismo grosor. Pero en el cilindro de piedra o de metal, la coherencia (que parece todavía mayor) de sus partes depende de un gluten distinto de los filamentos o fibras; y sin embargo, sometidos a fuerte tensión también ellos se quiebran.

SIMPLICIO. Si esto sucede como tú dices, comprendo bien que las fibras de un leño, tan largas como el leño mismo, pueden hacerlo sólido y resistente contra la fuerza que se haga para romperlo; pero una cuerda compuesta de fibras de cáñamo, de sólo dos o tres codos de largo cada una, ¿cómo ha de poder hacerse de una largura de cien, permaneciendo igualmente resistente? Por otra parte, me gustaría oír también tu parecer acerca de la unión de las partes de los metales, de las piedras y de otras materias carentes de tales filamentos, la que, sin embargo, si yo no me engaño, es todavía más tenaz.

SALVIATI. Habrá que hacer una digresión a campos de estudio nuevos y no muy necesarios para nuestro intento, si es que nos proponemos dar solución a las dificultades que tú has propuesto.

SAGREDO. Pero, dado que nos reunimos por propia voluntad, sin estar obligados a ningún método rígido y conciso, si las digresiones pueden dar origen al conocimiento de nuevas verdades, ¿en qué nos perjudica el hacer digresiones ahora, para no perder conocimientos que nos brinda esta ocasión? Tanto más que quizá, abandonada, no se nos volverá a presentar. Además ¿quién sabe si no podemos así frecuentemente descubrir curiosidades más hermosas que las soluciones primeramente buscadas? Te ruego, por tanto, yo también, dar satisfacción a Simplicio y a mí, que no estoy menos curioso y ansioso que él por entender cuál es aquel gluten que tan tenazmente mantiene unidas las partes, de por sí separables, de los sólidos; conocimiento que, además, nos es necesario para entender la coherencia de las partes de los filamentos mismos de que están compuestos algunos sólidos.

SALVIATI. Estoy a vuestras órdenes, puesto que así os agrada. La primera dificultad consiste en saber, cómo pueden las fibras de una cuerda de cien codos de largo, guardar entre sí tan estrecha cohesión (a pesar de no tener cada una de ellas más de dos o tres codos) que se haya de requerir gran violencia para separarlas. Pero dime, Simplicio, ¿no podrías tú tener uno de los extremos de una sola fibra de cáñamo tan estrechamente entre tus dedos que, tirando yo del otro, antes de arrancarla de tu mano, la rompiese? Claro que sí. Por consiguiente, si las fibras del cáñamo estuvieran, no sólo en sus extremos, sino en toda su longitud, retenidas con gran fuerza por algo que las apretase ¿no es cosa manifiesta que el arrancarlas de quien las oprime, sería mucho más difícil que el romperlas? Mas en la cuerda, la misma acción de retorcerla hace que las fibras se opriman recíprocamente de modo que, estirando después con gran fuerza la cuerda, sus fibras se rompen antes de separarse, como queda de manifiesto al ver que, en el lugar de la rotura, las fibras ni siquiera tienen un codo de largo, como deberían tener si la fractura de la cuerda se produjese, no por la rotura de las fibras, sino por su sola y mutua separación, escurriéndose.

SAGREDO. Añádase, en confirmación de esto, que a veces la cuerda se rompe, no por ser estirada longitudinalmente, sino sólo por la excesiva torsión. Éste es para mí un argumento concluyente, porque las hebras están entre sí de tal manera comprimidas, que las compresoras no permiten a las comprimidas escurrirse aquel mínimo que les sería necesario, para alargar la espira, a fin de poder circundar la cuerda, que en la torsión se acorta y en consecuencia engruesa un poco.

SALVIATI. Dices muy bien; pero mira cómo unas verdades traen en pos a las otras. Ese hilo que, apretado entre los dedos no sigue al que, tirando de él con alguna fuerza, intentara sacarlo de entre ellos, resiste porque está retenido por una doble presión; pues hay que convenir en que no oprime menos el dedo superior contra el inferior que éste contra aquél. Y no cabe duda que, si de estas dos presiones, se pudiese retener una sola, subsistiría la mitad de aquella resistencia que dependía de las dos juntas; pero, como no se puede, con alzar, v. g., el dedo superior, levantar su presión sin remover también la otra, conviene, con un nuevo artificio, conservar una de ellas y encontrar el modo de que el mismo hilo se oprima a sí mismo contra el dedo u otro cuerpo sólido, sobre el que se apoye, y hacer así que la misma fuerza que tira de él para separarlo, lo apriete tanto más cuanto más enérgicamente tire de él. Esto se conseguirá con sólo envolver en forma de espiral el hilo mismo en torno al sólido. Para entender mejor esto recurriremos a una figura. Sean los cilindros A B y C D, y entre ellos tendido el hilo E F, que para mayor claridad supondremos ser un cordel. No hay duda que oprimiendo fuertemente uno contra otro los dos cilindros, el cordel F-E, de cuyo extremo F se tira, resistirá no pequeña violencia antes de escurrirse por entre los dos sólidos que lo oprimen; pero si separamos a uno de ellos, el cordel, aunque continúe tocando al otro, no por ello dejará de escurrirse libremente, sin que tal contacto pueda retenerlo. Pero si reteniéndolo, aunque sea débilmente, sujeto en la extremidad superior del cilindro A, lo enrollamos en torno de él en forma de espiral A F L O T R, y tiramos desde el extremo R, es claro que comenzará a oprimir al cilindro; y si las espirales y vueltas fueran muchas, al tirar fuertemente se apretará cada vez más la cuerda sobre el cilindro; y haciéndose, con la multiplicación de las espirales, más extenso el contacto y en consecuencia menos superable, se hará cada vez más difícil el escurrirse el cordel y el ceder a la fuerza solicitantc.

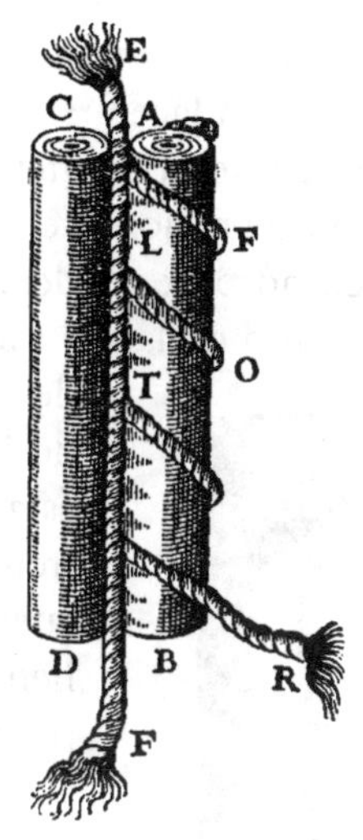

Fig. 2

¿Y quién no ve que ésta es precisamente la resistencia de las fibras que con mil y mil espirales semejantes entretejen la gruesa cuerda? En realidad la presión de semejantes torsiones liga tan tenazmente, que de unos cuantos juncos, que por no ser muy largos, tienen que ser también pocas las vueltas de espira con que se entrelazan entre sí, se componen solidísimas cuerdas, que me parece que se llaman *suste*.

SAGREDO. Tus palabras han hecho cesar en mi mente lo maravilloso de dos hechos cuyas razones yo no comprendía bien. Uno era el ver cómo dos o a lo más tres vueltas de cuerda alrededor del torno (*fuso*) del árgano podían no solamente retenerla e impedir que escurriéndose cediese, solicitada por la inmensa fuerza del peso que ella sostiene, sino, lo que es todavía más interesante, hacer que al girar el árgano su mismo torno, con el sólo contacto de la cuerda que lo ciñe, pudiese, con las sucesivas vueltas, arrastrar y levantar enormes piedras, mientras los brazos de un débil muchacho van reteniendo y recogiendo el otro extremo de la misma cuerda. El otro se refiere a un simple pero ingenioso trebejo ideado por un joven pariente mío, para poder, con una cuerda, descolgarse desde una ventana sin lacerarse cruentamente las palmas de las manos, como poco tiempo antes le había acaecido con grave daño. Haré, para que mejor se entienda, un pequeño dibujo. Alrededor de un cilindro de madera A B, del grosor de un bastón y casi de un palmo de largo, excavó una estría en forma de espiral de cerca de una vuelta y media y de una anchura capaz de la cuerda que quería adaptarle. Hizo entrar ésta por la espira del extremo A y salir por el extremo B, envolviendo después el cilindro y la cuerda en un tubo de madera o de lata pero hendido a lo largo y encajado de tal manera que pudiese dilatarse y contraerse fácilmente. Y abarcando luego y apretando con ambas manos ese tubo, después de atar la retenida a un firme sostén de arriba, se suspendió con los brazos; y resultó tal la compresión de la cuerda entre el tubo envolvente y el cilindro, que a capricho, apretando fuertemente las manos, podía sostenerse sin deslizarse, y aflojándolas un poco se deslizaba lentamente a su gusto.

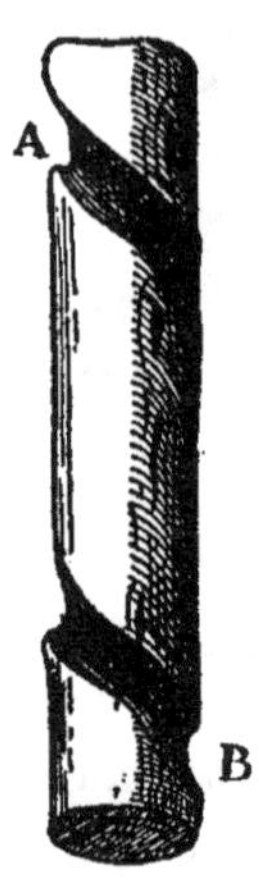

Fig. 3

SALVIATI. Ingeniosa la estratagema; y para una entera explicación de su naturaleza, me parece tan envuelta en sombras, que habría que aducir otras consideraciones. Pero yo no quiero por ahora hacer más digresiones sobre este particular, máxime queriendo vosotros oír mi parecer sobre la resistencia que a la fractura ofrecen los demás cuerpos, cuya contextura no se compone de filamentos, como la de las cuerdas y la de la mayor parte de las maderas, sino que la coherencia de sus partes parece consistir en otras causas, que, a mi juicio, se reducen a dos temas; uno de ellos es la tan pregonada repugnancia que la naturaleza tiene a admitir el vacío; por el otro, es necesario (no siendo suficiente el del vacío) introducir algún gluten, sustancia viscosa o cola que una tenazmente las partículas de que esos cuerpos se componen. Hablaré primero del vacío, demostrando con claros experimentos cuál y cuán grande es su poder.

Sean dos placas de mármol, metal o vidrio extraordinariamente planas, pulidas y bruñidas. Si colocamos a una de plano sobre la otra, con toda facilidad conseguiremos hacer resbalar a la de encima, siempre que nos plazca (argumento convincente de que ningún gluten las une). Pero intentemos separarlas, manteniéndolas equidistantes, y encontraremos tal repugnancia a la separación, que la superior levantará y llevará tras sí a la otra, por gruesa y pesada que sea, sosteniéndola levantada definitivamente. Esto nos prueba de modo evidente el horror de la naturaleza a tener que admitir, aun por brevísimo tiempo, el espacio vacío que entre las dos láminas quedaría antes que la afluencia del aire ambiente lo hubiese ocupado, llenándolo.

También se puede observar que si las dos placas no han sido completamente pulidas, y por ello su contacto no es del todo perfecto, al intentar separarlas lentamente, no hallamos más resistencia que la gravedad; sin embargo, si levantamos repentinamente la superior, veremos que la inferior se levanta y cae de súbito, siguiendo a la de arriba sólo durante el brevísimo instante de tiempo requerido para la expansión de la pequeña cantidad de aire interpuesto entre las dos láminas, que no adaptaban bien, y para la penetración del aire ambiente.

No cabe duda de que esta misma resistencia, que tan sensiblemente percibimos entre las dos placas, ha de existir también de modo parecido, y por lo menos como causa concomitante de la coherencia, entre las partes de los sólidos.

SAGREDO. Permíteme que te interrumpa para exponer una reflexión particular, que se me ha ocurrido en este momento. Es la siguiente: el ver cómo la lámina inferior sigue a la superior y se levanta durante su movimiento rápido, nos da la seguridad de que, contra las afirmaciones de muchos filósofos, incluso probablemente el mismo Aristóteles, el movimiento en el vacío no es instantáneo. Si lo fuera, las dos planchas se separarían sin ninguna repugnancia, puesto que el mismo instante de tiempo bastaría para su separación y para la afluencia del aire ambiente a llenar el vacío que entre las dos quedara. El hecho, pues, de que la plancha inferior siga a la superior, nos lleva a concluir que el movimiento en el vacío no es instantáneo, pero al mismo tiempo, nos obliga a admitir que entre esas planchas existe algún vacío, al menos durante brevísimo tiempo, es decir, durante todo el que transcurre en el movimiento del ambiente, mientras afluye a llenar el vacío; puesto que si allí no quedase vacío, no habría necesidad ni de afluencia ni de movimiento del ambiente. Será, pues, necesario admitir que a veces se produce el vacío, aunque sea por violencia o contra las leyes de la naturaleza (bien que, en mi opinión, nada existe contra la naturaleza, salvo lo imposible, lo cual por esa razón nunca acaece).

Se me ocurre aquí otra dificultad; y es que, si bien el experimento me convence de la verdad de la conclusión, mi entendimiento no queda del todo satisfecho con la causa a la que tal efecto se atribuye. Porque, como el efecto de la separación de las dos planchas es anterior al vacío, que se producirá como consecuencia de esa separación; y como me parece que la causa debe preceder al efecto, si no en el tiempo, por lo menos en la naturaleza, y que de un efecto positivo, positiva debe ser también la causa; no puedo comprender cómo de la adherencia de dos planchas y de su repugnancia a separarse, efectos que ya están en acto, se pueda atribuir la causa al vacío, que todavía no existe, sino que debería seguirse de ellos. Y de acuerdo a la sentencia certísima del filósofo, las cosas que no existen no pueden producir efectos.

SIMPLICIO. Pero ya que concedes este axioma a Aristóteles, no podrás negarle otro tan hermoso y verdadero como éste: y es que la naturaleza nunca intenta realizar aquello cuya existencia repugna. Y de esta sentencia me parece que depende la solución de tu duda. Desde el momento en que un espacio vacío repugna en sí mismo, la naturaleza veda hacer aquello de lo cual el vacío se seguirá como necesaria consecuencia: y tal es la separación de las dos planchas.

SAGREDO. Ahora, admitida como satisfactoria la solución que a mi dificultad ha dado Simplicio,[2] paréceme, siguiendo el hilo de mi raciocinio, que esta misma repugnancia al vacío debería ser suficiente para mantener unidas las partes de un sólido de piedra o de metal, o de cualquier otro cuerpo de mayor cohesión y resistencia a la fractura. Porque si, según tengo entendido, de un solo efecto una sola es la causa, o aunque sean muchas, se reducen a una sola; ¿por qué el vacío, que sin duda existe, no basta para explicar todas las resistencias?

SALVIATI. Por ahora no quiero abordar el debate de si el vacío, sin ningún otro sostén, es bastante de por sí solo para mantener unidas las partes separables de los cuerpos sólidos; pero yo os aseguro que el vacío que obra como causa suficiente en el caso de las dos planchas, no basta por sí solo para el firme ligamiento de las partes de un sólido cilindro de mármol o de metal, las que, sometidas a fuerzas que actúen sobre ellas violentamente, terminan por separarse y dividirse. Y si yo hallara un modo de distinguir esta ya conocida resistencia dependiente del vacío, sin ninguna otra sujeción, que es bastante por sí sola como ligamiento, y lograra haceros ver que ella sola no es suficiente para producir tal efecto, ¿no me concederíais que es necesario introducir alguna otra? Ayúdalo, Simplicio, ya que él está dudando sobre lo que debe responder.

SIMPLICIO. Siendo la conclusión tan lógica y clara, no es posible que la hesitación de Sagredo verse sobre ella.

SAGREDO. Lo has adivinado, Simplicio. Estaba pensando que, si no basta cada año ese millón en oro que viene de España, para pagar al ejército, será necesario allegar otros bastimentos, fuera del dinero, para las soldadas de los hombres de tropa. Pero sigue, Salviati y, suponiendo que yo admita tu conclusión, muéstranos el modo de separar, de las otras, la acción del vacío, y midiéndola, haznos ver que ella por sí sola es insuficiente para producir el efecto de que se habla.

SALVIATI. Tu familiar (*demonio*) te asiste.* Diré el modo de

* El vocablo "demonio" parece usado en el sentido del δατμων griego. Lo hemos traducido por "familiar" que es la palabra usada por nuestros clásicos. (*N. del T.*)

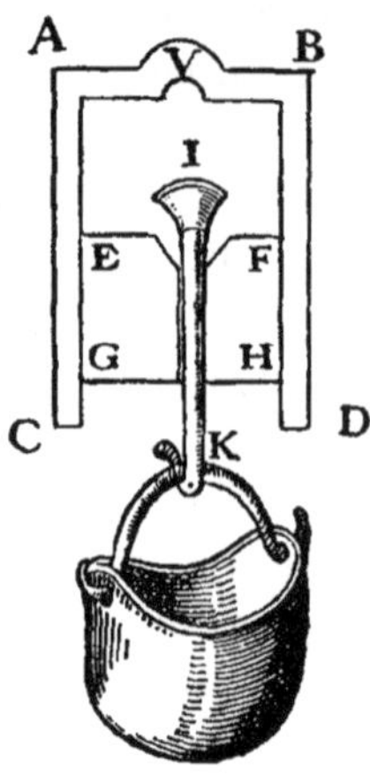

Fig. 4

apartar de los otros el poder del vacío, después, la manera de medirlo. Para aislarlo, tomaremos una materia continua, cuyas partes estén exentas de toda resistencia a la separación, menos de la del vacío, tal como es el agua, según lo ha demostrado extensamente en alguna de sus obras nuestro Académico. Si se pudiera conseguir un cilindro de agua, y al estirarlo, se sintiese que sus partes se resisten a la separación, esta resistencia no podría atribuirse a ninguna causa más que al vacío. Para realizar este experimento he ideado un artefacto cuyo diseño me ayudará a explicarlo mejor que las palabras. Supongamos que C A B D es el perfil de un cilindro de metal o mejor de vidrio, vacío y perfectamente torneado por adentro, en cuya concavidad se introduce con justísima adaptación un cilindro de madera, cuyo perfil señalo con E G H F, capaz de moverse hacia arriba y hacia abajo. Éste debe tener, en el centro un orificio por donde pase una varilla de hierro, encorvada en el extremo K, y que vaya engrosándose en el extremo I en forma de cono. La parte superior del foramen practicado en la madera, debe estar excavado en forma cónica, adaptado exactamente para recibir la extremidad cónica I de la varilla I K, siempre que se tire hacia abajo por la extremidad K. Insertemos la madera o tapón, si lo queremos llamar así, E H en el cilindro hueco A D, de modo que no llegue hasta el extremo superior de ese cilindro, sino que quede dos o tres dedos más abajo; este espacio debe llenarse con agua, la que se introducirá, poniendo el tubo con la abertura C D hacia arriba y apretando sobre el tapón E H, al tiempo que se mantiene el cono I un poco separado de su respectiva concavidad en la madera, para dar salida al aire, que al apretar el tapón se escapará por el orificio de la madera; por ello se habrá tenido la precaución de hacer ese horado un poco más amplio de lo que requiere el grosor de la varilla de hierro I K.

[42]

Una vez extraído el aire, se tira de la varilla de hierro, de modo que su extremo en forma de cono I encaje perfectamente en la excavación de la madera y tape el orificio; luego se invierte el vaso dejándolo con la boca hacia abajo. Del gancho K se suspende un recipiente donde se pueda poner arena u otra materia pesada, y se cargará hasta que la superficie superior E F del tapón se separe de la inferior del agua, con la cual estaba unida solamente en virtud de la repugnancia al vacío. Pesando ahora el tapón con el hierro y con el recipiente y su contenido, obtendremos la cantidad de fuerza del vacío.

Tomemos ahora un cilindro de mármol o de vidrio de igual grosor que el de agua y añadámosle un peso tal, que juntamente con el peso propio del mármol o del vidrio, sea igual exactamente a la suma de todos los pesos antes citados.

Si la rotura sobreviene, podremos afirmar sin ninguna duda, que las partes del mármol o del vidrio están unidas solamente en virtud del vacío; pero si no basta, y para romperlo hay que añadirle un peso cuatro veces mayor, habrá que admitir que la resistencia al vacío es de las cinco partes una, y que la otra es cuádruple de la del vacío.

SIMPLICIO. No puede negarse que es ingeniosa la invención, pero me parece sujeta a muchas dificultades, que me la hacen dudosa. Porque ¿quién nos asegura que no puede entrar el aire por entre el vidrio y la madera, aunque se envuelva bien con estopa u otra materia muelle (*cedente*)? Además, para que el cono I cerrase bien el orificio, tal vez no fuera suficiente ungirlo con cera o trementina. Por otra parte, ¿por qué no podrían las partes del agua expandirse y rarefacerse? ¿Por qué no ha de poder penetrar aire o exhalaciones u otras sustancias más sutiles, por los poros de la madera o del mismo vidrio?

SALVIATI. Con gran destreza nos ha propuesto Simplicio sus dificultades, y en parte nos ha sugerido el remedio en cuanto a la penetración del aire por la madera o entre la madera y el vidrio. Pero yo, además de esto, quiero dejar puntualizado, que podremos al mismo tiempo hacernos cargo, con la adquisición de nuevos conocimientos, de si estas dificultades tienen razón de ser o no. Porque si el agua fuese, aunque sólo por violencia, expansible por naturaleza, como sucede con el aire, el tapón descendería; y si practicamos en la parte superior del vidrio un menisco (*ombelico*) prominente, como el señalado con V, en el caso de que penetrara aire o cualquier otra materia tenue y gaseosa por los poros del vidrio o de la madera, lo veríamos acumularse (dejándole paso el agua) en la prominencia V. Pero si nada de eso acontece, podemos tener la certeza de que nuestro experimento ha sido ensayado con las debidas cautelas, y sabremos que el agua no es expansible, ni el vidrio es permeable a ninguna materia, por sutil que ella sea.

SAGREDO. Gracias a estos razonamientos hallo la causa de un hecho, que desde hace largo tiempo me tenía maravillado y confuso.

Vi en cierta ocasión una cisterna, en la cual se había instalado una bomba, con el convencimiento, en realidad equivocado, de que así se podría sacar con menos trabajo una cantidad de agua igual o mayor que con los cangilones ordinarios; y tiene esta bomba su pistón y ánima tan alto, que el agua se hace salir por aspiración y no por impulsión, como sucede con las bombas que tienen el cilindro abajo. Ésta, cuando en la cisterna hay agua hasta una determinada altura, la saca en abundancia; pero, cuando el agua desciende hasta un nivel determinado, la bomba no funciona más. Yo creí, la primera vez que observé este fenómeno, que el émbolo estaría deteriorado; y cuando busqué al mecánico para que lo compusiera, me dijo que no estaba el defecto en la bomba, sino en el agua, que por haber descendido en demasía imposibilitaba su ascenso a tanta altura; y añadió que ni con bombas ni con ninguna otra máquina, que eleve el agua por aspiración, es posible hacerla subir un cabello más de dieciocho codos; y éste es el límite máximo de su altura, tanto si las bombas son anchas, como si son estrechas.

He sido tan poco sagaz que, sabiendo que una cuerda o un bastón de madera o una barra de hierro se pueden alargar tanto y tanto que por fin se rompen por su propio peso, teniéndolas fijas en alto, no me he hecho cargo de que lo mismo, con mayor facilidad, tendrá que suceder con una cuerda o barra de agua. Y ¿qué otra cosa es lo que se aspira con la bomba sino un cilindro de agua, que teniendo su sujeción en la parte superior, alargado más y más, finalmente llega a un término más allá del cual, vencido por su propio peso, que ha llegado a ser extraordinario, se rompe cual si fuera una cuerda?

SALVIATI. Tal es ciertamente la realidad de las cosas. Y como esta altura de dieciocho codos es el límite máximo de la altura a que puede sostenerse cualquier cantidad de agua, tanto si las bombas son anchas, como si son estrechas o estrechísimas cual una paja; siempre que pesemos el agua contenida en dieciocho codos de tubo, ya ancho ya estrecho, obtendremos el valor de la resistencia del vacío en los cilindros de cualquier materia sólida, iguales en grosor al calibre de los tubos propuestos. Y ya que hemos venido a parar a esto, intentemos demostrar que de todos los metales, piedras, maderas, vidrios, etc., se puede fácilmente hallar hasta qué largura podrán alargarse cilindros, fibras o barras, cualquiera sea su grosor, más allá de la cual no podrán sostenerse, sino que se quebrarán, cediendo a su propio peso.

Tomemos, por ejemplo, un hilo de cobre de cualquier grosor y longitud, y, sujeto en alto por uno de sus extremos, vayamos añadiéndole en el otro más y más peso hasta que finalmente termine por romperse. Sea el peso máximo que haya podido sostener, por ejemplo, cincuenta libras. Es evidente que cincuenta libras de cobre, además del peso propio del hilo, que supondremos de un octavo de onza, si fueren alargadas en forma de hilo de ese mismo grosor, darían la largura máxima del hilo que pudiera sostenerse a sí mismo. Mídase luego la largura del hilo que se rompió, y supongamos que era de un codo; como pesó un octavo de onza y sostuvo, además de sostenerse a sí mismo, a cincuenta libras, que son cuatro mil ochocientos octavos de onza, diremos que todos los hilos de cobre, sea cual fuere su grosor, pueden sostenerse hasta la largura de cuatro mil ochocientos un codos, y nada más. Y así, si una varilla de cobre puede sostenerse hasta la largura de cuatro mil ochocientos un codos, la resistencia que ella encuentra dependiente del vacío, comparada con la restante, es tanta cuanto supone el peso de una varilla de agua de dieciocho codos de largo y de un grosor igual al que tenía la de cobre. Y hallándonos con que el cobre es nueve veces más pesado que el agua, sabremos que en cualquier varilla de cobre la resistencia a la fractura, dependiente del vacío, es igual al peso de dos codos de la misma varilla.[3]

Con un razonamiento y método semejantes se podrían hallar las longitudes máximas con que puedan sostenerse los hilos o varillas de todas las materias sólidas, y al mismo tiempo qué parte desempeña el vacío en esa resistencia.

SAGREDO. Sólo falta que nos digas en qué consiste el resto de la resistencia, es decir cuál es el gluten o visco que retiene unidas las partes de un sólido, fuera del que deriva del vacío. Porque yo no puedo imaginarme un gluten, que no se abrase y consuma durante dos o tres o cuatro meses, ni aun siquiera durante diez o cien, dentro de un horno encandecido, en el cual el oro o el vidrio, después de haber estado licuefactos durante mucho tiempo, una vez afuera, al enfriarse, sus partes vuelven a unirse y ligarse como antes. Además, la misma dificultad que tengo respecto a la ligación de las partes del vidrio, la tendría respecto a las partes del gluten, es decir, sobre qué es aquello que las tiene tan sólidamente unidas.

SALVIATI. Hace poco te dije que te auxiliaba tu familiar (*demonio*). Yo me hallo ahora en la misma necesidad. Y, además, yo, para quien es de todo punto palpable que el horror al vacío es sin duda lo que no permite, sino con gran esfuerzo, la separación de las dos planchas y principalmente de los dos grandes trozos de la columna de mármol o de bronce, no alcanzo a comprender por qué no haya de tener lugar y ser de igual modo causa de la coherencia de las partes más pequeñas, y aun de las mínimas en última instancia, de las mismas materias. Y, puesto que de un efecto una sola es la causa verdadera y potísima, mientras yo no encuentre otro gluten; ¿por qué no voy a tantear si el del vacío, que existe sin duda, puede ser suficiente?

SIMPLICIO. Si desde luego has demostrado que la resistencia del gran vacío, en la separación de las dos grandes partes de un sólido, es insignificante en comparación de la que tiene unidas las partículas más diminutas; ¿cómo no quieres tener por absolutamente cierto que ésta es del todo diversa de aquélla?

SALVIATI. A esto ya respondió Sagredo, diciendo que se pagaba a cada uno de los soldados particulares con dineros recaudados por imposiciones generales en sueldos y en ochavos, si un millón en oro no bastaba para pagar a todo el ejército. Y ¿quién sabe si algunos otros diminutos vacíos no actúan entre las diminutas partículas, de manera que para todo sea de la misma moneda aquello con que se mantienen unidas todas las partes? Os voy a decir algo que me ha pasado por la imaginación, y os lo ofrezco, no como verdad inconclusa, sino como una cierta idea, todavía inmatura y sujeta a más altas consideraciones: quedaos con lo que os guste y juzgad el resto como mejor os plazca. Cuando considero alguna vez, cómo al ir reptando el fuego entre las minúsculas partículas de éste o de aquel metal, que tan sólidamente están unidas, termina por separarlas y desunirlas, y cómo después, al extinguirse el fuego, tornan a unirse con la misma tenacidad de antes, sin que la cantidad de oro disminuya en nada, y en muy poco la de los demás metales, aunque hayan estado sometidos a la acción del fuego durante mucho tiempo; pienso que esto podría suceder, porque las sutilísimas partículas del fuego, penetrando por los diminutos poros del metal (entre los cuales, por su exigüidad, no podrían pasar los mínimos del aire ni de otros muchos fluidos), al llenar los pequeñísimos vacíos entre ellas existentes, librarían las más diminutas partículas de aquél, de la fuerza con que los mismos vacíos atraen a las unas hacia las otras, impidiendo su separación. Y así, al poder moverse libremente, su masa se haría fluida, permaneciendo en ese estado, mientras los mínimos del fuego (*ignicoli*) subsistieran entre ellas; pero al apagarse después aquéllos, y dejar los prístinos vacíos, tornaría su original atracción, y en consecuencia la ligación de las partes.

Y a la pregunta de Simplicio, paréceme que se puede responder, que si bien tales vacíos serían diminutos, y en consecuencia, por separado podrían ser fácilmente vencidos, sin embargo su innumerable multitud multiplica las resistencias innumerablemente (si así puede decirse). Cuál y cuánta sea la fuerza que resulta de un número inmenso de insignificantes fuerzas (*momenti*) unidas en conjunto, quedaría de manifiesto con el evidentísimo argumento de ver nosotros que un peso de millones de libras, sostenido por grosísimas maromas, cede al fin y se deja vencer y levantar por el asalto de innumerables átomos de agua, los cuales, o empujados por el austro o porque difluidos en finísima neblina, se van moviendo por el aire, llegan a recalar entre las fibras de las tensas maromas, sin que la inmensa fuerza del peso pendiente pueda impedirles la entrada; de modo que, penetrando por los angostos intersticios, engruesan las cuerdas y en consecuencia las acortan, por lo cual la pesadísima mole es por fuerza elevada.

SAGREDO. No cabe duda de que mientras una resistencia no sea infinita, puede ser sobrepujada por una multitud de diminutas fuerzas, de tal manera que hasta un número de hormigas podría echar por tierra a una nave cargada de granos. Porque los sentidos nos demuestran a diario que una hormiga transporta con desenvoltura un granito, y es claro que en la nave no hay infinitos granos, sino comprendidos dentro de un cierto número, mayor que el cual se podrá tomar otro que lo sobrepase cuatro o seis veces; y si a éste le ponemos uno igual de hormigas en actividad, terminarán por conducir a tierra el grano y la nave misma. Es también cierto que se necesitará que el número sea grande, como lo es también, a mi parecer, el de los vacíos que tienen unidos los mínimos (*minimi*) del metal.[4]

SALVIATI. Pero aun cuando se necesitase que fueran infinitas, ¿tú lo tendrías por imposible, acaso?

SAGREDO. No, si el metal fuese una mole infinita; de otro modo...

SALVIATI. ¿De otro modo, qué? Ahora, ya que de paradojas se trata, veamos si de algún modo se puede demostrar que, en una extensión continua y finita, no repugna que se puedan hallar infinitos vacíos. Y al mismo tiempo se verá, si no otra cosa, por lo menos apuntada una solución del más maravilloso problema que el mismo Aristóteles puso entre los que él llama admirables (*ammirandi*), quiero decir entre las cuestiones mecánicas. La solución pudiera ser tal vez tan explicativa y concluyente como la que el mismo Aristóteles da, y diversa también de aquella que tan agudamente comenta el muy docto monseñor de Guevara. Pero antes es necesario considerar una proposición que nadie ha tratado hasta ahora, de la cual depende la solución del problema, que después, si yo no me engaño, lleva en pos de sí otras nociones nuevas y admirables. Para mejor entenderlo, tracemos con todo cuidado una figura. Con este objeto, supongamos un polígono equilátero y equiángulo, de cuantos lados se quiera, descripto en torno al centro G; y sea por ahora un hexágono ABCDEF; semejante al cual y concéntrico con él, trazaremos otro menor, que notaremos HIKLMN. Prolonguemos indefinidamente hacia S el lado AB del mayor, y en el mismo sentido prolonguemos el correspondiente lado HI del menor, trazando la línea HT, paralela a la AS, y por el centro tírese la GV, paralela a estas dos. Hecho esto, imaginemos al polígono mayor rodando sobre la línea AS, y transportando consigo al polígono menor. Es claro, que por estar fijo el punto B, extremo del lado AB, al comenzar la rotación, el ángulo A se ha de elevar, y el punto C bajará, describiendo el arco CQ, hasta que el lado BC coincida con la línea BQ, que es igual a él. En tal rotación el ángulo I del polígono menor se elevará sobre la línea IT, por ser la IB oblicua con AS; y el punto I no volverá nuevamente sobre la paralela IT hasta que el punto C haya llegado a Q. Ahora bien, el punto I habrá caído en O, después de haber descrito el arco IO, fuera de la línea HT, y entonces el lado IK habrá pasado a OP. Pero, mientras tanto,

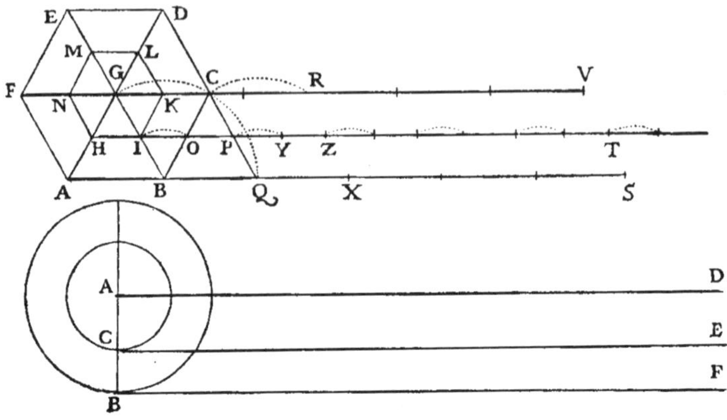

Fig. 5

el centro G habrá marchado siempre fuera de la línea GV, sobre la cual no volverá sino después de haber descrito el arco GC. Dado este primer paso, el polígono mayor habrá venido a apoyarse con el lado BC sobre la línea BQ. Y el lado IK del menor sobre la línea OP, habiendo saltado toda la parte IO, sin tocarla, y el centro G habrá venido a parar en C, haciendo todo su recorrido fuera de la paralela GV, hasta que finalmente toda la figura haya vuelto a ocupar una posición semejante a la primera; de modo que, prosiguiendo la rotación y efectuando el segundo paso, el lado DC del polígono mayor, se adaptará a la parte QX, el KL del menor (después de haber saltado el arco PY), caerá en YZ, y el centro, marchando siempre fuera de la línea GV, caerá en ella solamente en R, después del gran salto CR. Por fin, efectuada una rotación completa, el polígono mayor habrá calcado sin ninguna interrupción sobre su línea AS, seis líneas iguales en conjunto a su perímetro; el polígono menor habrá igualmente impreso seis líneas iguales a su contorno, pero con discontinuidad, a causa de la interposición de cinco arcos, bajo los cuales quedan las cuerdas, partes de la paralela

HT, no tocadas por el polígono; y finalmente, el centro G nunca habrá coincidido con la paralela GV, salvo en seis puntos. Con esto podéis comprender que el espacio recorrido por el polígono menor, es casi igual al recorrido por el mayor; es decir, la línea HT igual a la AS, con la sola diferencia de una cuerda de uno de estos arcos, siempre que entendamos la línea HT en conjunto con los espacios de los cinco arcos. Ahora bien, quiero que comprendáis que esto que he demostrado y expuesto en el ejemplo de los hexágonos, se cumple en todos los demás polígonos, de cualquier número de lados, con tal que sean semejantes, concéntricos y conexos (*congiunti*), y que supongamos que con la rotación del mayor, rueda también el otro cuanto se quiera menor. Debéis comprender que las líneas, recorridas por ellos, son aproximadamente iguales, computando en el espacio recorrido por el menor, los espacios bajo los pequeños arcos no tocados en ninguna parte por el perímetro de ese polígono menor.

Por consiguiente, el gran polígono de mil lados recorre y rectifica, en consecuencia, una línea recta igual a su contorno; y al mismo tiempo el pequeño recorre una línea próximamente igual, pero compuesta de mil partecitas iguales a sus mil lados e interrumpida por la interposición de mil espacios vacíos, que vamos a llamar así en relación con las mil pequeñas líneas tocadas por los lados del polígono. Lo dicho hasta aquí no ofrece ninguna dificultad ni duda.

Pero decidme: si en torno a un centro cualquiera, v. g. el punto A, describimos dos círculos concéntricos y conexos entre sí, y si desde los puntos C, B de sus diámetros, trazamos las tangentes CE, BF, y por el centro A, la AD paralela con éstas, al efectuar el círculo mayor una rotación sobre la línea BF (igual a su circunferencia, así como a las otras dos líneas CE, AD), cuando haya tenido lugar una rotación completa ¿qué habrá hecho el círculo menor, y qué el centro? Éste seguramente habrá recorrido y tocado toda la línea AD, y la circunferencia de aquél habrá rectificado con sus contactos toda la línea CE, haciendo lo mismo que hicieron los anteriores polígonos. Con esta única diferencia, que el perímetro del polígono menor no tocó a la línea HT en todas sus partes, sino que dejó sin tocar, por la interposición de los vacíos saltados, un número de partes igual al que tocaron sus lados. Sin embargo, aquí en el caso de los círculos, la circunferencia del círculo menor jamás se separa de la línea CE, dejando sin tocar alguna de sus partes, ni nunca deja de estar en contacto algún punto de la circunferencia con otro correspondiente de la recta. Ahora bien, ¿cómo puede el círculo menor recorrer sin saltos una línea de longitud mayor que su circunferencia?

SAGREDO. Estaba pensando, si podría decirse que, así como el centro del círculo, de por sí solo, deslizándose a lo largo de la línea AD, está constantemente en contacto con ella, a pesar de ser un punto solo, así también podrían los puntos de la circunferencia menor, arrastrados por el movimiento de la mayor, ir deslizándose por algunas partecitas, de la línea CE.[5]

SALVIATI. Esto no puede ser, por dos razones. La primera, porque no habría mayor razón para que uno de los puntos de contacto, por ejemplo el C, fuera deslizándose sobre alguna parte de la línea CE, y los otros no. Y aunque esto sucediera, siendo tales puntos de contacto (por ser puntos) infinitos, los deslizamientos sobre la CE serían infinitos, y siendo extensos (*quanti*), harían una línea infinita; sin embargo la CE es finita. La otra razón es, que cambiando el círculo grande, durante su rotación, continuamente de punto de contacto, no puede menos de cambiarlo también el círculo menor, no siendo posible trazar desde cualquier otro punto, que no sea el punto B, una línea recta hasta el centro A y que pasara por el punto C; de modo que al cambiar la circunferencia grande el punto de contacto, lo cambia también la pequeña, sin que ningún punto de la pequeña toque más que un punto de su recta CE. Todavía más, en la rotación de los polígonos, ni siquiera un punto del perímetro del menor se adapta a más de un punto de la línea que ese mismo perímetro conmensura. Fácilmente podemos entender esto, considerando que la línea IK es paralela con

BC; por consiguiente, hasta que la BC no venga a adaptarse sobre la BQ, la IK permanece levantada sobre la IP, sin caer sobre ella hasta el instante mismo en que BC se une con la BQ; y entonces, toda en conjunto la línea IK se une con OP, para elevarse inmediatamente sobre ella.

SAGREDO. Es cuestión verdaderamente intrincada, y no se me ocurre solución ninguna; pero dime la que se te ocurre a ti.

SALVIATI. Recurriré a la consideración de los polígonos, antes mentados, cuyo comportamiento es inteligible y queda ya comprendido. Y diré que, así como en los polígonos de cien mil lados, a la línea recorrida y conmensurada por el perímetro del mayor, es decir por sus cien mil lados desplegados consecutivamente, es igual la conmensurada por los cien mil lados del menor, pero con la intercalación de cien mil espacios vacíos interpuestos; así también diré, que en los círculos (que son polígonos de infinitos lados) la línea recorrida por los infinitos lados del círculo grande, dispuestos consecutivamente, es igual en longitud a la recorrida por los infinitos lados del menor, pero en este último caso, con la interposición de otros tantos espacios vacíos entre esos lados; y así como los lados no son finitos en número (*quanti*),* sino infinitos (*infiniti*), así también los vacíos interpuestos no son finitos (*quanti*), sino infinitos: es decir, aquéllos son infinitos puntos plenos todos; y éstos son infinitos puntos, en parte plenos y en parte vacíos. Y aquí quiero que notéis, que al resolver y dividir una línea en partes finitas en número (*quante*) y por consiguiente pasibles de ser numeradas, no es posible disponerlas en una longitud mayor que la ocupada por ellas cuando formaban un todo continuo y estaban unidas sin la interposición de otros tantos espacios vacíos. Pero si nos la imaginamos resuelta en partes no finitas en

---

* Galileo usa las palabras "quanto", "quanta", "quanti", "quante", para expresar la extensión tanto numeral como cuantitativa; y además para indicar lo finito. La palabra castellana que mejor lo traduciría es "mensurable". Mas para evitar dificultades hemos traducido estos vocablos de diversos modos según las circunstancias. *(N. del T.)*

número (*non quante*), es decir en sus infinitos indivisibles, la podemos concebir prolongada indefinidamente (*in inmenso*) sin la interposición de espacios extensos vacíos, pero sí con la de infinitos indivisibles vacíos. Ahora bien, todo lo dicho de las simples líneas, es extensivo a las superficies y a los cuerpos sólidos, considerándolos compuestos de infinitos átomos no extensos (*non quanti*). Al querer dividirlos en partes extensas, no cabe duda que no podremos disponerlos en espacios más amplios que el primero ocupado por el sólido, a no ser con la interposición de espacios extensos vacíos; vacíos, digo, por lo menos de la materia del sólido. Pero si suponemos hecha la postrera y última resolución en los primarios (*primi*) componentes no extensos (*non quanti*) e infinitos (*infiniti*), podremos concebir tales componentes extendidos en espacio inmenso, no con la interposición de espacios extensos vacíos, sino solamente con la de infinitos vacíos no extensos. Y de este modo no repugna el que se extienda v. g. una pequeña bolita de oro en un espacio grandísimo, sin admitir espacios extensos vacíos, siempre que admitamos que el oro está compuesto de infinitos indivisibles.[6]

SIMPLICIO. Paréceme que sigues por el camino de aquellos vacíos, que cierto antiguo filósofo propugnaba.*

SALVIATI. Pero te has olvidado de añadir "que no admitía la Providencia divina", como en un caso semejante añadió, aunque venía muy poco al caso, un cierto antagonista de nuestro Académico.

SIMPLICIO. Bien supe, y no sin repugnancia, de la inquina malevolente del contendor, mas yo no tocaré semejantes teclas, no sólo por motivos de buena crianza, sino también porque sé cuán desacordes están con tu bien templada y equilibrada mente, tanto religiosa y pía como católica y creyente.

* Se refiere a Demócrito, filósofo atomista griego del siglo V antes de Cristo. *(N. del T.)*

Pero tornando a nuestro propósito, los razonamientos anteriores han suscitado en mí muchas dificultades de las que yo no sabría librarme. Y para comenzar por una, veamos ésta. Si las circunferencias de los dos círculos son iguales a las dos rectas CE, BF, ésta tomada como un continuo, aquélla con la interposición de infinitos puntos vacíos; ¿cómo la AD, descrita por el centro, que es un punto solo, ha de poder decirse igual a éste, estando ella formada por infinitos puntos? Además, el componer la línea de puntos, lo divisible de indivisibles, y lo extenso de inextensos, presenta escollos asaz difíciles de sortear; y aun la misma necesidad de admitir el vacío, tan concluyentemente rechazado por Aristóteles, no carece de análogas dificultades.

SALVIATI. Existen realmente éstas y otras más. Pero no debemos olvidar que se trata de infinitos e indivisibles, unos y otros incomprensibles para nuestro entendimiento, aquéllos por su grandeza, y éstos, por su pequeñez. A pesar de todo esto, vemos que el pensamiento humano no quiere abstenerse de abordarlos, discurriendo acerca de ellos. De él quiero yo también independizarme un poco, para aducir una fantasía propia, que si no concluye necesariamente, al menos por su novedad, habrá de causar sorpresa. Mas acaso el alejarnos tanto, en nuestras digresiones, del camino comenzado, podría pareceros importuno y poco grato.

SAGREDO. Dichosos nosotros que podemos gozar del beneficio y privilegio que significa el conversar con los vivos y entre amigos, y más todavía de temas no impuestos ni necesarios, cosa muy diferente del tratar con los libros muertos, que nos suscitan mil dudas y no nos resuelven ninguna. Haznos, pues, partícipes de las consideraciones que el curso de nuestros razonamientos te sugiere, que no nos ha de faltar tiempo, puesto que estamos libres de urgentes obligaciones, para continuar y resolver los demás tópicos planteados. Ademas, las dudas sugeridas por Simplicio, de ningún modo deben quedar sin respuesta.

SALVIATI. Hagámoslo así, si tal es vuestro deseo. Y comenzando por la primera, que consistía en saber cómo se puede concebir que un solo punto sea igual a una línea; ya que no puedo hacer otra cosa por ahora, procuraré aquietar o al menos mitigar una improbabilidad con otra semejante o mayor, como a veces una maravilla se desvanece con un milagro. Esto lo conseguiré demostrando que dos superficies iguales junto con dos sólidos también iguales y colocados sobre las superficies citadas, que les servirán de base, van disminuyendo, tanto éstos como aquéllas, continua, uniforme y simultáneamente, persistiendo sus residuos siempre iguales entre sí, hasta que por fin llegan, tanto las superficies como los sólidos, a finalizar sus constantes igualdades precedentes, uno de los sólidos con una de las superficies en una larguísima línea, y el otro sólido con la otra superficie en un solo punto; es decir, éstos en un solo punto, aquéllos en infinitos.

SAGREDO. Tal proposición me parece verdaderamente asombrosa; mas veamos su explicación y su demostración.

SALVIATI. Es necesario trazar una figura, porque la prueba es puramente geométrica. Supongamos el semicírculo AFB, cuyo centro es C; y en torno a él el paralelogramo rectángulo ADEB; desde el centro a los puntos D, E tracemos las rectas CD, CE. Después, figurémonos el radio CF, inmóvil y perpendicular a una de las dos líneas AB, DE, y supongamos que alrededor de él gira toda la figura. Es evidente que el rectángulo ADEB describirá un cilindro, el semicírculo AFB una semiesfera, y el triángulo CDE un cono. Hecho esto, supongamos ser retirado el hemisferio, quedando el cono y lo que reste del cilindro, a lo cual, por quedar de forma semejante a una escudilla, llamaremos también "escudilla". Demostraremos en primer lugar que el volumen de la escudilla y el del cono son iguales;[7] y después, trazado un plano paralelo al círculo que es base de la escudilla, cuyo diámetro es la línea DE y el centro F, demostraremos que un tal plano, que pasaría v. g. por la línea GN, cortando a la escudilla por los puntos G,

I, O, N, y al cono por los puntos H, L, determina la parte del cono CHL siempre de igual volumen que la parte de la escudilla, cuyo perfil representan los triángulos GAI, BON. Se probará, además, que también la base del mismo cono, o

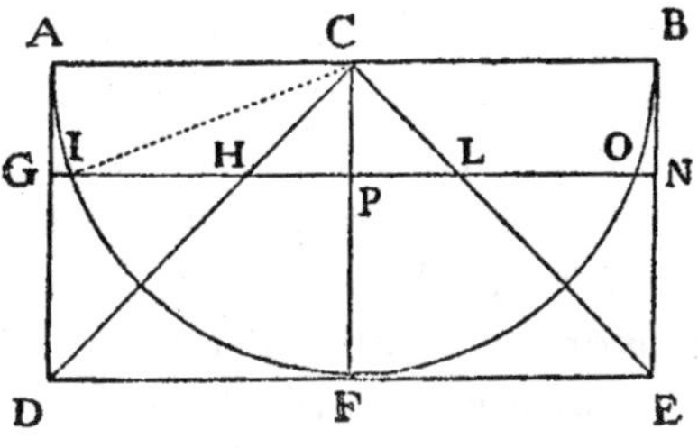

Fig. 6

sea el círculo cuyo diámetro es HL, es de área igual a la superficie circular, base de aquella parte de la escudilla, que es, por decirlo así, una corona de anchura igual a la línea GI. (Notad, entre tanto, lo que son las definiciones de los matemáticos; son una imposición de nombres, o si lo preferís, abreviaciones del hablar, creadas e introducidas, para evitar la engorrosa tarea que tanto vosotros como yo sentimos en estos momentos, por no habernos puesto de acuerdo en llamar v. g., a esta superficie, "corona circular" [*nastro circolare*] y al agudísimo sólido de la escudilla, "cuchilla anular" [*rascio rotondo*].) Sin embargo, sea cual fuere el nombre con que os plazca designarlos, básteos comprender que el plano trazado a cualquier altura, con tal que sea paralelo a la base, es decir al círculo cuyo diámetro es DE, corta siempre, iguales entre sí, a los dos sólidos, o sea a la parte del cono CHL y a la parte superior de la escudilla; y del mismo modo a las dos superficies, bases de tales sólidos, es decir, a la citada corona y al círculo HL, también entre sí iguales.

De aquí se sigue el hecho sorprendente, antes citado: si suponemos que el plano secante va ascendiendo sucesivamente hacia la línea AB, las partes cortadas de los sólidos son siempre iguales, lo mismo que son también siempre iguales las superficies que forman sus bases. Por fin, subiéndolo más y más, tanto los dos sólidos (siempre iguales) como sus bases (superficies siempre iguales) van a terminar, un par de ellos en una circunferencia de un círculo, y el otro par en un solo punto, pues no otra cosa son el borde superior de la escudilla y la cúspide del cono. Ahora bien, puesto que durante la disminución de los dos sólidos, la igualdad entre ellos va persistiendo siempre hasta el fin, parece justo decir que los términos superiores y últimos de tales aminoraciones persisten entre sí iguales, y de ninguna manera el uno infinitamente mayor que el otro. Parece, pues, que la circunferencia de un círculo inmenso puede decirse igual a un solo punto. Esto, que sucede en los sólidos, sucede igualmente en las superficies, sus bases, ya que también ellas, conservando siempre la igualdad durante la común disminución, van por fin a hallar como término propio, en el instante de su última disminución, una la circunferencia de un círculo, la otra un solo punto. ¿Y por qué no habrían de llamarse iguales, si son las últimas reliquias y vestigios dejados por grandores iguales? Nótese, además, que aun cuando tales recipientes tuvieran capacidad para contener a los inmensos hemisferios celestes, tanto sus bordes superiores como los ápices de los conos contenidos, conservando siempre entre sí la igualdad, irían a terminar, aquéllos en circunferencias iguales a las de los círculos máximos de los orbes celestes, y éstos en simples puntos. Por lo tanto, conforme a lo que tales especulaciones nos persuaden, también todas las circunferencias de círculos, por diferentes que sean, pueden llamarse iguales entre sí, y cada una igual a un solo punto[8] (por ser superficies nulas).

SAGREDO. La exposición me parece tan aguda y peregrina, que yo, aunque pudiese, no quisiera oponérmele, porque juzgaría casi sacrílego deslucir tan hermosa estructura, mancillándola con alguna ofensa pedantesca. Mas, para nuestra mayor satisfacción, ten a bien aducir esa prueba, que llamas geométrica, de que persiste siempre la igualdad entre los sólidos y entre sus bases; porque me imagino que habrá de ser muy aguda, ya que tan sutil es la reflexión filosófica que de tal conclusión depende.

SALVIATI. La demostración es, sin embargo, breve y fácil. Reasumamos la figura indicada, en la cual, por ser recto el ángulo IPC, el cuadrado del radio IC es igual a la suma de cuadrados de los lados IP, PC; mas el radio IC es igual a la AC y ésta a la GP, y la CP es igual a la PH; por consiguiente, el cuadrado de la línea GP es igual a la suma de los cuadrados de las IP, PH, y el cuádruplo de ese cuadrado a los cuádruplos de los otros, es decir, el cuadrado del diámetro GN es igual a la suma de los dos cuadrados IO, HL. Y puesto que los círculos son entre sí como los cuadrados de sus diámetros, el círculo que tiene por diámetro a GN será igual a la suma de los círculos cuyos diámetros son IO, HL; y quitado el círculo común cuyo diámetro es IO, el resto del círculo GN será igual al círculo que tiene por diámetro HL. Esto en cuanto a la primera parte;[9] en cuanto a la segunda, prescindiremos por ahora de la demostración; primero, porque si la queremos ver, la hallaremos en la duodécima proposición del libro segundo de *De centro gravitatis solidorum* (del centro de gravedad de los sólidos), aducida por el señor Lucas Valerio, nuevo Arquímedes de nuestra época, quien se sirvió de ella con propósito diferente; segundo, porque en nuestro caso basta el haber visto que las superficies antes mencionadas, son siempre iguales, y que, disminuyendo siempre de modo igual, van a terminar la una en un solo punto y la otra en la circunferencia de un círculo, mayor todavía que el más grande que se quiera, porque en esta sola consecuencia versa nuestra admiración.

SAGREDO. Tan ingeniosa es la demostración, como admirable la reflexión hecha sobre ella. Pero oigamos alguna cosa, acerca de la segunda dificultad propuesta por Simplicio, si es que acerca de ella tienes alguna particularidad que decirnos, aunque yo bien creería que no, siendo una controversia tan ardorosamente sostenida.

SALVIATI. Apuntaré un pensamiento particular mío, repitiendo, en primer lugar, lo que poco ha dije, y es que lo infinito es de por sí solo incomprensible para nosotros, como lo son también los indivisibles; pensad ahora lo que serán reunidos en conjunto. Sin embargo, si queremos componer la línea de puntos indivisibles, es necesario hacerlos infinitos; y así conviene tomar en consideración al mismo tiempo lo infinito y lo indivisible. Muchas son las cosas referentes a este propósito que a veces han pasado por mi mente, parte de las cuales y quizá las más importantes, podría ser que de improviso no se me ocurrieran; pero durante el transcurso del razonamiento podrá acontecer que, al suscitar yo, a ti y en particular a Simplicio, objeciones y dificultades, ellas a su vez me hagan recordar lo que sin tal estímulo hubiese quedado durmiendo en la subconciencia (*fantasía*). Sin embargo, con la acostumbrada libertad séame permitido traer a cuento alguna de nuestras humanas fantasías, pues así podemos con justicia llamarlas, en comparación con las doctrinas sobrenaturales, las únicas que con verdad y seguridad pueden decir la última palabra en nuestras controversias; guías infalibles en nuestras tenebrosas e inseguras sendas, o más bien laberintos.

Entre las primeras dificultades que se suelen alegar contra los que hacen componer de indivisibles el continuo, suele estar el que un indivisible unido a otro indivisible no produce nada divisible, porque si esto sucediera, se seguiría que aun lo indivisible fuera divisible; dado que si dos indivisibles, como ser dos puntos, reunidos hicieren una cantidad, cual sería una línea divisible, con mucha mayor razón sería divisible la que estuviera compuesta de tres, de cinco, de siete y de otros números (*moltitudini*) impares. Ahora bien, al ser estas líneas seccionables en dos partes iguales, hacen seccionable aquel indivisible que estaba colocado en el medio. A ésta y a otras objeciones del mismo tipo se da satisfacción en parte, con decir que un grandor divisible y extenso no puede estar constituido ni por dos puntos solos, ni por diez ni por cien ni por mil, pero que sí lo puede estar por infinitos.

SIMPLICIO. Aquí surge de súbito una duda, que me parece insoluble; y es que estando seguros de que existe una línea mayor que otra, si contienen ambas a dos infinitos puntos, es fuerza confesar que se da en un mismo género, alguna cosa mayor que lo infinito, porque la infinidad de los puntos de la línea mayor excederá a la infinidad de los puntos de la menor. Ahora bien, esto de darse un infinito mayor que lo infinito, me parece concepto que de ningún modo puede comprenderse.

SALVIATI. Estas dificultades son de las que derivan del modo que tenemos nosotros de discurrir con nuestro entendimiento finito acerca de los infinitos, asignándoles aquellos atributos que damos a las cosas finitas y limitadas; lo que reputo inconveniente, porque juzgo que estos atributos de prevalencia (*maggioranza*), subvalencia (*minorità*) e igualdad (*egualità*) no convienen a los infinitos, de los cuales no se puede decir que uno es mayor o menor o igual al otro. Para probarlo, se me ocurre un razonamiento que, para mayor claridad en su desarrollo, propondré en forma de preguntas a Simplicio, promotor de la dificultad.

Supongo muy bien sabido de vosotros, cuáles son los números cuadrados y cuáles los no cuadrados.

SIMPLICIO. Sé muy bien que el número cuadrado es el que resulta de la multiplicación de otro número por sí mismo: así el cuatro y el nueve, etc., son números cuadrados, ya que se originan uno del dos y el otro del tres, multiplicados por sí mismos.

SALVIATI. Muy bien; y sabéis, además, que así como los productos se llaman cuadrados, los que los producen, o sea los que se multiplican, se llaman lados (*lati*) o raíces. Por consiguiente, los otros que no nacen de números multiplicados por sí mismos, no son cuadrados. De donde, si yo dijere que todos los números, incluyendo los cuadrados y los no cuadrados, son más que los cuadrados solos, habré enunciado una proposición, realmente verdadera. ¿No es así?

SIMPLICIO. No se puede decir lo contrario.

SALVIATI. Si después yo preguntare, cuántos son los números cuadrados, se podría con toda verdad responder, que son

tantos como son sus respectivas raíces, puesto que todo cuadrado tiene su raíz, y toda raíz su cuadrado, sin que haya ningún
cuadrado que tenga más de una raíz, ni raíz ninguna que tenga más de un cuadrado.*

SIMPLICIO. Así es.

SALVIATI. Mas si yo preguntare, cuántas son las raíces, no
podrá negarse que son tantas como sean todos los números,
porque no hay ningún número que no sea raíz de algún otro;
y sentado esto, habrá que decir que los números cuadrados son
tantos como sean todos los números, ya que son tantos como
sus raíces, y raíces son todos los números. Y sin embargo nosotros en un principio dijimos que los números en conjunto
son muchos más que todos los cuadrados, por ser no cuadrados la mayor parte. Todavía más, la multitud de cuadrados va
disminuyendo progresivamente, a medida que pasamos a números más grandes; porque hasta cien hay diez cuadrados, que
es como decir que son cuadrados una décima parte; en diez
mil, sólo la centésima parte son cuadrados; en un millón sólo
la milésima. Y sin embargo, en un número infinito, si pudiéramos concebirlo, sería necesario decir que son tantos los cuadrados, cuantos son todos los números en conjunto.

SAGREDO. ¿Y qué se puede decidir en tal coyuntura?

SALVIATI. No veo que se pueda llegar a otra decisión, sino
a decir que es infinita la totalidad de los números, infinitos los
cuadrados, infinitas sus raíces; y que la multitud de cuadrados
no es menor que la de la totalidad de los números, ni ésta mayor que aquélla, y en última instancia, que los atributos de
"igual", "mayor" y "menor", no tienen lugar en los infinitos, sino sólo en las cantidades limitadas. Por ello, cuando Simplicio
me propone varias líneas desiguales, y me pregunta cómo puede ser que no haya en las mayores más puntos que en las me-

* El Autor considera solamente la raíz cuadrada positiva. (N. del T.)

nores, yo le respondo que no hay más, ni menos, ni tantos, sino infinitos en cada una.[10] Porque si yo le respondiese que en una los puntos son tantos como son los números cuadrados; en otra mayor, tantos como son la totalidad de los números; en otra pequeñita, tantos como son los cubos, ¿acaso no podría haberle dado satisfacción, al poner más en una que en otra, y sin embargo infinitos en cada una? Y esto en cuanto a la primera dificultad.

SAGREDO. Ten la bondad de esperar un momento, y permíteme que yo añada a lo dicho hasta aquí un pensamiento, que ahora se me ocurre. Dado que sean ciertas las cosas dichas hasta ahora, paréceme que no sólo no se puede decir que un infinito es mayor que otro infinito, sino que ni siquiera es mayor que un finito, porque si el número infinito fuese mayor, por ejemplo, de un millón, se seguiría que pasando del millón a otros y otros constantemente mayores, nos acercaríamos hacia lo infinito; y no es así; antes por lo contrario, a medida que vamos pasando a números más grandes, nos vamos alejando cada vez más del número infinito; porque en los números, cuanto más grandes se elijan, siempre más y más raros son los números cuadrados contenidos en ellos; ahora bien, en el número infinito, los cuadrados no pueden ser menos que la totalidad de los números, como hace un momento acabamos de inferir. Luego el aproximarnos hacia números cada vez mayores y mayores, es un alejarnos del número infinito.

SALVIATI. Y así, de tu ingenioso razonamiento se concluye que los atributos de "mayor", "menor" e "igual" no sólo no tienen lugar entre los infinitos, sino que ni siquiera lo tienen entre los infinitos y los finitos.

Paso ahora a otra consideración, y es, que al admitir que la línea y todo continuo son divisibles en partes siempre divisibles, no veo cómo se podrá eludir el que su composición conste de infinitos indivisibles, porque una división y subdivisión que pueda proseguirse perpetuamente, supone que las partes son infinitas, ya que de otro modo la subdivisión tendría un límite; y el que sean infinitas las partes, entraña como consecuencia el que sean no extensas (*non quante*), porque infinitas partes extensas (*quanti infiniti*) determinarían una extensión infinita (*estensione infinita*). Y por lo tanto el continuo está compuesto de infinitos indivisibles (*d'infiniti indivisibili*).

SIMPLICIO. Mas si podemos proseguir siempre la división en partes extensas (*quante*), ¿qué necesidad tenemos de introducir, a este respecto, las inextensas (*non quante*)?

SALVIATI. El mismo hecho de poder proseguir perpetuamente la división en partes extensas (*quante*), introduce la necesidad de admitir que la composición consta de infinitos no extensos (*infiniti non quanti*). Sin embargo, para puntualizar más, te pido me contestes concretamente, si las partes extensas (*quante*) en un continuo [limitado] son, a tu entender, finitas o infinitas.

SIMPLICIO. Te respondo que son infinitas y finitas: infinitas en potencia, y finitas en acto. Infinitas en potencia, es decir antes de la división; pero finitas en acto, o sea después de ser divididas; pues no se concibe que las partes estén en acto en su todo, sino después de ser divididas o al menos indicadas; de lo contrario se dice que están en potencia.

SALVIATI. De modo que no se puede decir que una línea de veinte palmos de largo, por ej., contiene en acto veinte líneas de a palmo cada una, sino después de la división en veinte partes iguales; antes se dice que las contiene solamente en potencia. Pero sea de ello lo que te plazca, y dime si, hecha en acto la división de las partes, el todo original aumenta o disminuye o si permanece con el mismo grandor.

SIMPLICIO. Ni crece ni mengua.

SALVIATI. Así lo creo yo también. Por consiguiente, las partes extensas (*quante*) en el continuo, ya estén en acto, ya estén en potencia, no hacen a su cantidad ni mayor ni menor; pero es cosa clara que partes extensas (*quante*) contenidas en acto en su todo, si son infinitas lo hacen de grandor infinito. Por consiguiente, partes extensas, aunque sólo existan en potencia, infinitas, no pueden estar contenidas, si no es en un grandor infinito; luego en el [grandor] finito no pueden estar contenidas ni en potencia ni en acto partes extensas infinitas.

SAGREDO. ¿Cómo, pues, podrá ser verdad que el continuo pueda incesantemente dividirse en partes capaces siempre de nueva división?

SALVIATI. Parece que la distinción entre acto y potencia nos hace factible por una parte, lo que sería imposible por otra. Mas yo veré de ajustar mejor esta partida, haciendo otra compulsa; y a la pregunta de si las partes extensas en el continuo limitado son finitas o infinitas, responderé todo lo contrario de lo que respondió antes Simplicio; esto es que ni son finitas ni infinitas.

SIMPLICIO. Esto nunca lo hubiera podido responder yo, no creyendo que se diese término medio alguno entre lo finito y lo infinito, de modo que debiera de resultar manca o defectuosa la división o distinción que establece de una cosa ser o finita o infinita.*

SALVIATI. Paréceme que lo es. Y al hablar de las cantidades discretas, creo que entre las finitas y las infinitas hay un tercer término medio, que es el corresponder a cada número dado (*segnato*); de modo que al preguntar, en el caso presente, si las partes extensas en el continuo son finitas o infinitas, la respuesta más conducente sería decir que no son finitas ni infinitas, sino tantas, que corresponden a cada número dado. Para esto es necesario que no estén comprendidas dentro de ningún núme-

* En este párrafo y en los inmediatos anteriores se echa de ver la tendencia filosófica de Simplicio de la que hablamos en el Prólogo del Traductor. *(N. del T.)*

ro limitado, porque no corresponderían a uno mayor; pero tampoco es necesario que sean infinitas, porque ningún número dado (*assegnato*) es infinito. Así al arbitrio del solicitante, tratándose de una línea dada, podremos presentársela dividida en cien partes extensas y en mil y en cien mil, conforme al número que más le plazca; pero dividida en infinitas, esto ya no. Concedo, pues, a los señores filósofos que el continuo contiene todas las partes extensas que se quiera, y les admito que las contiene en acto o en potencia, a su gusto y voluntad; pero les voy a replicar después, que así como en una línea de diez estadales, están contenidas diez líneas de un estadal cada una, y cuarenta de una vara cada una, y ochenta de un codo, etc.;* así también contiene ella infinitos puntos.[11] Llamadles en acto o en potencia, como más os plazca, que yo por mi parte, Simplicio, en este particular me remito a tu parecer y criterio.

SIMPLICIO. No puedo menos de alabar tu disertación; pero mucho me temo que esa paridad en el estar contenidos los puntos como las partes extensas, no sea del todo exacta, ni que a ti te sea tan factible el dividir en infinitos puntos una línea dada, como les será a aquellos filósofos el dividirla en diez estadales o en cuarenta varas; antes bien, tengo por imposible en absoluto llevar a efecto tal división, de tal modo que será ésta una de aquellas potencias que nunca se reducen a acto.

SALVIATI. El que una cosa no sea factible sino con trabajo o diligencia o con gran espacio de tiempo, no la hace imposible, pues pienso que tú mismo no te desempeñarías muy fácilmente en hacer la división de una línea en mil partes, y mucho menos si tuvieras que dividirla en 937 u otro gran número primo. Pero si yo pudiere convertir esta división, que tú, al parecer, juzgas imposible, en cosa tan hacedera como resultaría para uno que la debiera dividir en cuarenta partes, ¿te avendrías a admitirla de mejor grado en nuestra conversación?

* Las medidas italianas usadas por Galileo están sustituidas en la traducción por medidas castellanas. *(N. del T.)*

SIMPLICIO. Me gusta tu modo de proceder, cómo haces a veces, con cierta benevolencia; y a tu pregunta respondo que esa facilidad es más que suficiente, siempre que el resolverla en puntos no fuese más dificultoso que el dividirla en mil partes.

SALVIATI. Quiero decirte una cosa que te causará asombro, a propósito del querer o poder dividir la línea en sus infinitos, siguiendo el mismo procedimiento que se aplica para dividirla en cuarenta, sesenta o más partes, o sea al ir dividiéndola en dos y luego en cuatro, etc. Quien por este procedimiento creyese encontrar sus infinitos puntos, se engañaría grandemente; porque con un tal proceso ni siquiera se llegaría durante toda la eternidad a la división de todas las partes extensas (*quante*). Pero en cuanto a los indivisibles, está tan lejos el poder alcanzar por tal camino el ansiado término, que más bien creo que uno se aleja de él; y mientras piensa, prosiguiendo la división y multiplicando la multitud de las partes, aproximarse a la infinidad, creo que se aleja de ella cada vez más. La razón es ésta. Al discutir hace poco, llegábamos a la conclusión de que en el número infinito era necesario que los cuadrados y los cubos fuesen tantos como la totalidad de los números, porque unos y otros son tantos como sean sus raíces, y raíces son todos los números. Vimos, en seguida, que cuanto mayores números se elegían, tanto más escasos se daban en ellos sus cuadrados, y más raros todavía sus cubos. Por consiguiente, es claro que a medida que vayamos pasando a números mayores, nos vamos separando más del número infinito; de donde se sigue que, volviendo para atrás (ya que ese proceso nos aleja cada vez más del término buscado), si algún número puede decirse infinito, éste es la unidad. Y verdaderamente en ella se cumplen los necesarios requisitos y condiciones del número infinito; me refiero al contener en sí tantos cuadrados, como cubos, y como números [naturales] hay en conjunto.

SIMPLICIO. Yo no comprendo bien cómo se debe entender esta cuestión.

SALVIATI. El asunto no admite en sí duda ninguna, porque la unidad es cuadrado, es cubo, es cuadrado de cuadrado, y todas las demás potencias (*dignità*) sin que haya ninguna particularidad esencial a los cuadrados, a los cubos, etc. que no convenga a la unidad; así, por ej., es propiedad de los números cuadrados el tener entre sí un número medio proporcional; tomad cualquier número cuadrado como uno de los términos, y sea el otro la unidad; siempre hallaréis un número medio proporcional.

Sean los números cuadrados 9 y 4; entre el 9 y el uno tenéis el 3 como medio proporcional; entre el 4 y el uno media el 2; y entre los dos cuadrados 9 y 4 está como medio el 6. Propiedad de los cubos es el tener entre sí necesariamente dos números medios proporcionales; suponed 8 y 27, desde luego son medios entre ellos 12 y 18; y entre el uno y el 8 median el 2 y el 4; y entre el uno y el 27, el 3 y el 9.[12] Por lo tanto concluyamos que el único número infinito es la unidad. Y éstas son de las maravillas que sobrepujan la capacidad de nuestra imaginación, y que deberían hacernos conscientes de cuán gravemente uno se equivoca, cuando quiere discurrir acerca de los infinitos con los mismos atributos con que discurrimos acerca de los finitos, cuyas naturalezas nada tienen de común entre sí.

A propósito de esto, no quiero callaros una admirable propiedad, que se me ocurre en este instante, y que explica la infinita diferencia, o más bien oposición y contrariedad de naturaleza (*l'infinita differenza anzi repugnanza e contrarietà di natura*), que encontraría una cantidad limitada al pasar a infinita. Tracemos la recta AB, de la longitud que se quiera; tomado en ella un punto cualquiera, como el C, que la divida en partes desiguales, digo que si un par de líneas parten desde los puntos extremos A, B, y guar-

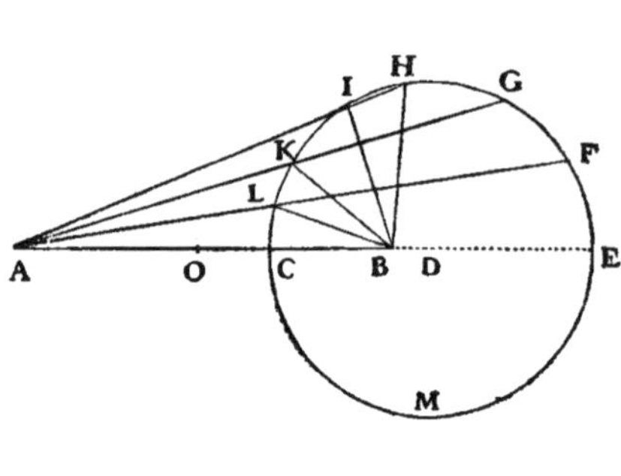

Fig. 7

dando entre sí la misma proporción que tienen los segmentos AC, BC, llegan a encontrarse, los puntos de su intersección caerán todos en la circunferencia de un mismo círculo. Por ejemplo: si parten las AL, BL de los puntos A, B, y, teniendo entre sí la misma proporción que tienen las partes AC, BC, van a concurrir en el punto L; y si otras dos líneas AK, BK, reteniendo también una misma proporción, concurren en K; y si se comportan de un modo semejantes los pares AI, BI; AH, HB; AG, GB; AF, FB; AE, EB, digo que los puntos de concurrencia L, K, I, H, G, F, E, caen todos en la circunferencia de un mismo círculo. Según esto, si nos imaginamos el punto C moviéndose continuadamente, de tal manera que las líneas prolongadas desde él hasta los términos fijos A, B, mantengan siempre la misma proporción que tienen las primeras partes AC, CB, ese punto C describirá la circunferencia de un círculo [C, L, K, I, H,… M], tal como en seguida demostraré. El círculo de tal modo descripto, irá siendo siempre mayor y mayor infinitamente, a medida que el punto C se vaya acercando al punto medio [de AB], que supondremos ser O; e irá siendo cada vez menor a medida que el punto C se vaya aproximando al extremo B. De modo que los infinitos puntos que pueden tomarse en la línea OB (moviéndose de acuerdo a la indicada ley) podrán describir círculos del grandor que se quiera, más pequeños que la pupila del ojo de una pulga, y más grandes que el ecuador del cielo (*primo mobile*).

Ahora, si al desplazarse cualesquiera de los puntos comprendidos entre los términos O, B, todos ellos describen círculos, y los más próximos a O los describen inmensos; si desplazamos el mismo punto O y seguimos moviéndolo de acuerdo a la ley establecida, o sea que las líneas trazadas desde él hasta los puntos A, B, retengan la proporción* que tienen las líneas primeras AQ, OB [que son iguales], ¿qué clase de línea se producirá? Se producirá la circunferencia de un círculo, pero de

---

* En ésta como en otras ocasiones, debería traducirse, de acuerdo al lenguaje matemático actual, *razón* cuando se trata sólo de dos cantidades, y no "proporción", pero se ha querido conservar en lo posible, las palabras originales. *(N. del T.)*

un círculo mayor que todos los más grandes [círculos], de un círculo, en consecuencia, infinito; pero se describe también una línea recta y perpendicular sobre la BA, trazada desde el punto O y prolongada a lo infinito, sin volver jamás a unir su último término con el primero, como lo hacían las demás; pues la descripta por el movimiento limitado del punto C, después de haber descripto el semicírculo superior CHE, procedía a describir el inferior EMC, reuniendo sus términos extremos en el punto C. Mas el punto O, habiéndose desplazado para describir su círculo, como hacen todos los demás puntos de la línea AB (porque también los puntos de la otra parte OA describirán sus círculos, y serán mayores los descritos por los puntos más próximos a O), no puede retornar a su punto de partida, porque el círculo que él describe es el mayor de todos y, por consiguiente, infinito; en efecto, describe una línea recta infinita, como circunferencia de su círculo infinito.

Considerad ahora la diferencia que hay entre un círculo finito y uno infinito, puesto que el segundo altera su naturaleza de tal modo que no sólo pierde totalmente el ser, sino también el poder ser: con toda claridad comprendemos que no puede darse un círculo infinito; y esto trae como consecuencia, que tampoco puede existir una esfera infinita, ni cuerpo alguno, que sea infinito, ni una dada (*figurata*) superficie infinita. ¿Y qué diremos ahora de una tal metamorfosis en el pasar de lo finito a lo infinito?[13] ¿Y por qué hemos de sentir mayor repugnancia, si al buscar lo infinito entre los números, los hemos hallado en la unidad? Si al desmenuzar un sólido en muchas partes, y seguir reduciéndolo a finísimo polvo, llegamos a tenerlo resuelto en sus infinitos átomos ya indivisibles; ¿por qué no hemos de poder decir que ha retornado a un solo continuo, pero quizá fluido como el agua o el mercurio o el mismo metal licuefacto? ¿No vemos licuarse en vidrio las piedras, y al mismo vidrio, con el mucho fuego, hacerse más fluido que el agua?

SAGREDO. ¿Hemos de pensar, entonces, que las sustancias se hacen fluidas, porque se resuelven en los primitivos infinitos indivisibles, sus componentes?

SALVIATI. Yo no atino a encontrar mejor expediente para interpretar ciertos fenómenos sensibles, entre los cuales está el siguiente. Cuando yo tomo un cuerpo duro, como piedra o metal, y con un martillo o una agudísima lima lo voy reduciendo cuanto puedo a polvo diminuto e impalpable, es claro que sus mínimos, aun cuando por su pequeñez sean imperceptibles uno por uno a nuestra vista y tacto, son no obstante extensos (*quanti*), con forma propia (*figurati*) y numerables. Sucede con ellos que, amontonados, se sostienen en montón; y si excavamos en ellos un hoyo hasta cierta profundidad, la excavación permanecerá abierta, sin que las moléculas de alrededor concurran a rellenarla; agitados o removidos, se aquietarán tan pronto como el motor exterior los abandone. Estos mismos efectos se dan en todos los conglomerados de mayores y mayores corpúsculos de cualquier figura, aun esférica, como vemos en los acervos de mijo, de trigo, de perdigones de plomo, y de cualquier otra materia.

Mas si intentáramos ver tales propiedades en el agua, no las descubriremos; sino que cuando se la eleva, inmediatamente se aplana, a no ser que algún vaso u otro sostén externo la retenga; cuando se la ahoya, afluye inmediatamente a llenar la cavidad; cuando se la agita, sigue fluctuando por largo tiempo y extendiendo sus ondas a grandes distancias. Paréceme que de esto podemos con toda razón deducir que los mínimos del agua, en los cuales parecería estar resuelta (porque tiene menos consistencia que el más fino polvo, o tal vez no tiene consistencia alguna), son muy diferentes de los mínimos extensos y divisibles; y yo creería que la única diferencia consiste en que los del agua son indivisibles. Me parece que la misma transparencia purísima del agua nos da pie para tal conjetura; porque si tomamos el cristal más transparente que haya y comenzamos a quebrantarlo y triturarlo, una vez que ha sido reducido a polvo, pierde la transparencia, y más la pierde cuanto más se lo pulveriza; mas el agua, que está desmenuzada (*trita*) en sumo grado, es, sin embargo, sumamente diáfana. El oro y la plata, reducidos (*polverizati*) por medio de ácidos (*acque forti*) más finamente de lo que puede hacerse por medio de cualquier lima, quedan hechos polvo (*pur restano in polvere*), pero no devienen fluidos, ni se licuan antes que los indivisibles (*gl'indivisibili*) del fuego o de los rayos del sol los disuelvan, a mi parecer, en sus primarios y últimos (*primi altissimi*) componentes infinitos, indivisibles.

SAGREDO. Esto que tú has traído a cuento acerca de la luz, varias veces lo he observado yo, no sin asombro; he visto licuar en un instante el plomo por medio de un espejo cóncavo de tres palmos de diámetro. De ahí he dado en pensar que si el espejo fuese muy grande y terso y de figura parabólica, licuaría también en brevísimo tiempo cualquier otro metal, viendo que aquél que ni era muy grande ni bien pulimentado y, de concavidad esférica, licuaba con tanto poder el plomo y quemaba cualquier combustible. Tales hechos me hacen creer en las maravillas de los espejos de Arquímedes.

SALVIATI. Hablando de los efectos de los espejos de Arquímedes, lo que me hace creíble cualquiera de los milagros narrados por más de un escritor, es la lectura de los libros del mismo Arquímedes, ya de antes leídos y estudiados por mí con infinito estupor; y si alguna duda me hubiera quedado, la obra que últimamente ha dado a luz acerca del espejo ustorio, el P. Buenaventura Cavalieri,* y que yo he leído con admiración, sería suficiente para disipar en mí cualquier dificultad.

SAGREDO. También yo he visto ese tratado, y lo leí con gusto y con gran asombro; y como ya de antemano tenía conocimiento de la persona, he venido a corroborar la opinión que de él me había formado, de que llegará a ser uno de los matemáticos más conspicuos de nuestra época. Pero volviendo al efecto maravilloso de los rayos solares en la licuefacción de los metales, ¿debemos acaso creer que una acción tan violenta se efectúa sin movimiento, o más bien con movimiento, pero velocísimo?

* Francisco Buenaventura Cavalieri 1598-1647, geómetra italiano discípulo de Galileo y autor de la teoría de los invisibles. *(N. del T.)*

SALVIATI. Vemos que las otras ustiones (*incendii*) y resoluciones (*dissoluzioni*) se efectúan con movimiento, y con movimiento velocísimo: véanse las acciones de los rayos, de la pólvora en las minas y en los petardos; y en suma, cómo al ser avivada por los fuelles la llama de los carbones, mezclada con vapores densos e impuros, acrece su poder para la licuefacción de los metales. De ahí que yo no podría comprender que la acción de la luz, aunque purísima, pueda producirse sin movimiento, y sin movimiento velocísimo.

SAGREDO. Pero ¿de qué clase y cuán grande estimaremos ser esta velocidad de la luz? ¿Es acaso instantánea, momentánea o más bien, como son los otros movimientos, durable? ¿No nos sería posible, por medio de experimentos, adquirir la certeza de cómo es?

SIMPLICIO. La experiencia cotidiana nos muestra que la propagación de la luz es instantánea; pues cuando a lo lejos dispara un cañón, el resplandor del fogonazo llega a nuestros ojos sin interposición de tiempo, mas el estampido lo oímos sólo después de un notable intervalo de tiempo.

SAGREDO. ¡Eh! Simplicio, de esta conocidísima experiencia solamente se deduce que el sonido necesita más tiempo que la luz, para llegar hasta nosotros, pero no se sigue de ahí que la propagación de la luz sea instantánea, y no temporal, por más veloz que ella sea. Esta observación no tiene más peso que aquella otra que dice: "Tan pronto como el Sol asoma en el horizonte, llega a nuestros ojos su resplandor"; porque ¿quién me asegura que sus rayos no han llegado a dicho punto antes que a nuestra vista?

SALVIATI. La inconsecuencia de éstas y otras observaciones semejantes, me hizo pensar una vez en el modo de poder comprobar sin error, si la iluminación o sea la propagación de la luz, es verdaderamente instantánea; porque el movimiento asaz veloz del sonido nos asegura que la propagación de la luz no puede menos de ser velocísima. El experimento que se me ocurrió, fue el siguiente. Sean dos individuos, cada uno de los cuales pone una luz dentro de una linterna u otro receptáculo, de modo que, con la interposición de la mano puedan ir tapándola y descubriéndola a la vista del compañero. Colóquense uno frente a otro a pocos codos de distancia y vayan adiestrándose en descubrir y ocultar su luz a la vista del compañero, de modo que, cuando uno vea la luz del otro, descubra inmediatamente la suya. Esta correspondencia, después de algunas respuestas intercambiadas de uno y otro lado, quedará tan ajustada, que al acto de descubrir del uno, corresponderá inmediatamente, sin error sensible, el acto de descubrir del otro; de modo que al descubrir uno su luz, verá al mismo tiempo aparecer a su vista la luz del otro. Una vez conseguido el ajuste (*pratica*) en pequeñísimas distancias, pónganse los compañeros, con sus luces, a dos o tres millas de distancia, y volviendo a repetir de noche el experimento, observen atentamente si las respuestas a sus actos recíprocos de descubrir y ocultar la luz, se verifican por el mismo tenor de las que se hacían desde más cerca; si se verifican así, podremos concluir con bastante seguridad, que la propagación de la luz es instantánea; porque si necesitare tiempo, en una distancia de tres millas, que suponen seis, para ir una y venir la otra, la demora deberá ser fácilmente observable. Si las observaciones hubieren de hacerse a mayores distancias, como ser ocho o diez millas, podríamos servirnos del telescopio, con tal que cada uno de los observadores ajuste el suyo al lugar donde se ha de operar con las luces durante la noche. Pues aun cuando las luces sean pequeñas, y por consiguiente invisibles a simple vista desde tanta distancia, podrán con toda facilidad taparse y descubrirse. Y con la ayuda de los telescopios, de antemano ajustados y fijos, se las podrá ver cómodamente.

SAGREDO. El experimento me parece invención tan segura como ingeniosa. Pero dinos a qué conclusión has llegado al practicarlo.

SALVIATI. Ciertamente no he realizado el experimento sino en pequeñas distancias, o sea de menos de una milla, y no he podido tener la seguridad de si es instantánea la aparición de la luz opuesta; pero si no es instantánea, por lo menos es velocísima y aun diría momentánea, y por ahora la compararía con el movimiento que vemos producirse en el resplandor del relámpago, visto entre las nubes a ocho o diez millas de distancia. Nosotros distinguimos el origen de esta luz, y podríamos decir el manantial y la fuente, en un lugar determinado entre esas nubes, pero inmediatamente se propaga con amplísima expansión entre las circundantes. Esto parece ser un argumento en favor de que esa propagación requiere algún tiempo, porque si fuese instantánea y no gradual, parece que no podríamos distinguir su origen, o su centro, por decirlo así, de sus repliegues y prolongaciones extremas.[14] Pero ¿en qué piélagos vamos nosotros poco a poco engolfándonos inadvertidamente? ¿Entre los vacíos, entre los infinitos, entre los indivisibles, entre los movimientos instantáneos, para no poder jamás, después de mil discusiones, arribar a puerto?

SAGREDO. Realmente, cosas son éstas en gran desproporción con nuestro entendimiento. Pues ved: el infinito, buscado entre los números, parece terminar en la unidad; de los indivisibles nace lo siempre divisible; lo vacío parece que no se encuentra si no es mezclado inseparablemente con lo pleno. En fin, en estas cosas se trueca de tal manera la naturaleza de lo que comúnmente juzgamos, que hasta la circunferencia de un círculo deviene una línea recta infinita. Y si la memoria no me falla, es ésta la proposición que tú, Salviati, tienes que poner de manifiesto por medio de su correspondiente demostración geométrica. Si te place, estaría bien comenzar ya, sin más digresiones.

SALVIATI. Estoy a tus órdenes; mas para tu mejor comprensión, resolveré primero el siguiente problema:

Dada una línea recta dividida en partes desiguales según la proporción que se quiera, describir un círculo tal, que dos lí-

Sea la recta dada AB, dividida a capricho en dos partes desiguales por el punto C, es necesario describir un círculo tal,
que si a cualquiera de los puntos de su circunferencia concurren dos rectas trazadas desde los extremos A, B, guarden entre sí la misma proporción que tienen entre sí las partes AC, BC, de modo que sean homólogas las que parten del mismo punto. Alrededor de C, como centro, y con

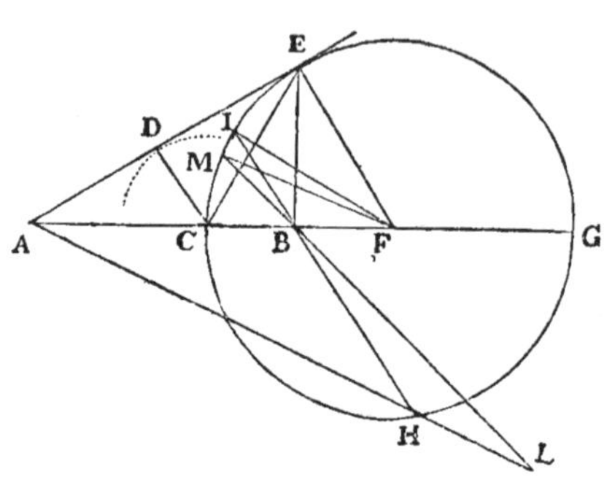

Fig. 8

la parte menor CB de la línea dada, como radio, supóngase
descrito un círculo, a cuya circunferencia sea tangente desde el
punto A la recta AD, prolongada indefinidamente hacia E; sea
el punto de contacto en D, y únase D con C mediante una línea [DC] que será perpendicular a la AE. A la BA sea perpendicular la BE, la que al ser prolongada cortará a AE, por ser
agudo al ángulo A, sea la intersección en el punto E, desde el
cual se tira a la AE una perpendicular, que al prolongarse corte en F a la AB, prolongada infinitamente. Digo, en primer lugar, que las dos rectas FE, FC son iguales. Porque si trazamos
la EC, tendremos que en los dos triángulos DEC, BEC, los lados DE, EC del uno son iguales a los BE, EC del otro, porque
DE, EB son tangentes al círculo DB; y las bases DC, CB también son iguales; por consiguiente, los dos ángulos DEC, BEC
serán iguales. Y como al ángulo BCE, para ser recto, le falta el
ángulo CEB, y al ángulo CEF, también para ser recto, le falta
el ángulo CED, siendo tales complementos iguales, los ángu-

los FCE, FEC serán iguales; y en consecuencía, los lados FE, FC también lo serán. Si se toma al punto F como centro, y con el radio FE, se describe un círculo, pasará por el punto C; descríbase, y sea CEG. Éste es el círculo pedido; y todo par de líneas que, partiendo de los puntos A, B, encuentren a la circunferencia de dicho círculo en alguno de sus puntos, guardarán entre sí la misma proporción que tienen los segmentos AC, BC, que concurren al punto C. Esto es manifiesto en lo tocante a las dos líneas AE, BE que se encuentran en el punto E, por estar el ángulo E del triángulo AEB bisecado por la recta CE; por esta causa, la misma proporción que tiene AC con BC, la tiene AE con BE. Lo mismo probaremos de AG, BG, terminadas en el punto G. Porque siendo (por la semejanza de los triángulos AFE, EFB) AF a FE como EF a FB, es decir, AF a FC como CF a FB, será (*dividendo*), AC a CF (o sea FG) como CB a BF, y toda la AB a toda la BG, como una CB a una BF y (*componendo*) será AG a GB como CF a FB, es decir EF a FB, o sea AE a EB y AC a CB: lo que había que probar.[15] Tomemos ahora otro punto cualquiera en la circunferencia, por ej. H, al cual concurren las AH, BH; del mismo modo, digo, que AC es a CB como es AH a HB. Prolónguese HB hasta hallar la circunferencia en I, y únanse IF. Por ser, según hemos visto, AB a BG, como CB a BF, el rectángulo ABF* será igual al rectángulo CBG o sea a IBH; y por ello AB a BH como IB a BF. Pero los ángulos en el B son iguales, por consiguiente, AH es a HB como IF o sea EF es a FB, y como AE es a EB.[16]

Digo, además, que es imposible que las líneas que guarden tal proporción, partiendo de los extremos A, B, concurran en ningún punto, ni dentro ni fuera del círculo CEG. Porque, supongamos que ello fuera posible; sean en este caso AL, BL las dos líneas que concurren en el punto L, fuera del círculo; prolónguese la LB hasta el punto M de la circunferencia, y únanse MF. Siendo AL a BL como AC es a BC, o sea como MF a FB, tendremos dos triángulos ALB, MFB, que tienen propor-

---

* El autor llama rectángulo ABF al producto de AB x BF, es decir a su superficie. (*N. del T.*)

cionales los lados en torno a los dos ángulos ALB, MFB, iguales los ángulos con vértice en el punto B, y los dos remanentes FMB, LAB menores que rectos (porque el ángulo recto en el punto M tiene por base todo el diámetro CG, y no sólo la parte BF; y el otro [ángulo] en el punto A es agudo, porque la línea AL, homóloga de AC, es mayor que la BL, homóloga de BC). Por consiguiente, los triángulos ABL, MBF son semejantes, y por lo tanto, AB es a BL como MB es a BF; de donde se deduciría que el rectángulo ABF es igual al rectángulo MBL; pero se ha demostrado que el rectángulo ABF es igual al CBG; por consiguiente el rectángulo MBL es igual al rectángulo CBG, lo que es imposible: luego la intersección no puede caer fuera del círculo.[17] Del mismo modo se demostrará que no puede tampoco caer dentro; por consiguiente, todas las intersecciones caen en la circunferencia misma.

Pero ya es hora de satisfacer el deseo de Simplicio, mostrándole que el resolver la línea en sus infinitos puntos, no sólo no es imposible, sino que ni siquiera ofrece mayor dificultad que el dividirla en sus partes extensas (*quante*), pero hecha una salvedad, a la que espero, Simplicio, no podrás negarte. Es ésta: tú no me exigirás que separe uno de otro los puntos, y que te los haga ver distintos uno por uno sobre este papel; porque yo me contentaría con que tú, sin separar una de las otras las cuatro o seis partes de una línea, me mostrares señaladas sus divisiones, o a lo menos, plegadas en ángulos, formando un cuadrado o un hexágono; pues abrigo el convencimiento de que en estos casos considerarías suficientemente distintas las partes y la división realmente efectuada.

Simplicio. Ciertamente sí.

Salviati. Pues bien; si el doblar una línea en ángulos formando, ya un cuadrado, ya un octágono, ya un polígono de cuarenta, de cien o de mil ángulos, es una alteración suficiente para reducir a acto aquellas cuatro, ocho, cuarenta, cien y mil partes, que primero estaban, a tu decir, en potencia en la línea recta; cuando yo forme con esa línea un polígono de infinitos lados, o sea, cuando yo la doble en una circunferencia de círculo, ¿no podré, con la misma razón, decir que he reducido a acto esas partes infinitas, que, según tú, estaban primeramente en potencia contenidas en ella, mientras era recta?

Ni puede uno negar que la resolución en sus puntos infinitos, se efectúa con tanta verdad, como la resolución en cuatro partes, para formar un cuadrado, o en mil para formar un polígono de mil ángulos; puesto que en tal resolución no falta ninguna de las condiciones que se dan en el polígono de mil o de cien mil lados. Este último polígono, puesto sobre una línea recta, la toca con uno de sus lados, es decir con una de sus cien mil partes; el círculo, que es polígono de infinitos lados, toca a la misma recta con uno de sus lados, que es un solo punto, distinto de todos sus contiguos, y por esta razón tan separado y distinto de ellos, como lo está un lado del polígono de los lados restantes. Y lo mismo que un polígono, al rodar sobre un plano, imprime, con los sucesivos contactos de sus lados, una línea recta igual a su perímetro, así también el círculo, rodando sobre un tal plano, traza, con sus infinitos contactos sucesivos, una línea recta igual a su propia circunferencia. Ahora, yo no sé, Simplicio, si los peripatéticos, de quienes yo admito, como muy verdadero, el concepto de que el continuo es divisible en partes siempre divisibles, de modo que continuando una tal división y subdivisión, jamás se llegaría al fin, querrán concederme a mí que ninguna de sus tales divisiones es la última, como en realidad no lo es, porque siempre queda otra más, sino que la final y última es la que lo resuelve en infinitos indivisibles; a la cual concedo que no se llegaría jamás dividiendo sucesivamente en mayor y mayor multitud de partes. Pero haciendo uso del método que yo propongo, para separar y resolver toda la infinitud (*tutta la infinità*) de un solo golpe (recurso que no debería negárseme), me parece que ellos deberían conformarse y admitir que el continuo está compuesto de átomos absolutamente indivisibles, máxime siendo éste, quizá de entre todos, el camino más apto para salir de intrincadísimos laberintos, tales como el ya mencionado de la cohesión de las partes de los sólidos, y el comprender el problema de la rarefacción y de la condensación, sin incurrir, por causa de la primera, en el inconveniente de tener que admitir espacios vacíos, y por causa de la segunda, la penetrabilidad (*penetrazione*) de los cuerpos: dos inconvenientes que, a mi parecer, pueden evitarse perfectamente con sólo admitir la mencionada composición por medio de indivisibles.

SIMPLICIO. Yo no sé lo que responderían los peripatéticos, pues creo que las consideraciones hechas por ti, les llegarían en gran parte como novedades; y podría acaecer que ellos hallaran respuestas y soluciones poderosas para soltar esos nudos, que yo, por falta de tiempo y fragilidad de ingenio, no sabría al presente deshacer. Mas, dejando por ahora esta parte de la cuestión, oiría de buen grado cómo la introducción de estos indivisibles facilite entender la condensación y la rarefacción, eludiendo al mismo tiempo el vacío y la penetrabilidad de los cuerpos.

SAGREDO. Con ansia oiría yo también hablar de cosas tan oscuras para mi entendimiento. Todavía más; me gustaría no quedar defraudado con respecto a lo que hace un momento insinuó Simplicio; es decir, las razones de Aristóteles para refutar el vacío, y en consecuencia, las soluciones que tú les das, o sea los argumentos que tienes para admitir lo que él niega.

SALVIATI. Haremos ambas cosas. En cuanto a lo primero, es necesario que, así como en lo tocante a la rarefacción nos servíamos de la línea rectificada por el círculo menor, mayor que su propia circunferencia, mientras era movido por la rotación del mayor, así también, para entender la condensación, mostraremos cómo durante la rotación hecha por el círculo menor, el mayor rectifica una línea recta menor que su circunferencia. Para mayor claridad, procedamos antes a la consideración de lo que sucede en los polígonos.

En una figura semejante a aquella otra [fig. 5], sean dados los hexágonos ABC, HIK en torno al centro común L. y hagámoslos rodar sobre las paralelas HOM, AB*c*. Manteniendo fijo el vértice I del polígono menor, hágase rodar el polígono hasta que el lado IK caiga sobre la paralela [HOM]; en este movimiento el punto K describirá el arco KM, y el lado KI coincidirá con la parte IM.

Mientras tanto es necesario ver qué hará el lado CB del polígono mayor. Como la rotación se hace sobre el punto I, el extremo B de la línea IB, marchando hacia atrás, describirá el arco B*b* bajo la paralela *c*A, de tal modo que cuando el lado KI llegue a coincidir con la lí-

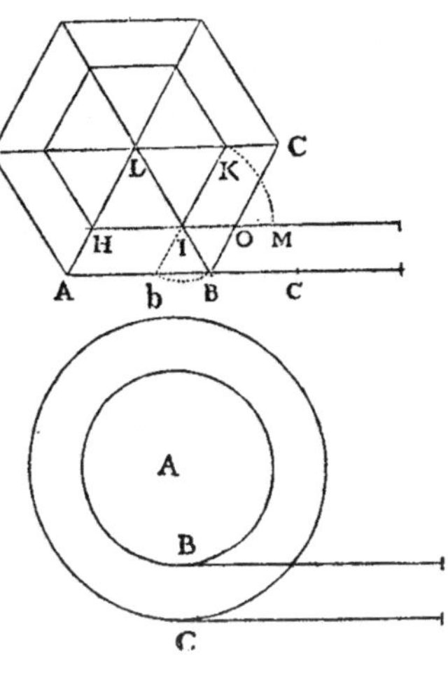

Fig. 9

nea MI, el lado BC coincidirá con la línea *bc*, habiendo avanzado solamente una distancia igual a la parte B*c*, y habiendo retrocedido otra igual a la parte que subtiende el arco B*b*, la cual se sobrepone a la línea BA. Si continuamos por este tenor la rotación del polígono menor, éste describirá y desarrollará sobre su paralela una línea igual a su perímetro; pero el mayor desarrollará una línea menor que su perímetro; menor en una cantidad igual a la suma de tantas líneas *b*B, como lados menos uno tiene el polígono. Esta línea será aproximadamente igual a la descripta por el polígono menor, excediéndola solamente en una cantidad igual a *b*B. Aquí, pues, asoma sin dificultad la razón, por la cual el polígono mayor (llevado por el menor) no desarrolla con sus lados una línea mayor que la desarrollada por el menor; y es, porque una parte de cada uno de sus lados se sobrepone al precedente contiguo.

Pero si consideramos los dos círculos en torno al centro A, y apoyados sobre sus respectivas paralelas, tocando el menor a la suya en el punto B, y el mayor a la suya en el punto C; aquí, al comenzar el menor su rotación, no se verificará que el punto B quede por un momento inmóvil, de modo que la línea BC, marchando hacia atrás, transporte el punto C, como acontecía en los polígonos, en donde permaneciendo fijo el punto I, hasta caer el lado KI sobre la línea IM, la línea IB retrotraía el punto B, término del lado CB, hasta B*b*, de modo que el lado BC caía en *bc*, sobreponiendo a la línea BA la parte Bb y avanzando hacia adelante sólo con la parte Bc, igual a IM, o sea igual a un lado del polígono menor. Por motivo de estas superposiciones, que son los excesos de los lados mayores sobre los menores, los restantes avances, iguales a los lados del polígono menor, vienen a componer, durante una revolución completa, una línea recta igual a la descripta y rectificada por el polígono menor.

Pero si ahora queremos aplicar el mismo razonamiento al caso de los círculos, será conveniente decir que mientras los lados de cualquier polígono están comprendidos dentro de un cierto número, los lados del círculo son infinitos; aquéllos son extensos y divisibles, éstos son inextensos e indivisibles. Los vértices del polígono, durante la rotación, están fijos por algún tiempo, es decir cada uno durante una fracción del tiempo de una rotación completa, equivalente a la parte que él representa en todo el perímetro. De modo semejante en los círculos, las demoras de los vértices de sus infinitos lados son instantáneas (*momentanee*), porque la misma fracción representa un instante de tiempo extenso (*quanto*), que un punto de una línea, que contiene infinitos. Los retrocesos hechos por los lados del mayor no son de todo el lado, sino tan sólo de su exceso sobre el lado del menor, ganando hacia adelante tanto espacio como es la longitud de dicho lado menor; pero en los círculos, el punto o lado C, en la demora instantánea del vértice B, retrocede tanto como es su exceso sobre el lado B, y avanza por delante tanto como es el mismo lado B. Por consiguiente, los infinitos lados indivisibles, del círculo mayor, por medio de sus infinitos retrocesos indivisibles, hechos durante las infinitas demoras instantáneas de los infinitos vértices de los infinitos lados del círculo menor, y por medio de sus infinitos avances, iguales a los infinitos lados de ese mismo círculo menor, producen y describen una línea igual a la descrita por el círculo menor, la que contiene en sí infinitas superposiciones no extensas (*non quante*), que forman una contracción o condensación sin ninguna compenetración de partes extensas; cosa que no puede suceder en la línea dividida en partes extensas (*quante*), tal como es el perímetro de cualquier polígono, que rectificado en línea recta, no se puede reducir a una longitud menor, si no es haciendo que los lados se sobrepongan y se compenetren. Esta contracción de partes no extensas, pero sí infinitas, sin la compenetración de partes extensas, así como aquella primera expansión, antes mencionada, de infinitos indivisibles por la interposición de vacíos indivisibles, es a mi parecer, lo más que puede decirse concerniente a la contracción (*condensazione*) y rarefacción de los cuerpos, sin necesidad de introducir la penetrabilidad (*penetrazione*) de los cuerpos ni los espacios extensos vacíos. Si en esto halláis algo que os guste, tomadlo en consideración; si no, juzgadlo baladí, incluyendo también mis observaciones, y procurad que cualquier otro aquiete vuestro entendimiento con explicaciones mejores. Voy a añadir sólo dos palabras: que estamos en el campo de los infinitos y de los indivisibles.

SAGREDO. Confieso francamente que son ideas sutiles, nuevas y peregrinas para mis oídos; por lo demás, en cuanto a si de hecho la naturaleza procede o no de acuerdo con esta ley, yo no sabría qué pensar. Sin embargo, mientras yo no encuentre nada más satisfactorio, para no quedar del todo en el aire, me atendré a esta explicación. Pero quizá Simplicio hallará el modo (lo que yo no he podido conseguir hasta ahora) de explicar la explicación que dan los filósofos en materia tan abstrusa. Porque, en verdad, todo lo que hasta ahora he leído acerca de la contracción (*condensazione*) es para mí tan denso, y lo referente a la rarefacción (*rarefazione*) tan sutil, que mi pobre intelecto (*vista*) ni comprende esto ni penetra aquello.

SIMPLICIO. De mí sé decir, que estoy lleno de confusión, y que encuentro serios tropiezos por una y otra senda, y en particular por esta nueva; porque según esta teoría, una onza de oro se podría rarefacer, y expandir en una mole mayor que la tierra, y toda la tierra condensarse y reducirse hasta ser menor que una nuez; cosa que yo no creo, ni creo que tú mismo creas. Los razonamientos y demostraciones que tú has hecho hasta aquí, por ser matemáticos, abstractos y alejados de la materia sensible, paréceme que, aplicados al mundo físico y natural, no se comportarían de acuerdo con estas reglas.*

SALVIATI. Hacer ver lo invisible, ni yo podría hacerlo, ni creo que encuentres quien lo haga. Pero ¿no nos dicen nuestros sentidos, a medida de su posibilidad, que el oro (ya que de oro has hablado) admite una inmensa expansión de sus moléculas (*parti*)? No sé si habrás tenido la oportunidad de ver la manera que tienen los aurífices de tratar el oro "tirado" [hilado], el cual sólo en la superficie es realmente oro, pues la materia interior es plata. La manera de "tirarlo" es la siguiente: toman un cilindro o si lo preferís una varilla de plata, de cerca de medio codo de longitud, y de un grosor igual a tres o cuatro veces el dedo pulgar, la doran con panes de oro batido, sin sobreponer nunca más de ocho o diez de éstos, que son tan delgados, según sabéis, que casi pueden flotar por el aire. Una vez dorado, comienzan a "tirarlo" con inmensa fuerza, haciéndolo pasar por los agujeros de la hilera; y siguen haciéndolo pasar y repasar continuamente por agujeros cada vez más angostos, hasta que, con tanto pasarlo y repasarlo, lo dejan tan fino como un cabello de mujer o quizá más fino; y sin embargo, permanece dorado en la superficie. Dejo ahora a vuestra consideración, la finura y expansión a que se habrá reducido la sustancia del oro.

SIMPLICIO. Yo no veo que de este proceso se deduzca, como consecuencia, una tenuidad de la sustancia del oro tan asombrosa como tú pretendes: primero, porque ya la primera doradura se hizo con diez panes de oro, que suponen notable grosor; segundo, porque al "tirar" y sutilizar esa plata, lo que gana en largura lo pierde en grosor, quedando así una dimen-

* Sin embargo, qué poco alejadas de las teorías modernas sobre constitución de las estrellas gigantes rojas como Betelgeuse y enanas blancas como Sirio B. *(N. del T.)*

sión compensada con la otra, sin que la superficie aumente tanto que, para revestir esa plata con oro, necesitemos reducir éste a mayor tenuidad de la que tenían los primitivos panes.

SALVIATI. Te equivocas en extremo, Simplicio, porque la superficie aumenta directamente como la raíz cuadrada del alargamiento, según lo puedo demostrar geométricamente.

SAGREDO. No sólo por mí, sino también por Simplicio, te rogaría nos hicieras ver esa demostración, si te parece que podemos comprenderla.

SALVIATI. Veré si así de improviso la recuerdo. Por de pronto es manifiesto que aquel primer grueso cilindro de plata y el larguísimo hilo "tirado", son dos cilindros de igual volumen, porque la plata es la misma. Ahora, con tal que yo pueda demostrar la proporción existente entre las superficies de los cilindros de igual volumen, tendremos lo que buscamos. Digo, pues, que:

Las superficies de los cilindros de igual volumen, prescindiendo de sus bases, guardan entre sí la misma proporción que tienen las raíces cuadradas de sus respectivas longitudes.

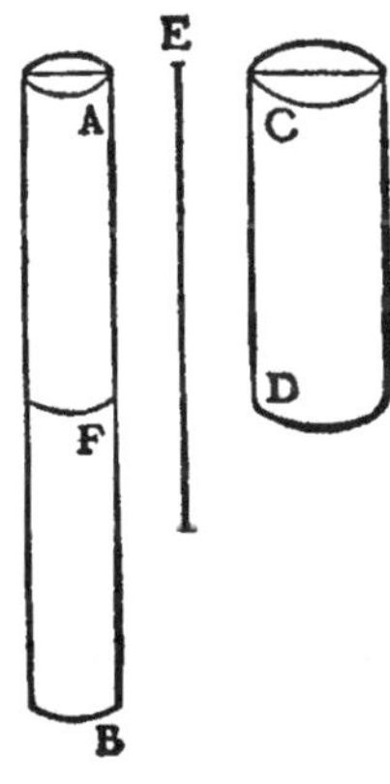

Fig. 10

Sean dos cilindros iguales [en volumen] con sus respectivas alturas AB, CD, entre las cuales es media proporcional la línea E. Digo que la superficie del cilindro AB, prescindiendo de las bases, en relación a la superficie del cilindro CD, omitiendo también sus bases, guarda la misma proporción que la línea AB guarda con la línea E, proporción que es, como la raíz cuadrada de AB a la raíz cuadrada de CD. Córtese ahora el cilindro AB por F y sea la altura AF igual a CD. Ahora bien, como las bases de cilindros iguales [en volumen] están entre sí en razón inversa de la de sus alturas, el círculo base del cilindro CD será al círculo base del cilindro AB, como la altura BA es a la DC; además, por ser los círculos entre sí, como son los cuadrados de sus diámetros, dichos cuadrados tendrán la misma proporción que la BA a la CD. Al ser BA a CD, como el cuadrado de BA al cuadrado de E, son también proporcionales los cuatro cuadrados; y como consecuencia, lo habrán de ser también sus lados; luego la línea AB es a E, como el diámetro del círculo C es al diámetro del círculo A. Pero como los diámetros son proporcionales a las circunferencias, y las circunferencias son proporcionales a las superficies de los cilindros de igual altura, tenemos que la línea AB es a la E, como la superficie del cilindro CD es a la del cilindro AF. Ahora bien, puesto que la altura AF es a la AB, como la superficie AF es a la superficie AB; y como la altura AB es a la línea E, como la superficie CD a la AF; se sigue, por la (*perturbata*) que la altura AF, es a E, como la superficie CD a la superficie AB; y (*convertendo*), la superficie del cilindro, AB es a la superficie del cilindro CD como la línea E es a AF, es decir a la CD, o también como AB es a E, que es la raíz cuadrada de la razón de AB a CD: lo que se quería demostrar.[18]

Ahora, si a nuestro propósito aplicamos lo hasta aquí demostrado; suponiendo que el cilindro de plata, que al ser dorado no tenía más de medio codo de longitud y un grosor de dos o tres veces el dedo pulgar, después de haber sido adelgazado hasta la finura de un cabello, se alargó hasta veinte mil codos (y acaso más), nos hallaríamos con que la superficie aumentó doscientas veces más de lo que era. En consecuencia, los diez panes de oro sobrepuestos, se extendieron en una superficie doscientas veces mayor, dándonos la certeza de que el oro que cubre la superficie de tantos codos de hilo, no tiene más espesor de una vigésima parte de un pan ordinario de oro batido. Imaginaos ahora, cuál sea su tenuidad, y si es posible que se haya conseguido sin una inmensa expansión de partes; y si este experimento no nos lleva a admitir que los cuerpos físicos (*materie fisiche*) están compuestos de infinitos indivisibles. Bien es verdad que esta tesis está corroborada por otros argumentos más concluyentes y de mayor peso.

SAGREDO. La demostración me parece tan bella, que aun cuando no tuviera la fuerza de persuadirnos, en cuanto al original propósito a que se destinaba (aunque a mi parecer tiene mucha), de todos modos, ha sido muy bien empleado el tiempo dedicado a escucharla.

SALVIATI. Ya que tanto gustáis de estas demostraciones geométricas, aportadoras de conquistas seguras, os diré la compañera de ésta que da satisfacción a una curiosísima pregunta. En la precedente hemos visto lo que acontece con cilindros iguales [en volumen], pero de diferentes alturas o más bien longitudes. No estará mal saber lo que sucede con los cilindros iguales en superficie, pero desiguales en altura; entendiendo sólo las superficies [laterales] que los circundan, o sea no comprendiendo las dos bases, superior e inferior. Digo, pues, que:

Los cilindros rectos, cuyas superficies, no incluyendo las bases, son iguales, tienen entre sí la misma proporción que la de sus alturas, tomadas inversamente.

Sean iguales las superficies de los dos cilindros AE, CF pero mayor la altura de CD que la altura de AB.

[Sup. AE = Sup. CF ; CD > AB]*

Digo que el cilindro AE guarda con el cilindro CF la misma proporción que guarda la altura CD con la AB.

[Sup. AE : Sup. CF = CD : AB]

Por ser la superficie CF igual a la superficie AE, será el cilindro CF menor [en volumen] que el AE, pues de

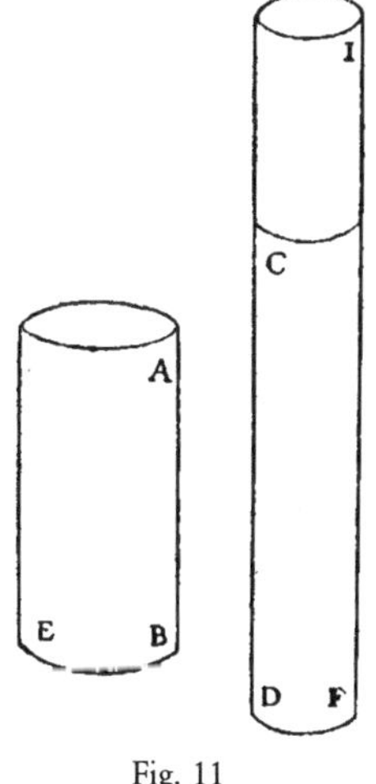

Fig. 11

* Las fórmulas que van intercaladas entre [ ] en cuerpo más pequeño, interpretan en el simbolismo matemático, la expresión anterior. (Ver nota 19.)

ser igual, sería su superficie mayor que la superficie AE, de acuerdo a la proposición precedente; y con mayor razón lo sería, si este mismo cilindro CF fuese más grande que AE. Supongamos el cilindro ID igual [en volumen] al AE.

$$[\text{Vol. ID} = \text{Vol. AE}];$$

entonces, por el teorema precedente, la superficie del cilindro ID es a la superficie del AE, como la altura IF es a la media proporcional entre IF y AB.

$$[\text{Sup. ID} : \text{Sup. AE} = \text{IF} : \sqrt{\text{IF} \times \text{AB}}]$$

Pero siendo, por dato [del problema], la superficie AE igual a la CF, y guardando la superficie ID con respecto a la CE la misma proporción que la altura IF con la CD, se sigue que la CD es media proporcional entre IF y AB.

$$[\text{Sup. ID} : \text{Sup. CF} = \text{IF} : \text{CD} = \text{Sup. ID} : \text{Sup. AE}]$$

y comparando con la anterior:

$$[\text{CD} = \sqrt{\text{F} \times \text{AB}} \, ; \text{IF} : \text{CD} = \text{CD} : \text{AB}]$$

Por otra parte, siendo el cilindro ID igual [en volumen] al cilindro AE, ambos tendrán una misma proporción con el cilindro CF; pero el ID es al CF como la altura IF es a la CD; luego el cilindro AE tendrá con el CF la misma proporción que la línea IF con la CD, es decir, la misma que CD tiene con AB;

$$[\text{Vol. AE} : \text{Vol CF} = \text{Vol. ID} : \text{Vol. CF} = \text{IF} : \text{CD} = \text{CD} : \text{AB}]$$

lo que se quería demostrar.[19]

Aquí radica la explicación del siguiente hecho, que llama la atención de las gentes del pueblo; cómo puede suceder que una misma pieza de tela más larga que ancha, si se hace con ella un saco, para meter el trigo, según se acostumbra hacer poniéndole el fondo de tabla, tenga más capacidad, si usamos para altura del saco la parte ancha de la tela, que si hacemos lo contrario; vale decir, que si la tela tuviera seis codos de ancho y doce de largo, tendrá más capacidad al rodear la tabla del fondo con los doce de largo, quedando el saco de seis codos de altura, que si se rodea el fondo con los seis de ancho, quedando el saco de doce por altura. Ahora, de lo demostrado se deduce no sólo el dato genérico de que tiene más capacidad en un sentido que en otro, sino también el conocimiento específico y particular de cuánto mayor es esa capacidad; la cual será tanto mayor, cuanto más bajo sea el saco, y tanto menor cuanto más alto. Así en las medidas antedichas, siendo la tela doble más larga que ancha, cosida a lo largo, contendrá la mitad menos que cosida a lo ancho. Del mismo modo si tenemos una estera de veinticinco codos por siete, para hacer un escriño; doblada longitudinalmente, contendrá tan sólo siete medidas, de las mismas que contendría veinticinco, de haber sido doblada a lo ancho.[20]

SAGREDO. De este modo voy, con particular complacencia, adquiriendo nuevos conocimientos curiosos y útiles a la vez. Mas en lo tocante al último tópico tratado, creo que entre las personas ignaras de la geometría, no habrá un cuatro por ciento que no se equivoquen, creyendo que los cuerpos con superficies iguales, son en todo iguales [en volumen]. En el mismo error se incurre cuando se habla de las superficies, al determinar, como muchas veces sucede, las dimensiones de distintas ciudades; pues se cree tener conocimiento cabal, cuando se conoce la longitud de sus murallas, sin advertir que puede haber dos murallas iguales, y ser mucho mayor el espacio contenido en una que el contenido en la otra. Y sucede esto no sólo entre las superficies [de polígono] irregulares, sino también entre las de los regulares, de los cuales los de mayor número de lados tienen siempre mayor superficie que los de menos lados; de modo que el círculo, como polígono de infinitos lados, es el polígono de mayor superficie entre todos los polígonos de igual perímetro. Recuerdo haber visto con especial complacencia esta demostración al estudiar la Esfera de Sacrobosco, ayudado de un erudito comentario.

SALVIATI. Es muy cierto; y además, al hacerme recordar este pasaje me diste ocasión de encontrar, según se deduce de una brevísima y sencilla demostración, que el círculo es la mayor [en superficie] de todas las figuras isoperímetras, y que, entre las demás figuras, las de mayor número de lados son mayores que las de menor número.

SAGREDO. Y yo que encuentro especial placer en ciertas proposiciones y demostraciones escogidas y no triviales, te ruego, aún a pique de resultarte importuno, que nos hagas copartícipes de tu demostración.

SALVIATI. Puedo hacerlo con muy pocas palabras, demostrando el siguiente teorema:

El círculo es medio proporcional entre dos polígonos cualesquiera regulares y semejantes entre sí, de los cuales uno le esté circunscripto y el otro le sea isoperímetro. Por otra parte, siendo el [área] círculo el menor de todos los polígonos circunscriptos, es por lo contrario el mayor de todos los isoperímetros. Además, de entre los mismos polígonos circunscriptos, los que tienen más ángulos son menores que los que tienen menos; pero a lo contrario, de entre los isoperímetros, los que tienen más ángulos son mayores.

Sean los dos polígonos semejantes A y B, el A circunscriba al círculo A, y el B sea isoperímetro con el mismo círculo: digo que el círculo es medio proporcional entre los polígonos. En efecto: (trazado el radio AC), y siendo todo círculo igual a un triángulo rectángulo, de cuyos catetos uno sea igual al radio AC y el otro igual a la circunferencia; y de modo similar, siendo el polígono A igual al triángulo rectángulo, uno de cuyos catetos sea igual a la misma recta AC, y el otro igual al perímetro del mismo polígono; es evidente que el polígono circunscripto guar-

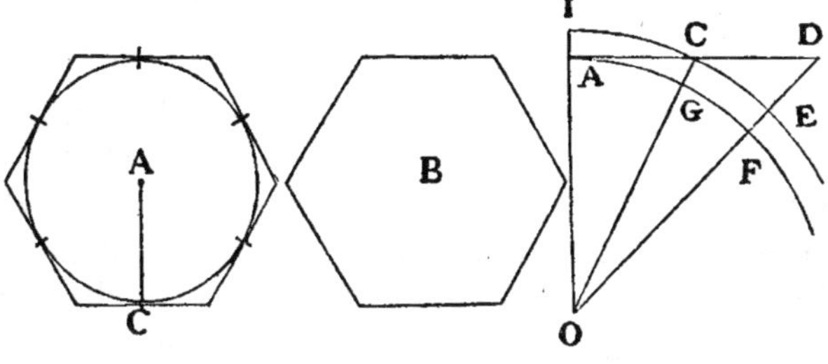

Fig. 12

da con el círculo la misma proporción que su perímetro guarda con la circunferencia del mismo círculo, o sea con el perímetro del polígono B, que suponemos ser igual a dicha circunferencia.

$$\left[\frac{\text{Sup. A}}{\text{Sup. circ.}} = \frac{\text{perím. A}}{\text{circunf.}} = \frac{\text{perím. B}}{\text{perím. A}}\right]$$

Pero, siendo figuras semejantes, los polígonos A y B, el [área de] A será a B, como el cuadrado de su perímetro es al del perímetro de B.

$$\left[\frac{\text{Sup. A}}{\text{Sup. circ.}} = \frac{(\text{Perím. A})^2}{(\text{Perím. B})^2} = \frac{(\text{Sup. A})^2}{(\text{Sup. circ.})^2}\right]$$

Luego el [área del] círculo A es medio proporcional entre [las áreas de] los polígonos A y B.

$$\left[\frac{\text{Sup. A}}{\text{Sup. circ.}} = \frac{\text{Sup. circ.}}{\text{Sup. B}}; \text{c.d. d.}\right]$$

Y siendo el [área del] polígono A mayor que la del círculo A, es claro que el [área del] círculo A es mayor que la del polígono B, su isoperímetro, y en consecuencia, es el mayor de todos los polígonos regulares isoperímetros del círculo.

[91]

En cuanto a la segunda parte, que consistía en demostrar que entre los polígonos que circunscriben un mismo círculo, el que tiene menos lados es [de área] mayor que el que tiene más lados; y que por el contrario, de entre los polígonos isoperímetros el que tiene más lados es [de área] mayor que el que tiene menos lados; demostraremos así. En el círculo cuyo centro es O y radio OA, trazar la tangente AD, y en ella admitamos, por ejemplo, que AD es la mitad del lado de un pentágono circunscripto, y AC la mitad del lado de un heptágono; tracemos las rectas OGC, OFD, y con centro O y distancia OC descríbase el arco ECI. Ahora, por ser el triángulo DOC mayor que el sector EOC, y el sector COI mayor que el triángulo COA.

$$[\text{Triáng. DOC} > \text{Sect. EOC}]$$
$$[\text{Sect. COI} > \text{Triáng. COA}]$$

el triángulo DOC tendrá mayor proporción respecto al triángulo COA, que la que el sector EOC tiene respecto al sector COI, o sea que el sector FOG al sector GOA. *Componiendo y permutando*:

$$\left[\frac{\text{Triáng. DOC}}{\text{Triáng. COA}} > \frac{\text{Sect. EOC}}{\text{Sect. COI}} = \frac{\text{Sect. FOG}}{\text{Sect. GOA}}\right]$$

el triángulo DOA guarda mayor proporción con el sector FOA, que el triángulo COA con el sector GOA,

$$\left[\frac{\text{Sect. FOG} + \text{Sect. GOA}}{\text{Sect. GOA}} > \frac{\text{Triáng. DOC} + \text{Triáng. COA}}{\text{Triáng. COA}}\right]$$
$$\left[\frac{\text{Triáng. COA}}{\text{Sect. GOA}} > \frac{\text{Triáng. DOA}}{\text{Sect. FOA}}\right]$$

y diez triángulos DOA, con relación a diez sectores FOA, tendrán mayor proporción que catorce triángulos COA con catorce sectores GOA; es decir, el pentágono circunscripto tendrá con el círculo mayor proporción, que la que tiene el heptágono; por lo cual el pentágono será [de área] mayor que el heptágono. Supongamos ahora un heptágono y un pentágono isoperímetros al mismo círculo; digo que el heptágono es [de área] mayor que el pentágono. Porque, siendo el [área del] círculo, medio proporcional entre la del pentágono circunscripto y la del pentágono su isoperímetro, e igualmente medio proporcional entre la del heptágono circunscripto y la del isoperímetro;

$$\left[\frac{P\ circ.}{Círculo}=\frac{Círculo}{Pisop.}\ ;\ \frac{H\ circ.}{Círculo}=\frac{Círculo}{Hisop.}\right]$$

habiendo sido demostrado, además, que el pentágono circunscripto es mayor que el heptágono circunscripto;

$$[P\ circ. > H\ circ.];$$

ese pentágono tendrá, respecto al círculo, mayor proporción que el heptágono, o sea que el círculo tendrá mayor proporción a su pentágono isoperímetro que a su heptágono isoperímetro;

$$\left[\frac{P\ círc.}{Círculo}>\frac{H\ círc.}{Círculo}\right]\ \therefore\ \left[\frac{Círculo}{Pisop.}>\frac{Círculo}{Hisop.}\right]$$

por consiguiente, el pentágono es menor que el heptágono isoperímetro.

$$[P\ isop. < H\ isop.]$$

Lo que se quería demostrar.[21]

SAGREDO. Ingeniosa la demostración y muy aguda.* Pero ¿hasta dónde nos hemos abismado en la geometría, por considerar las dificultades suscitadas por Simplicio? En verdad son de gran peso, y en particular, la referente a la condensación, me parece durísima.

* Después de *"y muy aguda"* Galileo añadió a la edición original, en el ejemplar de que hablamos en [Prólogo del Traductor] lo siguiente:

y que a primera vista parece contener una contradicción; puesto que la causa de ser el polígono de más lados mayor que su isoperímetro de menos lados, proviene de que el circunscripto de más lados es menor que el circunscripto de menos lados. (Fin del agregado.)

SALVIATI. La condensación y la rarefacción son movimientos opuestos; donde se dé una inmensa rarefacción, no podrá negarse una no menos enorme condensación. Pero rarefacciones inmensas, y, lo que causa más admiración, casi instantáneas, las estamos viendo todos los días. ¿No es desmedida la rarefacción de un poco de pólvora de cañón, haciendo explosión en una vastísima mole de fuego? Y fuera de esto, ¿qué decir de la expansión, casi sin límite, de la luz que produce? Y si aquel fuego y esta luz se reuniesen, cosa no imposible, porque ya antes estuvieron contenidos dentro de ese pequeño espacio ¿qué condensación no sería la suya? Vosotros, sólo con fijaros un poco, hallaréis millares de tales rarefacciones, mucho más fáciles de observar que las condensaciones, pues las materias densas son más notorias y accesibles a nuestros sentidos. En el uso de la leña, la vemos con toda facilidad resolverse en fuego y luz, pero no tan fácilmente vemos al fuego y a la luz condensarse para constituir la madera; vemos que los frutos, las flores y otras mil materias sólidas, en gran parte se resuelven en olores, mas no así podemos observar la reunión de los átomos olorosos para constituir los cuerpos olientes. Mas donde falte la observación de los sentidos, debe sustituirla la razón, que bastará para hacernos capaces de comprender el movimiento existente, no sólo en la rarefacción y resolución de los sólidos, sino también en la condensación de las sustancias tenues y rarefactas en sumo grado. Por otra parte, tratemos de especular cómo podrían realizarse la condensación y la rarefacción de los cuerpos capaces de condensarse y rarefacerse, en el supuesto caso de que excluyamos el vacío y la penetrabilidad de los cuerpos; lo que no quita que en la naturaleza puedan existir materias que no admitan tales accidentes, y en consecuencia, no den lugar a eso que tú llamas inconvenientes e imposibles. Finalmente, Simplicio, por un acto de condescendencia para con vosotros los filósofos, me he fatigado especulando, si podrían llevarse a cabo la condensación y la rarefacción sin admitir la penetrabilidad de los cuerpos y la existencia de los espacios vacíos; hechos negados y abominados por vosotros. Si quisierais admitirlos, no hallaríais en mí tan enérgico opositor. Sin embargo, o admitís estas dificultades, o aceptáis mis puntos de vista, o debéis aportar otros más apropiados.[22]

SAGREDO. En cuanto a negar la penetrabilidad, estoy completamente de acuerdo con los filósofos peripatéticos. En cuanto a lo del vacío, quisiera oír ponderar los argumentos con que Aristóteles lo impugna, y las razones con que le replicas tú, Salviati. Simplicio me va a complacer, aduciendo con precisión la prueba del filósofo, y tú, Salviati, la refutación.

SIMPLICIO. Aristóteles, si mal no recuerdo, se rebela contra ciertos [filósofos] antiguos, que introducían el vacío, como necesario para el movimiento, diciendo que no podía efectuarse éste sin aquél. En contraposición con esto, Aristóteles demuestra que, por el contrario, la realización del movimiento (según veremos) destruye la afirmación del vacío. Su procedimiento es el siguiente. Hace dos suposiciones: la primera es de dos móviles de distinta gravedad, moviéndose en idéntico medio; la segunda es de un mismo móvil, moviéndose en distintos medios. En cuanto a la primera supone que los móviles de distinta gravedad, se mueven en un medio idéntico con diferentes velocidades, que mantienen entre sí la misma proporción que sus respectivos pesos, de modo que un móvil, por ejemplo, diez veces más pesado que otro, se moverá con velocidad diez veces mayor. En la segunda suposición, acepta que las velocidades de un mismo móvil, en diferentes medios, tienen entre sí proporción inversa de la que tienen las condensaciones o densidades de tales medios; de modo que si la condensación del agua, por ejemplo, fuese diez veces mayor que la del aire, pretende que la velocidad en el aire debe ser diez veces mayor que la velocidad en el agua. De este segundo supuesto saca él su demostración en esta forma: Puesto que la tenuidad del vacío supera en grado infinito a la corporeidad, por tenue que ella sea, de cualquier medio pleno, todo móvil que en el medio pleno recorra cualquier espacio durante cualquier tiempo, en el vacío tendría que moverse instantáneamente; pero un movimiento instantáneo es imposible; luego es imposible que se dé el vacío en virtud del movimiento.

SALVIATI. Como se ve, el argumento es *ad hominem,** es decir contra los que admitían el vacío como necesario para el movimiento. Pero si yo concediese que el argumento es concluyente, y concedo simultáneamente que en el vacío no se da movimiento, la posición del vacío tomado absolutamente y no en relación al movimiento, no queda invalidada. Mas para decir lo que tal vez hubieran podido responder los antiguos, a fin de que se aprecie mejor la fuerza probatoria del argumento de Aristóteles, paréceme que podríamos ir contra las suposiciones de aquél, negándolas ambas a dos. En cuanto a la primera, dudo mucho que Aristóteles haya jamás sometido a experimento, si es verdad que dos piedras, una diez veces más pesada que la otra, dejadas caer al mismo tiempo desde una altura, supongamos de cien codos, fuesen de tal modo diferentes en sus velocidades que, al llegar a tierra la mayor, nos halláramos con que la menor no había descendido más de diez codos.

* Argumento "ad hominem" es el que se funda en principios admitidos por el adversario y utilizados por nosotros para refutarlo prescindiendo de su verdad. *(N. del T.)*

SIMPLICIO. Por sus palabras se ve que él da a entender que sí lo ha experimentado, porque dice: *"veremos que el más pesado"*; ahora bien, ese *"verse"* implica la realización del experimento.

SAGREDO. Sin embargo, Simplicio, yo que no he hecho la prueba, te aseguro que una bala de cañón que pese cien, doscientas libras o aún más, no se anticipará ni siquiera en un palmo en llegar a tierra, a una bala de mosquete que pese media libra, aun cuando vengan de doscientos codos de altura.

SALVIATI. Sin ninguna otra experiencia, con sólo una breve y concluyente demostración, podríamos claramente probar no ser verdad que un móvil más pesado, se mueva con más velocidad que otro menos pesado, siendo los móviles de la misma materia y tales como quiere Aristóteles. Pero antes dime, Simplicio, si tú admites que cada cuerpo pesado tiene asignada por la naturaleza su propia velocidad de caída, de tal modo que no se pueda acrecérsela o disminuírsela si no es haciendo uso de una fuerza u oponiéndole resistencia.

SIMPLICIO. No se puede dudar que un mismo móvil en un mismo medio tiene establecida por naturaleza una determinada velocidad, que no se puede acrecer sino confiriéndole nuevo impulso, ni disminuir sino con algún impedimento que la retarde.

SALVIATI. Por consiguiente, si tuviésemos dos móviles de velocidades naturales diferentes, sería de esperar que, uniendo el más tardo con el más veloz, éste sería en parte retardado por el más tardo, y el más tardo en parte acelerado por el más veloz. ¿No eres tú de mi misma opinión?

SIMPLICIO. Creo indudablemente que así debe suceder.

SALVIATI. Pero si esto es así, y es también verdad que una piedra grande se mueve, supongamos, con ocho grados de velocidad, y una menor con cuatro, al unir las dos, el sistema compuesto tendrá que moverse con velocidad menor de ocho grados; sin embargo las dos piedras unidas, hacen una piedra mayor que la primera, que se movía con ocho grados de velocidad; luego esta más grande se mueve con menos velocidad que la menor:* lo que está contra de tu suposición.

* En lugar de *"luego esta más grande se mueve con menos velocidad que la menor"*, que se lee en el original y en el códice G, Galileo sustituyó sobre el ejemplar del cual se habló [en el Prólogo del Traductor] lo siguiente:

sin embargo, este compuesto (que es mayor que la primera piedra sola) se moverá más lentamente que la primera piedra sola, que es menor.

Ya ves, pues, que del suponer que el móvil más pesado se mueve más velozmente que el menos pesado, yo infiero que el más pesado se mueve más lentamente.

SIMPLICIO. Me hallo desconcertado, porque a mi parecer, la piedra menor unida a la mayor le añade peso, y añadiéndole peso, no veo cómo no ha de añadirle velocidad, o al menos no disminuírsela.

SALVIATI. Aquí cometes otro error, Simplicio, porque no es verdad que la piedra acrezca el peso de la mayor.

SIMPLICIO. ¡Oh! esto sobrepasa mi comprensión.

SALVIATI. No la sobrepasará, sin embargo, una vez que yo te haya hecho ver el equívoco en que andas fluctuando. Advierte que es necesario distinguir, entre los cuerpos pesados puestos en movimiento, y los mismos en reposo. Una gran piedra puesta en la balanza, no sólo adquiere mayor peso al superponerle otra piedra, sino que hasta la añadidura de un copo de estopa, la hará aumentar de peso las seis o diez onzas que pesará la estopa; mas si tú dejaras caer libremente desde lo alto la piedra envuelta en la estopa ¿crees tú que durante la caída, la estopa habrá de gravitar sobre la piedra acelerando su movimiento, o crees más bien que lo retardará, sosteniéndola en parte? Sentimos peso sobre nuestras espaldas, mientras pretendemos oponernos a la caída que realizaría el cuerpo pesado que llevamos encima; pero si nosotros descendiésemos con la misma velocidad con que descendería naturalmente ese peso, ¿cómo quieres que pese y gravite sobre nosotros? ¿No ves que esto sería igual que pretender herir con la lanza a uno que corre delante de ti, con más velocidad de la que llevas tú al perseguirlo? Debes, pues, colegir que en la caída libre y natural, la piedra menor no gravita sobre la mayor, y en consecuencia, no le añade peso, como hace en el reposo.

SIMPLICIO. ¿Y si posamos la mayor sobre la menor?

SALVIATI. Le haría aumentar de peso, si su movimiento fuera más veloz; pero ya hemos quedado en que si la menor fuese más tarda, retardaría en parte la velocidad de la mayor, de modo que el conjunto vendría a ser menos veloz, aun siendo él mayor que la piedra más grande de las dos; lo que va contra tu hipótesis. De esto se deduce, que tanto los móviles grandes como los pequeños, se mueven con igual velocidad, si tienen una misma gravedad específica.

SIMPLICIO. Tu raciocinio se desarrolla admirablemente bien. Sin embargo, se me hace difícil creer que un perdigón de plomo y una bala de cañón se hayan de mover con la misma velocidad.

SALVIATI. Mejor dirías, un grano de arena y una muela de molino. No me gustaría que tú, Simplicio, haciendo como suelen hacer muchos, divirtieras el hilo del raciocinio de su principal intento, y te atuvieses a alguna palabrita mía, que faltase a la verdad en el grueso de un cabello, y que bajo este cabello quisieras esconder errores de algún otro, tan grandes como maroma de navío. Aristóteles dice: "Una bola de hierro de cien libras, cayendo de una altura de cien codos, llega a tierra, antes que otra de una libra haya descendido un solo codo". Yo digo que llegan al mismo tiempo. Al hacer el experimento, tú te encuentras con que la mayor se anticipa en dos dedos a la menor; es decir que cuando la grande toca tierra, está la otra a dos dedos de distancia. Ahora, querrías esconder bajo estos dos dedos, los noventa y nueve codos de Aristóteles, y hablando de mi error mínimo, pasar en silencio ese otro tan enorme. Aristóteles declara que, móviles de diferente gravedad en un mismo medio, se mueven (por lo que a la gravedad atañe) con velocidades proporcionales a sus respectivos pesos, y lo ejemplifica con móviles, en los que se pueda aislar el puro y neto efecto de la gravedad, eliminando toda otra consideración tanto de sus formas, como de los mínimos momentos (*i minimi momenti*) , cosas que, al recibir del medio grandes alteraciones, alteran el simple efecto de la sola gravedad. Por esta razón vemos al oro, la más densa de todas las substancias, andar flotando por el aire, después de ser batido en finísimos panes; lo mismo hacen las piedras reducidas a finísimo polvo. Pero si tú quieres defender la proposición [como] universal, deberás demostrar que en todos los graves se mantiene idéntica la proporción de las velocidades, y que una piedra de veinte libras, se mueve diez veces más veloz que una de dos; lo que puedo asegurarte que es falso, y que, cayendo de una altura de cincuenta o cien codos, llegan a tierra en el mismo instante.

SIMPLICIO. Quizá tratándose de extraordinarias alturas de millares de codos, sucedería lo que no vemos suceder en estas alturas más pequeñas.

SALVIATI. De haber creído esto Aristóteles, tú le achacarías otro error que sería un embuste; porque como no existen en la tierra tales alturas perpendiculares, es evidente que Aristóteles no pudo verificar el experimento; y sin embargo, intenta persuadirnos de que lo hizo, al decir que tal efecto se "ve".

SIMPLICIO. En realidad Aristóteles no se vale de este principio, sino de aquel otro que parece no ser pasible de tales dificultades.

SALVIATI. Tan falso es el uno como el otro; y me sorprende el que no descubras por ti mismo la falacia, y que no repares en que, si fuera verdad que un mismo móvil en medios de diferente tenuidad (*sottilità*), rarefacción (*rareta*), y consistencia (*cedenza*), como son el aire y el agua, se moviese en el aire con mayor velocidad que en el agua, según la proporción entre la densidad del aire y la del agua, se seguiría que todo móvil que descendiese por el aire, descendería también por el agua. Pero esto es tan falso, que muchísimos de los cuerpos que en el aire descienden, en el agua no sólo no descienden, sino que suben a la superficie.

SIMPLICIO. Yo no comprendo la necesidad de tu deducción; y más diré, Aristóteles habla de los móviles pesados, que descienden en uno y otro medio, y no de los que descienden en el aire, y suben a flor de agua.

SALVIATI. Tú alegas en pro del Filósofo unos descargos, que él rechazaría de plano, para no agravar el primer error. Pero dime si la consistencia (*corpulenza*) del agua, o lo que sea eso que retarda el movimiento, guarda una determinada proporción con la consistencia del aire, que lo retarda menos; y de tenerla asígnasela a tu voluntad.

SIMPLICIO. La tiene; y pongamos que están en proporción de diez a uno; y que por ello la velocidad de un grave que descienda en ambos elementos, será diez veces más lenta en el agua, que en el aire.

SALVIATI. Tomo en seguida uno de esos graves que van hacia abajo en el aire, pero no van en el agua, cual sería una bola de madera, y te ruego que le asignes la velocidad que más te guste, mientras desciende por el aire.

SIMPLICIO. Pongamos que se mueve con veinte grados de velocidad.

SALVIATI. Muy bien. Y no hay duda de que una tal velocidad, con respecto a cualquier otra menor, guardará la misma proporción que guarda la consistencia del agua con la del aire; y entonces esta [menor] velocidad será de dos solos grados. Por consiguiente, en buena ley, conforme a la suposición (*assunto*) de Aristóteles, deberíamos concluir que la bola de madera que en el aire, diez veces menos resistente (*piú cedente*) que el agua, se mueve descendiendo con veinte grados de velocidad, en el agua debería descender con dos, y no venir desde el fondo a la superficie, como lo hace. A no ser que quieras decir que el subir a flor de agua, cuando se trata de madera, es lo mismo que bajar al fondo con dos grados de velocidad; lo que no creo. Pero ya que la bola de madera no va al fondo, espero me concederás que podríamos encontrar alguna otra bola de una materia distinta de la madera, que descienda en el agua con dos grados de velocidad.

SIMPLICIO. Sin duda se podría, pero de una materia mucho más pesada que la madera.

SALVIATI. Esto es lo que voy buscando. Pero esta segunda bola, que en el agua desciende con dos grados de velocidad ¿con qué velocidad descenderá en el aire? Os veréis obligados a responder (de acuerdo a la norma de Aristóteles) que se moverá con veinte grados; pero veinte grados de velocidad le has asignado tú mismo a la bola de madera. Luego ésta y la otra, mucho más pesada, se moverán en el aire con igual velocidad. Ahora bien ¿cómo concilia el Filósofo ésta, su conclusión, con aquella otra de que los móviles de diferente gravedad se mueven en el mismo medio con distintas velocidades, tan distintas como sean sus gravedades respectivas? Pero sin meternos en más profundas consideraciones ¿cómo has hecho tú para no observar propiedades frecuentísimas y en extremo palpables, y no percatarte de que dos cuerpos, que en el agua se moverán cien veces más velozmente el uno que el otro, en el aire puede que el más veloz no aventaje al otro en un solo centésimo? Por ejemplo, un huevo de mármol descenderá en el agua cien veces más rápido que uno de gallina, y sin embargo por el aire, en una altura de veinte codos, no se le anticipará ni en cuatro dedos. En suma, el mismo grave que, en una profundidad de diez codos de agua, llegará al fondo en tres horas, en el aire los atravesará en el tiempo de una o dos pulsaciones, y otros (como ser una bola de plomo) los atravesaría tal vez en menos de doble tiempo.* Y en esto sé bien, Simplicio, que tú comprendes que no hay lugar para ninguna distinción ni respuesta. Concluyamos, por consiguiente, que tal argumento no prueba nada contra el vacío; y aun cuando concluyese, solamente destruirla los espacios notablemente grandes, los cuales ni yo supongo, ni creo que aquéllos supusieran que existen en la naturaleza, aun cuando pudieran tal vez hacerse por fuerza, según parece desprenderse de varios experimentos, que sería largo enumerar aquí.

*En lugar de *"y otros (como ser una bola de plomo) los atravesaría tal vez en menos de doble tiempo"* que se lee en el cód. G y en la edición original, Galileo sustituyó, en el ejemplar de que hablamos en el Prólogo:

Y de este experimento se seguiría que la densidad del agua supera en más de dos mil veces a la del aire; y por el contrario, otro cuerpo (como ser una bola de plomo) atravesará en el agua los mismos 10 codos, quizás en un tiempo poco más del doble de aquel en que atravesaría otro tanto espacio por el aire. (Fin del agregado.)

SAGREDO. Como veo que Simplicio se calla, aprovecharé la ocasión para decir algo yo. Ya que tan palmariamente has demostrado no ser verdad, que móviles de diferente peso, se muevan en el mismo medio con velocidades proporcionadas a sus respectivos pesos, sino con velocidades iguales, bien entendido que se ha de tratar de graves de la misma materia o del mismo peso específico, y no (a mi entender) de diversos pesos específicos (porque no creo que intentes convencernos de que una bola de corcho se mueve con la misma velocidad que una de plomo); y habiendo, además, demostrado muy claramente, no ser cierto que el mismo móvil en medios de diversa resistencia retenga en su velocidad o lentitud (*tardità*) la misma proporción que las resistencias; me resultaría gratísimo oír cuáles son las proporciones observadas en uno y otro caso.

SALVIATI. Son temas amenos, y muchas veces he meditado en ellos. Te explicaré el razonamiento hecho al respecto, y los resultados a que he llegado. Después de haberme cerciorado de que no es verdad que un mismo móvil, en medios de diversa resistencia, guarde en su velocidad la proporción de las consistencias (*cedenze*) de esos medios; ni que, en el mismo medio, móviles de distinto peso, retengan en sus respectivas velocidades la proporción de esos pesos (entendido también de los pesos específicamente diferentes); comencé a correlacionar estos dos hechos, observando qué sucedería con móviles de diferente peso, puestos en medios de diversas resistencias. Y advertí que la diversidad de velocidades es todavía mayor en los medios más resistentes que en los más fluidos (*cedenti*) ; y esto con tales diferencias, que dos móviles que, descendiendo por el aire, difieren muy poco en velocidad de movimiento, en el agua se moverá el uno con diez veces mayor rapidez que el otro. Aún más; puede haber uno que descienda rápidamente en el aire, y que en el agua no sólo no descienda, sino que permanezca del todo privado de movimiento, y lo que es todavía más, que suba a flote: porque podremos quizás hallar alguna clase de madera, o algún nudo o raíz de aquellos que puedan mantenerse en reposo en el agua, y que desciendan velozmente en el aire.

SAGREDO. Muchas veces me he empeñado, con toda mi paciencia, en reducir al mismo peso del agua una bola de cera, que de por sí sola no se va al fondo, añadiéndole granos de arena, hasta que se mantuviese en suspensión en medio de aquélla; pero nunca, por más solicitud que empleara, llegué a conseguirlo. Por ello yo no sé si podremos hallar otra substancia que, por naturaleza, sea en su gravedad tan semejante al agua, que puesta en ésta pueda sostenerse a cualquier altura.

SALVIATI. En esto, como en mil otras actividades, son algunos animales más diligentes que nosotros. En tu caso, los peces hubieran podido darte una lección, por ser tan peritos en esta habilidad, que a su propio arbitrio mantienen el equilibrio, no sólo en una clase de agua, sino también en las que difieren entre sí notablemente, ya por propia naturaleza, ya porque sobreviene una turbia, ya por saladura, cosas que llevan consigo grandes diferencias. Se equilibran, digo, tan exactamente que sin moverse un ápice, permanecen en quietud a cualquier profundidad. Esto, a mi parecer, lo consiguen, sirviéndose de un órgano que a tal efecto les ha dado la naturaleza; es decir, de la vejiguilla [natatoria] que tienen en el cuerpo, y que por un meato angostísimo se les comunica con la boca, por el cual, a voluntad, o expulsan parte del aire, contenido en dicha vejiguilla, o subiendo a flor de agua, tragan más aire, haciéndose, con tal maña, más o menos pesados que el agua, y manteniendo el equilibrio a su placer.

SAGREDO. Valiéndome yo de otro ardid, engañé a varios amigos, ante quienes me había jactado de conseguir un justo equilibrio entre aquella bola de cera y el agua. Eché en el fondo del vaso un poco de agua salada, y encima otra dulce; así pude mostrarles la bola parada en medio del agua, y volviendo siempre hacia el medio cuando se la empujaba hasta el fondo o se la subía a la superficie.

SALVIATI. No carece de utilidad este experimento; porque tratando, en especial los médicos, de las diversas propiedades del agua, entre ellas principalmente de la mayor levedad o gravedad de una sobre otra; con una bola semejante, equilibrada de modo que quede dudosa, por así decir, entre descender y ascender en una misma agua, por mínima que sea la diferencia de peso entre dos aguas, si tal bola desciende en una, ascenderá en la otra, que sea más pesada. Y es tan exacto este experimento que será suficiente agregar dos granos de sal a seis libras de agua, para hacer salir del fondo a la superficie la misma bola que antes había descendido. En confirmación de la exactitud de esta experiencia, y al mismo tiempo, como prueba clara de que el agua no ofrece resistencia a su división, te diré, además, que no sólo el hacerla más pesada, mezclándola con substancias más graves que ella, produce tan notable diferencia, sino que también el calentarla o enfriarla un poco, produce el mismo efecto, y con tan sutil reacción (*operazione*), que cuatro gotas de otra agua un poco más caliente o un poco más fría, añadidas a las seis libras, harán que la bola ascienda o descienda: descenderá echándole la caliente, ascenderá agregándole la fría. Ya ves, por consiguiente, cómo se engañan esos filósofos que quieren poner en el agua alguna viscosidad u otra adherencia de partes, que la hagan resistente a la división y penetrabilidad.

SAGREDO. Acerca de esto he leído razonamientos muy concluyentes en un tratado de nuestro Académico. Pero me queda un vivo escrúpulo, del que no puedo librarme; porque si entre las partes del agua no hay ninguna clase de tenacidad ni cohesión ¿cómo pueden sostenerse esas enormes gotas en relieve, especialmente sobre las hojas de las coles, sin aplanarse ni resbalar?

SALVIATI. Aunque sea muy cierto que quien tiene la verdad de su parte, puede resolver cuantas objeciones le sean puestas en contra, yo no me preciaré de poder hacerlo; sin que por eso deba mi ineptitud deslustrar el candor de la verdad. En primer lugar, yo confieso no saber a qué se debe el que se sostengan tan hinchados y grandes esos globos de agua, aunque sé muy bien que no deriva de una cohesión interna de sus partes; por lo tanto, la razón de tal efecto debe residir necesariamente afuera. Que no es interna, lo prueban los experimentos aducidos, y lo confirma este otro de suma eficacia. Si las partes de esa agua que se sostiene en forma esférica, mientras el aire la circunda, obedecieran a una causa interna para proceder así, con mucha mayor razón se sostendrían al estar circundadas por un medio en el que tuviesen, para caer, menos propensión de la que tienen en el aire ambiente. Un tal medio sería cualquier fluido más grave que el aire, v. g., el vino; y entonces el vino, al ser vertido alrededor del globo de agua, podría ir elevándose, elevándose en torno, sin que las partes del agua, conglutinadas entre sí por la viscosidad interna, se disolvieran. Pero no les sucede esto; antes al contrario, no bien se pone esa agua en contacto con el licor que la rodea, sin esperar a que éste se eleve mucho a su alrededor, se disuelve y extiende, quedándosele debajo, si el vino es tinto. Luego la causa de tal efecto es externa, y quizá procede del aire ambiente. Y efectivamente hay un gran antagonismo entre el aire y el agua, antagonismo que yo he podido observar en el siguiente experimento. Si yo lleno de agua una esfera de cristal, que tenga un orificio del calibre de una paja, y una vez llena le doy vuelta dejándola boca abajo; no por ello, el agua, aunque pesadísima y siempre dispuesta a descender por el aire, y el aire, aunque ligerísimo y siempre pronto a subir por el agua, se ponen de acuerdo, aquélla en descender saliendo por el orificio, y éste en subir, entrando, sino que ambos a dos permanecen reacios y tercos. Por lo contrario, si aplicamos a ese orificio un vaso lleno de vino tinto, que es casi imperceptiblemente menos pesado que el agua, en seguida lo veremos subir lentamente con trazos rojizos a través del agua, y al agua descender con igual lentitud por el vino, sin merarse en lo más mínimo, hasta que por fin la esfera se llene de vino, y el agua haya descendido al fondo del vaso aplicado debajo. Ahora, ¿qué se puede decir o argumentar, fuera de una incompatibilidad entre el agua y el aire, para mí misteriosa, pero quizás...?[23]

SIMPLICIO. Me siento tentado de la risa, al ver la antipatía que Salviati siente por la [palabra] antipatía, que ni siquiera se decide a pronunciarla; y sin embargo es tan a propósito para resolver la dificultad.

SALVIATI. Sea, pues, ella, en honor a Simplicio, la solución de nuestra duda, y, dejando las digresiones, volvamos a nuestro propósito. Hemos visto que la diferencia de velocidad, en los móviles de gravedad diferente, es muchísimo mayor en los medios más y más resistentes; ¿pero qué más? en un medio de azogue, el oro no sólo se va a fondo con más rapidez que el plomo, sino que es el único que desciende, mientras los otros metales y piedras, todos salen a la superficie y flotan; sin embargo, entre bolas de oro, de plomo, de cobre, de pórfido o de otras materias pesadas, la diferencia de movimiento por el aire será casi del todo imperceptible, pues seguramente que una bola de plomo, al final de un descenso de cien codos, no se habrá adelantado en cuatro dedos a otra de cobre. Después de ver esto, soy de opinión que si se suprimiese totalmente la resistencia del medio, todas las materias descenderían con la misma velocidad.

SIMPLICIO. Seria afirmación es ésta, Salviati. Sin embargo yo no creeré nunca que en el mismo vacío, si por ventura en él fuera posible el movimiento, se moverían con igual velocidad un trozo de plomo y un copo de lana.

SALVIATI. Poco a poco, Simplicio. No es tan recóndita tu dificultad, ni soy yo tan inavisado, como para creer que no se me haya ocurrido, y que no le haya hallado, en consecuencia, la respuesta. Mas para mi explicación y para tu más fácil inteligencia, oye mi razonamiento. Nos proponemos investigar qué sucedería con móviles de gran diferencia de peso, en un medio cuya resistencia fuese nula, de modo que toda la diferencia de velocidad que se diera entre esos móviles, hubiera que atribuirla a la desigualdad de peso. Y aunque es verdad que un espacio del todo vacío de aire y de cualquier otro cuerpo, aun tenue y penetrable (*cedente*), sería apto para mostrar a nuestros sentidos lo que buscamos; ya que carecemos de un tal espacio, iremos observando lo que sucede en los medios más sutiles y menos resistentes, en comparación con lo que vemos suceder en los otros menos sutiles y más resistentes. Porque si nos encontrásemos con el hecho de que los móviles de diferente peso, difieren cada vez menos en velocidad, a medida que se hallan en medios cada vez más penetrables, y que finalmente, aun con extraordinarias diferencias de peso, en el medio más tenue de todos, si bien no vacío, la diferencia de velocidad es insignificante y casi imperceptible, paréceme que podremos conjeturar con mucha probabilidad, que en el vacío serían iguales sus respectivas velocidades.[24] Por lo tanto, consideremos lo que sucede en el aire, en el cual vamos a suponer una vejiga inflada, porque ofrece una superficie lisa y de material ligerísimo; el aire que ella lleva dentro, nada o poco pesará, en un medio del mismo aire, porque poco se podrá comprimir. De modo que la gravedad quedará reducida al insignificante peso de la película, que no equivaldrá a la milésima parte del peso de un trozo de plomo tan grande como esa vejiga inflada. Si dejamos caer éstas desde una altura de cuatro o seis codos, ¿cuánto espacio te parece, Simplicio, que se adelantaría en la caída el plomo a la vejiga? Ten la seguridad que no se adelantaría el triple ni siquiera el doble, aun cuando tú ya lo habrías hecho mil veces más veloz.

SIMPLICIO. Podría ser que en el principio del movimiento, o sea en los cuatro o seis primeros codos, sucediese tal como dices; pero en el progreso de un largo trayecto, creo que el plomo la dejaría atrás en el espacio, no sólo seis de las doce partes, sino también ocho y aun diez.

SALVIATI. También yo creo lo mismo, y no dudo que en distancias muy grandes, podría el plomo haber recorrido cien millas de espacio, antes que la vejiga hubiese recorrido una sola. Pero esto, mi buen Simplicio, que tú aduces como hecho en oposición a mi tesis, es lo que con más fuerza la confirma. Es mi intención (lo repito) declarar que no es la diversidad de peso la causa de las diferentes velocidades de los móviles distintos en gravedad, sino que estas diferencias dependen de accidentes exteriores y en particular de la resistencia del medio; de modo que eliminada ésta, todos los móviles se moverían con los mismos grados de velocidad. Esto lo deduzco principalmente de lo que tú mismo admites ahora y que es certísimo; esto es, que las velocidades de los móviles muy diferentes en peso van difiriendo más y más a medida que van siendo mayores y mayores los espacios que ellos atraviesan. Tal hecho no se daría si dependiese de los diferentes pesos. Porque siendo éstos siempre los mismos, también debería mantenerse siempre la misma proporción entre los espacios recorridos, mientras por el contrario, vemos que la proporción va creciendo siempre a medida que el movimiento continúa. Así, un móvil pesadísimo en un descenso de un codo, no se anticipará a otro muy liviano en la décima parte de tal espacio, pero en una caída de doce codos, se le adelantará en una tercera parte, y en una de cien, le llevará una antelación de 90/100, etc.

SIMPLICIO. Todo está bien, pero, siguiendo tus huellas, si la diferencia de peso en móviles de distinta gravedad no puede ocasionar cambio alguno en la proporción de sus respectivas velocidades, dado que sus pesos no cambian; tampoco el medio, que suponemos ser siempre el mismo, podrá ocasionar alteración ninguna en la proporción de las velocidades.

SALVIATI. Aguda es tu objeción contra mi aserto y es de todo punto necesario resolverla. Digo, por lo tanto, que un cuerpo grave tiene a natura el principio intrínseco de moverse hacia el centro común de gravedad, o sea de nuestro globo terrestre, con movimiento constantemente acelerado, y acelerado uniformemente; es decir, que en tiempos iguales se hacen adiciones iguales de nuevos momentos y grados de velocidad.[25] Esto sucedería, entiéndase bien, siempre que fuesen eliminados todos los obstáculos accidentales y externos, entre los cuales hay uno que nosotros no podemos eliminar, que es el impedimento del medio o elemento pleno, mientras ha de ser horadado y desplazado hacia los lados por el móvil en la caída. A este movimiento transverso, el medio, aunque fluido, penetrable y quieto, se opone con resistencia ora mayor y ora menor progresivamente, según que haya de henderse con más lentitud o con más rapidez para dar paso al móvil; el cual, como he dicho, marcha por naturaleza con movimiento continuamente acelerado, y va, por consiguiente, encontrando continuamente mayor resistencia en el medio, y por ello un retardo y disminución en la adquisición de nuevos grados de velocidad, hasta que finalmente la velocidad llega a tal punto, y la resistencia del medio a tal magnitud, que equilibrándose entre sí, impiden que continúe la aceleración, y reducen al móvil a un movimiento ecuable y uniforme, en el cual continúa manteniéndose indefinidamente.[26] Hay, pues, en el medio, un acrecentamiento de resistencia, no porque cambie su esencia, sino porque se altera la rapidez con que él debe abrirse y desplazarse hacia los lados, para ceder el paso al cuerpo en caída, que va continuamente acelerándose. El ver ahora que, la resistencia del aire al leve momento de la vejiga, es enorme, y al gran peso del plomo es pequeñísima, me hace tener por seguro que si desapareciese el aire del todo, al ofrecer inmensa facilidad a la vejiga, y muy poca al plomo, las respectivas velocidades se igualarían.

Sentado, pues, el principio de que en un medio, donde por razón del vacío o por otra causa cualquiera no existiese resistencia ninguna, que obstaculizara la velocidad del movimiento, las velocidades de todos los móviles serían iguales; podremos muy apropiadamente establecer las proporciones de las velocidades de móviles semejantes y desemejantes en un mismo medio y en diversos medios plenos, y por lo tanto resistentes. Y esto lo conseguiremos con sólo fijarnos en cuánto sustrae la gravedad del medio a la gravedad del móvil; gravedad ésta que es el único instrumento con que el móvil se abre camino, rechazando las partes del medio hacia los lados, operación que no tiene lugar en un medio vacío; y por ello, no hemos de esperar ninguna diferencia proveniente de las diversas gravedades. Y por ser manifiesto que el medio sustrae, de la gravedad del cuerpo contenido en él, un peso igual al de su propia materia desplazada; si hacemos mermar en esa proporción las velocidades de los móviles, que en un medio no resistente serían (según hemos supuesto) iguales, habremos conseguido nuestro intento. Así, por ejemplo, supuesto que el plomo sea diez mil veces más pesado que el aire, y el abenuz solamente mil veces; de las velocidades de estas dos sustancias, que serían iguales tomadas absolutamente o sea suprimida toda resistencia, el aire quita al plomo, de los diez mil grados, uno; pero al abenuz le resta de mil grados, uno; vale decir, de diez mil, diez. Por consiguiente, si el plomo y el abenuz descendieran por el aire desde una altura cualquiera, la que, quitada la retardación del aire, deberían recorrer en el mismo tiempo, el aire quitará a la velocidad del plomo uno de los diez mil grados pero al abenuz le quita diez de los diez mil. Vale decir, que dividida la altura desde donde parten esos móviles en diez mil partes, el plomo llegará a tierra, dejando atrás al abenuz diez o acaso nueve de las diez mil partes. ¿Y qué otra cosa es esto, sino decir que cayendo una bola de plomo desde una torre de doscientos codos, se anticipará a una de abenuz en menos de cuatro dedos? El abenuz pesa mil veces más que el aire, pero aquella vejiga inflada pesa solamente cuatro veces más: luego el aire sustrae a la velocidad intrínseca y natural del abenuz, uno de los mil grados; pero a la de la vejiga, que tomada absolutamente sería idéntica, el aire le resta de cuatro partes, una. En consecuencia, cuando la bola de abenuz, cayendo de la torre llegue a tierra, la vejiga habrá recorrido sólo tres cuartas partes. El plomo es doce veces más pesado que el agua, y el marfil solamente pesa el doble. Por consiguiente, a sus respectivas velocidades absolutas, que serían iguales, el agua le resta, en el plomo la duodécima parte y en el marfil la mitad. Luego, cuando el plomo haya descendido en el agua once codos, el marfil habrá bajado seis. Raciocinando de acuerdo a este principio, encontraremos que las experiencias, a mi parecer, se ajustan mucho mejor con este cómputo, que con el de Aristóteles. Con un procedimiento semejante encontraremos la proporción entre las velocidades del mismo móvil en diferentes medios fluidos, pero no parangonando las diversas resistencias de los medios, sino considerando los excesos de gravedad del móvil sobre las gravedades de los medios. Por ejemplo, el estaño es mil veces más grave que el aire, y diez veces más que el agua; por consiguiente, dividida la velocidad absoluta del estaño en mil grados, en el aire, que le resta la milésima parte, se moverá con novecientos noventa y nueve grados, y en el agua con novecientos solamente; admitiendo que el agua le reste sólo la décima parte de su gravedad, y el aire la milésima.

Tomemos un sólido poco más grave que el agua, como sería, *verbi gratia*, la madera de roble. Pongamos que, si una bola de roble pesa, digamos, mil dracmas, un volumen igual de agua pesase novecientas cincuenta, y uno de aire pesara dos; es evidente que de ser su velocidad absoluta de mil grados, en el aire quedaría reducida a novecientos noventa y ocho, y en el agua a cincuenta solamente; dado que de mil grados de gravedad el agua le reste novecientos cincuenta, dejándole sólo cincuenta. Tal sólido, en efecto, se movería casi veinte veces más velozmente en el aire que en el agua, desde que el exceso de su gravedad sobre la del agua es la vigésima parte de la suya propia. Aquí quiero que consideremos que, no pudiendo ir al fondo en el agua, sino las sustancias que la superen en peso específico, y por consiguiente que sean muchos centenares de veces más pesadas que el aire, para establecer cuál es la proporción de sus respectivas velocidades en el aire y en el agua, podríamos sin notable error hacernos cuenta que el aire no resta cosa de importancia a la gravedad absoluta y en consecuencia a la velocidad absoluta de las sustancias. Así pues, una vez hallado distintamente el exceso de gravedad de éstas sobre la gravedad del agua, diremos que la velocidad de estas sustancias a través del aire guarda con respecto a la propia velocidad por el agua, la misma proporción que guarda su gravedad total con relación al exceso de ésta sobre la gravedad del agua. Por ejemplo, una bola de marfil pesa veinte onzas, un volumen igual de agua pesa diecisiete; luego la velocidad del marfil en el aire es a su velocidad en el agua, como veinte a tres, aproximadamente.

SAGREDO. Enorme adelanto he hecho en una materia de por sí tan curiosa y en la que muchas veces, aunque sin provecho, he fatigado mi mente. Nada faltaría para poder llevar a la práctica estas especulaciones, sino hallar el modo de venir en conocimiento de la gravedad del aire respecto a la del agua, y por consiguiente también respecto a otras materias graves.

SIMPLICIO. Mas si nos encontraremos con que el aire, en vez de gravedad tuviera ligereza, ¿qué se debería decir de las anteriores disertaciones, por otra parte tan ingeniosas?

SALVIATI. Convendría decir que han sido realmente aéreas, ligeras y vanas. Pero ¿te atreverías tú a dudar de la gravedad del aire, cuando tienes en Aristóteles un texto clarísimo, que la afirma, diciendo que todos los elementos excepto el fuego, tienen gravedad, aun el mismo aire? Prueba de ello (añade) es que un odre inflado pesa más que desinflado.

SIMPLICIO. El que un odre o balón inflado pese más, yo lo atribuiría, no a la gravedad que pueda tener el aire, sino a los muchos vapores densos que en estas nuestras bajas regiones se mezclan con él; por motivo de los cuales yo diría que se acrece la gravedad del odre.

SALVIATI. No me gustaría que lo dijeras tú, y mucho menos que se lo hicieras decir a Aristóteles: porque si, al hablar él de los elementos e intentar persuadirme por medio de un experimento de que el elemento aire es grave, al llegar a la prueba me dijere: "toma un odre y llénalo de vapores densos, y observa cómo aumenta de peso", yo le diría que aun pesaría más, si lo llenara de harina; pero añadiría en seguida, que un tal experimento prueba que la harina y los vapores densos son pesados, pero en cuanto al aire, me quedaría con la misma duda anterior. Sin embargo, el experimento de Aristóteles es bueno y su proposición es verdadera. No podría decir lo mismo de alguna otra razón, también invocada por un cierto filósofo, cuyo nombre no recuerdo, pero tengo conciencia de haberlo leído, quien argumenta que el aire es más pesado que ligero, porque con mayor facilidad lleva los cuerpos graves hacia abajo que no los leves hacia arriba.

SAGREDO. Bien, a fe. Entonces, según este argumento, el aire deberá ser más pesado que el agua, porque todos los graves son llevados hacia abajo más fácilmente por el aire que por el agua, y todos los cuerpos leves van mejor a flote en ésta que en aquél, todavía más, innumerables graves que descienden en el aire, ascienden en el agua, e innúmeras sustancias se elevan en el agua y caen en el aire. Pero sean los espesos vapores o sea el aire los causantes de la gravedad del odre, esto en nada se opone, Simplicio, a nuestro propósito de indagar qué sucede con los móviles que se mueven en esta nuestra atmósfera vaporosa. Mas tornando a lo que más me urge, y para más completo y cabal conocimiento de la presente materia, quisiera no sólo tener la certeza de que el aire es pesado (como tengo por seguro) sino también, de ser posible, me gustaría saber a cuánto alcanza su gravedad. Por consiguiente, Salviati, si has de complacerme también en esto, te ruego me hagas el favor de [comenzar].

SALVIATI. Que en el aire haya positiva gravedad, y no al revés, como algunos han creído, ligereza, la que quizá no se encuentre en ninguna sustancia, lo demuestra categóricamente el argumento que nos suministra el experimento del balón inflado, aducido por Aristóteles; porque de ser inherente al aire la cualidad de ligereza absoluta y positiva, al ser aumentado y compreso el aire, acrecería su ligereza, y en consecuencia la tendencia a elevarse: sin embargo, el experimento muestra lo contrario. En cuanto a la segunda pregunta, sobre el modo de investigar su gravedad, yo he procedido de la siguiente manera. He utilizado un frasco de vidrio, de gran capacidad, y de gollete angosto, al que adapté un dedal de cuero, atado muy apretado en la angostura del frasco, teniendo en el casquete (*capo*) de dicho dedal inserta y firmemente asegurada una válvula de balón, por la cual con auxilio de una jeringa hice pasar por fuerza al frasco gran cantidad de aire. Y como el aire es susceptible de extraordinaria condensación, podrán haber cabido en el frasco; otros dos o tres volúmenes de aire iguales al que ya contenía. Después pesé con toda precisión el frasco, con el aire comprimido dentro, en una balanza exactísima, equilibrando el peso con arena muy fina. Abrí después la válvula, dando salida al aire comprimido contenido en el recipiente, y al volver el recipiente a la balanza lo hallé notablemente más liviano. Fui sustrayendo arena del contrapeso, y conservándola aparte, hasta que la balanza quedó en equilibrio con lo restante del contrapeso, es decir con el frasco. No cabe duda de que el peso de la arena recobrada es el del aire introducido por fuerza en el frasco y puesto después en libertad. Mas hasta aquí tal experimento me certifica tan sólo que el aire contenido violentamente en el frasco pesaba tanto como la arena recobrada; pero cuánto pese determinada y definitivamente, ni lo sé por ahora ni lo puedo saber, si no mido la cantidad de aquel aire compreso. Para ello es necesario hallar un método, y yo creo haberlo conseguido con cualquiera de los dos procedimientos siguientes. El primero consiste en tomar otro frasco semejante al primero, de gollete angosto, en cuya angostura ciñamos fuertemente también un dedal, que por el otro extremo (*testa*) abrace la válvula de un segundo frasco, quedando atado alrededor con sólido nudo. Este segundo frasco debe tener en el fondo un horado, por el que se pueda introducir un punzón de hierro, para abrir, cuando nos convenga, dicha válvula, y dar así salida al exceso de aire del primer vaso, una vez pesado; pero, este segundo frasco debe estar lleno de agua. Dispuesto el conjunto de la manera indicada, y abriendo la válvula con el punzón, al escaparse impetuosamente el aire y pasar al vaso del agua, hará salir a ésta por el horado del fondo; y es evidente que la cantidad de agua que en tales circunstancias será expulsada, es igual al volumen y cantidad de aire escapado del otro vaso. Recogida tal agua, y vuelto a pesar el vaso aligerado del aire comprimido (se supone que de antemano fue pesado con dicho aire compreso) y retirada del modo indicado la arena superflua, es evidente que ella es el justo peso de un volumen de aire igual al volumen del agua desplazada y recobrada. Pesando ahora esta agua, veremos cuántas veces su peso contiene el peso de la arena recobrada, y podremos afirmar sin error que otras tantas veces es el agua más pesada que el aire. Será, en definitiva, no diez veces, como parece pretender Aristóteles, sino unas cuatrocientas veces más pesada, como demuestra este experimento.[27] El segundo procedimiento es más expeditivo, y puede hacerse con un solo vaso, o sea con el primero, preparado según queda dicho. En él no se ha de meter más aire que el que naturalmente contiene, pero hemos de introducir agua sin dejar escapar nada de aire; éste tendrá por fuerza que comprimirse, obligado a ceder bajo la presión del agua entrante. Hágase entrar la mayor cantidad de agua que sea posible, y se verá que sin gran violencia se podrán introducir los tres cuartos de la capacidad del frasco; póngase en la balanza y pésese escrupulosamente. Hecho esto, y teniendo el vaso con el gollete hacia arriba, ábrase la válvula, dando escape al aire: escapará un volumen igual al del agua contenida en el frasco. Una vez evadido el aire, póngase nuevamente el vaso en la balanza, y se verá que por la pérdida de aire es más liviano. Quitando ahora del contrapeso el peso sobrante, él representará la gravedad de un volumen de aire igual al agua del frasco.

SIMPLICIO. Realmente agudos e ingeniosos son los recursos que has empleado. Pero, si por una parte aparentan dar entera satisfacción al intelecto, por otra parte me llenan de incertidumbre. Porque siendo indubitablemente cierto que los elementos en sus propios ambientes (*regioni*) no son ni leves ni graves, no alcanzo a comprender cómo y dónde aquella porción de aire, que parece haber pesado v. g., cuatro dracmas de arena, pueda realmente tener tal gravedad en el aire, en el cual sin embargo bien puede retenerla la arena que lo contrapesó. Por esa razón creo que la experiencia debería haber sido practicada, no en el aire como elemento, sino en un medio donde el mismo aire pudiese manifestar la propiedad de su peso, si realmente la posee.

SALVIATI. Aguda por cierto es tu objeción, Simplicio, y por ello es necesario o que sea insoluble o que la solución no sea menos sutil. Es claro como la luz que aquel aire que, comprimido, pareció pesar tanto como aquella arena, al ser puesto en libertad en medio de su elemento no puede ya pesar, mientras que la arena seguirá pesando; y por ello, para realizar tal experimento, conviene elegir un medio o lugar en que tanto el aire como la arena, puedan gravitar. El medio, según varias veces hemos dicho, detrae del peso de cualquier sustancia que se sumerge en él, el equivalente del peso de un volumen del mismo medio igual al cuerpo sumergido; de modo que el aire quita al aire toda gravedad. Por consiguiente, para que la prueba pudiese ser hecha con exactitud, convendría hacerla en el vacío, donde todo grave acusaría su momento sin ninguna disminución. Y si nosotros pesáramos en el vacío una porción de aire, Simplicio ¿quedarás entonces conforme y seguro del hecho?

SIMPLICIO. Sinceramente sí; pero eso es un desiderátum y un pretender imposibles.

SALVIATI. Por eso mismo deberás quedar mucho más obligado para conmigo, si yo soy capaz de hacer, en obsequio tuyo, un imposible. De todos modos, yo no quiero venderte lo que ya te he regalado, porque ya en el experimento anterior, hemos pesado el aire en el vacío y no en el aire o en otro medio pleno. El que un medio fluido amengüe la gravedad de la masa que en él se sumerge, proviene, Simplicio, de que ese medio se resiste a ser hendido, desplazado y finalmente solevado. Prueba de ello es la presteza con que corre a henchir el espacio ocupado por la masa en él sumergida, tan pronto como ésta desaparece; porque si tal inmersión no le afectase en nada, el medio no reaccionaría contra ella. Ahora dime: cuando tú tienes en el aire el frasco ya lleno del mismo aire que naturalmente contiene, ¿qué escisión, desplazamiento, o en fin qué alteración sufre el aire exterior ambiente de parte de este segundo aire introducido por fuerza en el recipiente? ¿Acaso se agranda el frasco de modo que el medio ambiente deba desplazarse para dejarle lugar? Ciertamente, no. Entonces, podemos decir que el segundo aire no se sumerge en el medio ambiente, al no ocupar espacio, sino que es como si se metiese en el vacío; o mejor dicho, se mete realmente y se difunde en los espacios vacíos incompletamente llenos por el primer aire no condensado. En verdad, yo no alcanzo a ver ninguna diferencia entre dos naturalezas (*costituzioni*) de ámbito y ambiente (*ambito ed ambiente*), cuando en uno el ambiente no presiona al ámbito y en la otra el ámbito no empuja contra el ambiente: tales son la colocación de cualquier sustancia en el vacío, y la del segundo aire comprimido dentro del frasco. Por consiguiente, el peso de este aire condensado, es el mismo que tendría si estuviera libremente esparcido en el vacío. También es verdad que el peso de la arena que lo contrapesó, como estaba al aire libre, sería un poco mayor en el vacío; por ello sería justo decir que el aire que fue pesado, es en realidad algo más leve que la arena usada como contrapeso, es decir tanto como pesase en el vacío un volumen de aire igual al de la arena.*

* Aquí Galileo añadió a la edición original, sobre el ejemplar de que se habló [en el Prólogo del Traductor], el siguiente trozo, que también falta en G:

SAGREDO. Verdaderamente ingenioso recurso que encierra la solución de un problema digno de admiración, al indicarnos, en sustancia y en pocas palabras, el modo, de hallar la gravedad de un cuerpo, que fuere pesado en el vacío, no pesándolo nosotros, sino en un medio, pleno de aire. La explicación es ésta: el aire substrae, de la gravedad absoluta de todo cuerpo grave colocado en él, un peso equivalente a un volumen de aire igual al volumen del mismo cuerpo. De manera que si pudiéramos acoplar con el mismo cuerpo, sin agrandarlo, una cantidad de aire igual a su volumen, pesándolo ahora, obtendríamos el peso absoluto que él pesaría en el vacío, dado que sin acrecentarlo en volumen, se le suma el peso que le restaba el aire como medio. Cuando, pues, en un frasco, ya lleno con el aire que contiene naturalmente, se introduce una cantidad de agua, sin dejar escapar nada del aire contenido, es claro que este aire naturalmente contenido se contrae y condensa en menor volumen, para dar lugar al agua entrante, y es evidente que el volumen del agua introducida ocupa el espacio que dejó un volumen igual de aire al contraerse. Por consiguiente, cuando se pesa en el aire el vaso así acondicionado, no cabe duda de que el peso del agua contiene, además, el peso de un volumen igual de aire; la suma de estos dos pesos es el peso que el agua sola tendría en el vacío. Si pesamos ahora el vaso completo y anotamos aparte el peso total, y después, dando salida al aire comprimido, volvemos a pesar todo el remanente (que por la pérdida del aire habrá disminuido de peso), la diferencia entre estos dos pesos nos dará la gravedad del aire comprimido, de igual volumen que el agua. Hallando después el peso del agua sola y sumándole este peso, que tenemos aparte y que es el del aire comprimido, obtendremos el peso de la misma agua, sola en el vacío. Para hallar el peso del agua, habrá que sacarla del vaso, pesar el vaso solo y restar este peso del peso del vaso y agua juntos, obtenido antes; se comprende que la diferencia representa el peso del agua sola en el aire. (Fin del agregado.)

SIMPLICIO. Parecíame que los experimentos aducidos dejaban algo que desear; pero ahora quedo completamente satisfecho.

SALVIATI. Todo lo que llevo expuesto hasta ahora, y en particular esto de que la diferencia de gravedad, aunque sea enorme, no influye para nada en la diversificación de las velocidades de los móviles, de modo que, por lo que de ella depende, todos se moverían con igual celeridad, es tan nuevo, y, a primera vista, tan lejos de la verosimilitud, que si no hubiera modo de dilucidarlo y ponerlo más claro que la luz del sol, sería preferible no mencionarlo ni decir de ello una sola palabra. Pero ya que la he dejado escapar de mis labios, conviene que yo no olvide ningún experimento o razón que pueda corroborarla.

SAGREDO. No sólo éste, sino también otros muchos de vuestros asertos están tan lejos de las opiniones y doctrinas comúnmente aceptadas, que de divulgarse entre las gentes, te concitarían gran número de contendores, porque es condición humana que los hombres no vean con buenos ojos el que otros, en el campo de sus mismas actividades, descubran algo, verdadero o falso, no descubierto por ellos. Con marcarlos con el título poco grato a muchos oídos, de innovadores de doctrinas, se ingenian para cortar los nudos que no pueden desatar, y con minas subterráneas echan a perder edificios que, pacientes artesanos, con los instrumentos de costumbre, han ido construyendo. Más en cuanto a nosotros, exentos de tales pretensiones, los experimentos y razones hasta ahora aducidos, bastan para conformarnos. Con todo, si te quedan aún experimentos más palmarios y razones más eficaces, las oiremos con mucho gusto.

SALVIATI. El experimento hecho con móviles tan diferentes de peso como sea posible, haciéndolos caer de cierta altura, para observar si su respectiva velocidad es igual, admite cierta dificultad. Porque si la altura fuera grande, el medio al que el ímpetu del móvil en descenso debe abrir y desplazar lateralmente, ofrecerá mayor resistencia al pequeño momento del móvil más ligero, que a la violencia del más grave; por lo cual en un gran trecho el ligero se quedará atrás, y en alturas pequeñas, se podría dudar si realmente hay diferencia o si no será imperceptible en caso de haberla. Por este motivo di en la idea de reiterar tantas veces la caída desde pequeñas alturas y acumular tantas de estas mínimas diferencias de tiempo, por ventura existentes, entre la llegada del cuerpo pesado y la del cuerpo ligero a sus respectivos términos, que así sumadas hiciesen un tiempo no sólo observable sino perfectamente observable. Por otra parte, a fin de obtener los movimientos más lentos dentro de lo posible, porque en ellos es menor la resistencia del medio, que altera el efecto de la simple gravedad, se me ocurrió hacer descender los móviles sobre un plano inclinado, con poca inclinación sobre la horizontal; ya que en él, no menos que en la vertical, se podrá observar el modo de comportarse los graves de diferente peso. Yendo todavía más lejos, intenté también librarme de cualquier retardo que pudiera originarse del contacto de dichos móviles con el plano en declive. Finalmente cogí dos bolas, una de plomo y otra de corcho, la primera unas cien veces más pesada que la segunda, y suspendí las dos de sendos bramantes sutiles e iguales, de cuatro o cinco codos de longitud, atados en alto. Después, desviadas de la vertical una y otra bola, las puse en libertad simultáneamente, y ellas descendiendo por la circunferencia del círculo descrito por los hilos iguales, que son sus radios, avanzaron más allá de la vertical y retornaron atrás por el mismo camino, reiterando más de cien veces sus idas y venidas; con lo cual dejaron sensiblemente demostrado que la grave va tan a un tiempo con la ligera que ni en cien oscilaciones, ni en mil, se les anticipa un mínimo momento de tiempo, sino que marchan con vaivén igual en sumo grado. También se percibe la acción del medio, que al dificultar algo el movimiento, disminuye bastante más las oscilaciones del corcho que las del plomo, pero sin hacerlas por ello más o menos frecuentes; así, aun cuando los arcos descritos por el corcho no tuvieran más de cinco o seis grados, y los del plomo cincuenta o sesenta, unos y otros eran recorridos en idénticos tiempos.

SIMPLICIO. Y siendo esto así, ¿cómo no habrá de ser la velocidad del plomo, mayor que la velocidad del corcho, haciendo aquél sesenta grados de recorrido durante el tiempo en que éste hace apenas seis?

SALVIATI. ¿Y qué dirás tú, Simplicio, si ambas a dos recorrieran sus trayectos en un mismo tiempo, cuando el corcho, alejado de la vertical treinta grados, atravesase un arco de sesenta, mientras el plomo, desviado del mismo punto medio sólo dos grados, recorriese un arco de cuatro? ¿No sería ahora relativamente más veloz el corcho? Y sin embargo, el experimento muestra suceder así. Porque observa: separado el péndulo de plomo, v. g., cincuenta grados de la perpendicular y dejado desde allí en libertad, oscila, y pasando casi otros cincuenta grados más allá de la vertical, describe un arco de casi cien grados; y volviendo de por sí mismo hacia atrás, describe otro arco un poco menor, y continuando sus oscilaciones, después de haber cumplido un gran número de ellas, termina por quedar quieto. Todas y cada una de estas oscilaciones se cumplen en sendos tiempos iguales, tanto la de noventa grados, como la de cincuenta, la de veinte, la de diez, y la de cuatro. De modo que, en consecuencia, la velocidad del móvil va siempre disminuyendo, puesto que en tiempos iguales va recorriendo sucesivamente arcos cada vez menores. Algo semejante, y aun podríamos decir idéntico, efectúa el corcho pendiente de un hilo de igual longitud, con la única diferencia de que se reduce a la quietud durante menor número de oscilaciones, por ser menos apto, debido a su ligereza, para vencer el obstáculo del aire. No obstante, todas sus oscilaciones, grandes y pequeñas, se cumplen en tiempos iguales entre sí e iguales también a los tiempos de las oscilaciones del plomo. En conclusión; es verdad que, si mientras el plomo recorre un arco de cincuenta grados, el corcho recorre uno de diez, el corcho será en este caso más tardo que el plomo; pero sucederá también lo contrario, que el corcho recorra un arco de cincuenta, mientras el plomo recorre uno de diez o de seis; y así, en diferentes tiempos, nos hallaremos con que ora es más veloz el plomo, ora más veloz el corcho. Pero si los mismos móviles pasaran, en los mismos tiempos iguales, arcos también iguales, con toda seguridad se podría decir entonces que sus respectivas velocidades son también iguales.

SIMPLICIO. Yo no sé qué pensar del valor de tu argumento; eso que dices de que uno y otro móvil se mueven ora veloz, ora lento, y ora muy lento, origina en mi mente una confusión que no me deja ver claro, cómo pueda suceder que sus respectivas velocidades sean siempre iguales.

SAGREDO. Si no te es molesto, Salviati, permíteme decir dos palabras. Dime, Simplicio, ¿acaso no admites tú que se pueda asegurar con entera verdad, que las velocidades del corcho y del plomo son iguales, en el caso de que, abandonando el reposo ambos a dos en el mismo momento, y moviéndose por idénticos declives, recorrieran siempre espacios iguales en tiempos iguales?

SIMPLICIO. En este caso no cabe duda, ni habría nada que objetar.

SAGREDO. En los péndulos sucede que cada uno de ellos recorre ya sesenta grados, ya cincuenta, ya treinta, ya diez, ya ocho, ya cuatro, ya dos, etc., y cuando ambos recorren el arco de sesenta grados, lo recorren en el mismo tiempo; en el arco de cincuenta grados emplean el mismo tiempo uno y otro móvil; lo mismo se diga en el arco de treinta, de diez y en todos los demás. De ahí se concluye que la velocidad del plomo en el arco de sesenta grados es igual a la velocidad del corcho en el mismo arco de sesenta grados, y que las velocidades en el arco de cincuenta son también iguales entre sí, y así en los demás; pero no decimos que la velocidad que se da en el arco de sesenta, sea igual a la velocidad dada en el arco de cincuenta, ni ésta igual a la del arco de treinta, etc.; sino que las velocidades van siendo menores a medida que los arcos son también más pequeños. Hecho que se infiere de comprobar por medio de nuestros sentidos, que un mismo móvil emplea tanto tiempo en recorrer un gran arco de sesenta grados, como en recorrer uno más pequeño de cincuenta, u otro muy pequeño de diez, o en suma en recorrer cualquiera de todos los arcos siempre en tiempos iguales. Sin embargo, es verdad que tanto el plomo como el corcho van retardando el movimiento según las disminuciones de los arcos, pero no por ello dejan de ir concordes en mantener la igualdad de las velocidades en todos los arcos iguales (*medesimi*) que ellos recorren. He querido decir esto, más por ver si he captado bien el concepto de Salviati, quien en esto, como en todas sus cosas, es tan diáfano que al resolver, en más de una ocasión, cuestiones no sólo oscuras sino también en apariencia antinaturales e inverosímiles ha dado ocasión (según algunos me han dicho) a uno de los profesores más renombrados, para desestimar sus invenciones, considerándolas triviales, por depender de fundamentos demasiado bajos y vulgares; como si la condición más admirable y más digna de loable estima en las ciencias demostrativas, no fuera el brotar y desarrollarse de principios conocidísimos, entendidos y concedidos de todos. Pero sigamos nosotros alimentándonos de estos livianos manjares.

Ya que Simplicio ha quedado satisfecho de entender y admitir que la gravedad interna de los diversos móviles no tiene la más mínima parte en la diferenciación de sus respectivas velocidades, pues todos, en cuanto de ella depende, se moverían con una misma velocidad; dinos, Salviati, en qué fundas tú las sensibles y aparentes desigualdades de movimiento, y responde a la dificultad de Simplicio, que refirmo yo, de que una bala de cañón se mueve aparentemente con más velocidad que un perdigón de plomo; porque será poca la diferencia de velocidad [en este ejemplo] con respecto a la [diferencia] que le opongo yo, de móviles de la misma materia, de entre los cuales algunos de los mayores descenderán en menos de una pulsación el mismo trayecto, que los menores, en el mismo medio, no atravesarán en una hora, ni en cuatro ni en veinte; tales son las piedras y la diminuta arena, principalmente esa finísima que enturbia el agua, en cuyo medio no logra descender durante horas los dos codos que las chicas, no mucho más grandes, atraviesan en una pulsación.

SALVIATI. Cuál sea la acción del medio en retardar más los móviles, según sean entre sí específicamente menos graves, ya quedó explicado, al hacer ver que esto se funda en la substracción de peso. Pero cómo un mismo medio pueda con tan gran diferencia amenguar la velocidad de móviles sólo en tamaño diferentes, aun siendo de la misma materia y de la misma figura, es cosa que requiere, para su explanación, razonamiento más sutil que el que basta para comprender cómo una figura del móvil más dilatada o un movimiento del medio hecho contra el móvil, retardan la velocidad de éste. Yo reduzco la causa del presente problema a la aspereza y porosidad que se hallan por lo general y acaso necesariamente en las superficies de los cuerpos sólidos; asperezas que durante el movimiento van chocando con el aire. Prueba evidente de ello es el sentir nosotros susurrar los cuerpos, por más redondos que estén, cuando cruzan velozmente por el aire; y no sólo susurrar, sino también silbar y zumbar, si en ellos existen alguna hoquedad o alguna prominencia considerables. También se ve que cualquier cuerpo sólido redondo hace un poco de viento al girar en un torno. ¿Y qué más? ¿No sentimos el notable zumbido, y en tono bastante agudo, que produce la peonza, cuando sobre el suelo gira con gran celeridad? Lo agudo del silbido se va haciendo grave a medida que la velocidad de la rotación va disminuyendo: argumento convincente del roce de las asperezas casi imperceptibles de su superficie contra el aire. No hay duda de que, en la caída de los móviles, al rozar estas asperezas con el ambiente fluido, retardarán la velocidad, y más la retardarán cuanto mayor sea la superficie, tal como es la de los sólidos menores comparada con la de los mayores.

SIMPLICIO. Ten a bien esperar un momento, pues comienzo a confundirme. Porque entiendo bien y admito que el rozamiento del medio contra la superficie del móvil retarde el movimiento, y que más lo retarde cuando las superficies sean mayores, siendo igual todo lo demás; pero no comprendo con qué fundamento tú llamas mayor a la superficie de los sólidos menores. Además, si la superficie mayor debe ocasionar mayor retardo, según tú afirmas, los sólidos mayores deberían ser más tardos; lo que no es verdad. Es claro que esta dificultad se resuelve, diciendo que si bien el mayor tiene mayor superficie, tiene también mayor gravedad, y que el impedimento que ofrece la superficie mayor contra la mayor gravedad, no ha de prevalecer sobre el impedimento que ofrece la superficie menor contra la menor gravedad; por ello la velocidad del sólido mayor no deviene menor. Sin embargo no veo por qué razón se deba alterar la igualdad de las velocidades, siendo así que cuanto disminuye la gravedad motriz, otro tanto disminuye el poder de la superficie retardante.

SALVIATI. Resolveré en conjunto todas las dificultades. Por lo tanto tú, Simplicio, admites sin controversia, que si a uno de los móviles iguales de la misma materia y de figura similar (los cuales se moverían indudablemente con igual velocidad), se le disminuye la gravedad tanto como la superficie (conservando, no obstante, la semejanza en la figura), no por ello se disminuiría la velocidad del cuerpo amenguado.

SIMPLICIO. Creo que así debería acontecer, de atenernos a tu teoría, que pretende que la mayor o menor gravedad no influye en la aceleración ni en el retardo del movimiento.

SALVIATI. Yo lo refirmo, y admito también tu afirmación, de la que me parece seguirse, como consecuencia, que si la gravedad disminuyere más que la superficie, en el móvil de tal manera disminuido se daría cierto retardo de movimiento; retardo que iría aumentando en la misma proporción en que aumentara la disminución del peso sobre la disminución de la superficie.

SIMPLICIO. En esto no tengo nada que objetar.

SALVIATI. Pues sábete, Simplicio, que no se puede, en los sólidos, disminuir la superficie en la misma proporción que el peso, manteniendo la semejanza de las figuras. Porque, siendo claro que al disminuir un sólido grave, el peso disminuye tanto como el volumen, dado que el volumen disminuyera más rápidamente que la superficie (conservándose siempre la similitud de las figuras), también la gravedad debería disminuir más que la superficie. Pero la geometría nos enseña que la proporción entre volumen y volumen, en sólidos semejantes, es mayor que entre sus respectivas superficies. Para mejor comprensión, lo explicaré en casos concretos. Figúrate, por ejemplo, un dado de dos dedos de lado, de modo que cada una de sus caras tenga cuatro dedos cuadrados, y las seis, o sea su total superficie, veinticuatro dedos cuadrados. Imagínate después al mismo dado dividido, por medio de tres cortes, en ocho pequeños dados; cada uno de éstos tendrá un dedo de lado, y un dedo cuadrado en cada cara, siendo la superficie global seis dedos cuadrados, mientras el dado entero tenía veinticuatro de superficie. Repara ahora en que el dado pequeño es, en superficie, la cuarta parte de la superficie del grande (como seis lo es de veinticuatro); pero en volumen, es solamente un octavo: luego mucho más amengua el volumen, y en consecuencia el peso, que la superficie. Si continuamos con la subdivisión del dado pequeño en otros ocho, cada uno de estos últimos tendrá una superficie total de un dedo y medio cuadrados, que equivale a una decimosexta parte de la superficie del primer dado; pero su volumen es solamente la sexagésima cuarta parte. Nota, por lo tanto, cómo en estas dos solas divisiones los volúmenes disminuyen cuatro veces más que sus propias superficies; y si quisiéramos seguir con las subdivisiones hasta reducir el primer sólido a diminuto polvo, encontraríamos la gravedad de los insignificantes átomos centenares y centenares de veces más disminuida que sus respectivas superficies. Esto que te he hecho ver en el ejemplo de los cubos, sucede en todos los sólidos semejantes entre sí, cuyos volúmenes están en proporción sesquiáltera de sus superficies.[28] Hazte cargo, ahora, con cuánta mayor proporción que en los móviles grandes, crece en los pequeños el impedimento originado por el rozamiento de la superficie del móvil con el medio. Si añadimos que las asperezas, en las pequeñísimas superficies de las partículas del polvo sutil, tal vez no son menores que las asperezas en las superficies de los sólidos mayores diligentísimamente pulidos, calcula qué fluido deberá ser el medio y cuán en absoluto deba carecer de resistencia a dejarse hender, para dar paso a tan débil fuerza; y entre tanto, advierte, Simplicio, que no me equivoqué al afirmar hace un momento que las superficies de los sólidos más pequeños son, en comparación, más grandes que las de los mayores.

SIMPLICIO. Quedo completamente convencido. Y tened por cierto que si yo hubiera de volver a comenzar mis estudios, seguiría el consejo de Platón, y comenzaría por las matemáticas, que proceden muy escrupulosamente, según veo, y no admiten como cierto nada que no esté concluyentemente demostrado.

SAGREDO. Gran placer he hallado en esta disertación. Mas antes de pasar adelante, mucho me gustaría oír la explicación de una frase que se me presentó como novedad, cuando hace un momento dijiste que los sólidos semejantes están entre sí en proporción sesquiáltera con sus superficies. Porque he visto y entendido bien la proposición, con su respectiva demostración, en que se prueba que las superficies de sólidos semejantes están en proporción de la segunda potencia de sus respectivos lados, y la otra que prueba que los mismos sólidos están en proporción de la tercera potencia de los mismos lados; pero la proporción de los sólidos con sus respectivas superficies, ni recuerdo siquiera haberla oído mencionar.

SALVIATI. Tú mismo te das la respuesta, y aclaras la duda. Porque aquella cantidad que es cubo de una cosa, de la cual otra cantidad es cuadrado, ¿no viene a ser sesquiáltera de este cuadrado? Sin duda que sí. Pues bien, si las superficies están en proporción del cuadrado de las líneas, con las cuales están los sólidos en proporción del cubo ¿no podremos decir que los sólidos están en proporción a sesquiáltera con las superficies?

SAGREDO. Perfectamente entendido. Y si bien aún tendría que preguntar algunos otros detalles, atinentes a la materia de que se trata, sin embargo, si seguimos así de digresión en digresión tarde vamos a llegar a nuestro principal tema, sobre la diversidad de caracteres dada en las resistencias que los sólidos oponen a su fractura; por ello, si te place volvamos a tomar el hilo de lo que nos propusimos al principio.

SALVIATI. Dices bien; pero la variedad y multitud de cosas hasta ahora sometidas a examen, nos ha robado tanto tiempo, que muy poco del día nos restará para emplearlo en nuestro tema principal, lleno de demostraciones geométricas, que requieren especial atención. Por ello pienso sería mejor diferir la disertación hasta mañana, no sólo por la razón indicada, sino también porque podría traer conmigo algunas hojas en que tengo anotados por orden los problemas y teoremas, con la enunciación y demostración de las diversas fases de tal tema; las que tal vez no recordaría de memoria en el orden necesario.

SAGREDO. Me someto gustoso a tu parecer, principalmente porque, para terminar la sesión de hoy, tendré tiempo de oír la aclaración a ciertas dudas que me quedaban sobre la materia últimamente tratada. Una de ellas es si debemos estimar que la resistencia del medio pueda ser suficiente para poner término a la aceleración de los cuerpos, cuando éstos son de materia gravísima, de inmenso volumen y de figura esférica; y digo "esférica" para elegir la que está contenida en mínima superficie, y por consiguiente menos sujeta a retardación. Otra es acerca de las oscilaciones de los péndulos, y tiene dos puntos: primero, si todas las oscilaciones, tanto las grandes, como las medianas, como las pequeñas se efectúan verdadera y exactamente en tiempos iguales; segundo, cuáles son las proporciones de los tiempos en móviles suspendidos de hilos desiguales, de los tiempos, digo, de sus oscilaciones.

SALVIATI. Cuestiones realmente sugestivas, y, como sucede con todas las verdades, sospecho que cualquiera de ellas que elijamos, traerá en pos de sí tal cúmulo de consecuencias verdaderas y curiosas, que no sé si lo que resta de día nos alcanzará para discutirlas todas.

SAGREDO. Si fueren tan agradables como las pasadas, más grato me será gastar tantos días que no tantas horas, como nos quedan hasta la noche. Y creo que Simplicio no sentirá fastidio en tales razonamientos.

SIMPLICIO. Seguramente que no, y máxime cuando se trata de ciencias de la naturaleza, en torno a las cuales no se leen pareceres o discusiones de otros filósofos.

SALVIATI. Vengo, pues, a la primera, afirmando sin ninguna hesitación, no haber esfera tan grande ni de materia tan pesada que no sea frenada en su aceleración, y reducida a movimiento uniforme durante la continuación del movimiento, por la resistencia del medio, aunque éste sea muy tenue. Porque si un móvil durante su caída fuese capaz de adquirir, con la prosecución de su movimiento, el grado de velocidad que se quiera, ninguna velocidad que le sea conferida por un motor externo, podría ser tan grande, que él la rehusase y la perdiese merced al impedimento del medio; así, una bala de cañón que hubiese descendido por el aire, v. g., cuatro codos, y hubiese adquirido, digamos, diez grados de velocidad y que entrase con éstos en el agua, si la resistencia del agua no fuese suficiente para refrenar en la bala tal ímpetu, ésta lo acrecentaría, o al menos lo conservaría hasta el fondo. Pero no sucede así; antes al contrario, el agua, aunque sólo tenga una profundidad de algunos codos, lo atempera y debilita, de tal modo que el choque contra el fondo del río o del lago será levísimo. En consecuencia, es evidente que el agua que ha sido capaz de despojarlo de tal velocidad durante una brevísima travesía, ya no se la dejará conquistar jamás, ni siquiera en una profundidad de mil codos. ¿Cómo le va a permitir ganarla en mil codos, para quitársela después en cuatro? ¿Y para qué más? ¿No vemos que el inmenso ímpetu de la bala, al ser disparada por el cañón, es amortiguado por la interposición de unos cuantos codos de agua, de tal modo que la bala, lejos de dañar a la nave, apenas si llega a percutirla? También el aire, aunque fluido en sumo grado (*cedentíssima*) atempera la velocidad del móvil en caída, aunque sea muy pesado, como podemos ver en ejemplos similares. Porque si desde la cúspide de una torre altísima tiramos un arcabuzazo hacia el suelo, [la bala] entrará en tierra, menos que si hubiéramos disparado el arcabuz desde cuatro o seis codos de altura; signo evidente de que el ímpetu con que la bala salió del cañón, disparado en la picota de la torre, fue disminuyendo al descender por el aire. Por lo tanto, el descender desde cualquier inmensa altura, no bastará para hacerle adquirir aquel ímpetu, del que la resistencia del aire la priva, si de cualquier modo que sea le ha sido ya conferido. De modo semejante, el destrozo que causará en un muro un impacto de bala disparada por una culebrina a veinte codos de distancia, no creo que lo hiciera, viniendo a plomo desde una distancia tan inmensa como se quiera. Juzgo, por lo tanto, que existe un límite para la aceleración de cualquier móvil natural, que abandona el reposo; así como, que la resistencia del medio termina por reducirlo a movimiento uniforme, en el que se mantendrá indefinidamente.

SAGREDO. En verdad, los experimentos me parecen muy a propósito; pero a pesar de todo, el adversario podría hacerse fuerte, negando que tengan lugar en moles inmensas y muy pesadas, y diciendo que una bala de cañón, cayendo de los cuernos de la luna o de la suprema región del aire, haría mayor percusión que saliendo del cañón.

SALVIATI. No hay duda de que pueden oponerse muchas dificultades, y que no todas se pueden redargüir con experimentos. Sin embargo, en esta objeción, parece haber algo que debe tomarse en cuenta; es decir, que hay mucho de verosimilitud en eso de que al caer un grave desde una altura, adquirirá tanto ímpetu al llegar a tierra, como habría sido necesario para elevarlo hasta la misma altura; como claramente se puede observar en un péndulo muy grave, que al ser desviado cincuenta o sesenta grados de la vertical, adquiere la velocidad y fuerza que son suficientes para volver a impulsarlo hasta una altura igual, prescindiendo, sin embargo, de la insignificancia que le resta el impedimento del aire. Para enviar una bala de artillería a una altura tal, que le fuera suficiente para adquirir un ímpetu tan grande, como el que le da la carga al salir del cañón, debería bastar con dispararla verticalmente hacia arriba con el mismo cañón, y observar después si al volver a caer hace un impacto igual al del choque hecho al ser disparada desde cerca: creo, muy fundadamente, que no sería tan violento. Por ello estimo que la velocidad de la bala, mismo al salir del cañón, sería de aquellas que jamás el impedimento del aire le permitiría adquirir, si descendiese con movimiento natural, partiendo del reposo, desde cualquier gran altura.[29]

Paso ahora a las otras preguntas referentes a los péndulos, materia que a muchos podría parecer demasiado árida, principalmente a aquellos filósofos que se hallan continuamente ocupados en los más profundos problemas de las cosas de la naturaleza; no obstante, yo no quiero despreciarla, alentado por el ejemplo del mismo Aristóteles, en quien admiro por sobre todas las cosas, el que no haya dejado, se puede decir, materia alguna en algo digna de consideración, que él no haya tocado.

Y ahora, acicateado por las preguntas, espero poder decirte alguna de mis ideas referentes a la música, materia nobilísima de la que han escrito tantos grandes hombres y aun el mismo Aristóteles, quien considera acerca de ella curiosos problemas. Por esta razón, si también yo deduzco de algunos experimentos fáciles y tangibles, las razones de ciertas propiedades maravillosas en materia de sonidos, podré esperar que mis razonamientos sean de tu agrado.

SAGREDO. No sólo bien recibidos, sino también, por lo que a mí se refiere, sumamente deseados, como que hallando deleite en todos los instrumentos de música, y habiendo meditado mucho acerca de las armonías, he quedado siempre en dudas y perplejo en lo concerniente a saber de dónde procede que me agrade más una que la otra, y que alguna no sólo no me deleite, sino que me moleste en sumo grado. Después, el trillado problema de las dos cuerdas, templadas al unísono, de modo que al sonido de una vibre la otra y resuene simultáneamente, permanece todavía sin solución para mí; así como tampoco están muy claras las razones de las consonancias y otras peculiaridades.

SALVIATI. Veamos si de estos nuestros péndulos se puede sacar alguna solución a todas estas dificultades. En cuanto a la primera duda sobre si verdadera y realmente un mismo péndulo cumple todas sus oscilaciones, máximas, intermedias y mínimas en tiempos exactamente iguales, yo me remito a lo que ya he oído a nuestro Académico; el cual demuestra bien que el móvil, que descienda por las cuerdas subtensas a cualquier arco, las recorrerá todas necesariamente en tiempos iguales, tanto la subtensa bajo ciento ochenta grados (o sea todo el diámetro), como las subtensas bajo cien, sesenta, diez, dos, medio grados, y la subtensa bajo cuatro minutos, a condición de que todas vayan a terminar en el punto inferior de tangencia con el plano horizontal. Después, acerca de aquellos que descienden por los arcos de las mismas cuerdas, elevados sobre la horizontal y que no sean mayores de un cuadrante, o sea de noventa grados, el experimento demuestra que todos son recorridos en tiempos iguales, pero más breves que los tiempos del trayecto por las cuerdas; hecho que parece maravilloso, ya que a primera vista parece que debería suceder lo contrario. Porque siendo comunes los puntos extremos del principio y del fin del movimiento, y siendo la línea recta la más corta comprendida entre estos dos mismos términos, parece razonable que el movimiento efectuado sobre ella debiera cumplirse en el más breve tiempo. Sin embargo no es así, sino que el tiempo más breve, y en consecuencia el movimiento más veloz, es el que se lleva a cabo sobre el arco que tiene por cuerda a dicha línea recta.[30] Por lo tanto, en cuanto a la proporción de los tiempos de las oscilaciones de móviles pendientes de hilos de diferente longitud, esos tiempos están en la misma proporción que las raíces cuadradas de las longitudes de los hilos, o si se prefiere, las longitudes están en proporción de la segunda potencia de los tiempos; es decir, están entre sí como los cuadrados de los tiempos. De modo que si se quiere, v. g., que el tiempo de una oscilación de un péndulo, sea doble del tiempo de una oscilación de otro, es necesario que la longitud del hilo de aquél sea cuádruple de la longitud del hilo de éste. Y también, durante el tiempo de una oscilación del primero, efectuará tres oscilaciones el segundo, si el hilo del primero es nueve veces más largo que el del segundo. De donde se sigue que las longitudes de los hilos tienen entre sí la misma proporción que tienen los cuadrados de los números de vibraciones que se efectúan en un mismo tiempo.

SAGREDO. En este caso, si yo he entendido bien, podré cómodamente averiguar la longitud de un cordel pendiente desde una gran altura cualquiera, aun cuando el punto superior de sostén me fuese invisible, y se viera sólo el del extremo inferior. Porque si yo suspendo en el extremo inferior de dicho cordel un grave bastante pesado, y hago que vaya oscilando en vaivén, y que un amigo vaya contando un cierto número de sus oscilaciones, mientras yo voy simultáneamente contando también las oscilaciones de otro móvil suspendido de un hilo de un codo exacto de longitud, yo podré deducir la longitud del cordel, del número de oscilaciones de los dos péndulos, hechas durante un mismo tiempo. Por ejemplo, pongamos que durante el tiempo en que mi amigo haya contado veinte oscilaciones del cordel largo, yo cuente doscientas cuarenta de mi hilo de un codo de longitud; hallando los cuadrados de los dos números veinte y doscientos cuarenta, que son 400 y 57.600, respectivamente, diré que el cordel largo contiene 57.600 medidas de la misma clase de las que mi hilo contiene 400; y como el hilo es de un solo codo, dividiré 57.600 por 400, que me da 144; luego podré decir que el cordel tiene 144 codos de largo.

SALVIATI. No te habrás equivocado ni en un palmo, máxime si el cálculo fue hecho sobre un gran número de oscilaciones.

SAGREDO. Con frecuencia tú me das ocasión de admirar la riqueza y simultáneamente la suma prodigalidad de la naturaleza, mientras de cosas tan comunes, y podría decirse triviales, vas extrayendo datos tan curiosos y nuevos, y casi siempre diversos de lo que uno pudiera imaginarse. Mil veces he observado yo las oscilaciones, en particular de las lámparas que en algunas iglesias penden de cuerdas larguísimas, cuando inadvertidamente las mueve alguno; pero lo más que yo he podido sacar de tal observación ha sido la improbabilidad de la opinión de quienes pretenden que es el medio, es decir el aire, el que mantiene y continúa semejantes movimientos, porque me parece que en ese caso el aire debería tener un gran discernimiento, y al mismo tiempo muy poco que hacer, para gastar horas y horas de tiempo en empujar con tanta regularidad hacia acá y hacia allá un peso en suspensión. Pero que yo hubiese llegado a comprender que un mismo móvil, suspendido de una cuerda de cien codos de largo, desviado del punto muerto una vez noventa grados, y otra un solo grado o medio, empleare tanto tiempo en recorrer este arco mínimo, como en pasar el otro máximo, no creo que yo lo hubiese comprendido jamás, porque aun ahora me parece tener algo de imposible. Ahora estoy esperando que estas mismas simplísimas minucias me proporcionen unas explicaciones de los fenómenos de música, tales que puedan, al menos en parte, aquietar mi mente.

SALVIATI. En primer lugar es necesario advertir que cada péndulo tiene el tiempo de sus oscilaciones de tal modo determinado y prefijado, que resultaría imposible hacerlo mover con un período que no fuera su único período natural. Asga cualquiera con la mano la cuerda de donde pende el peso, y ponga todo el empeño que quiera en aumentarle o disminuirle la frecuencia de sus oscilaciones: se habrá fatigado en vano. Por el contrario, a un péndulo, aunque sea muy grave y esté en reposo, podremos ponerlo en movimiento con sólo soplarle en contra: y su movimiento llegará a ser considerable con sólo reiterar los soplos, pero con una frecuencia que coincida exactamente con la de sus oscilaciones. Porque, si al primer soplo lo hemos removido de la vertical medio dedo, repitiendo el soplo cuando, después de haber vuelto hasta nosotros, comience su segunda oscilación, le conferiremos nuevo movimiento, y así sucesivamente con otros soplos, pero dados a tiempo y no cuando el péndulo nos viene en contra (porque de lo contrario impediremos, y no ayudaremos su movimiento). Y si persistimos, multiplicando los impulsos llegaremos a conferirle tal ímpetu, que para hacerlo parar, se requerirá una fuerza mucho mayor que la de un soplo.

SAGREDO. Siendo yo niño, vi que un solo hombre, por medio de esta clase de impulsos dados a tiempo, hizo sonar una enorme campana, y al querer después pararla, se agarraron de la cuerda cuatro o seis, todos los cuales fueron levantados en alto, sin que tantos juntos pudieran contrarrestar el ímpetu que uno solo, por medio de empujoncitos regulados, le había conferido.

SALVIATI. Ejemplo que ilustra mi intento tan esmeradamente, como aptos son mis argumentos para dar razón del maravilloso problema de la cuerda de la cítara o del clavicémbalo, que agita y hace realmente sonar no sólo aquella cuerda que le está acordada al unísono, sino también la octava y la quinta. La cuerda, cuando ha sido herida, comienza y continúa sus vibraciones durante todo el tiempo que se siente durar su resonancia; estas vibraciones hacen vibrar y tremer el aire que las circunda, y luego dichos temblores y ondulaciones se propagan por un gran espacio y van a golpear en todas las cuerdas del mismo instrumento, y aun de otros próximos. La cuerda que está templada al unísono con la cuerda pulsada, estando dispuesta para cumplir sus vibraciones con la misma frecuencia, comienza a moverse un poco al primer impulso y al sobrevenirle el segundo, el tercero, el vigésimo y otros más, y todos en tiempos concordes y periódicos, termina por adquirir el mismo temblor de la primeramente pulsada, y se la ve con toda claridad ir dilatando sus vibraciones justamente con la misma amplitud de su motriz. Estas ondulaciones, que van extendiéndose por el aire, agitan y hacen vibrar, no sólo las cuerdas, sino también cualquier otro cuerpo dispuesto para tremer y vibrar con el mismo período de la cuerda vibrante; de manera que si uno fija en los bordes del instrumento varios trozos de cerdas o de otras materias flexibles, se verá que, al sonar el clavicémbalo, treme ya uno, ya otro de los cuerpos, a medida que vaya siendo herida la cuerda, cuyas vibraciones están con él, en un mismo período. Los restantes no se moverán al sonido de esta cuerda; ni éste temblará al sonido de otra cuerda. Si tocamos enérgicamente con el arco una cuerda grave de una viola, acercándole una copa de cristal fino y pulido, cuando el tono de la cuerda esté al unísono con el tono de la copa, ésta tremerá y resonará perceptiblemente. Que se difunde ampliamente la ondulación del medio en torno al cuerpo resonante, se ve claramente al hacer resonar una copa llena de agua, frotando con la yema del dedo sobre el borcellar; porque veremos al agua contenida ondear en orden regularísimo. Mejor todavía se podrá observar el mismo efecto, posando el pie de la copa en el fondo de alguna vasija grande, llena con agua hasta el borcellar de la copa; porque, si como antes, la hacemos resonar rozándola con un dedo, se verá que las ondulaciones del agua se propagan a gran distancia en torno a la copa, con gran velocidad y regularidad. Yo mismo, en varias ocasiones, he podido observar que, haciendo resonar del modo indicado una copa bastante grande y casi llena de agua, al principio se formaban las ondas en el agua con extraordinaria uniformidad, y si por casualidad el tono de la copa saltaba una octava más alto, en el mismo instante podía ver cómo cada una de dichas ondas se dividía en dos; hecho que demuestra claramente que la frecuencia de la octava es doble.

SAGREDO. Más de una vez me ha ocurrido lo mismo, con gran contento y también utilidad míos. Porque durante mucho tiempo he estado perplejo acerca de las esencias de las consonancias, no pareciéndome que las razones comúnmente aducidas por los autores que hasta ahora han escrito doctamente de la música, fueran del todo concluyentes.* Afirman éstos, que el diapasón, o sea la octava, está contenida por la razón 2:1 (*dupla*),** y que la diapente, que nosotros llamamos quinta, está contenida por la razón 3:2 (*sesquialtera*), etc.; porque, tensa una cuerda sobre el monocordio, si se percute primero toda, y sólo la mitad después, poniéndole un puente en medio, se oye la octava, y si el puentecillo se pone al tercio de toda la cuerda, percutiéndola entera y después los dos tercios, nos da un intervalo de quinta; por lo cual dicen que la octava está contenida entre el dos y el uno, y la quinta entre el tres y el dos. Esta razón, digo, no me parecía concluyente, para poder estatuir en buena ley las razones 2:1 y 3:2, como frecuencias naturales del diapasón y de la diapante. Mi motivo era el siguiente: hay tres modos de hacer más agudo el sonido de una cuerda: el primero es, acortándola; el segundo es, estirándola más, vale decir templándola; el tercero es, adelgazándola. Reteniendo la misma tensión y el mismo grosor de la cuerda, si queremos oír la octava, hay que acortarla a la mitad, es decir pulsarla toda y después la mitad. Pero si, reteniendo la misma longitud y grosor, queremos, tendiéndola más, hacerla subir a la octava, no

---

* Son indudablemente autores que están dentro de la corriente pitagórica, tal vez por ello Galileo puso esa explicación en boca de Sagredo. (*N. del T.*)

** Las razones numéricas 3:2, 2:1, 9:4, 4:1 no están así anotadas en el original, sino expresadas en términos latinos, los que hemos dejado entre paréntesis por lo menos una vez cada uno, por respeto al original. (*N. del T.*)

basta con tenderla el doble más, sino que se necesita el cuádruplo; de modo que si primero estaba tensa con el peso de una libra, tendremos que suspenderle cuatro, para agudizarla hasta la octava. Por fin, si conservando la misma longitud y tensión, queremos una cuerda que, por ser más delgada, nos dé la octava, será necesario que conserve sólo la cuarta parte del grosor de la otra más grave. Y esto que digo de la octava, es decir, que su esencia, derivada de la tensión y del grosor de la cuerda, está en razón del cuadrado de la que se deriva de su longitud, puede aplicarse a todos los intervalos musicales. Porque aquello que nos da la longitud en la razón 3:2 (*sesquialtera*), es decir, al pulsarla primero toda y después los dos tercios, si queremos obtenerlo con la tensión o la delgadez, nos será necesario cuadrar la razón 3:2, tomando la razón 9:4 (*dupla sesquiquarta)*, y si la cuerda grave estaba tensa con cuatro libras de peso, suspenderle a la aguda, no seis, sino nueve; y en cuanto al grosor, hacer a la cuerda grave más gruesa que la aguda en la proporción de nueve a cuatro, para obtener la quinta. Sentados estos experimentos en todo verdaderos, tuve la impresión de que esos sagaces filósofos no tenían fundamento alguno para establecer que la forma de la octava fuese la razón 2:1, más bien que la 4:1 (*quadrupla*), y que la quinta fuese la 3:2, más bien que la 9:4. Pero, como el contar las vibraciones de una cuerda, que al emitir sonido las hace frecuentísimas, es de todo punto imposible, hubiese quedado siempre con la duda de si sería cierto que la cuerda de la octava, más aguda, efectúa en un mismo tiempo doble número de vibraciones que la más grave, si las ondas, persistentes durante todo el tiempo que queramos, al hacer resonar y vibrar la copa, no me hubiesen demostrado sensiblemente, cómo en el mismo instante que uno siente saltar el tono a la octava, se ven originar otras ondas más pequeñas, que con infinita precisión dividen por la mitad a cada una de las primeras.

SALVIATI. Espléndida observación para poder distinguir una por una las ondas originadas por el vibrar del cuerpo que resuena; las mismas que después, difundidas por el aire, llegan a producir en el tímpano de nuestros oídos la titilación que en el alma deviene sonido.[31] Pero ya que en el agua no podemos verlas y observarlas, sino durante el tiempo que perdura la fricción hecha con el dedo, y aun durante este mismo tiempo no son permanentes, sino que continuamente se están haciendo y deshaciendo, ¿no sería interesante, si uno pudiera hacer, con extraordinaria destreza, algunas que perduran largo tiempo, como meses o años, de modo que nos dieran la facilidad de poder medirlas y numerarlas cómodamente?

SAGREDO. Sinceramente, yo estimaría en mucho una tal invención.

SALVIATI. El descubrimiento fue del acaso, y mía fue sólo la observación, y el haber hecho de ella un recurso fundamental para probar una noble meditación, aunque en sí misma sea una vulgar hechura. Raía yo con un cincel de hierro cortante una lámina de latón, para quitarle algunas manchas; al ludir sobre ella con velocidad el cincel, oí por una o dos veces, entre muchos ludimientos, chirriar y salir un silbido muy agudo y claro; al mirar sobre la lámina, vi una gran serie de rayitas finísimas, paralelas y equidistantes unas de otras con distancias exactamente iguales. Volviendo a raer reiteradas veces, advertí que solamente en los ludimientos acompañados de chirrido, dejaba el cincel esas estrías sobre la lámina; mas cuando el ludimiento pasaba sin silbido, no quedaba ni la más mínima sombra de tales rayitas. Habiendo repetido después el juego varias veces, haciendo deslizar el cincel, ora con mayor, ora con menor velocidad, el silbido sobrevenía ya de tono más agudo, ya de tono más grave. Noté que las señales hechas durante el sonido más agudo estaban más juntas, y en el más grave más ralas, y aun a veces también, si un mismo ludimiento adquiría mayor velocidad hacia el final que hacia el principio, iba agudizándose el tono, y las rayitas se iban haciendo más numerosas, pero siempre marcadas con primor y con absoluta equidistancia. Además, en los ludimientos sibilantes, yo sentía temblar el hierro en mi puño y correr por la mano un cierto estremecimiento. En suma, se ve y se siente que el hierro hace lo mismo que hacemos nosotros, cuando hablamos en voz baja y emitimos después una voz fuerte, porque cuando emitimos el aliento sin producir sonido, no sentimos producirse movimiento ninguno ni en la garganta ni en la boca, en comparación y respecto al gran temblor que sentimos producirse en la laringe y en las fauces al emitir la voz, principalmente cuando lo hacemos en tono grave y fuerte. También alguna vez pude notar entre las cuerdas del clavicémbalo, dos unísonos con los dos silbidos producidos al ludir del modo antedicho, y de lo más diferentes en tono; dos de los cuales precisamente distaban una quinta perfecta. Cuando después medí los intervalos de las estrías de uno y de otro ludimiento, vi que la extensión que contenía cuarenta y cinco espacios de una, contenía treinta de la otra, tal como es la frecuencia que se atribuye a la diapente. Pero aquí, antes de pasar adelante, quiero advertirte que de las tres maneras de hacer agudo un sonido, la que tú atribuyes a la sutileza de la cuerda, debe en realidad de verdad atribuirse al peso. Porque la alteración derivada del grosor corresponde cuando las cuerdas son de un mismo material. Así una cuerda de tripa, para hacer la octava, debe ser cuatro veces más gruesa que la otra también de tripa; y una de latón, cuatro veces más gruesa que otra de latón. Pero si yo, con una cuerda de latón, quiero hacer la octava a otra de tripa, no la he de hacer cuatro veces más gruesa, sino cuatro veces más pesada; de modo que, en cuanto al diámetro, esta de metal no será, sin embargo, cuatro veces más gruesa, sino cuádruple en peso, y tal vez sea más sutil que la que le corresponde en la octava más aguda, y que sea de tripa. Por ello sucede que encordando un clavicémbalo con cuerdas de oro y otro con cuerdas de latón, si fueren de la misma longitud, grueso y tensión, al ser el oro dos veces más pesado, alcanzará la encordadura a casi una quinta más grave. Y nótese aquí cómo la gravedad del móvil ofrece más resistencia que el grosor a la velocidad del movimiento, contra lo que pudiera creerse a primera vista. Porque parece muy razonable que la velocidad debería ser retardada por la resistencia del medio a ser hendido, más en un móvil grueso y ligero, que en otro pesado y sutil. Sin embargo, en este caso sucede lo contrario.

Mas volviendo a nuestro primer propósito, digo que la razón próxima e inmediata de la esencia de los intervalos musicales, no es la longitud de las cuerdas, ni la tensión, ni el grueso, sino la proporción de los números de vibraciones y sacudidas de las ondas del aire que vienen a herir el tímpano de nuestros oídos, obligándolo a vibrar también con la misma frecuencia. Sentado esto, podremos quizá explicar muy razonablemente de dónde provenga el que algunos pares de esos sonidos, de tono diferente, sean percibidos con gran deleite por nuestros oídos, otros con menos y otros nos hieran con gran molestia. Ésta es la razón de las consonancias más o menos perfectas y de las disonancias. Lo molesto de éstas nacerá, creo yo, de las pulsaciones discordes de dos diversos tonos, que golpean sobre nuestros tímpanos desproporcionadamente; las disonancias serán desagradabilísimas, cuando las frecuencias de las vibraciones sean inconmensurables. Tal es el caso de dos cuerdas unísonas, cuando una de ellas suena con una parte de la otra tales como es el lado de un cuadrado en relación a su diagonal: discordancia semejante al tritono o semidiapente (*semidiapente*). Consonantes y deleitables serán aquellos pares de sonidos que lleguen a percutir con cierta regularidad en el tímpano. Regularidad que involucra, en primer lugar, que las percusiones, hechas dentro de un mismo tiempo, sean conmensurables en número, a fin de que la membrana del tímpano no deba estar en continuo tormento, doblándose de dos diversos modos, para adaptarse y corresponder a las pulsaciones siempre discordantes. Será, pues, la primera y más grata consonancia, la octava, puesto que por cada percusión que dé la cuerda grave sobre el tímpano, la aguda da dos, de modo que ambas van a herir conjuntamente, en una sí y en otra no, de las vibraciones de la cuerda aguda; así que de todo el número de las percusiones, la mitad concuerdan en batir simultáneamente. Mas las percusiones de las cuerdas unísonas se fusionan siempre en una, y por ello son como de una sola cuerda, y no hacen consonancia. La quinta deleita también, ya que por cada dos pulsaciones de la cuerda grave, la aguda da tres, de donde se sigue que, numerando las vibraciones de la cuerda aguda, la tercera parte del conjunto concuerda en percutir a un tiempo, o sea que dos notas solitarias se interponen entre cada par de las concordes. En la diatesarón se interponen tres. En la segunda o sea en el tono de razón 9:8, por cada nueve vibraciones, una sola llega a percutir concordemente con la otra de la cuerda más grave; todas las demás son discordes, y el tímpano las percibe con molestia, y el oído las juzga disonantes.

SIMPLICIO. Desearía una más clara explicación de este raciocinio.

SALVIATI. Sea la línea AB la longitud de onda de una vibración de la cuerda grave, y la línea CD la de la cuerda aguda, que dará con la anterior la octava; y dividamos la AB por mitad, en E. Es evidente que, comenzando a vibrar las cuerdas en los puntos A y C, cuando la vibración aguda haya alcanzado el punto D, la otra se habrá extendido sólo hasta el punto medio E, donde, por no ser término del movimiento, no percute; sin embargo, sí hay percusión en D. Cuando una vibración retorna luego de D a C, la otra pasa de E a B, por lo cual ambas percusiones, la de B y la de C, baten conjuntamente sobre el tímpano. Y volviendo a reiterarse de modo similar las siguientes vibraciones, se concluirá que las vibraciones en C, D coinciden en percutir simultáneamente con las en A, B, alternando en una sí y en otra no. Pero las pulsaciones en los puntos extremos van siempre acompañadas por una de las C, D y siempre por la misma. Esto es evidente; porque, puesto que las ondas baten simultáneamente en A y C, al pasar una de A a B, va la otra de C a D y vuelve a C, de modo que baten al mismo tiempo en C y en B; y durante el tiempo en que vuelve una de B hasta A, va la otra desde C hasta D y torna a C, de modo que las percusio-

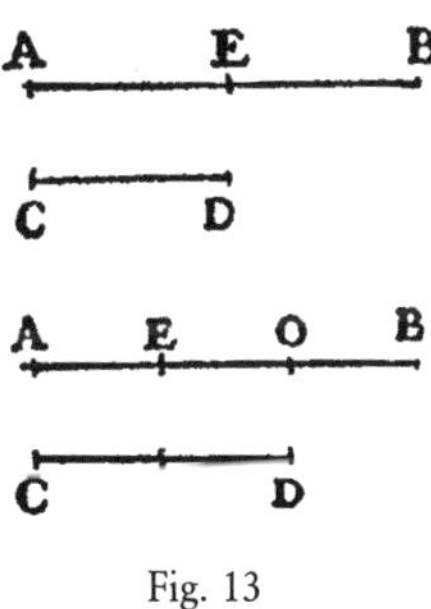

Fig. 13

nes en A, C son simultáneas. Sean ahora las dos vibraciones AB, CD las que producen la diapente, teniendo por ello sus tiempos en razón 3:2. dividamos la AB de la cuerda grave en tres partes iguales en E, O, y supongamos que las vibraciones comienzan en el mismo instante en los extremos A y C. Es evidente que en la percusión que se efectuará en el punto D, la vibración de AB habrá alcanzado solamente a O; por consiguiente, el tímpano recibe sólo la percusión de D. Después, en el retorno de D a C, la otra vibración pasa de O a B y vuelve a O, haciendo percusión en B, percusión aislada y a contratiempo (carácter que se ha de tener en consideración); porque al haber establecido que las primeras vibraciones comenzaron simultáneamente en los extremos A, C, la segunda, que fue la del extremo D sola, se hizo después del tiempo que requiere el paso desde C hasta D, o sea desde A hasta O; pero la siguiente, que se hace en B, dista de la otra sólo el tiempo que requiere el tránsito desde O hasta B, que es la mitad del anterior. Continuando luego el retorno desde O hasta A, mientras de C se va a D, llegan a efectuarse las dos pulsaciones simultáneamente en A y D. Siguen después otros períodos semejantes a éstos, o sea con la interposición de dos pulsaciones de la cuerda aguda, aisladas y solitarias, y una de la cuerda grave, también solitaria e interpuesta entre las dos solitarias de la aguda. De modo que si nos figuramos el tiempo dividido en momentos, esto es, en fracciones iguales; al suceder que en los dos primeros momentos de las pulsaciones concordes, hechas en A, C, se pasa a O, D, y se bate en D; que en el tercero y cuarto momento se vuelve de D a C, batiendo en C, y que de O se pasa por B y se vuelve a O, batiéndose en B; y que finalmente en el quinto y sexto momento, desde O y C se pasa a A y D, batiendo en ambas; tendremos en nuestro tímpano distribuidas las pulsaciones por el orden siguiente: dadas las pulsaciones de las dos cuerdas en el mismo instante, dos momentos después recibirá una percusión solitaria, en el tercer momento otra también solitaria, en el cuarto otra sola, y dos momentos después, o sea en el sexto, dos unidas al mismo tiempo. Aquí termina el período, y por decirlo así, la anomalía; período que continúa luego repitiéndose.

SAGREDO. Ya no puedo callar por más tiempo. Tengo que expresar la satisfacción que siento al ver tan adecuadamente expuestas las razones de algunos hechos, que durante tanto tiempo me tuvieron en tinieblas y calígine. Ahora veo por qué el unísono no difiere en nada de una sola voz; veo por qué la octava es la principal consonancia, pero tan semejante al unísono, que como unísono se toma y se acompaña con las demás. Es semejante al unísono, porque así como las pulsaciones de las cuerdas unísonas van todas a herir siempre a un mismo tiempo, estas de la cuerda grave de la octava van todas acompañadas de las de la aguda, y de éstas una se interpone solitaria y a intervalos iguales y en cierto modo sin hacer ningún desacuerdo; de ahí que tal consonancia deviene muy insípida y sin brío. Pero la quinta, con aquellos sus contratiempos, y con interponer entre los pares de las dos pulsaciones unidas, dos solitarias de la cuerda aguda y una también solitaria de la grave, y estas tres con un intervalo de tiempo equivalente a la mitad del que se da entre cada par y las solitarias de la aguda, hace una titilación y un cosquilleo sobre la membrana del tímpano, que, atemperando su dulzura con un dejo de acritud, parece besar suavemente y morder al mismo tiempo.

SALVIATI. Ya que tanto te complaces con estas primicias, es forzoso que yo te indique el modo, como también los ojos, no solamente el oído, puedan recrearse, viendo los mismos entretenimientos que el oído siente. Suspende tres bolas de plomo u otros graves semejantes, de tres hilos de diferente longitud, pero tales que, durante el tiempo en que el más largo cumple dos oscilaciones, el más corto haga cuatro y el mediano tres; lo que sucederá cuando el más largo tenga dieciséis palmos u otras medidas, de las cuales el mediano tenga nueve y el menor cuatro. Alejados todos simultáneamente del perpendículo y líberados después, se podrá ver una curiosa danza de estos hilos, con varios entrecruzamientos, pero tales que a cada cuarta oscilación del más largo, los tres juntos llegarán simultáneamente al mismo término, y después partirán de ahí, para reiterar de nuevo el mismo período. Esta mezcla de oscilaciones es la misma que, efectuada por las cuerdas, da al oído la octava con la quinta en medio. Y si con procedimientos semejantes se van graduando las longitudes de otros hilos, de modo que sus oscilaciones correspondan a las de otros intervalos musicales, pero consonantes, se verán más y más entrecruzamientos, y siempre tales que, en determinados tiempos y después de un número determinado de oscilaciones, todos los hilos (lo mismo si son tres que si son cuatro) coincidan en alcanzar en el mismo instante el término de sus oscilaciones, y en comenzar, partiendo de ahí, otro nuevo período. Pero cuando las oscilaciones de dos o más hilos sean inconmensurables, de modo que no coincidan jamás en terminar concordemente un determinado número de oscilaciones, o si aún no siendo inconmensurables, coinciden sólo después de mucho tiempo y después de un gran numero de oscilaciones; entonces la vista se confunde en el orden desordenado de la desconcertada danza, y el oído capta con fastidio las impulsiones destempladas de los tremores del aire, que van sin orden ni concierto, a herir el tímpano.

Pero, mis amigos, ¿adónde nos hemos dejado llevar durante tantas horas por esta variedad de problemas y de inesperadas disertaciones? Estamos al caer de la tarde, y poco o nada hemos tratado de la materia propuesta. Tanto nos hemos alejado, que apenas si recuerdo la primera introducción y el pequeño progreso que hicimos en establecer hipótesis y principios, referentes a las futuras demostraciones.

SAGREDO. Bien estará, entonces, poner fin por hoy a estas disertaciones, dando a la mente la oportunidad de ir serenándose durante el reposo de la noche, para volver luego mañana (si te determinas a complacernos) a las consideraciones esperadas y propuestas como tema principal.

SALVIATI. No faltaré mañana, a la misma hora de hoy, para complaceros y disfrutar al mismo tiempo de vuestra compañía.

FIN DE LA JORNADA PRIMERA

Notas de la Primera Jornada

[1]   En lo que precede plantea, pues, Galileo el problema de la similitud mecánica, cuyo desarrollo ulterior ha llegado a constituir un capítulo importante de esta ciencia y es indispensable para toda experimentación, realizada mediante "modelos" de dimensiones reducidas.

[2]   Galileo no llegó nunca a independizarse de la explicación metafísica que importa la hipótesis del "horror al vacío", heredada de los aristotélicos. Pero adviértanse las atinadas objeciones que pone en boca de Sagredo, y la circunstancia muy sugerente de que deja a Simplicio la responsabilidad de una explicación que evidentemente no le satisface.

[3]   Por tanto, despreciable respecto de la resistencia debida a otras causas que, según Galileo, alcanzaría en el caso del cobre a 4801 codos. ¿Realizó él, efectivamente los experimentos que describe? Respecto del de la figura 4 ello es poco probable, pues hubiera consignado más precisamente sus resultados; su descripción tiene por objeto hacer comprender fácilmente que la altura de aspiración de una bomba mide, indirectamente, la "fuerza del vacío" (es decir, la presión atmosférica), y toma luego dicha altura como fundamento para sus cálculos. La considera de 18 codos (*bracia*); por tanto el "codo" a que se refiere debía ser equivalente a unos 60 centímetros. Con esta equivalencia resulta también satisfactorio el dato referente al cobre (unos 2900 m) que corresponde a una carga de ruptura de 25,5 kg mm^2.

[4]   Es evidente que Galileo no ha conseguido explicar con esto la cohesión; puesto que, según sus propias consideraciones, la sección del cilindro es la magnitud determinante de la "fuerza del vacío", y aquélla no aumenta por estar subdividida en un enorme número de diminutos espacios vacíos. Tampoco es más feliz la explicación que sugiere de los fenómenos de fusión y solidificación. No podía conducirlo a mejores resultados una explicación metafísica como es la de "horror al vacío".

[5]   Esta explicación es correcta: si la circunferencia mayor rueda sin *deslizamiento* sobre la recta DF, la circunferencia menor rueda *con deslizamiento* sobre CE; pero el deslizamiento de cada uno de sus puntos es infinitésimo, con lo cual la explicación de Sagredo coincide sustancialmente con la que expone a continuación Salviati. Es curio-

so que, no obstante haber alcanzado Galileo la noción de "punto inextenso" (infinitésimo geométrico), que sin duda exige un gran poder de abstracción, no lo extendiera al movimiento, y excluyera tácitamente la idea de "desplazamientos infinitésimos". Esto muestra con cuánta lentitud y dificultad se elaboraron algunas de las ideas fundamentales de la ciencia.

[6] "La explicación del señor *Salviati* es aguda e ingeniosa, y no está lejos de nuestras ideas modernas, adoptadas en la geometría sintética de *Steiner*. Dos segmentos de longitudes cualesquiera pueden siempre tener tantos puntos, uno como el otro; para ello es suficiente proyectarlos desde el punto determinado por la intersección de las dos rectas que unen los extremos de los segmentos dados. Así también, en la geometría proyectiva, dos circunferencias concéntricas de radios cualesquiera tienen igualmente tantos puntos, si son correlacionadas entre sí desde un punto interior, a ambas. Tantos radios, tantas diferenciales de arco son imaginables, diríamos hoy. En todo caso, la rotación de los polígonos y círculos de Galileo es una ingeniosa idea." (O. V. Oettingen; Ostw. Klass, n° 11, página 130.)

[7] El volumen del cilindro, siendo CF = R, es: $\pi R^2.R$; el de la semiesfera: $\frac{2}{3}\pi R^3$; luego el de la "escudilla" es $\frac{1}{3}\pi R^3$, igual al del cono: $\frac{1}{3}\pi R^2.R$.

[8] Una consideración superficial del asunto, sugeriría que, tendiendo el área de la corona circular y la del pequeño círculo, simultáneamente a cero, la demostración de Galileo es superflua. No es así, sin embargo. Si tomamos CP = PH = r como infinitésimo principal, el ingenioso razonamiento de Salviati demuestra que el área de la corona circular es infinitésimo de *segundo* orden, como el área del círculo (πr^2); pero siendo finito y constante su contorno exterior, ello sólo es posible si el ancho GI de la corona es del mismo orden. Y en efecto, poniendo ACI = α, será CI = R. cos α = R (1 – cos α) = 2R. *sen*^{2} $\alpha/2$; y éste es de segundo orden; pues *sen* α = r/R lo es de primer orden.

[9] Se tiene: $HP^2 = CI^2 - CP^2$; o sea: $r^2 = R^2 - r'^2$. Multiplicando ambos miembros por π, resulta la igualdad de las áreas de la base del cono y de la corona. Y como esto es cierto, cualquiera sea la altura del plano sector GN, se deduce por integración, la siguiente afirmación del texto, que también puede demostrarse geométricamente.

[10] Estas consideraciones conducen inmediatamente a la caracterización de los conjuntos infinitos, y la sugieren: Los conjuntos infinitos son los *coordinables con algunas de sus partes* (véase: J. Rey Pastor: *Funciones reales; I*, párrafos 3 y 6). Esta propiedad de los conjuntos infinitos, que generalmente se considera una adquisición de la matemática moderna, estaba ya ejemplificada, en los "Diálogos" de Galileo.

[11] Galileo ha distinguido, pues, nítidamente entre el continuo y los conjuntos numerables (discretos), y entre el infinito *potencial* (de las partes alícuotas o extensas del continuo) y el infinito actual (de sus puntos), dando del primero la definición correcta (véase: J. Rey Pastor: *Introducción a la Matemática Superior*; cap. I).

[12] Dados dos cuadrados perfectos, a^2 y $b^2 > a^2$, el número (entero) ab, es medio proporcional y está comprendido entre aquéllos. Análogamente, dados a^3 y $b^3 > a^3$, los números enteros a^2b y b^2a, están comprendidos entre ellos y satisfacen a la proporción: $a^3 : a^2b :: b^2a : b^3 :: a:b$.

[13] ¿Intenta Galileo demostrar aquí que el pasaje de lo finito al infinito conduce a

contradicciones? Es difícil decirlo. Su hallazgo del infinito en la unidad tiene, por otra parte, algo de la mística pitagórica, muy poco frecuente en él.

[14] Suele atribuirse a Galileo la afirmación de la instantaneidad de la propagación luminosa, que Descartes admitió posteriormente. Este párrafo del texto no deja lugar a dudas sobre su opinión al respecto. Además, nótese con cuánto ingenio imaginó la forma para eliminar el retardo de los operadores: realizar el experimento con pequeña y con gran distancia entre ellos, y observar en el segundo caso "si las respuestas de sus actos recíprocos, de descubrir y ocultar la luz, se verifican por el mismo tenor de los que se hacían desde más cerca". Ahora que conocemos la magnitud de la velocidad de propagación de la luz (300.000 km por segundo), el experimento de Galileo nos parece una ingenuidad por la insuficiencia de los medios; pero juntamente con las observaciones de Roehmer, fue el antecedente necesario, para llegar a los métodos que permitieron medirla.

[15] La demostración es, como sigue:

Por ser EC bisectriz del ángulo AEB:

$$AC:BC = AE:BE \tag{a}$$

Por la semejanza de los triángulos AFE y EFB, es:

$$AF : FE = EF : FB,$$

o sea:

$$AF : FC = CF : FB.$$

Restando en cada razón el consecuente del antecedente ("dividiendo", dice el texto) :

$$AC : CF = CB : FB \tag{b}$$
$$AC : FG = CB : BF$$

De donde alternando y ("componiendo")

$$(c) \quad \frac{AC}{CB} = \frac{2FG}{2BF} = \frac{2FG + AC}{2BF + CB} = \frac{AG}{BF + CF} =$$

$$= \frac{AG}{BF + FG} = \frac{AG}{BG} \; ; \text{c. d. d.}$$

[16] De la (b) de la nota anterior se deduce:

$$\frac{AC}{FG} = \frac{CB}{BF} = \frac{AC + CB}{FG + BF} = \frac{AB}{BG}$$

De donde: $AB \times BF = CB \times BG = IB \times BH$;

o sea:

$$\frac{AB}{BH} = \frac{IB}{BF.}$$

Los triángulos ABH e IBF son, pues, semejantes, y:

$$\frac{AH}{HB} = \frac{IF}{FB} = \frac{EF}{FB} = \frac{AE}{EB} \tag{d}$$

(por la semejanza de los triángulos EBF y ABE). Luego, por la (a)

$$\text{(e)} \qquad \frac{AH}{HB} = \frac{AC}{CB} \; ; \; \text{c. d. d.}$$

[17] Perteneciendo M a la circunferencia, se deducirá, como para I, según las (d) y (e) de la nota anterior:

$$\text{(a)} \qquad \frac{AL}{BL} = \frac{AC}{BC} = \frac{MF}{FB.}$$

Los triángulos ALB y FMB tendrían: los ángulos en B iguales, dos pares de lados proporcionales, según (a); y los ángulos en M y en A, agudos, pues el ángulo en M lo es por ser BF sólo una parte del diámetro CG, capaz del ángulo recto en M; y además, porque AL > BL, según (a) y en virtud de AC > BC por la (c) de la nota 15, el ángulo en B, es mayor que el ángulo en A, y éste es también agudo. Los triángulos nombrados serían, pues, semejantes, de donde resultaría:

$$\frac{AB}{BL} = \frac{MB.}{BF} \; ; \; \text{o sea: } AB \times BF = BL \times MB$$

Pero de la (b) nota 15 se deduce:

$$\frac{CB}{BF} = \frac{AC + CB}{FG + BF} = \frac{AB}{BG} \; ; \; AB \times BF = CB \times BG;$$

y por tanto: $CB \times BG = BM \times BL$;
lo que es imposible (pues $CB \times BG = BM \times BL'$, indicando con L', no escrita en la figura de Galileo, la intersección de ML, con la circunferencia).

[18] La demostración de Galileo se sigue fácilmente utilizando el simbolismo algebraico. Se ha tomado

$$AF = CD.$$

Sean d y b los diámetros de las bases D y B. Por la igualdad de los volúmenes será:

$$\text{(a)} \qquad \frac{AB}{CD} = \frac{\text{Base D}}{\text{Base B}} = \frac{d^2}{b^2}$$

Pero, si E es la media proporcional entre AB y CD:

$$\frac{AB}{E} = \frac{E,}{CD} \quad \text{resulta:} \quad \frac{AB^2}{E^2} = \frac{AB}{CD.}$$

Luego con la anterior:

$$\frac{AB^2}{E^2} = \frac{d^2}{b^2} \; , \; \text{y por tanto:} \; \frac{AB}{E} = \frac{d}{b} = \frac{\text{Sup. CD}}{\text{Sup. AF.}}$$

Por otra parte:

$$\frac{AF}{AB} = \frac{\text{sup. } AF}{\text{sup. } AB};$$

"se sigue" (de las dos últimas)

$$\frac{AF}{E} = \frac{\text{sup. } CD}{\text{sup. } AB};$$

y ("conmutando"):

$$\frac{\text{sup. } AB}{\text{sup. } CD} = \frac{E}{AF} = \frac{E}{CD} = \frac{AB}{E} = \sqrt{\frac{AB}{CD}} \ , \ \text{c. d. d.}$$

La demostración hubiera podido simplificarse:
De la igualdad de los volúmenes se deduce (según a):

$$\frac{b}{d} = \sqrt{\frac{CD}{AB}}$$

Por otra parte:

$$\frac{\text{sup. } AB}{\text{sup. } CD} = \frac{b \times AB}{d \times CD} = \sqrt{\frac{CD}{AB}} \times \frac{AB}{CD} = \sqrt{\frac{AB}{CD}} \ ; \text{c. d. d.}$$

Estas simplificaciones aparecen de inmediato en el simbolismo algebraico; pero Galileo, sus contemporáneos y predecesores, carentes de tal simbolismo, debían servirse solamente de algunas propiedades de las proporciones, verbalmente enunciadas, cuyo número era forzosamente reducido; de allí la complejidad de sus demostraciones. En el caso actual, es probable que la última operación de la demostración simplificada no correspondiera a ningún "teorema" enunciado, o conocido por Galileo, acerca de las "razones"; y por eso introduce la media proporcional, E, con las consiguientes complicaciones.

[19] Hemos intercalado las proporciones enunciadas en el texto con la notación moderna; y así lo haremos cuando sea oportuno. También en este caso la demostración puede simplificarse. De la igualdad de las superficies se deduce (véase la nota anterior) :

$$b \times AB = d \times CD \ ; \ \frac{b}{d} = \frac{CD}{AB}$$

Por otra parte:

$$\frac{\text{Vol. } AE}{\text{Vol. } CF} = \frac{b^2 \times AB}{d^2 \times CD} = \left(\frac{b}{d}\right)^2 \times \frac{AB}{CD} = \left(\frac{CD}{AB}\right)^2 \times \frac{AB}{CD} \ ; \text{c. d. d.}$$

[20] Este ejemplo, y el anterior de los panes de oro, son ilustraciones recomendables para la enseñanza.

[21] La demostración se simplifica así:
(a) $\qquad (\text{Círculo})^2 = \text{P.cir.} \times \text{P.isop.} = \text{H.cir.} \times \text{H.isop.};$

y con: P. cir. $>$ H.cir.;

resulta: P. isop. $<$ H.isop.; c.d.d.

Pero los antiguos no admitían igualdades sino entre números abstractos (razones de magnitudes) o entre magnitudes concretas. Actualmente sólo imponemos una condición menos restrictiva, a saber: que ambos miembros de una igualdad tengan las mismas "dimensiones". Nuestra igualdad (a) era, pues, inadmisible para aquéllos [la "dimensión": $(superficie)^2 = (longitud)^4$, no corresponde a ninguna magnitud concreta]. El razonamiento matemático no había alcanzado aún el grado de abstracción a que posteriormente lo condujo el simbolismo algebraico. Por eso los antiguos razonaban siempre sobre magnitudes concretas: segmentos, superficies, volúmenes. Y de esto proviene la complejidad de muchas de sus demostraciones; todo lo cual debe tenerse en cuenta para juzgar del mérito de las demostraciones de Galileo.

[22] Es decir: Galileo ha intentado mostrar, mediante los ejemplos geométricos aducidos (rotación de los círculos; p. 49) que la hipótesis de la continuidad de la materia —impuesta por la negación de la posibilidad del vacío— no impide explicar su compresibilidad y expansibilidad; pero no se ha pronunciado en favor de aquella hipótesis. (Véase al respecto pág. 119 del texto) .

[23] Galileo había, pues, meditado sobre algunos fenómenos debidos a la *tensión superficial* de los líquidos, sin acertar con su explicación y concluyendo, erróneamente, que "no se derivan de una cohesión interna de sus partes". Pero la explicación de carácter metafísico, mediante "una incompatibilidad entre el agua y el aire", es aceptada solamente "en honor de Simplicio", el peripatético; lo que permite inferir la repugnancia que sentía por tales explicaciones.

[24] Éste es el método de extrapolación de los resultados experimentales, tan empleado después en física, cuya aplicación no nos asegura, por cierto, la certeza de sus resultados, sino sólo "conjeturas muy probables".

[25] La ley de variación de la velocidad durante la caída en el vacío, no es necesaria para lo que sigue, y por eso Galileo no se detiene por ahora a demostrarla, lo que hará en la Tercera Jornada; basta la afirmación de que aquélla aumenta continuamente, la que también será fundada después en nuevos experimentos.

[26] Ésta es una de las más agudas inferencias de Galileo, y la más opuesta a la teoría aristotélica del movimiento: la posibilidad de un movimiento perpetuo, en ausencia de fuerzas que lo mantuvieran (inercia), era inconciliable con el principio metafísico de causalidad, si se admitía que las fuerzas son las "causas" del movimiento o "cambio de lugar"; porque entonces se llegaría a un efecto (cambio de lugar) sin causa (fuerza). Véase: P. PAINLEVÉ: *Les axiomes de la mécanique*; París, 1922; pág. 31 y siguientes.

[27] La densidad del agua es unas ochocientas veces mayor que la del aire atmosférico; la precisión experimental de Galileo, no fue, en este caso, suficiente. El segundo método, que sigue, es más sencillo pero menos preciso, porque el peso del aire se obtiene por diferencia de otros dos enormemente mayores que aquél.

[28] Es decir: los cuadrados de los volúmenes están entre sí como los cubos de las superficies.

[29] Las ideas de Galileo son aquí confusas; la exactitud de su afirmación está supeditada al peso, densidad y velocidad inicial del proyectil, etc.

[30] Se ha dicho, alguna vez, que Galileo pretendió dar aquí la solución del problema de la "bachistocrona", es decir, la curva de tiempo mínimo de descenso entre dos puntos dados (no pertenecientes a la misma vertical), en cuyo caso su afirmación sería errónea: tal curva no es un arco de circunferencia sino de cicloide. Pero del contenido de todo este párrafo resulta claro que no se planteó aquel problema general, sino solamente se propuso comparar los tiempos de descenso según los arcos de circunferencia y las respectivas cuerdas; y entonces su afirmación es exacta. Sobre el mismo asunto volverá Galileo más adelante.

[31] Efectivamente; pero insuficiente para demostrar concluyentemente que la frecuencia de la "octava" es doble. En las ondas del líquido, sólo se observa que su longitud disminuye a la mitad; es decir, exactamente lo mismo que se hace al pulsar sólo la mitad de la cuerda. Ambas observaciones son, pues, equivalentes, aunque la conclusión es, desde luego, correcta.

Jornada segunda

En torno a
la resistencia: de los sólidos
a la fractura

Interlocutores:
SALVIATI, SAGREDO, SIMPLICIO

SAGREDO. Estábamos Simplicio y yo aguardando tu llegada, y mientras tanto, intentábamos, recordar la última consideración que como principio y supuesto de las conclusiones que pretendías demostrarnos, versó sobre la resistencia que a la fractura ofrecen todos los sólidos; resistencia que depende de un gluten que mantiene las partes tan ligadas y unidas, que sólo bajo una poderosa tracción ceden y se separan. Buscamos después la causa de tal coherencia, que en algunos sólidos es tenacísima, aduciendo como principal la del vacío; de donde se originó tal cúmulo de digresiones, que ocuparon toda la jornada primera y nos alejaron de la materia en un principio propuesta, que era, como se ha dicho, la consideración de la resistencia de los sólidos a la fractura.

SALVIATI. Lo recuerdo perfectamente. Y retornando al tema propuesto, una vez admitida la resistencia, cualquiera sea su naturaleza, que los sólidos ofrecen a la fractura ante una violenta tracción, basta por ahora con saber que indudablemente existe en ellos; y aunque esta resistencia es enorme contra la fuerza que los solicita a lo largo, es menor por lo general contra la que los solicita de través. Así vemos que una varilla, por ejemplo, de acero o de vidrio, resiste a lo largo, el peso de mil libras, y fijada a escuadra en un muro, se rompe con sólo suspenderle cincuenta. De esta segunda resistencia debemos hablar nosotros, tratando de buscar en qué proporción se encuentra en los prismas y cilindros, tanto semejantes, como desemejantes en forma, longitud y grosor, pero de una misma materia. En dicha investigación, yo tomo como principio ya conocido el que se demuestra en la mecánica acerca del comportamiento de la barra que nosotros llamamos palanca, es decir, que en el uso de la palanca, la fuerza guarda con la resistencia una proporción inversa de la que tienen las distancias entre el fulcro y la misma fuerza y resistencia.

SIMPLICIO. Aristóteles, antes que ningún otro, lo demostró, en su Mecánica.

SALVIATI. Admito que le concedamos la primacía en el tiempo, pero en cuanto al rigor de la demostración paréceme que Arquímedes se le antepone en mucho. Entre las proposiciones demostradas por él en su libro los *Equiponderantes,* hay una, de la que dependen las leyes no solamente de la palanca, sino también de la mayor parte de los otros instrumentos mecánicos.

SAGREDO. Pero ya que este principio es el fundamento de todo lo que tú te propones demostrar, no estaría fuera de lugar aducir también la prueba de esta afirmación (*suposizione*), si no es demasiado prolija, proporcionándonos así un conocimiento completo y cabal.

SALVIATI. Debiendo hacerlo así, tal vez será mejor que yo, por un camino un poco distinto del de Arquímedes, os introduzca en el campo de todas las especulaciones futuras, y suponiendo solamente que pesos iguales puestos en balanzas de brazos iguales producen el equilibrio (principio supuesto igualmente por el mismo Arquímedes), yo pase después a demostraros que no sólo es verdad que pesos desiguales producen equilibrio en una romana de brazos desiguales según la razón inversa de los pesos suspendidos, sino también que idéntico efecto consigue aquel que coloca pesos iguales en distancias iguales, que aquel que coloca pesos desiguales en distancias que tengan inversamente la misma razón que los pesos.

Ahora bien, para una más clara demostración de cuanto digo, imaginemos un prisma o cilindro sólido AB, suspendido de los extremos de la línea HI, y sostenido por los hilos HA, IB. Es evidente, que si yo suspendiese el todo del hilo C, puesto en medio de la palanca HI, el prisma AB, quedará equilibrado, estando la mitad de su peso de un lado, y la otra mitad del otro lado del punto de suspensión C, de acuerdo con el principio supuesto. Supongamos, ahora, que el prisma, por medio de un plano que pase por la línea D, está dividido en partes desiguales, y que la parte DA, es mayor, y la DB menor; y a fin de que, después de hecha la división, las partes del prisma permanezcan en el mismo estado y posición respecto a la línea HI, ayudémonos con el hilo ED, que, sujeto en el punto E, sostenga

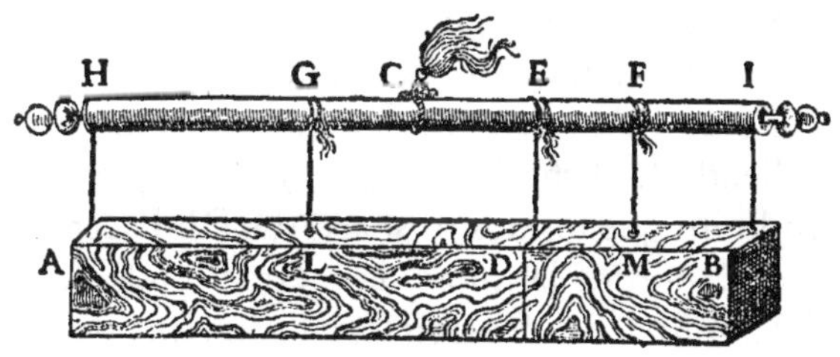

Fig. 14

las partes del prisma AD, DB. No se puede dudar que, no habiéndose introducido ninguna mutación local en el prisma respecto a la balanza HI, ésta permanecerá en el mismo estado de equilibrio. Pero en la misma disposición quedará también, si la parte del prisma que ahora está sostenida en los dos extremos por los hilos AH, DE, se suspende de un solo hilo GL, puesto en medio; e igualmente, la otra parte DB, no cambiará su posición al ser suspendida por medio y ser sostenida por el hilo FM. Por consiguiente, al soltar los hilos HA, ED, IB, dejando sólo los dos GL, FM, subsistirá el mismo equilibrio, hecha siempre la suspensión en el punto C. Ahora bien, procedamos a considerar que tenemos dos graves AD, DB, pendientes de los puntos extremos G, F, de una balanza GF, que efectúa su equilibrio en el punto C, de modo que la distancia de la suspensión del grave AD, desde el punto C, es la línea CG, y la otra parte CF es la distancia de la cual pende el otro grave DB. Sólo queda, pues, por demostrar que tales distancias están entre sí en igual proporción que los mismos pesos, pero tomados inversamente; es decir, que el prisma DB es al prisma DA, como la distancia GC es a la distancia CF: lo que probaremos así. Siendo la línea GE la mitad de la EH, y la EF la mitad de la EI, toda la GF será la mitad de toda la HI, y por ello igual a la CI; y si quitamos la parte común CF, la remanente GC será igual a la remanente FI, o sea a la FE; y sumándole a ambas la CE, las dos GE, CF serán iguales; y de ahí, FC será a CG, como la GE a la EF; pero GE está en relación a EF como una doble a la otra doble, es decir HE a EI es decir el prisma AE al prisma DB; por consiguiente, por igualdad de razones y conmutando (*e convertendo*), la distancia GC es a la distancia CF, como el peso BD es al peso DA: que es lo que quería demostraros.[1]

Entendiendo lo dicho hasta aquí, no creo que tengáis dificultad en admitir que los dos prismas AD, DB hacen equilibrio en el punto C, porque la mitad de todo el sólido AB está a la derecha del punto de suspensión C, y la otra mitad a la izquierda, y que así vienen a representar dos pesos iguales y dispuestos en distancias iguales. No creo que haya nadie que pueda dudar de que los dos prismas AD, DB, transformados en dos cubos o dos esferas o en dos figuras cualesquiera (con tal de que se conserven las mismas suspensiones G, F), seguirán produciendo equilibrio en el punto C; que es cosa asaz manifiesta que las figuras no cambian de peso, si retienen la misma cantidad de materia. De donde podemos deducir la conclusión general, de que dos graves, cualesquiera que sean, producen equilibrio desde distancias inversamente proporcionales a sus pesos respectivos.

Establecido, pues, este principio, antes de pasar adelante, debo someter a vuestra consideración que estas dos fuerzas, resistencias, momentos, figuras, etc., se pueden considerar en abstracto y separadas de la materia, y también en concreto y unidas con la materia; y de este modo las propiedades que con-

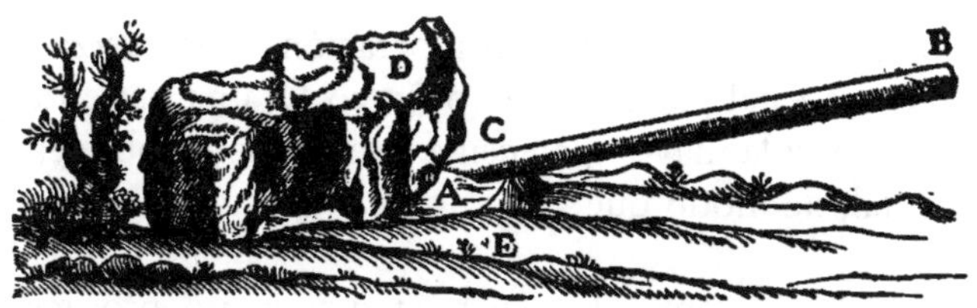

Fig. 15

vendrían a las figuras consideradas como inmateriales, recibirán algunas modificaciones cuando se les añada la materia, y en consecuencia la gravedad. Por ejemplo, si nos imaginamos una palanca, cual sería la BA, que apoyándose sobre el fulcro E, se utilice para levantar el pesado peñasco D, es evidente, por el principio demostrado, que la fuerza aplicada en el extremo B bastará para equilibrar la resistencia del grave D, si su intensidad[2] guarda con la de D la misma proporción que la distancia AC tiene con la distancia CB; y esto es verdad, no tomando en consideración más momentos que los de la simple fuerza en B y de la resistencia en D, como si la palanca en sí fuese inmaterial y sin gravedad. Pero si tomamos en consideración también la gravedad del instrumento mismo de la palanca, la que podrá ser de madera o aun de hierro, es evidente que, añadiendo el peso de la palanca a la fuerza en B, la proporción alterará y deberá ser expresada en términos diferentes. Y por ello, antes de pasar adelante, es necesario que convengamos en hacer distinción entre estas dos maneras de considerar las [cosas], diciendo *tomar en sentido absoluto* cuando entendemos el instrumento tomado en abstracto, es decir separado de la gravedad de la propia materia; pero si a una de estas figuras simples y absolutas les unimos la materia y por lo tanto la gravedad, nos referiremos a una de esas figuras materiales como a una "intensidad" (*momento*) o "fuerza compuesta".

SAGREDO. Tengo que faltar al propósito que me había hecho de no dar ocasión a digresiones; pero no podría seguir con atención lo que resta, sin haber aclarado cierta duda; es decir, que me parece que tú haces comparación de la fuerza puesta en B con la total gravedad del peñasco D, una parte de cuyo peso, y tal vez la mayor, paréceme que se apoya sobre el plano horizontal, de modo que…

SALVIATI. He entendido perfectamente; no prosigas. Advierte solamente que yo no he aludido a la gravedad total del peñasco, sino que he hablado de la fuerza que ejerce sobre el punto A, término extremo de la palanca BA, fuerza que es siempre menor que el peso total del peñasco, y varía de acuerdo con la forma de la piedra y según vaya siendo más o menos levantada.

SAGREDO. Quedo conforme; pero desearía que, para un completo conocimiento, me fuese demostrado el modo, si es que lo hay, de poder averiguar cuál es, del peso total, la parte que está sostenida por el plano subyacente, y cuál la que gravita sobre la palanca en el extremo A.

SALVIATI. Puesto que puedo con pocas palabras dar satisfacción, no quiero dejar de hacerlo. Describiendo una figura, supón un peso cuyo centro de gravedad sea A, apoyado sobre un plano horizontal en el extremo B, y sostenido en el otro con la palanca CG, sobre el fulcro N, por una fuerza aplicada en G; y desde el centro A y desde el punto extremo C caigan, perpendiculares a la horizontal, AO, CF. Digo, que todo el peso guarda, en relación a la fuerza en G, la razón compuesta de la distancia GN respecto a la distancia NC, y de la FB respecto a la BO. Hagamos que la NC sea [al segmento] X como la línea FB

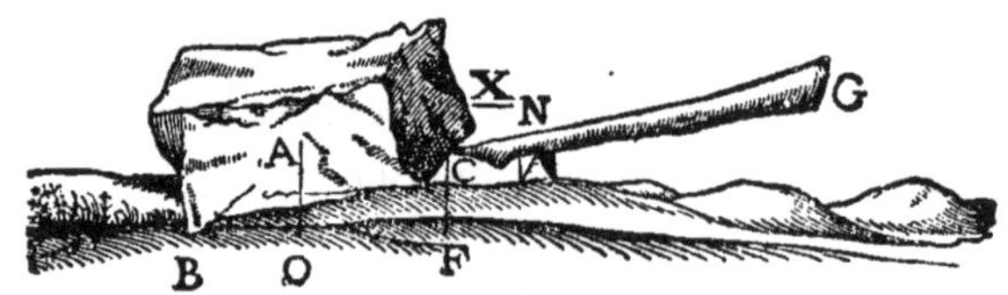

Fig. 16

a la BO.[3] Y estando todo el peso A sostenido por las dos fuerzas aplicadas en B y C, la fuerza B será a la C como la distancia FO es a la OB: y sumando uno (*componendo*), las dos fuerzas B y C en conjunto o sea el momento total del peso A es a la fuerza en C, como la línea FB es a la BO, es decir como la NC a la X; pero el momento de la fuerza en C es al momento de la fuerza en G, como la distancia GN es a la NC. Por consiguiente, multiplicando (*per la perturbata*), el peso total A es al momento de la fuerza en G, como la GN es a la X. Pero la razón de GN a X está compuesta de la razón de GN a NC y de la de NC a X; o lo que es lo mismo, de FB a BO; por consiguiente, el peso A tiene con la fuerza que lo sostiene en G la razón compuesta de la GN a la NC y de la FB a la BO: que es lo que se quería demostrar.

Proposición I

Ahora, volviendo a nuestro primer propósito, si quedan entendidas todas las cosas declaradas hasta aquí, no será difícil entender la razón de donde procede que: *Un prisma o cilindro sólido, de vidrio, de acero, de madera, o, de otra materia frágil, que suspendido a lo largo puede sostener un peso pesadísimo que se le haya aplicado; de través, sin embargo (como poco ha decíamos) podrá quizás ser roto por un peso, mucho menor, en la proporción en que su longitud exceda a su grosor.*

Figurémonos el prisma sólido ABCD fijo en un muro por la parte AB

Fig. 17

y sosteniendo en el otro extremo la fuerza del peso E (entendiendo siempre que el muro se yergue sobre la horizontal, y que el prisma o cilindro está fijo en el muro en ángulos rectos). Es evidente que, debiendo romperse, se romperá por el punto B, donde el corte del muro le sirve de punto de apoyo, y BC es el brazo de palanca en donde se aplica la fuerza; y el grueso del sólido BA es la otra parte de la palanca, en la cual está puesta la resistencia, que consiste en la separación a efectuarse entre la parte del sólido BD, que está fuera del muro, y la que está adentro. Por las cosas declaradas hasta aquí, se ve que la intensidad de la fuerza aplicada en C, tiene con la intensidad de la resistencia que se basa en el grosor del prisma, es decir en la adhesión de la base BA con su contigua, la misma relación que tiene la longitud CB con la mitad de la BA;[4] y por ello, la resistencia absoluta a la fractura, que hay en el prisma BD (la resistencia absoluta es aquella que se hace al forzarlo longitudinalmente, porque en ese caso, tanto es el movimiento del moviente, como el del movido), guarda con relación a la fractura con la ayuda de la palanca BC, la misma proporción que la longitud BC tiene con la mitad de AB en el prisma; lo que en el cilindro es el semidiámetro de su propia base. Ésta es nuestra primera proposición. Y notad, que esto que digo, se debe entender, no tomando en consideración el peso propio del sólido BD, que ha sido considerado como si no pesara nada. Pero si queremos tener en cuenta su gravedad, uniéndola con el peso E, debemos añadir al peso E la mitad del peso del sólido BD; de modo que siendo, por ejemplo, el peso de BD dos libras, y el peso de E diez libras, se debe tomar el peso DE como si fuera de once.

SIMPLICIO. ¿Y por qué no como si fuese de doce?

SALVIATI. El peso E, mi buen Simplicio, pendiente del punto extremo C, gravita, con respecto a la palanca BC, con todo su momento de diez libras; donde si hubiese sido suspendido sólo el BD, pesaría con todo el momento de dos libras; pero, como veis, tal sólido está distribuido uniformemente por la longitud BC, en donde las partes más próximas al extremo B gravitan menos que las más distantes; de modo que, en resumen, equilibrando unas con otras, el peso de todo el prisma se reduce a actuar en el centro de su gravedad, que corresponde al medio de la palanca BC. Pero un peso, pendiente del extremo C, tiene doble momento del que tendría si pendiera del medio; y así, la mitad del peso del prisma debe añadirse al peso E, si nos servimos del momento de ambos a dos como colocados en el extremo C.

SIMPLICIO. Quedo convencido y además, si yo no me engaño, paréceme que la fuerza de los dos pesos BD y E, así dispuestos, haría el mismo momento que si todo el peso de BD con el doble de E fuese suspendido en el medio de la palanca DC.

PROPOSICIÓN II

SALVIATI. Así es precisamente, y nunca se debe olvidar. Aquí podemos comprender inmediatamente: *Por qué y en qué proporción, una varilla o, si se quiere, un prisma más ancho que grueso, resiste más a la fractura cuando la fuerza le es aplicada según su anchura, que cuando es aplicada según su grosor.* Para entenderlo mejor, supongamos una regla *a d*, cuya anchura sea *a c*, y el grueso, mucho menor, c *b*. Se busca por qué al querer romperla de canto, como en la primera figura, resiste el gran peso T; pero puesta de plano, como en la segunda figura, no resiste al X, menor que el T. Esto es manifiesto, siempre que tengamos presente, que el punto de apoyo se halla, en un caso, en la línea *b c* y en otro caso en la línea *c a*, y que las dis-

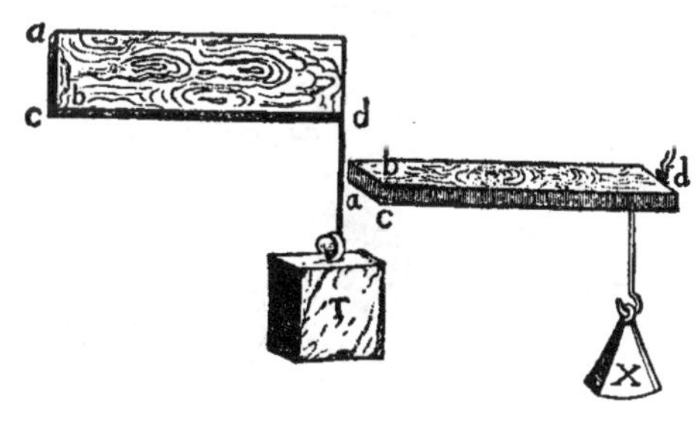

Fig. 18

tancias de las fuerzas son en uno y otro caso iguales, o sea la longitud *b d;* pero en el primer caso la distancia entre la resistencia y el punto de apoyo, que es la mitad de la línea *c a,* es mayor que la distancia en el otro caso, la cual es la mitad de la *b c;* por ello la fuerza del peso T tiene que ser tanto mayor que la X, cuanto la mitad de la anchura *c a* es mayor que la mitad del grosor *b c,* sirviendo aquélla para contrapeso de la *c a,* y éste de la *c b,* para superar la misma resistencia, que es la cantidad de las fibras de toda la base *a b.* Se concluye, por consiguiente, que una misma regla o prisma más ancho que grueso ofrece mayor resistencia a la fractura, de canto, que de plano, según la proporción de la anchura al grosor.

PROPOSICIÓN III

Conviene ahora que comencemos a investigar: *En qué proporción, en un prisma o cilindro, [grave] va creciendo el momento de su peso en relación a su resistencia propia, a ser fracturado, mientras se alarga, permaneciendo, paralelo al horizonte.*

Yo hallo que tal momento va creciendo proporcionalmente al cuadrado del alargamiento. Para demostrarlo, supóngase el prisma o cilindro AD, fijo sólidamente en el muro por el extremo A y paralelo a la horizontal. Supongamos que se alarga hacia E, añadiéndole la parte BE. Es evidente que el alargamiento de la palanca AB hasta C, acrece por sí solo, o sea tomado absolutamen-

Fig. 19

te, el momento de la fuerza actuante contra la resistencia de la disyunción o fractura a efectuarse en A, según la proporción de CA a BA. Pero, además de esto, el peso del sólido BE, añadido al peso del sólido AB acrece la intensidad de la fuerza actuante, según la proporción del prisma AE al prisma AB, proporción idéntica a la que tiene la longitud AC respecto a AB. Por consiguiente, es manifiesto que, tomados en conjunto los dos acrecentamientos, el de las longitudes, y el de los pesos, el momento compuesto de ambos es proporcional al cuadrado de cualquiera de ellos. Se concluye por consiguiente, que los momentos de las fuerzas de los prismas y cilindros de igual grosor, pero de diferente longitud, están entre sí en proporción del cuadrado de sus longitudes, es decir están como los cuadrados de las longitudes.

Mostraremos en seguida, en segundo lugar, en qué proporción crece la resistencia a la fractura en los prismas y cilindros, cuando conservan la misma longitud y se acrece su grosor. Y aquí digo que:

PROPOSICIÓN IV

En los prismas y cilindros [sin peso] *iguales en longitud, pero desiguales en grosor, la resistencia a la fractura crece en la misma proporción que el cubo, de los diámetros de sus grosores, es decir de sus bases.*

Sean éstos los cilindros A, B, cuyas longitudes iguales son DG, FH; y sus bases desiguales son los círculos, cuyos diámetros representan CD, EF. Digo que la resistencia a la fractura que ofrece el cilindro B, es a la resistencia del cilindro A, como el cubo del diámetro FE es al cubo del diámetro DC. Porque si consideramos la simple y absoluta resistencia que a la fractura ofrecen las bases,

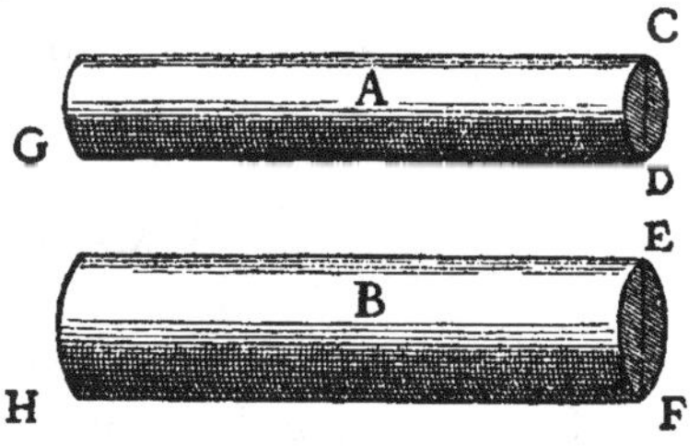

Fig. 20

es decir los círculos EF y DC, contra una fuerza solicitante longitudinalmente, no hay duda de que la resistencia del cilindro B será tanto mayor que la del cilindro A, cuanto mayor sea el círculo EF que el CD, porque en esa misma proporción está la cantidad de fibras y filamentos o las partes tenaces que tienen unidas las partes de los sólidos. Pero si consideramos que, al hacer fuerza a través, nos servimos de dos palancas, cuyas partes o distancias, donde se aplican las fuerzas, son las líneas DG, FH, y que los apoyos están colocados en los puntos D, F, pero las otras partes o distancias, donde están puestas las resistencias, son los radios de los círculos DC, EF, porque los filamentos dispuestos por toda la superficie de cada círculo, se comportan como si todos actuaran en los centros; considerando, digo, tales palancas, veremos, que la resistencia en el centro de la base EF, contra la fuerza de H, es tanto mayor que la resistencia de la base CD contra la fuerza aplicada en G (y las fuerzas en G y H son de palancas iguales DG, FH), cuanto el radio FE es mayor que el radio DC. Crece, pues, la resistencia a la fractura en el cilindro B, sobre la resistencia del cilindro A, según la proporción compuesta de la de los círculos EF, DC y de la de sus radios, o si se quiere, de sus diámetros. Pero la proporción de los círculos es como los cuadrados de sus diámetros. Por consiguiente, la proporción de las resistencias, que se compone de aquellas dos, es idéntica a la de los cubos de esos mismos diámetros: lo que se quería demostrar. Pero como también los cubos están en proporción de la tercera potencia de cualquiera de sus lados, podemos igualmente concluir, que las resistencias de los cilindros de igual longitud están entre sí como los cubos de sus diámetros.

COROLARIO

De lo que se ha demostrado, podemos concluir también, que: La *resistencia de los prismas y cilindros* [sin peso] *de igual longitud, es proporcional a la razón sesquiáltera de los [volúmenes] de los mismos cilindros.*

Esto es evidente, porque los prismas y cilindros de igual altura guardan entre sí la misma proporción que sus bases, es decir, son como el cuadrado de los lados o diámetros de esas bases; pero las resistencias (como se ha demostrado) son como los cubos de esos mismos lados o diámetros; por consiguiente, la proporción de las resistencias es sesquiáltera de la proporción de esos mismos sólidos, y en consecuencia de los pesos de los mismos sólidos.

SIMPLICIO. Es necesario que antes de seguir adelante, yo quede libre de cierta dificultad. Y es ésta, que hasta ahora no he visto tener en consideración otra cierta clase de resistencia, que, a mi parecer, va disminuyendo en los sólidos a medida que se van alargando más y más, y esto no sólo en sentido transversal, sino también a lo largo. Así vemos que una cuerda muy larga es mucho menos a propósito para sostener un gran peso, que si fuese corta. Por consiguiente, yo creo que una varilla de madera o de hierro podría soportar más peso, siendo corta, que si fuera larga; entendiendo siempre que sea usada a lo largo y no de través, y teniendo también en cuenta su propio peso, que en la más larga es mayor.

SALVIATI. Sospecho, Simplicio, que en este punto tú, como muchos otros, os engañáis, si es que yo he entendido bien tu pensamiento; es decir, si es que quieres afirmar que una cuerda de cuarenta codos de largo, por ejemplo, no puede sostener tanto peso, como si fuese de un codo o dos.

SIMPLICIO. Esto he querido decir, y por lo que hemos visto hasta aquí, me parece ser una proposición bastante probable.

SALVIATI. Yo, sin embargo, la tengo no sólo por imposible, sino también por falsa; y creo poder con toda facilidad sacarte del error. Porque supongamos la cuerda AB, fija por el extremo superior en el punto A; y en el otro extremo vaya el grave C, cuyo peso debe romper la cuerda. Indícame tú, Simplicio, el punto preciso en donde debe efectuarse la rotura.

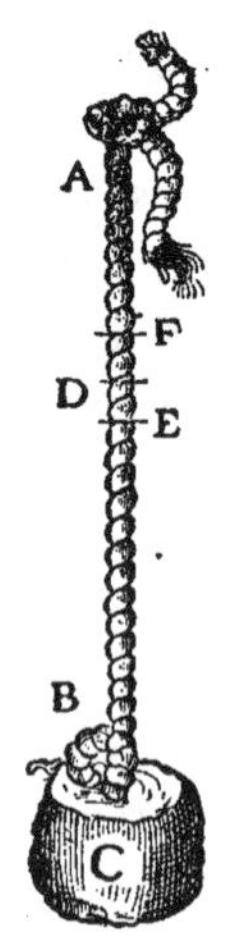

Simplicio. Sea el punto D.

Salviati. Yo te pregunto ahora, por qué causa debe romperse en D.

Simplicio. La causa es que la cuerda no era capaz de sostener en ese punto, por ejemplo, cien libras de peso, cual representaba la parte DB, con la piedra C.

Salviati. Por consiguiente, siempre que esa cuerda, en el punto D, fuese forzada por las mismas cien libras de peso, debería romperse allí.

Fig. 21

Simplicio. Así lo creo.

Salviati. Pero dime ahora; si suspendiésemos el mismo peso, no al final de la cuerda B, sino junto al punto D, como sería en E; o también si se atase la cuerda, no en la altura A, sino cerca y sobre el mismo punto D, como sería en F; te ruego me digas si el punto D, soportaría el mismo peso de las cien libras.

Simplicio. Lo soportaría, pero acompañando el trozo de cuerda EB con la piedra C.

Salviati. Por consiguiente, si la cuerda, en el punto D, estuviera solicitada por las mismas cien libras de peso, concederás que se rompería: y sin embargo, FE es un pequeño trozo de toda la cuerda AB; ¿cómo, pues, puedes tú decir que la cuerda larga es más débil que la corta? Luego debes agradecer el que se te haya sacado de un error, en el cual has tenido muchos compañeros, por otra parte muy inteligentes; y sigamos adelante. Habiendo demostrado que en los prismas y cilindros [graves], manteniendo constante su grosor, el momento de la fuerza tendiente a producir fractura (*momento sopra la propia resistencia*) varía según el cuadrado de su longitud; y de modo semejante, que los de igual longitud, pero de diferente grosor, acrecen sus resistencias a la fractura según la razón de los cubos de los lados o diámetros de sus respectivas bases; pasemos a investigar lo que acontece con tales sólidos, diferentes al mismo tiempo en longitud y grosor. En ello yo noto que:

PROPOSICIÓN V

Los prismas y cilindros de diversa longitud y grosor [y sin peso] tienen sus respectivas resistencias a la fractura [por pesos aplicados a sus extremos] en proporción compuesta de la directa en los cubos de los diámetros de sus bases y de la proporción inversa de sus longitudes.

Sean estos dos cilindros ABC, DEF. Digo, que la resistencia del cilindro AC, con respecto a la resistencia del cilindro DF guarda la proporción compuesta de la proporción del cubo del diámetro AB respecto al cubo del diámetro DE, y de la proporción de la longitud EF respecto a la longitud BC. Supongamos la EG igual a la BC; y entre las líneas AB, DE sea tercera proporcional la H, y cuarta proporcional la I, y sea I a S como EF a BC.[5] Y puesto que la resistencia del cilindro AC es a la resistencia del cilindro DG, como el cubo de AB es al cubo de DE, o sea como la línea AB es a la línea I; y dado que la resistencia del cilindro DG es a la resistencia del cilindro DF, como la longitud FE a la EG, o sea como la línea I a la S; tenemos, por igualdad de proporciones, que la resistencia del cilindro AC es a la resistencia del cilindro DF, como la línea AB es a la S. Pero la línea AB

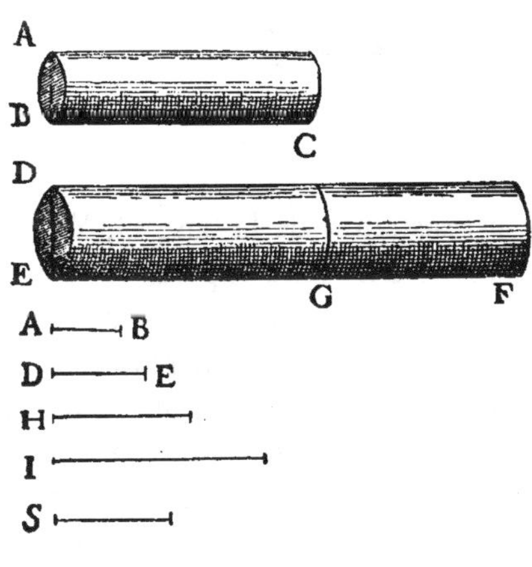

Fig. 22

con relación a la S tiene la proporción compuesta de la AB a la I, y de la I a la S. Por consiguiente, la resistencia del cilindro AC tiene con relación a la resistencia del cilindro DF la proporción compuesta de la AB a la I, es decir, del cubo de AB al cubo de DE, y de la proporción de la línea I a la S, es decir, de la longitud EF a la longitud BC: que es lo que se quería demostrar.

Una vez demostrada esta proposición, quiero que consideremos lo que sucede entre cilindros y prismas semejantes. De los cuales demostraremos que:

PROPOSICIÓN VI

Tratándose de cilindros y prismas semejantes, los momentos compuestos, o sea resultantes de sus gravedades, y de sus longitudes, que son como palancas, guardan entre sí proporción sesquiáltera de la que tienen las resistencias de sus propias bases.

Para demostrarlo, supongamos los dos cilindros semejantes AB, CD. Digo, que el *momentum* del cilindro AB, para superar la resistencia de su base B, guarda con relación al *momentum* de CD, para superar la resistencia de su base D, proporción sesquiáltera de la que tiene la misma resistencia de la base B con relación a la resistencia de la base D. Y como los *momenta* de los sólidos AB, CD, para superar la resistencia de sus bases B, D, están compuestos de sus respectivas gravedades y de las fuerzas de sus palancas; y la fuerza de la palanca AB es igual a la fuerza de la palanca CD (porque la longitud AB tiene relación al radio de la base B la misma proporción, por la semejanza de los cilindros, que la longitud CD al radio de la base D), resta que el *momentum* total del cilindro AB, respecto al *momentum* total de CD, sea como la sola gravedad del cilindro AB a la so-

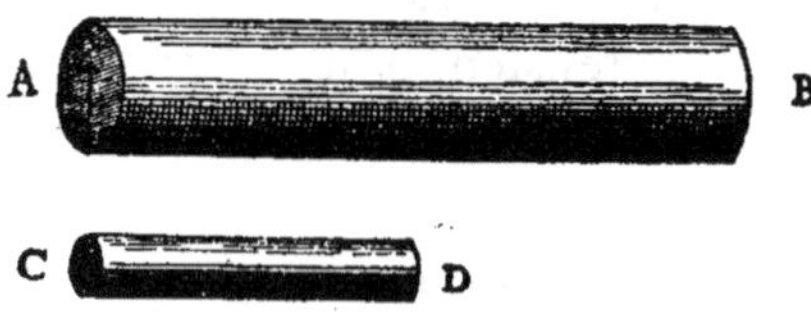

Fig. 23

la gravedad del cilindro CD, o sea como el mismo cilindro AB al mismo CD: pero éstos están como los cubos de los diámetros de sus bases B, D; y las resistencias de tales bases, estando entre sí como las bases mismas, son, en consecuencia, como los cuadrados de sus diámetros. Por consiguiente, los *momenta* de los cilindros están en proporción sesquiáltera de las resistencias de sus respectivas bases.[6]

SIMPLICIO. Esta proposición se me presenta realmente, no sólo como nueva, sino también como inesperada, y a primer aspecto, completamente remota del juicio que yo hubiera podido conjeturar. Porque, siendo tales figuras en todo lo demás semejantes, habría tenido por seguro que también sus fuerzas, respecto a las propias resistencias, hubieren tenido la misma proporción.

SAGREDO. Ésta es la demostración que, al principio de nuestro razonamiento, dije parecerme obscura.

SALVIATI. Esto que te sucede ahora, Simplicio, me sucedió durante algún tiempo también a mí, creyendo que las resistencias de sólidos semejantes fueran también semejantes, hasta que una cierta observación, aunque no muy segura y cuidadosa, pareció mostrarme que en los sólidos semejantes no se mantiene un tenor igual entre sus robusteces, sino que los mayores son menos aptos para resistir los choques violentos; tal como en una caída sufren más los hombres mayores que los niños pequeños; y, como decíamos al principio, vemos que cayendo de una misma altura una gran viga o una columna se hacen pedazos, pero no sucede así con un pequeño tablón (*corrente*) o un pequeño cilindro de mármol. Esta vulgar observación despertó mi mente, para la investigación de lo que os voy a demostrar ahora: propiedad verdaderamente admirable, que entre las infinitas figuras sólidas semejantes entre sí, no haya ni siquiera dos cuyas fuerzas en relación a las propias resistencias retengan la misma proporción.

Simplicio. Ahora me haces recordar no sé qué, puesto por Aristóteles entre sus Cuestiones Mecánicas, cuando quiere dar la razón de dónde procede que los maderos, cuanto más largos son, son tanto más débiles y más se doblan, aunque los más cortos sean más delgados, y los más largos más gruesos; y si yo mal no recuerdo, reduce la razón a la de la palanca.

Salviati. Es muy cierto; y como la solución no parece disipar enteramente la razón de dudar, Monseñor de Guevara, que sin duda alguna con sus doctísimos comentarios ha ennoblecido e ilustrado altamente esa obra, aduce otras extensas y agudas especulaciones, para resolver todas las dificultades, quedando sin embargo él también perplejo en este punto: de si acrecentando en la misma proporción las longitudes y los grosores de esas figuras sólidas, se deben mantener por el mismo tenor las robusteces y resistencias a la fractura y también al flexionamiento. Yo, después de haberlo pensado mucho, he hallado en esta materia algo que os voy a comunicar seguidamente. Y en primer lugar mostraré que:

Proposición VII

De entre los prismas o cilindros graves y semejantes, uno sólo es el único que se encuentra (gravado por su propio peso) en el límite entre el romperse y el mantenerse íntegro; de modo que cualquier otro mayor, incapaz para resistir a su propio peso, se romperá; y cualquier otro menor resistirá alguna fuerza que se le añada para romperlo.

Sea el prisma grave AB, reducido a la más grande longitud de su consistencia, de modo que, alargado una mínima parte más, se rompería. Digo, que éste es el único entre todos sus semejantes (que son infinitos) apto para ser reducido a ese estado ambiguo; de modo que cualquier otro mayor, vencido por su propio peso se romperá, y cualquier otro menor no sólo no se romperá, sino que podrá resistir cierto tributo de una nueva fuerza, además de su propio peso. Sea el prisma CE, semejante a AB y mayor que él. Digo que éste no puede resistir, sino que se romperá, vencido por su propia gravedad. Supongamos la parte CD tan larga como AB. Y como la resistencia de CD es a la de AB, como el cubo del grosor de CD es al cubo del grosor de AB, o sea como

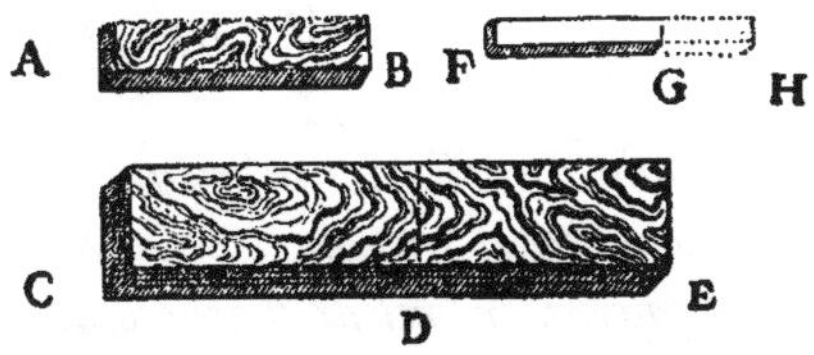

Fig. 24

el prisma CE es al prisma AB (por ser semejantes), se deduce que el peso de CE es el mayor que puede ser sostenido en la longitud del prisma CD; pero la longitud CE es mayor; por consiguiente, el prisma CE se romperá. Pero sea FG menor: se demostrará de modo semejante (siendo FH igual a BA), que la resistencia de FG es a la de AB, como el prisma FG es al prisma AB, dado que la distancia AB, o sea FH, fuera igual a la FG; pero es mayor; por consiguiente, el momento del prisma FG, aplicado en G, no basta para romper el prisma FG.

SAGREDO. Clarísima y breve demostración, de la que se deduce la verdad y necesidad de una proposición que, a primera vista, parece completamente alejada de la verosimilitud. Sería necesario, por consiguiente, alterar mucho la proporción entre la longitud y el grueso del prisma mayor, engrosándolo o acortándolo, para que se reduzca al estado ambiguo entre el sostenerse y el romperse; y a mi parecer, la dilucidación de un tal estado podría ser igualmente ingeniosa.

SALVIATI. Aún lo sería más, como también más dificultosa; y eso lo sé muy bien yo que he gastado no poco tiempo en hallarla y quiero ahora compartirla con vosotros.

Dado un cilindro o prisma [con peso] de la mayor longitud que pueda tener sin romperse bajo su propio, peso, y dada una longitud mayor, encontrar el grueso de otro cilindro o prisma que bajo dicha longitud sea el único y el mayor que pueda soportar el propio peso.

Sea el cilindro BC el mayor que puede soportar el propio peso, y sea la longitud de DE mayor que la de AC; es necesario encontrar el grosor de un cilindro que en la longitud DE sea el mayor que puede soportar el propio peso. Sea I tercia proporcional entre las longitudes DE, AC, y sea DE a I como el diámetro FD al diámetro BA, y tracemos el cilindro FE; digo que éste es el mayor y el único, entre todos sus semejantes, capaz de soportar el propio peso.[7] Entre las líneas DE e I sea tercia proporcional la M, cuarta proporcional la O, y hágase FG igual a AC. Y

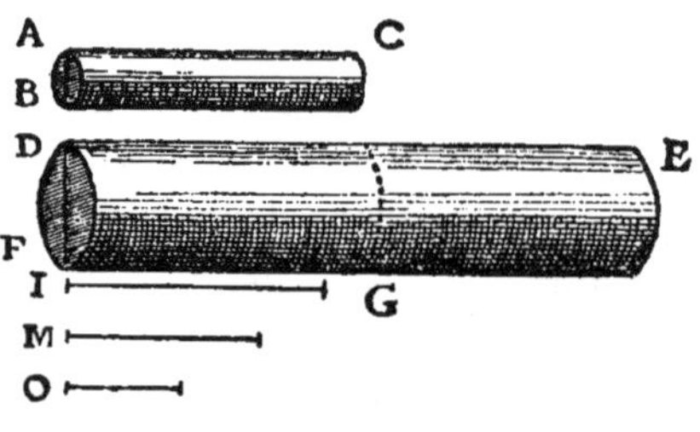

Fig. 25

puesto que el diámetro FD es al diámetro AB, como la línea DE a la I, y entre DE e I es cuarta proporcional la O, el cubo de FD será al cubo de BA, como la DE es a la O; pero como el cubo de FD es al cubo de BA, así es la resistencia del cilindro DG a la resistencia del cilindro BC; por consiguiente, la resistencia del cilindro DG es a la del cilindro BC, como la línea DE es a la O. Y ya que el momento del cilindro BC es igual a su resistencia, si se demostrara, que el momento del cilindro FE es al momento del cilindro BC, como la resistencia DF es a la resistencia BA, o sea como el cubo de DF es al cubo de BA, o sea como la línea DE es a la O, tendremos lo buscado; es decir, que el momento del cilindro FE es igual a la resistencia puesta en FD. El momento del cilindro FE es al momento del cilindro DG, como el cuadrado de la DE es al cuadrado de la AC, o sea como la línea DE es a la I; pero el momento del cilindro DG es al momento del cilindro BC, como el cuadrado de DF es al cuadrado de BA, o sea como el cuadrado de DE es al cuadrado de L o sea como el cuadrado de I es al cuadrado de M, o sea como la I es a la O; por consiguiente, por igualdad de proporciones, el momento del cilindro FE es al momento del cilindro BC, como la línea DE es a la O, o sea como el cubo de DF es al cubo de BA, o sea como la resistencia de la base DF es a la resistencia de la base BA: que es lo que se quería demostrar.

SAGREDO. Esta demostración, Salviati, es larga y muy difícil de retenerse de memoria, habiéndola oído una sola vez; por eso yo quisiera que tú tuvieras a bien repetirla nuevamente.

SALVIATI. Haré cuanto me pides; aunque tal vez sería mejor aducir alguna otra más accesible y breve. Para ello será necesario trazar una figura, un tanto diversa.

SAGREDO. Así, más grande será el favor; pero tendrás a bien darme por escrito la anteriormente explicada, a fin de que yo pueda estudiarla a mi placer.

SALVIATI. No dejaré de proporcionártela. Ahora, supongamos un cilindro A, cuya base tenga por diámetro la línea DC, y sea este A el mayor que pueda sustentarse; pretendemos hallar uno mayor que él y que sea a su vez el máximo y único que pueda también sustentarse. Supongamos uno semejante a ese A, tan largo como la longitud señalada, y sea éste por ejemplo E, cuya base tenga por diámetro la KL, y entre las dos líneas DC, KL sea tercia proporcional la MN, que será el diámetro de

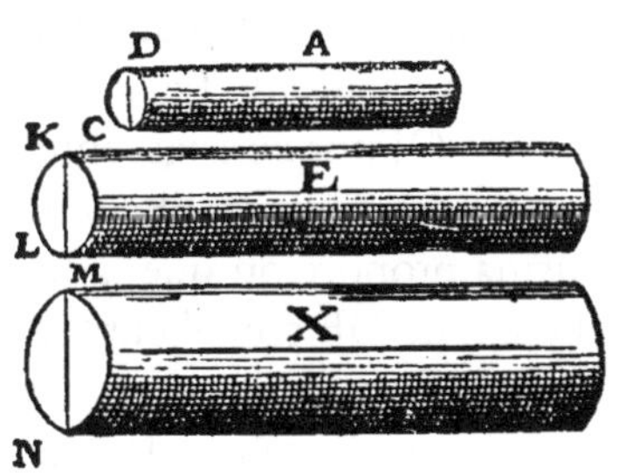

Fig. 26

la base del cilindro X, de longitud igual a la E: digo que este X es el que buscamos. Y como la resistencia DC, es a la resistencia KL, como el cuadrado de DC es al cuadrado de KL[8] o sea como el cuadrado de KL es al cuadrado de MN, o sea como el cilindro E es al cilindro X, o sea como el momento E es al momento X; y dado que la resistencia KL es a la MN, como el cubo de KL es al cubo de MN o sea como el cubo de DC al cubo de KL o sea como el cilindro A al cilindro E, o sea como el momento A al momento E; se deduce, multiplicando (*per l'analogia perturbata*), que la resistencia DC es a la MN, como el momento A es al momento X; luego el prisma X está en la misma disposición de momento y resistencia que el prisma A. Pero quiero que generalicemos más el problema; y la proposición sea la siguiente:

> *Dado un cilindro AC, cualquiera sea su momento respecto a su resistencia, y dada una longitud cualquiera DE, hallar el grueso del cilindro, cuya longitud sea DE, y su momento respecto a su resistencia, retenga la misma proporción que el momento del cilindro AC tiene respecto a la suya.*

Tomando la figura anterior 25 y siguiendo casi el mismo desarrollo, diremos que el momento del cilindro FE guarda con el momento de la parte DG la misma proporción que el cuadrado de ED con el cuadrado de FG, o sea la que la línea DE guarda con I; y el momento del cilindro DG es al momento del cilindro AC, como el cuadrado de FD es al cuadrado de AB, o sea como el cuadrado de DE al cuadrado de I, o sea como el cuadrado de I al cuadrado de M, o sea como la línea I a la línea O; por consiguiente, multiplicando (*ex aequali*), el momento del cilindro FE tiene respecto al momento de AC, la misma proporción que la línea DE tiene con la línea O, o sea el cubo de DE con el cubo de I, o sea el cubo de FD con el cubo de AB, o sea la resistencia de la base FD con la resistencia de la base AB: que es lo que se quería demostrar.[9]

Ahora ved cómo, de las cosas hasta aquí demostradas, claramente se deduce la imposibilidad de que tanto el arte como la misma naturaleza puedan acrecentar sus construcciones en proporciones inmensas; de modo que sería imposible construir naves, palacios o templos enormes, cuyos remos, antenas, envigados, cadenas de hierro, y en suma, las demás partes, tuviesen consistencia; así también la naturaleza no podría hacer árboles de desmesurado tamaño, porque sus ramas, vencidas por su propio peso, terminarían por romperse; e igualmente sería imposible hacer estructuras de huesos para hombres, caballos, u otros animales, que pudiesen sostenerse y desempeñar adecuadamente sus correspondientes funciones, si tales animales debiesen agrandarse hasta alturas inmensas, a no ser que se encontrase materia mucho más dura y resistente que la habitual, o se deformasen tales huesos, engrosándolos desproporcionadamente, por cuyo motivo, después, la figura y el aspecto del animal vendrían a ser monstruosamente gruesos. Tal vez esto mismo fue advertido por nuestro sagacísimo poeta cuando al describir un enorme gigante dijo:

> "Non si può compartir quanto sia lungo,
> Si smisuratamente è tutto, grosso."*

Y como breve ejemplo de esto que digo, vamos a diseñar la figura de un hueso, alargado solamente tres veces y engrosado en correspondiente proporción para que pudiese, en su respectivo animal grande, desempeñar la función proporcionada a la del hueso menor en el animal más pequeño;[10] las figuras son las adjuntas; y en ellas

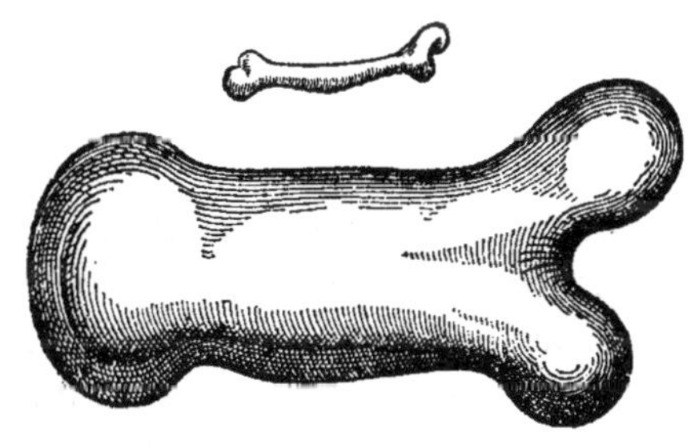

Fig. 27

* No se puede saber cuán alto sea,
  Por ser su grueso sin medida alguna.
      Ariosto, *Orlando Furioso*, XVII, 30   (*N. del T.*)

veis cuán desproporcionada llega a ser la figura del hueso agrandado, de donde se deduce con toda claridad, que quien quisiera mantener, en un colosal gigante, las proporciones que tienen los miembros en el hombre ordinario, necesitaría o encontrar materia mucho más dura y resistente para formar los huesos, o admitir que su robustez sería, en proporción mucho más débil que en los hombres de mediana estatura; con otras palabras, acrecentándolos hasta una desmesurada altura, se verían ceder y romperse bajo su propio peso. Mientras que, por el contrario, se ve que al disminuir los cuerpos, las fuerzas no disminuyen en la misma proporción, sino que antes bien en los más pequeños aumenta el vigor en proporción mayor. Por ello yo creo que un perro pequeño podría llevar a cuestas dos o tres perros iguales a él, pero no creo que un caballo pudiera llevar un solo caballo igual a él.

SIMPLICIO. Pero si esto es así, gran motivo para dudar me dan las moles inmensas que vemos en los peces; porque las ballenas, según tengo entendido, son más grandes que diez elefantes, y sin embargo se sostienen.

SALVIATI. Tu duda, Simplicio, me hace recordar otra condición, no advertida antes por mí, y que puede también ella hacer que los gigantes y algunos animales enormes puedan tener consistencia y moverse no menos que los menores; esto se conseguiría, no sólo si se añadiera vigor a los huesos y a las demás partes, cuyo oficio consiste en sostener el propio peso, y el sobreviniente; sino que, dejando la estructura de los huesos con las mismas proporciones, y aun del mismo modo, todavía con mayor facilidad tendrían consistencia tales organismos, si en proporción conveniente se disminuyese la gravedad de la materia de los mismos huesos y la de la carne, o de cualquier otra cosa que sobre los huesos debiera apoyarse. Y de este segundo artificio se ha prevalido la naturaleza en la constitución de los peces, haciendo los huesos y la carne no sólo más ligeros, sino también sin ningún peso.

SIMPLICIO. Veo muy bien, Salviati, adónde apunta tu razonamiento. Tú quieres decir que por ser el agua el elemento natural de vivienda para los peces, y como el agua, por su densidad o, como otros quieren, por su gravedad, resta peso a los cuerpos que en ella se sumergen, por tal causa, la materia de los peces, al no pesar, puede, sin perjuicio de los huesos, ser sostenida por ellos. Pero esto no basta; porque aun cuando el resto de la sustancia del pez no pese, pesa sin embargo indudablemente la materia de esos huesos. ¿Y quién dirá que una costilla de ballena, tan grande como una viga, no pese muchísimo y no vaya al fondo en el agua? Éstas, por consiguiente, no deberían poder sustentarse en tan vasta mole.

SALVIATI. Agudas son tus objeciones; y como respuesta a tu duda, dime si no has observado que los peces están, cuando les place, inmóviles bajo el agua, sin descender hacia el fondo ni elevarse a la superficie, y sin necesitar para ello hacer ningún esfuerzo por medio de la natación.

SIMPLICIO. Es ésta una observación muy notoria.

SALVIATI. Por consiguiente, esto de poder los peces sostenerse inmóviles a media agua, es argumento concluyente de que el compuesto de su mole corpórea iguala la gravedad específica del agua; de modo que si en él se encuentran algunas partes más pesadas que el agua, necesariamente se requiere que haya otras proporcionalmente menos graves, a fin de que se pueda conseguir el equilibrio. En consecuencia, si los huesos son más pesados, es necesario que las carnes u otras materias que haya, sean más ligeras y entonces ellas se opondrán con su ligereza al peso de los huesos. De modo que en los animales acuáticos ocurrirá lo contrario de lo que ocurre con los animales terrestres; es decir, que en éstos corresponde a los huesos sustentar el propio peso y el de la carne, y en aquéllos es la carne la que debe sostener el peso propio y el de los huesos. Y por ello no debe causar asombro el que en el agua pueda haber animales enormes, y no pueda haberlos en la tierra o sea en el aire.

SIMPLICIO. Quedo conforme; y además, noto que estos que nosotros llamamos animales terrestres, con mayor razón se deberían llamar aéreos, porque en realidad viven en el aire y de aire están circundados, y aire respiran.

SAGREDO. Me agrada el raciocinio de Simplicio con su duda y su resolución, y, además, me hago cargo fácilmente de que uno de esos desmesurados peces, sacado a tierra, tal vez no pudiera sostenerse por mucho tiempo, sino que, al ceder las uniones de los huesos, quedaría convertido en una mole informe.

SALVIATI. Yo por ahora me inclino a creer lo mismo; y no estoy lejos de creer que algo semejante sucedería con aquella inmensa nave que, navegando por el mar, no se deshace por su propio peso ni por la carga de tantas mercancías y armamentos, pero que en seco y rodeada por el aire quizá se abriría. Mas sigamos con nuestro tema y demostremos que:

Dado un prisma o cilindro con su peso, y el peso máximo sostenido por él, hallar la máxima longitud más allá de la cual no puede ser prolongado, sin que se rompa por su propio peso.

Sea AC el prisma dado con su respectivo peso, y dado igualmente el peso D, el mayor que puede ser sostenido en el extremo C. Es necesario encontrar la longitud máxima, hasta la cual puede prolongarse dicho prisma, sin que se rompa. Hagamos que el peso del prisma AC sea respecto al compuesto de los pesos AC con el doble peso de D, como la longitud CA es a la AH, entre las cuales sea media proporcional la AG. Digo que AG es la longitud buscada.[11] Y puesto que el momento del peso D, solicitante (*gravante*) en C, es igual al momento del doble peso de D, que estuviese puesto en el medio de

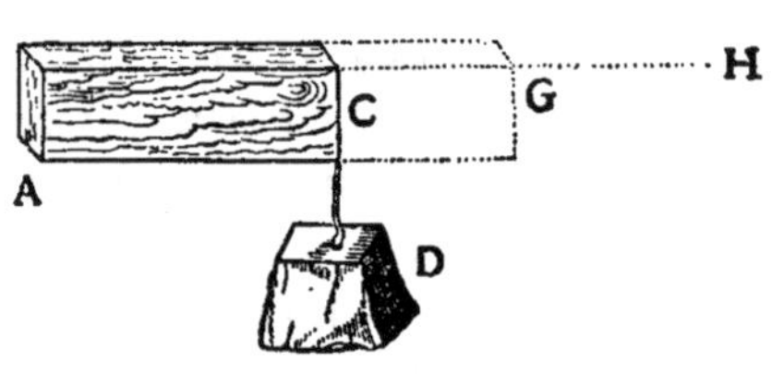

Fig. 28

AC, donde está también el centro del momento del prisma AC, tenemos que el momento de la resistencia del prisma AC que está en A, equivale al gravitante (*gravante*) del doble peso de D con el peso AC, pero suspendidos en el medio de AC. Y como estamos de acuerdo, en que el momento de dichos pesos así situados, es decir de dos veces el peso de D más AC, es al momento de AC, como HA es a AC, entre las cuales es media proporcional la AG, se deduce que el momento del doble peso de D con el momento de AC es al momento de AC, como el cuadrado de GA es al cuadrado de AC. Pero el momento solicitante del prisma GA es al momento de AC, como el cuadrado de GA es al cuadrado de AC. Por consiguiente la longitud AC es la mayor que se buscaba; es decir, aquella hasta la cual podría alargarse el prisma AC y se sostendría, pero más allá de la cual se rompería.

Hasta aquí hemos considerado los momentos y las resistencias de los prismas y cilindros sólidos, una de cuyas extremidades esté fija, y sólo en la otra se aplique la fuerza de un peso solicitante, bien se considere el peso solo, o junto con la gravedad de dicho sólido, o bien solamente la gravedad del mismo sólido. Ahora quiero que discurramos un poco acerca de los prismas y cilindros, ya sostenidos por ambos extremos, ya apoyados sobre un solo punto, colocado entre los dos extremos. En primer lugar, digo que el cilindro que, soportando su propio peso, esté reducido a la máxima longitud, más allá de la cual no podría sostenerse, tanto si está apoyado por medio en

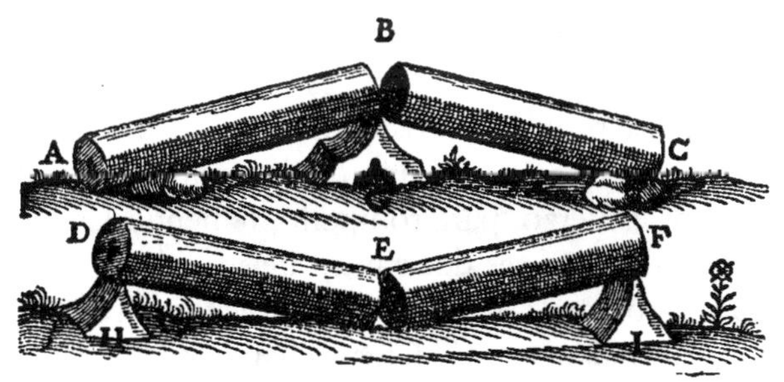

Fig. 29

un solo sostén, como si está en dos en los extremos, podría ser el doble de largo de lo que sería fijado en un muro, es decir, sostenido en un solo extremo. Esto es manifiesto por sí mismo; porque si suponemos que la mitad AB del cilindro que yo designo ABC, es la mayor longitud que puede sostenerse, estando fija en el punto B; del mismo modo se sostendría si, apoyada sobre el sostén G, fuese contrapesada por la otra mitad BC. Y de modo semejante, si la longitud del cilindro DEF fuese tal, que solamente su mitad pudiese sostenerse estando fijo el extremo D, y en consecuencia la otra mitad EF se sostuviera estando fijo el extremo F, es evidente que puestos los soportes HI bajo los extremos D, F, todo momento de fuerza o de peso que se añada en E hará que sobrevenga ahí la fractura.

Más profundo estudio se requiere en el caso de que, prescindiendo de la gravedad propia de tales sólidos, nos propusiéramos investigar si la misma fuerza o peso que, aplicado en medio de un cilindro, sostenido en los extremos, bastaría para romperlo, podría también hacer el mismo efecto, aplicado en cualquier otro lugar, más próximo a uno que al otro extremo. Como, por ejemplo, si queriendo nosotros romper un palo, tomándolo con las manos por los dos extremos y apoyando la rodilla en medio, la misma fuerza que hubiera que emplear para romperlo de este modo, bastaría también, si la rodilla se apoyase, no en el medio, sino más próxima a uno de los dos extremos.

SAGREDO. Me parece que este problema ya fue tratado por Aristóteles en sus Cuestiones Mecánicas.

SALVIATI. El problema aristotélico no es precisamente el mismo, porque él no intenta sino dar la razón de por qué se requiere menos esfuerzo, para romperlo, teniendo las manos en los extremos del leño, es decir muy alejadas de la rodilla, que teniéndolas próximas; y da una razón general, reduciendo la causa a ser las palancas más largas, cuando se alargan los brazos, cogiendo los extremos. Nuestra pregunta añade algo más, averiguando si, puesta la rodilla en medio o en otro lugar, teniendo, sin embargo, las manos siempre en los extremos, la fractura requiere la misma fuerza en todos los sitios.

SAGREDO. A primera vista parecería que sí, puesto que las dos palancas mantienen en cierto modo el mismo momento, dado que tanto como se acorta la una, otro tanto se alarga la otra.

SALVIATI. Ahora hazte cargo de cuán fácil es equivocarse y con cuánta cautela y circunspección conviene andar, para no incurrir en errores. Esto que tú dices, y que verdaderamente, a primera vista tiene tanto de verosimilitud, analizado con detenimiento, es completamente falso. El que la rodilla, que es el punto de apoyo de las dos palancas, se ponga o no en el medio, produce tal diferencia, que aquella fuerza que sería suficiente para efectuar la fractura en el medio, si debiera efectuarla en cualquier otro lugar, tal vez no lo sería aunque fuese cuatro veces mayor, ni aun siendo diez, ni cien, ni mil. Haremos sobre esto una consideración general, y después veremos la determinación específica de la proporción, según la cual van variando las fuerzas, para efectuar la fractura en un punto con preferencia a otro.

Designemos en primer término un madero AB, que ha de romperse por el medio sobre el sostén C, e inmediatamente designemos al mismo madero, pero con las letras DE, que ha de romperse sobre el sostén F, alejado del punto medio. En primer lugar, es evidente que siendo las distancias AC, CB iguales, la fuerza estará repartida por igual en los extremos B, A. En segundo término, puesto que la distancia DF es menor que la distancia AC, el momento de la fuerza puesta en D es menor

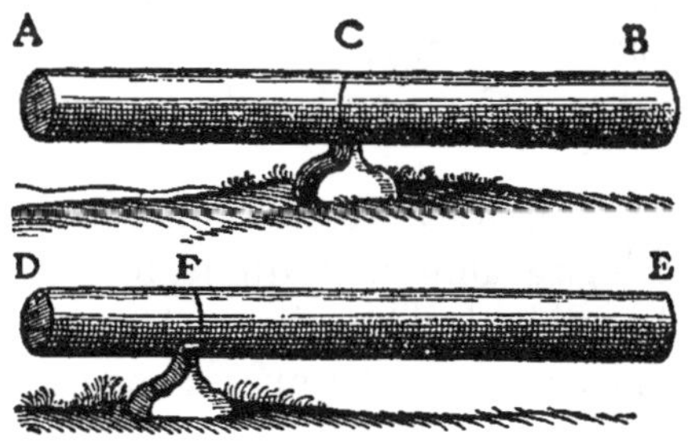

Fig. 30

que el momento en A, es decir, que el aplicado en la distancia CA; y es menor, en la proporción de la línea DF a la línea AC, y en consecuencia, es necesario aumentarlo para equilibrar o superar la resistencia en F. Pero la distancia DF se puede disminuir indefinidamente (*in infinito*) en relación a la distancia AC; por consiguiente, es necesario que se pueda acrecentar indefinidamente la fuerza que se ha de aplicar en D, para equilibrar la resistencia en F. Pero por el contrario, a medida que aumenta la distancia FE sobre la CB, hay que disminuir la fuerza en E, para contrabalancear la resistencia en F; pero la distancia FE, en relación a la CB, no se puede acrecentar indefinidamente, ni aun siquiera el doble, con sólo retirar el sostén F hacia el extremo D; por consiguiente, la fuerza en E, para parangonar la resistencia en F, será siempre más de la mitad de la fuerza requerida en B. Se comprende, pues, la necesidad de que se deba aumentar la suma de las fuerzas en E, D indefinidamente para equilibrar o superar la resistencia puesta en F, a medida que el fulcro F se vaya aproximando hacia el extremo D.

SAGREDO. Y qué decir, Simplicio. ¿No conviene confesar que la geometría es el más poderoso de todos los instrumentos, para aguzar el ingenio y disponerlo para discurrir y especular correctamente? ¿No era razonable que Platón quisiera que sus discípulos estuviesen de antemano bien instruidos en matemáticas? Yo había comprendido perfectamente la dificultad de la palanca, y cómo aumentando o disminuyendo su longitud, aumentaba o disminuía el momento de su fuerza y de su resistencia; con todo, en la determinación del presente problema no era pequeño, sino grande, mi engaño.

SIMPLICIO. Verdaderamente comienzo a comprender que la lógica, aunque instrumento prestantísimo para regular nuestro modo de discurrir, no alcanza a la agudeza de la geometría, en cuanto a incitar nuestra mente a la investigación.

SAGREDO. A mí me parece que la lógica enseña a conocer si los raciocinios y demostraciones ya hechos y hallados proceden concluyentemente; pero que ella nos enseñe a descubrir los raciocinios y las demostraciones concluyentes, esto no lo puedo creer yo. Pero será mejor que Salviati nos muestre en qué proporción van creciendo los momentos de las fuerzas, para superar la resistencia de un mismo madero, según los diversos lugares de fractura.

SALVIATI. La proporción que buscas procede del siguiente modo:

Si en la longitud de un cilindro se determinan dos lugares sobre los cuales se quiere efectuar la fractura, las resistencias de dichos dos lugares estarán entre sí en razón inversa de los rectángulos hechos de las distancias desde esos lugares a los extremos.

Sean las fuerzas A, B las mínimas para producir la fractura en C, y las E, F igualmente las mínimas para producir la fractura en D. Digo que la suma de las fuerzas A, B, con respecto a la suma de las fuerzas E, F, tiene la misma proporción que tiene el rectángulo ADB respecto al rectángulo ACB. Por-

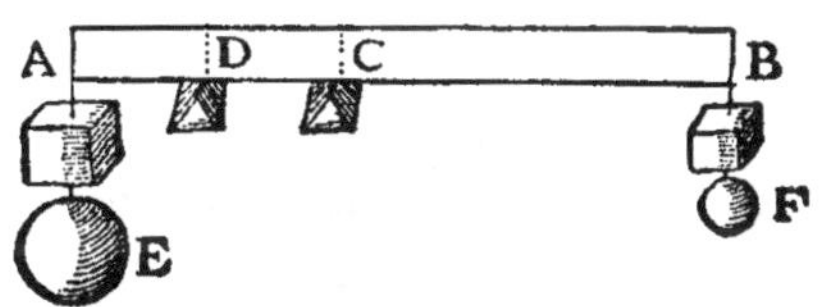

Fig. 31

que las fuerzas A+B con respecto a las fuerzas E+F tienen la proporción del producto de las razones de la fuerza A+B a la fuerza B, de la B a la F, y de la F a la F+E. Pero como la fuerza A+B es a la fuerza B, como la longitud BA es a la AC; y como la fuerza B es a la F, como la línea DB es a la BC; y como la fuerza F es a la F+E, como la línea DA es a la AB; tenemos que la fuerza A+B está respecto a la fuerza E+F en una proporción que es el producto de las tres siguientes, o sea de las de la recta BA a AC, de la DB a BC, y de la DA a AB. Pero de las DA a AB, y de AB a AC, se compone la proporción de la DA a AC; por consiguiente, la fuerza A+B respecto a la fuerza E+F, tienen una proporción que es el producto de la DA a AC y de la DB a BC. Pero el rectángulo ADB, respecto al rectángulo ACB, tiene la proporción compuesta de las mismas DA a AC y DB a BC: luego la fuerza A+B, respecto a la fuerza E+F, está como el rectángulo ADB al rectángulo ACB. Que es lo mismo que decir, que la resistencia a la fractura en C está, respecto a la resistencia a la fractura en D, en la misma proporción que el rectángulo ADB al rectángulo ACB: que es lo que se quería demostrar.[12] *

   * En lugar del párrafo anterior: *"Sean las fuerzas AB… que se quería demostrar"*, en G se lee la siguiente demostración:

Sea el cilindro DE, y en él dos lugares, designados a capricho, F, G. Digo que la resistencia a la fractura en F está respecto a la resistencia a la fractura en G en la misma proporción que el rectángulo DGE respecto al rectángulo DFE. Porque el momento mínimo puesto en D, para superar la resistencia puesta en F, respecto al momento mínimo puesto en E, para superar la resistencia puesta en F, tiene la misma proporción que la longitud EF a la FD; y el momento en D, para superar la resistencia en G, respecto al momento en E, para superar la misma en G, está en la misma proporción que la EG a la GD; por consiguiente, los momentos en D, E, para superar la resistencia en G, tienen la proporción compuesta de la línea EF a la FD y de la EG a la GD; pero éstas componen también la proporción del rectángulo EGD al rectángulo EFD: por consiguiente, etc.

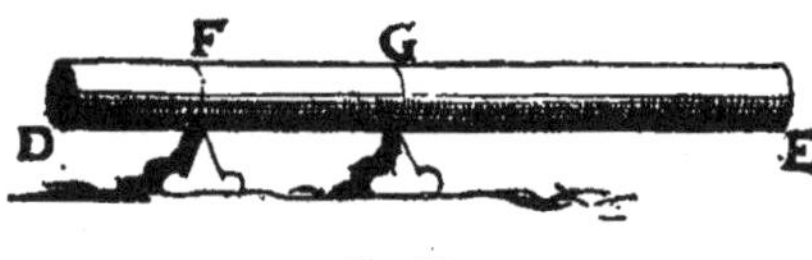

Fig. 32

Como consecuencia de este teorema podemos resolver un problema muy curioso, y es el siguiente:

Dado el peso máximo sostenido en el medio de un cilindro o prisma, donde la resistencia es mínima, y dado un peso mayor que aquél, encontrar en dicho cilindro el punto en el cual ese peso dado mayor esté sostenido como peso máximo.

Tenga ese peso dado, mayor que el peso máximo sostenido en el medio [D] del cilindro AB, respecto a este peso máximo, la proporción de la línea E a la F; es necesario encontrar en el cilindro el punto que puede sostener el peso dado como máximo. Sea la G media proporcional entre E, F, y hágase la AD respecto a la S, como la E es a la G. La S será, entonces, menor que la AD. Sea la AD el diámetro del semicírculo AHD, en el cual supóngase la AH igual a la S, únase HD, y córtese la DR igual a ella. Digo que el punto R es el buscado, por el que podría ser sostenido, como máximo, el peso dado mayor que el peso má-

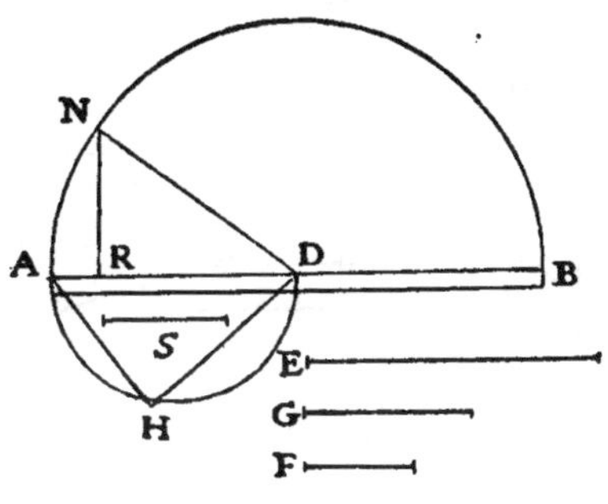

Fig. 33

ximo sostenido en medio del cilindro D. Sobre la longitud BA trácese el semicírculo ANB, levántese la perpendicular RN, y únanse ND. Como los dos cuadrados de NR y RD son iguales al cuadrado de ND, o sea al cuadrado de AD, o sea a los dos AH, HD, y la HD es igual al cuadrado de DR, tenemos que el cuadrado de NR, o sea el rectángulo ARB, será igual al cuadrado de AH, o sea al cuadrado de S; pero el cuadrado de S es al cuadrado de AD, como la F es a la E, o sea como el peso máximo sostenido en D es al peso dado mayor; por consiguiente, este peso mayor será sostenido en R, como el máximo que pueda ser sostenido: que es lo que se quería demostrar.[13]

SAGREDO. He entendido perfectamente; y estoy pensando que, siendo el prisma AB siempre más vigoroso y resistente a la presión, en las partes que más se van alejando del medio; en las vigas muy grandes y pesadas se podría quitar una gran parte hacía los extremos, con notable aligeramiento de peso, que en los envigados de grandes estancias sería de gran comodidad y no poco útil. Sería interesante encontrar qué figura debería tener aquel sólido que en todas sus partes fuese igualmente resistente,

de modo que con no menos facilidad se rompiese por un peso
que lo oprimiese en el medio, que en cualquier otro lugar.

ble e interesante a este respecto. Para mayor facilidad de explicación, tracemos una figura. Este DB es un prisma, cuya resistencia a la fractura en el
extremo AD por una fuer-
za solicitante en el extremo
D, es menor que la resis-
tencia que se encontraría
en el lugar CI, en la misma proporción que la lon-
gitud CB es menor que la
BA, como ya se ha demos-

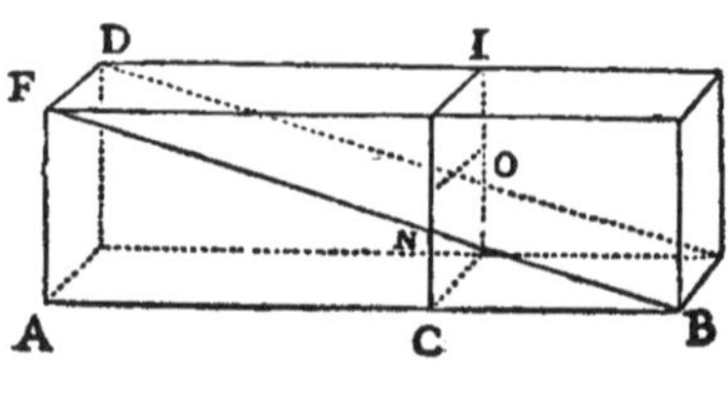

Fig. 34

trado. Supongamos ahora el mismo prisma cortado diagonalmente según la línea FB, de modo que las caras opuestas sean
dos triángulos, uno de los cuales, mirando hacia nosotros, es el
FAB. Este sólido tiene naturaleza distinta del prisma, es decir
que resiste menos a la fractura sobre el punto C que sobre el
A, bajo la fuerza puesta en B, en la misma proporción en que
la longitud CB es menor que la BA. Lo que probaremos fácilmente.[14] Porque suponiendo el corte CNO paralelo al otro
AFD, la línea FA guardará con la CN, en el triángulo FAB, la
misma proporción que tiene la línea AB con la BC; pero si suponemos que en los puntos A, C están los fulcros de dos palancas, cuyas distancias sean BA, AF, BC, CN, éstas serán proporcionales; pero el momento que tiene la fuerza puesta en B
con la distancia BA sobre la resistencia puesta en la distancia
AF, lo tendrá la misma fuerza en B con la distancia BC sobre
la misma resistencia que estuviese puesta en la distancia CN.
Mas la resistencia que se ha de vencer sobre el fulcro C, puesta en la distancia CN, por una fuerza en B, es tanto menor que
la resistencia en A, cuanto al rectángulo CO es menor que el
rectángulo AD, es decir cuanto la línea CN es menor que la
AF, o sea la CB menor que la AB. Por consiguiente, la resistencia de la parte OCB a la fractura en C es tanto menor que la

resistencia en todo el DAB a la fractura en A, cuanto la longitud CB es menor que la AB. Hemos, pues, quitado una parte en la viga o prisma DB, es decir la mitad, cortándolo diagonalmente, y hemos dejado la cuña o prisma triangular FBA; y los sólidos son de propiedades contrarias, es decir que uno resiste tanto más cuanto más se acorta, y el otro al ser acortado pierde otro tanto de robustez. Ahora, sentado esto, parece muy razonable y aun necesario, que se le pueda dar un corte, por el cual, dejando de lado lo superfluo, quede un sólido de figura tal que en todas sus partes sea igualmente resistente.

SIMPLICIO. Es necesario que, donde se pasa de mayor a menor, se encuentre también lo igual.

SAGREDO. Pero ahora el punto de la dificultad consiste en hallar cómo se ha de guiar la sierra para hacer este corte.

SIMPLICIO. Sospecho que esto debe ser cosa fácil; porque, si al aserrar el prisma diagonalmente, quitándole la mitad, la figura que queda tiene naturaleza contraria de la del prisma entero, de modo que en todos los puntos en que uno adquiere robustez, el otro, mientras tanto, la pierde, me parece que siguiendo el camino del medio, o sea quitando solamente la mitad de esa mitad, que es la cuarta parte del todo, la figura remanente no ganará ni perderá robustez en todos aquellos mismos lugares en que la pérdida y la ganancia de las otras dos figuras sean siempre iguales.

SALVIATI. No has dado en la tecla, Simplicio; y yo te voy a demostrar, y tú vas a ver claramente, que lo que se puede serrar del prisma y quitárselo sin debilitarlo, no es la cuarta parte, sino la tercera. Resta ahora (que es lo que sugería Sagredo), hallar la línea por la que se debe hacer marchar la sierra; yo probaré que debe ser una línea parabólica. Pero antes es necesario demostrar cierto lema, que es el siguiente:

Si hay dos balanzas o palancas en equilibrio, divididas por

Sean las dos palancas AB, CD, divididas por sus puntos de
apoyo E, F, de tal modo que la distancia EB guarde respecto a
la FD una proporción igual al cuadrado de la distancia de EA
a FC; y supongamos que las resistencias colocadas en A, C están en la misma proporción que EA, FC: digo que las fuerzas
que en B, D sostienen las resistencias de A, C, son iguales entre sí. Pongamos la EG media proporcional entre EB y FD; se-

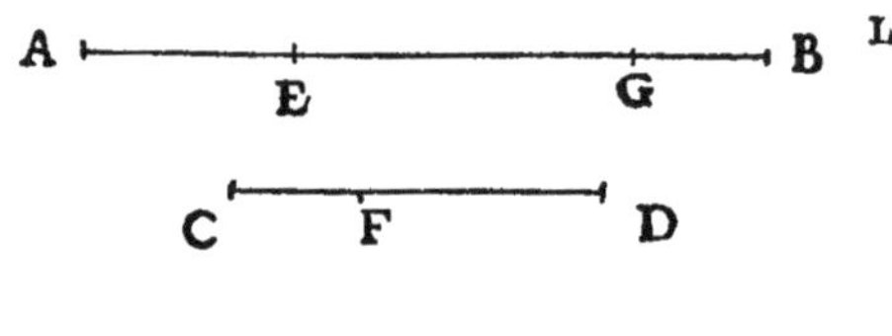

Fig. 35

rá, pues, BE a EG como GE a FD, y AE a CF; y tal hemos dicho que era la resistencia de A respecto a la resistencia de C. Y
como EG es a FD, como AE a CF, permutando, será GE a EA
como DF a FC; y por ello (por estar las dos palancas DC, GA
divididas proporcionalmente en los puntos E, F) si la fuerza
que, puesta en D, equilibra la resistencia de C, estuviese en G,
equilibraría la misma resistencia de C puesta en A: pero, por
dato, la resistencia de A tiene, respecto a la resistencia de C, la
misma proporción que la AE a la CF, o sea que la BE a la EG:
por consiguiente, la fuerza en G, vale decir en D, puesta en B,
equilibrará la resistencia puesta en A: que es lo que se quería
probar.[15]

Entendiendo esto, en la cara FB del prisma DB, trácese la
línea parabólica FNB, cuyo vértice sea B, y según la cual sea
cortado el prisma, permaneciendo el sólido comprendido entre la base AD, el plano rectángulo AG, la línea recta BG y la
superficie DGBF, curvada según la curva de la línea parabólica

FNB; digo que tal sólido es en toda su extensión igualmente resistente. Cortémoslo con el plano CO, paralelo al AD, y supongamos que las dos palancas estén divididas y apoyadas en A, C; y sean las distancias de una BA, AF, y las de la otra BC, CN. Y como en la parábola FBA, la AB está respecto a BC, como el cuadrado de la FA al cuadrado de CN; es evidente que la distancia BA de una palanca tiene, respecto a la distancia BC de la otra, una proporción igual a la que tiene el cuadrado de la distancia AF respecto al cuadrado de CN. Y como la resistencia que ha de equilibrarse con la palanca BA tiene, respecto a la resistencia que ha de equilibrarse con la distancia BC, la misma proporción que tiene el rectángulo DA respecto al rectángulo OC, que es la misma que

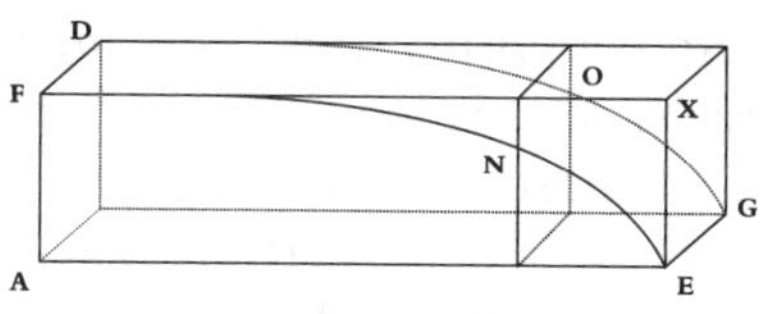

Fig. 36

tiene la línea AF respecto a la NC, que son las otras dos distancias de las palancas; es evidente, por el lema pasado, que la misma fuerza que, siendo aplicada en la línea BG, equilibra la resistencia DA, equilibrará también la resistencia CO. Y lo mismo se podría demostrar, si cortamos el sólido por cualquier otro punto: por consiguiente, tal sólido parabólico es por igual resistente en todas sus partes.[16] Que al cortar el prisma según la línea parabólica FNB, se le quite la tercera parte, es manifiesto; porque la semiparábola FNBA y el rectángulo FB son base de dos sólidos comprendidos entre dos planos paralelos, o sea entre los rectángulos FB y DG, por lo cual retienen entre sí la misma proporción que esas sus bases; pero el rectángulo FB es sesquiáltero de la semiparábola FNBA; por consiguiente, cortando el prisma, según la línea parabólica, se le quita la tercera parte. De aquí se deduce que, con la disminución de peso de más de un treinta por ciento, se pueden hacer los envigados, sin disminuir un ápice su respectivo vigor. Lo que en los navíos de grandes proporciones, en particular para sostener las cubiertas, puede ser de no pequeña utilidad, dado que en tales estructuras la ligereza importa en sumo grado.

SAGREDO. Son tantas las ventajas, que sería largo o imposible registrarlas todas. Pero yo, dejadas éstas de lado, tendría más gusto en comprender que el aligeramiento se hace según las proporciones indicadas. Que el corte según la diagonal quite la mitad del peso, lo entiendo perfectamente; pero que el otro según la línea parabólica, quite la tercera parte del prisma, puedo creerlo de Salviati, siempre veraz, pero en esto más que la fe me gustaría la ciencia.

SALVIATI. Querrías pues, ver la demostración de que el exceso del prisma sobre éste que por ahora llamamos sólido parabólico, es la tercera parte de todo el prisma. Recuerdo haberlo demostrado ya otra vez; intentaré ahora ver si puedo recordar la demostración, para la cual si mal no recuerdo utilicé cierto lema de Arquímedes, por él aducido en el libro de las Espirales. Y es que si en un número cualquiera de líneas que exceden por igual unas de otras, el exceso es igual a la más pequeña de ellas, y en otro número idéntico de líneas, cada una es igual a la mayor del primer grupo, la suma de los cuadrados de todas éstas será menor que tres veces la suma de los cuadrados de las del primer grupo, pero será mayor que tres veces la suma de todos los cuadrados del primer grupo, restando el cuadrado de la línea mayor.[17]

Sentado esto, inscribamos en este rectángulo ACBP la línea parabólica AB; tenemos que probar que el triángulo mixto BAP, cuyos lados son BP, PA, y base la línea parabólica BA, es la tercera parte de todo el rectángulo CP. Porque, de no ser así, deberá ser o mayor o menor que la tercera parte. Veamos si puede ser menor, y supóngase que lo que le falta es igual al espacio X. Al dividir continuamente el rectángulo CP en partes iguales por medio de líneas paralelas a los lados

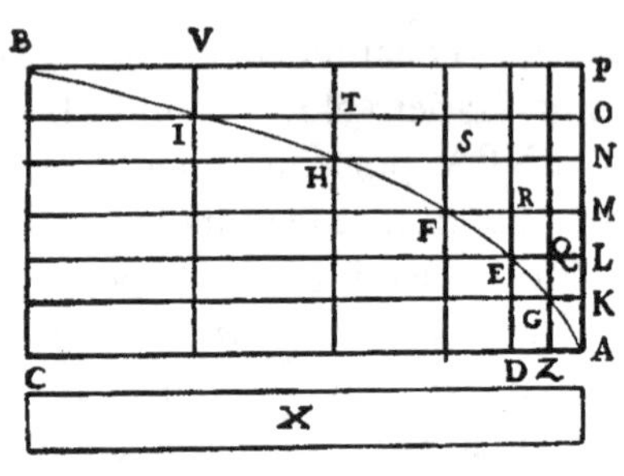

Fig. 37

BP, CA, tendremos por fin que llegar a partes tales que cualquiera de entre ellas sea menor que el espacio X. Ahora bien, sea una de ellas el rectángulo OB, y por los puntos donde las otras paralelas cortan la línea parabólica, háganse pasar paralelas a AP. Aquí supondré circunscripta, en torno a nuestro triángulo mixto, una figura compuesta de rectángulos, que son BO, IN, HM, FL, EK, GA; figura que será menor también que la tercera parte del rectángulo CP, dado que el exceso de esa figura sobre el triángulo mixto es mucho menor que el rectángulo BO, que es todavía menor que el espacio X.

SAGREDO. Despacio, por favor, que yo no veo cómo el exceso de esta figura circunscripta, sobre el triángulo mixto, sea mucho menor que el rectángulo BO.

SALVIATI. ¿No es el rectángulo BO igual a la suma de todos estos rectangulitos, por los que pasa nuestra línea parabólica? Me refiero a los BI, IH, HF, FE, EG, GA, de los cuales sólo una parte queda fuera del triángulo mixto. ¿Y el rectángulo BO no se había supuesto ser menor que el espacio X? Por consiguiente, si el triángulo, en conjunto con el X, se equipara, para nuestro oponente, a la tercera parte del rectángulo CP; la figura circunscripta, que añade al triángulo algo menos de lo que es el espacio X, quedará también menor que la tercera parte del mismo rectángulo CP. Pero esto no puede ser, porque ella es mayor que la tercera parte: luego no es cierto que nuestro triángulo mixto sea menor que la tercera parte del rectángulo.

SAGREDO. He comprendido la solución de mi duda. Mas ahora es necesario probar que la figura circunscripta es mayor que la tercera parte del rectángulo CP, lo que creo no resultará tan fácil.

SALVIATI. ¡Oh! no, no ofrece mayor dificultad. Porque en la parábola, el cuadrado de la línea DE, respecto al cuadrado de la ZG, tiene la misma proporción que la línea DA a la AZ, que es la misma que tiene el rectángulo KE respecto al rectángulo

AG (por ser las alturas AK, KL iguales); por consiguiente, la proporción que guarda el cuadrado de ED con el cuadrado de ZG, o sea el cuadrado de LA con el cuadrado de AK, la tiene también el rectángulo KE respecto a KZ. Del mismo modo se probará que los otros rectángulos LF, MH, NI, OB están entre sí como los cuadrados de las líneas MA, NA, OA, PA. Consideremos ahora cómo la figura circunscripta está compuesta de algunos espacios, que son entre sí, como los cuadrados de las líneas que exceden unas de otras con excesos iguales a la más pequeña, y cómo el rectángulo CP está compuesto de otros tantos espacios, cada uno de ellos igual al mayor, y que todos son rectángulos iguales a OB; por consiguiente, por el lema de Arquímedes, la figura circunscripta es mayor que la tercera parte del rectángulo CP; pero era también menor: lo que es imposible. Por consiguiente, el triángulo mixto no es menor que el tercio del rectángulo CP.

Igualmente digo que no es mayor. Porque, si es mayor que la tercera parte del rectángulo CP, suponiendo que el espacio X es igual al exceso del triángulo sobre la tercera parte de ese rectángulo CP; y hecha la división y subdivisión del rectángulo, en rectángulos siempre iguales, se llegará a un momento en que cualquiera de ellos sea menor que el espacio X. Supongámosla hecha, y sea el rectángulo BO menor que el X; y descripta, como arriba, la figura, tendremos en el triángulo mixto inscripta una figura compuesta de los rectángulos VO, TN, SM, RL, QK, que no será tampoco menor que la tercera parte del gran rectángulo CP. Porque el triángulo mixto supera a la figura inscripta en mucho menos de lo que supera a la tercera parte de ese rectángulo CP, dado que el exceso del triángulo sobre la tercera parte del rectángulo CP es igual al espacio X, que es menor que el rectángulo BO, y éste es también mucho menor que el exceso del triángulo sobre la figura que le está inscripta; porque son iguales a ese rectángulo BO, todos los rectangulitos AG, GE, EF, FH, HI, IB; y los excesos del triángulo sobre la figura inscripta son menos de la mitad de la suma de todos éstos. Y por ello, excediendo el triángulo a la tercera parte del rectángulo CP mucho más (porque lo excede en lo que representa el espacio X) de lo que él excede a la figura inscripta, tal figura será todavía mayor que la tercera parte del rectángulo CP; pero es menor, por el lema que antes hemos supuesto. Porque el rectángulo CP como conjunto de todos los rectángulos máximos, respecto a los triángulos que componen la figura inscripta, tiene la misma proporción que el agregado de todos los cuadrados de las líneas iguales a la máxima tiene respecto a los cuadrados de las líneas que exceden de modo igual unas a otras, quitado el cuadrado de la máxima; por ello (como sucede en los cuadrados) todo el conjunto de los máximos (que es el rectángulo CP) es más del triple del conjunto de los que le exceden, quitado el máximo, y que componen la figura inscripta. Por consiguiente, el triángulo mixto no es mayor ni menor que la tercera parte del triángulo CP: luego es igual.[18]

SAGREDO. Interesante e ingeniosa demostración, tanto más que nos da la cuadratura de la parábola, haciéndonos ver que es cuatro tercios (*sesquiterza*) del triángulo que le es inscripto, probando lo que Arquímedes demostró con dos procedimientos de muchas proposiciones, diversísimos entre sí, pero ambos a dos admirables; como también fue demostrado últimamente por Luca Valerio, el segundo Arquímedes, de nuestra época, demostración que figura en el libro que él escribió acerca del centro de gravedad de los sólidos.

SALVIATI. Verdaderamente es éste un libro que no debe ser pospuesto a ninguno de los escritos por cualquiera de los más famosos geómetras del siglo presente y de todos los pasados; tan pronto como lo vio, nuestro Académico desistió de continuar con las propias investigaciones que estaba escribiendo sobre la misma materia, pues vio que el citado Valerio lo había descubierto y demostrado todo con sumo acierto.

SAGREDO. He sido informado acerca de todo este suceso por el mismo Académico. Y también le he rogado alguna vez que me dejara ver las demostraciones, halladas por él antes de toparse con el libro de Valerio, pero no pude conseguir verlas.

SALVIATI. Yo tengo una copia y te la mostraré, puesto que tendrás placer en ver la diversidad de métodos con que proceden estos dos autores en la investigación de unas mismas conclusiones y de sus respectivas demostraciones; y si bien algunas de las conclusiones tienen diferente explicación, en realidad son igualmente verdaderas.

SAGREDO. Me sería muy grato verlas, y tú, cuando vuelvas a nuestras acostumbradas conferencias, me harás un gran favor si las traes contigo. Pero mientras tanto, siendo esta operación, de la resistencia de un sólido sacada de un prisma por medio de un corte parabólico, no menos bella y útil que muchas obras mecánicas, bueno sería para los artífices tener alguna regla fácil y expedita para poder señalar esa línea parabólica sobre el plano del prisma.

SALVIATI. Los modos de señalar tales líneas son muchos, pero sobre todos los demás hay dos muy expeditos que yo os puedo decir. Uno de ellos es verdaderamente maravilloso, porque con él, en menos tiempo del que otros emplearían para trazar sutilmente con el compás sobre un papel cuatro o seis círculos de diferente tamaño, puedo yo diseñar treinta o cuarenta líneas parabólicas, tan justas, finas y nítidas como las circunferencias de esos círculos. Tomo yo una bola de bronce perfectamente redonda, no más grande que una nuez; ésta, arrojada sobre un espejo de metal, que no esté horizontal, sino un poco inclinado, de modo que la bola durante su movimiento pueda rodar por encima, al oprimirlo ligeramente durante sus movimientos, deja una línea parabólica muy finamente y muy nitidamente descripta, y más larga y más estrecha según que la inclinación sea más o menos elevada. De donde se deduce también una clara y palpable experiencia, de que el movimiento de los proyectiles se hace por líneas parabólicas; efecto que nunca fue observado por nadie antes que por nuestro amigo, quien nos suministra también la demostración en su libro sobre el movimiento, que veremos juntos en la primera reunión. La bola, para describir las parábolas del modo dicho, necesita que frotándola un tanto con la mano, se la caliente un poco y se la humedezca, porque así dejará sus huellas más visibles sobre el espejo. El otro modo que buscamos, para diseñar la línea sobre el prisma, procede así. Fíjense dos clavos en lo alto de una pared, al mismo nivel (*equidistanti all'orizonte*) y distantes entre sí el doble de la longitud del rectángulo sobre el cual queremos trazar la semiparábola, y de estos dos clavos penda una cadenita delgada, y tan larga que su curva (*sacca*) se extienda tanto como la longitud del prisma. Esta cadenita se pliega en figura parabólica,[19] de modo que al ir nosotros siguiendo con un trazo sobre el muro la ruta que esa cadenita señala, tendremos descripta una parábola completa, la cual podrá ser dividida en partes iguales por un perpendículo, que penda del medio de aquellos dos clavos. Transferir después esta línea sobre las caras opuestas del prisma no ofrece dificultad ninguna, de modo que cualquier artífice mediocre lo sabría hacer. También se podría, con la ayuda de las líneas geométricas trazadas con el compás de nuestro amigo, sin otro artificio, ir punteando sobre la misma cara del prisma esa misma línea.

Hemos demostrado hasta aquí tantas conclusiones atinentes a la contemplación de esta resistencia de los sólidos a la fractura, al haber por primera vez abierto la puerta a tal ciencia sentando como conocida la resistencia por tracción, que desde ahora se podrá, en consecuencia, marchar adelante, encontrando más y más conclusiones y sus respectivas demostraciones, cuyo número en la naturaleza es infinito. Sólo por ahora como término final de los razonamientos del día, quiero añadir el estudio de las resistencias de los sólidos huecos, de los que se sirve en mil operaciones el arte, y más todavía la naturaleza, en los cuales, sin acrecentar el peso, se acrece grandemente la robustez, como se ve en los huesos de los pájaros y en muchísimas cañas, que son ligeras y muy resistentes a doblarse y romperse; porque si un tallo de paja, que sostiene una espiga más pesada que todo el tronco, fuese hecho con la misma cantidad de materia, pero fuera macizo, sería mucho menos resistente a doblarse y romperse. Y por tal razón el arte ha observado, y lo ha confirmado la experiencia, que una asta hueca, o una caña de madera o de metal, es mucho más resistente, que si fuese maciza con igual peso y con la misma longitud, la que en consecuencia debería ser mucho más delgada; y por ello, el arte encontró el modo de hacer vacías por adentro las lanzas, si se desea obtenerlas resistentes y ligeras. Demostraremos por consiguiente que:

Las resistencias de dos cilindros iguales e igualmente largos, uno de ellos hueco y otro macizo, tienen entre sí la misma proporción que sus respectivos diámetros.

Sean la caña o cilindro hueco AE y el cilindro IN macizo, iguales en peso y de igual longitud. Digo que la resistencia a la fractura de la caña AE tiene respecto a la resistencia del cilindro sólido IN la misma proporción que el diámetro AB al diámetro IL. Es manifiesto porque, siendo la caña y el cilindro IN iguales, y de igual longitud, el círculo IL, base del cilindro, será igual a la corona (*ciambella*) AB, base de la caña AE (llamo "corona" a la superficie que queda, después de haber quitado un círculo menor de su concéntrico mayor), y por ello sus respectivas resistencias absolutas serán iguales. Pero como, al romper de través, nos servimos, en el cilindro IN, de la longitud LN como palanca, y como apoyo del punto L, y del radio o diámetro LI por contrapalanca, y en la caña la parte de la palanca, o sea la línea BE, es igual a la LN, pero la contrapalanca más allá del apoyo B es el radio o diámetro AB, queda de manifiesto, que la resistencia de la caña supera a la del cilindro sólido según el exceso del diámetro AB sobre el diámetro IL: que es lo que se quería demostrar. Por consiguiente, la caña vacía gana en robustez, sobre la robustez del cilindro sólido, se-

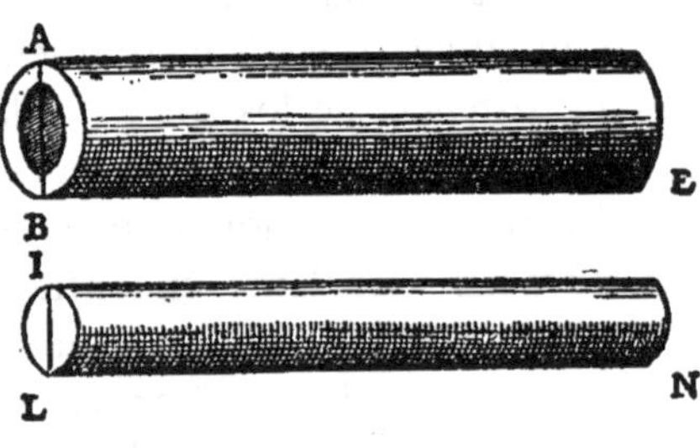

Fig. 38

gún la proporción de los diámetros, siempre, sin embargo, que ambas a dos sean de la misma materia, peso y longitud. Será conveniente, en consecuencia, que vayamos investigando lo que sucede en los otros casos indiferentemente entre todas las cañas y los cilindros sólidos de igual longitud, pero desiguales en cantidad de peso, y de mayor o menor hueco. Y en primer lugar demostraré que:

> *Dada una caña hueca, se puede encontrar un cilindro macizo igual a ella [en resistencia].*

Es muy fácil esa operación. Porque sea la línea AB el diámetro de la caña, y CD el diámetro del hueco; aplíquese en el círculo mayor la línea AE igual al diámetro CD, y únanse las EB. Como en el semicírculo AEB el ángulo E es recto, el círculo cuyo diámetro es AB, será igual a la suma de los dos círculos que tienen por diámetros las AE, EB; pero AE es el diámetro del hueco de la caña; por consiguiente, el círculo cuyo diámetro es EB, será igual a la corona ACBD; y por ello, el cilindro sólido, el círculo de cuya base tenga el diámetro EB, será igual a la caña, teniendo igual longitud. Demostrado esto, podemos fácilmente:

> *Encontrar qué proporción tienen las resistencias de una caña y de un cilindro, cualesquiera sean, con tal que sean igualmente largos.*

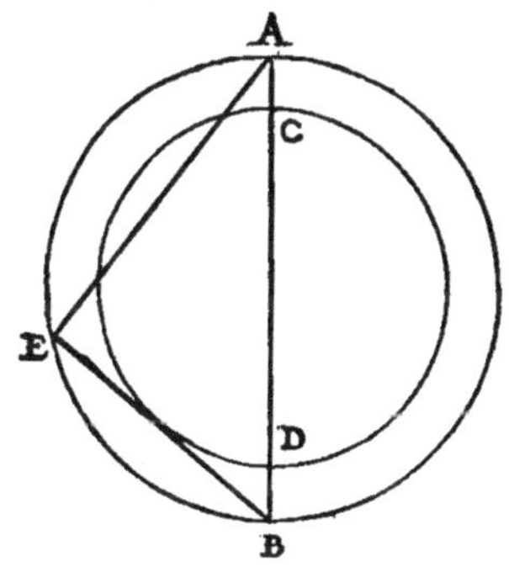

Fig. 39

Sea la caña ABE, y el cilindro RSM, de la misma longitud: es necesario encontrar qué proporción tienen entre sí sus respectivas resistencias. Hállese, por la proposición precedente, el cilindro ILN igual a la caña y de igual longitud, y sea la línea V cuarta proporcional entre las líneas IL, RS (diámetros de las

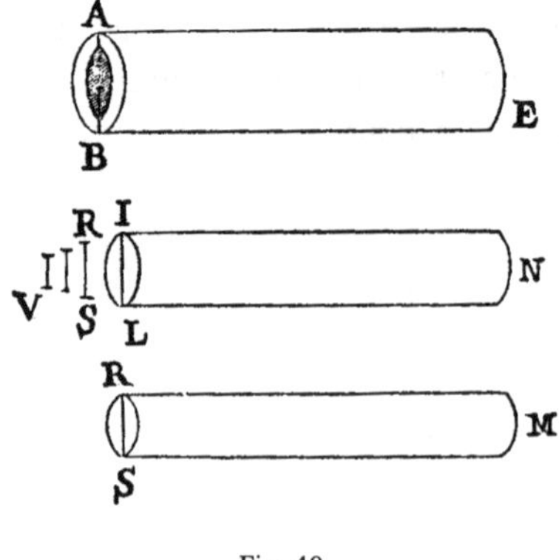

Fig. 40

bases de los cilindros IN, RM). Digo que la resistencia de la caña AE es a la del cilindro RM como la línea AB es a la V. Porque siendo la caña AE de igual volumen y longitud que el cilindro IN, la resistencia de la caña será a la resistencia del cilindro, como la línea AB es a la IL; pero la resistencia del cilindro IN es a la resistencia del cilindro RM, como el cubo de IL es al cubo de RS, o sea como la línea IL es a la V; por consiguiente, multiplicando (*ex aequali*), la resistencia de la caña, AE guarda respecto a la resistencia del cilindro RM la misma proporción que la línea AB a la línea V: que es lo que se quería demostrar.[20]

FIN DE LA JORNADA SEGUNDA

Notas de la Segunda Jornada

[1] $GE = \frac{1}{2} HE$; $EF = \frac{1}{2} EI$. Sumándolas:
$GE + EF = \frac{1}{2} (HE + EI)$; o sea: $GF = \frac{1}{2} HI = CI$.
Restando a ambos miembros CF:
$GF - CF = CI - CF$ o sea $GC = FI = FE$ (1)
Sumando ahora CE a ambos miembros:
$GC + CE = FE + CE$ o sea $GE = FC$ (2)

$$\text{De (1) y (2): } \frac{FC}{CG} = \frac{GE}{EF} = \frac{HE}{EI} = \frac{\text{prisma AE}}{\text{prisma DB}} \text{ ; c. d. d.}$$

[2] Aquí, y en lo que sigue, Galileo emplea el término "momento" con el significado actual de *intensidad*. Hecha la aclaración, utilizaremos al traducir a nuestra actual terminología, la última palabra, u otras equivalentes, salvo algunos casos en los cuales preferimos dejar la palabra latinizada *momentum, momenta*.

[3] Más brevemente, y sin introducir la siguiente X, la demostración de Galileo es:

$$\frac{F_B}{F_C} = \frac{FO}{OB} \text{ ; sumando 1 ; } \frac{F_B + F_C}{F_C} = \frac{P}{F_C} = \frac{FB}{OB}. \text{ Además:}$$

$$\frac{F_C}{F_G} = \frac{GN}{NC}$$

Multiplicando ordenadamente ambas proporciones y simplificando:

$$\frac{P}{F_G} = \frac{GN}{NC} \text{ x } \frac{FB}{OB} \text{ ; c.d.d.}$$

La demostración presupone que los puntos de aplicación de todas las fuerzas están en un mismo plano vertical.

[4] La expresión no es correcta: Galileo quiere significar que E aplicado en C origina en la base AB un "esfuerzo" en la relación dicha. No se trata pues del equilibrio de la palanca, en cuyo caso se obtendría la proporción inversa. Además la proposición es falsa: la relación de que se trata depende de la forma de la sección. Pero este error no afecta a las proposiciones siguientes.

[5] O sea:
$$H = \frac{DE^2}{AB} \; ; \; \frac{I}{H} = \frac{DE}{AB} \; ; \; I = \frac{DE^3}{AB^2} \; \frac{EF}{BC} = \frac{I}{S}$$

Pero, llamando "resistencia" el peso mínimo que aplicado al extremo de la barra produce la ruptura (despreciando el propio peso):

$$\frac{Res\ AC}{Res.\ DG} = \frac{AB^3}{DE^3} = \frac{AB}{I}. \ (1) \ \text{(proposición IV)}.$$

y:
$$\frac{Res.\ DG}{Res.\ DF} = \frac{FE}{EG} = \frac{I}{S}. \ (2) \ \text{(proposición I)}.$$

de donde, multiplicando ordenadamente:

$$\frac{Res.\ AC}{Res.\ DF} = \frac{AB}{S} = \frac{AB}{I} \times \frac{I}{S} = \frac{AB^3}{DE^3} \times \frac{EF}{BC}.$$

Obsérvese que la conclusión puede obtenerse inmediatamente de la (1) y (2), sin introducir los segmentos auxiliares I, H, S, en virtud de EG = BC.

[6] La terminología de este párrafo es confusa, y no coincide con la actual. Si una fuerza F está aplicada al extremo de un cilindro de longitud L y radio R, Galileo denomina aquí "momentum" (*momento, compuesto*) al producto:

$$M = F. \frac{L}{R}$$

y "fuerza de la palanca" a la relación L/R. Si se trata de cilindros (dispuestos como en la fig. 17) que se rompen por su propio peso P, debe ponerse F = P/2 (véase prop. I) :

$$M = \frac{P}{2} . \frac{L}{R} \; ;$$

Si dos cilindros son semejantes las "fuerzas de sus palancas" son iguales:

$$\frac{L}{R} = \frac{l}{r} \; ; \quad \text{luego:} \ \frac{M}{m} = \frac{P}{p} = \frac{D^3}{d^3}$$

siendo D y, d, los respectivos diámetros.

Por otra parte, las "resistencias de las bases" (a la tracción) están entre sí como los cuadrados de sus respectivos diámetros:

$$\frac{T}{t} = \frac{D^2}{d^2} \; ; \ \text{y de ambas resulta:}$$

$$\frac{M}{m}=\left(\frac{T}{t}\right)^{3/2} ; \text{c. d. d}$$

[7] Es decir: (1) $\dfrac{DE}{AC}=\dfrac{AC}{I}$ y $\dfrac{DE}{I}=\dfrac{FD}{BA}$

Multiplicando ordenadamente resultaría:

$$\frac{DE^2}{AC^2}=\frac{FD}{BA} \qquad (2)$$

y de ésta se obtiene FD, para construir el cilindro FE. La demostración de Galileo es muy larga y utiliza diversas magnitudes auxiliares; de ello se quejará inmediatamente Sagredo, y Salviati expondrá otra más breve. Pero actualmente se la puede deducir muy fácilmente de la proposición V.

Ella nos da para prismas del mismo material:

$$(3) \qquad Res = k_1 . \frac{D^3}{L}$$

siendo k_1 una constante que depende del material; D el diámetro y L la longitud. Si dicha resistencia es exactamente vencida por el propio peso, debe ponerse (véase prop. I):

$$Res. = \frac{P}{2} = k_2 . D^2 . L$$

siendo $Q_2 k_2$ proporcional al peso específico del cuerpo; y de ambas:

$$\frac{K^2}{K_1} . D^2 L = \frac{D^3}{L} \quad \therefore \quad D = KL^2$$

Los diámetros deben pues elegirse en la relación de los cuadrados de las longitudes, como expresa la (2).

Para comprender el texto de Galileo, téngase en cuenta que al decir: "sea I tercia proporcional entre DE y AC", significa la proporción continua (1); y luego cuando dice: "entre DE e I sea tercia proporcional la M, y cuarta proporcional la O", significa:

$$(4) \qquad \frac{DE}{I}=\frac{I}{M} \text{ y } \frac{DE}{I}=\frac{M}{O}$$

de los cuales resulta:

$$(5) \qquad O = M . \frac{I}{DE}=\frac{I^2}{DE} . \frac{I}{DE}=\frac{I^3}{DE^2}$$

Con estas aclaraciones, todas las proposiciones del texto son correctas.

[8] Por la proposición V.

[9] Galileo quiere demostrar que, dados AB, AC y DE se obtiene FD mediante las

dos sucesivas proporciones (1) de la nota 7, que conducen a la (2) de la misma nota. Pero debe advertirse lo siguiente: los "momentos" a que se refiere el enunciado no son los "momentos compuestos" de la proposición V; aquí significan

$$M = \frac{P}{2} L = K_2 \frac{D^2 L^2}{2}$$

siendo k_2 proporcional al peso específico. Por otra parte, las "resistencias de las bases" a que alude, son las resistencias a la rotura (por flexión) de cilindros de longitudes iguales pero diferentes bases (supuestos sin peso), que son proporcionales a los cubos de sus diámetros (nota 7, fórm. 3)

$$\text{Res. base} = k\, D^3 \; ;$$

y de ambas resulta:

$$\frac{M}{\text{Res. base}} = \frac{K_2}{2K_1} \frac{L^2}{D} = K \frac{L^2}{D}$$

Si para ambos cilindros debe ser común la relación del primer miembro, sus diámetros deben ser proporcionales a los cuadrados de sus longitudes, como expresa la (2) de la nota 7, que deseábamos demostrar.

La demostración de Galileo es más complicada, por la introducción de las magnitudes auxiliares I, M, O; pero puede seguirse fácilmente con las fórmulas (1), (3) y (4) de la nota 7, a saber:

$$\frac{M_{FE}}{M_{DG}} = \frac{ED^2}{FG^2} = \frac{DE}{I}$$

$$\frac{M_{DG}}{M_{AC}} = \frac{FD^2}{AB^2} = \frac{DE^2}{I^2} = \frac{I^2}{M^2} = \frac{I}{O}$$

Multiplicando ordenadamente:

$$\frac{M_{FE}}{M_{AC}} = \frac{DE}{O} = \frac{DE^3}{I^3} = \frac{FD^3}{AB^3} = \frac{\text{Res. FD}}{\text{Res. AB}} \; ; \text{ c.d.d.}$$

10 Aplicando el resultado anterior, si la longitud es triple, el diámetro (o las dimensiones transversales) debe ser nueve veces mayor.

11 Es decir, si p, es el peso del cilindro AC, la solución de Galileo es:

$$\frac{p}{p + 2D} = \frac{CA}{AH} \; , \text{ siendo: } \frac{CA}{AG} = \frac{AG}{AH} \; ; \text{ de donde:}$$

$$AG^2 = CA \cdot AH = \frac{p+2D}{p} \cdot CA^2$$

Y en efecto: el momento de las fuerzas que actúan en AC es:

$$M = \left(D + \frac{P}{2} \right) . AC.$$

Si P es el pesa del cilindro AG, deberá ser:

$$M = \frac{P}{2} . AG \quad \therefore \quad \left(D + \frac{P}{2} \right) . AC = \frac{3}{2} \times AG.$$

Pero, por ser: $P = p . \dfrac{AG}{AC}$, resulta efectivamente la (1).

12 Es:
$$\frac{A + B}{E + F} = \frac{A + B}{B} . \frac{B}{F} . \frac{F}{F + E}$$

Pero:
$$\frac{A + B}{B} = \frac{BA}{AC}, \quad \frac{B}{F} = \frac{DB}{BC}, \quad \frac{F}{F + E} = \frac{DA}{AB};$$

de donde:
$$\frac{A + B}{E + F} = \frac{BA}{AC} . \frac{DB}{BC} . \frac{DA}{AB} =$$

$$\frac{DB . DA}{BC . AC} = \frac{Rect. \ ADB}{Rect. \ ACB}; \text{ c. d. d.}$$

13 Sean $P > p$, los pesos de que se trata. Se toma:

$$\frac{P}{p} = \frac{E}{F}, \frac{E}{G} = \frac{G}{F} = \frac{AD}{S}; \ AH = S, \quad RD = HD.$$

Será: $AD^2 = NR^2 + RD^2 = AH^2 + HD^2 = AH^2 + RD^2.$
Por tanto: $AH^2 = NR^2 = AR . RB$ (en el triángulo ANB).
O sea: $S^2 = AR . RB.$

Pero:
$$\frac{S^2}{AD^2} = \frac{F}{E}; \ \text{luego:} \ \frac{AR. \ RB}{AD^2} = \frac{F}{E} = \frac{p}{P}; \text{ c.d.d.}$$

El problema equivale al siguiente: *Construir un rectángulo de semiperímetro* AB *y área dada* $AD^2 \dfrac{P}{P}$ Algebraicamente, siendo DR = x, AD = l, conduce a la ecuación:

$$(l + x) (l - x) = l^2 . \frac{P}{P}; \text{ de donde}$$

$$x = l \sqrt{l - \frac{P}{P}}, \text{ que coincide con la solución de Galileo.}$$

14 Por la proposición I, la resistencia (T) a la rotura por tracción, es a la resistencia *(Res.)* por flexión, como la longitud es a la mitad (o a otra fracción *f*) de la altura. Es decir, para nuestros dos sólidos:

(1) $$\frac{T}{\text{Res.}} = \frac{AB}{AF/f} \,(1) \,;\, \frac{t}{\text{res.}} = \frac{CB}{CN/f}$$ (2)

Los segundos miembros son iguales, por la semejanza de los triángulos; luego:

$$\frac{\text{res.}}{\text{Res.}} = \frac{t}{T} = \frac{CN}{AF} = \frac{CB}{AB} \,;\, \text{c.d.d.}$$

15 Por hipótesis es: $$\frac{EB}{FD} = \frac{EA^2}{FC^2} \quad y \quad \frac{A}{C} = \frac{AE}{CF}$$

indicando las fuerzas con la misma letra de sus puntos de aplicación. Además:

$$\frac{B}{A} = \frac{EA}{EB} \,,\, \frac{D}{C} = \frac{FC}{FD} \quad \text{de donde, dividiendo:}$$

$$\frac{B}{D} = \frac{A}{C} \cdot \frac{EA}{FC} \cdot \frac{FD}{EB} = \frac{EA^2}{FC^2} \cdot \frac{FD}{EB} = \frac{EB}{FD} \cdot \frac{FD}{EB} = 1 \,;$$

y por lo tanto: $B = D$; c. d. d.

16 Con las notaciones de la nota 14 se tienen las proporciones (1) y (2) de la misma, de las cuales, dividiendo la primera por la segunda:

$$\frac{\text{res.}}{\text{Res}} = \frac{t}{T} \cdot \frac{CN}{AF} \cdot \frac{AB}{CB} = \frac{CN^2}{AF^2} \cdot \frac{AB}{CB} \,.$$

Pero en la parábola FNB:

$$\frac{CN^2}{AF^2} = \frac{CB}{AB} \,;\, \text{substituyendo resulta: res.} = \text{Res.; c.d.d.}$$

17 Sea la primera serie de segmentos:
$$a, 2a, 3a, \ldots \ldots na;$$
y en la segunda todos son iguales a na.

El lema atribuido a Arquímedes es, pues:

$$3\,[1^2 + 2^2 + .. + (n-1)^2 + n^2]\,a^2 > n \cdot n^2 a^2 >$$
$$> 3\,[1^2 + 2^2 + (n-1)^2]a^2$$

en cuyos tres miembros podemos suprimir el factor a^2.

Su demostración resulta de las siguientes identidades:
$$1^3 = 1$$
$$2^3 = (1+1)^3 = 1^3 + 3 \cdot 1^2 + 3 \cdot 1 + 1$$
$$3^3 = (2+1)^3 = 2^3 + 3 \cdot 2^2 + 3 \cdot 2 + 1$$
$$4^3 = (3+1)^3 = 3^3 + 3 \cdot 3^2 + 3 \cdot 3 + 1$$
$$\cdot \cdot \cdot \cdot \cdot \cdot \cdot \cdot \cdot \cdot \cdot \cdot \cdot \cdot \cdot \cdot \cdot \cdot$$
$$n^3 = [(n-1)+1]^3 = (n-1)^3 + 3\,(n-1)^2 + 3\,(n-1) + 1$$

Sumando ordenadamente y reduciendo:

$$(1) \qquad n^3 = 3 [1^2 + 2^2 + \ldots + (n-1)^2] +$$
$$+ 3 [1 + 2 + \ldots + (n-1)] + n \cdot 1$$

La segunda parte del lema está ya demostrada, pues la suma s de los dos últimos términos es positiva. En cuanto a la primera, nos basta demostrar que es $s < 3n^2$, y en efecto:

$$s = 3 [1 + 2 + \ldots + (n-1)] + n = 3 \frac{n(n-1)}{2} + n =$$

$$= 3 n^2 - \frac{n}{2} (3n + 1) < 3n^2 \; ; \text{c.d.d.}$$

Por otra parte, reemplazando en la (1) el valor de s y trasponiendo se obtiene la conocida identidad:

$$1^2 + 2^2 + \ldots + (n-1)^2 = \frac{(n-1)n(2n-1)}{6}$$

[18] Poniendo: $AK = h = \dfrac{AP}{n}$ y $ZA = GK - b,$

será, por la propiedad de la parábola:

$$\frac{EL}{GK} = \frac{AL^2}{KA^2} = \frac{(2h)^2}{h^2} = 2^2 \; ; EL = 2^2 \cdot b.$$

Tendremos análogamente:
$$FM = 3^2 \cdot b, \; HN = 4^2 \cdot b \; ; \ldots, \; BP = n^2 \cdot b$$

El área del triángulo parabólico BAP está comprendida entre las dos siguientes, donde nombramos cada rectángulo por su diagonal:
$$S = AG + KE + LF + \ldots + OB = hb [1^2 + 2^2 + \ldots + n^2]$$
$$s = KQ + LR + \ldots + OV = hb [1^2 + 2^2 + \ldots + (n-1)^2) ,$$
entre las cuales, por el lema de Arquímedes, está también comprendida el área:

$$\frac{hbn^3}{3} = \frac{nh \cdot n^2 b}{3} = \frac{AP \cdot PB}{3} = \frac{1}{3} ACBP.$$

Por tanto, la diferencia $| ABP - ACBP/3 |$ es menor que S–s; o sea:

$$d = | ABP - \frac{1}{3} ACBP | < hbn^2 = \textit{área } BO = \frac{1}{n} ACPB,$$

Para demostrar que es $d = 0$, razona Galileo en la siguiente forma: Si no fuera así, sea $d = X$; pero eligiendo n suficientemente grande será $\frac{1}{n} ACBP < X$, y entonces de la anterior resultaría $d < X$, en contra del supuesto $d = X$. La hipótesis de que d no es nula conduce, pues, a contradicción; luego es $d = 0$, y por tanto:

$$ABP = \frac{1}{3} ACBP \; ; \text{c.d.d.}$$

[19] Esto es erróneo: la curva de equilibrio de la cadenita, denominada "catenaria", *no* es una parábola.

[20] Se toma (véase nota 7, fórm. 4 y 5)

$$V = \frac{RS^3}{IL^2} \; ; \text{ o sea} : \frac{V}{IL} = \frac{RS^3}{IL^3}. \text{ Pero se tiene además:}$$

$$\frac{\text{Res. AE}}{\text{Res. IN}} = \frac{AB}{IL} \ (1) \; ; \text{ y } \frac{\text{Res. IN}}{\text{Res. RM}} = \frac{IL^3}{RS^3} = \frac{IL}{V} \qquad (2)$$

$$\text{Multiplicando:} \quad \frac{\text{Res. AE}}{\text{Res. RM}} = \frac{AB}{V} \; ; \text{ c.d.d.}$$

Pero la proposición es falsa, porque para obtener la (1) se aplica la proposición I a dos secciones que no son semejantes (véase nota 4).

Jornada tercera

En torno de
los movimientos locales

Interlocutores:
SALVIATI, SAGREDO, SIMPLICIO

Vamos a instituir una ciencia nueva sobre un tema muy antiguo. Tal vez no haya, en la naturaleza, nada más antiguo que el movimiento; y acerca de él son numerosos y extensos los volúmenes escritos por los sabios (*philosophis*). Sin embargo, entre sus propiedades (*symptomatum*), que son muchas y dignas de saberse, encuentro yo no pocas que no han sido observadas ni demostradas hasta ahora. Se ha fijado la atención en algunas que son de poca importancia, como por ejemplo, que el movimiento natural [libre] de los graves en descenso se acelera continuamente; sin embargo, no se ha hallado hasta ahora en qué proporción se lleve a cabo esta aceleración; pues nadie, que yo sepa, ha demostrado que los espacios, que un móvil en caída y a partir del reposo recorre en tiempos iguales, retienen entre sí la misma razón que tiene la sucesión de los números impares a partir de la unidad. Se ha observado que las armas arrojadizas o proyectiles describen una línea en cierto modo curva; sin embargo, nadie notó que esa curva era una parábola. Yo demostraré que esto es así, y también otras cosas muy dignas de saberse; y, lo que es de mayor importancia, dejaré expeditos la puerta y el acceso hacia una vastísima y prestantísima ciencia, cuyos fundamentos serán estas mismas investigaciones, y en la cual, ingenios más agudos que el mío, podrán alcanzar mayores profundidades.

Dividiremos este tratado en tres partes: en la primera parte consideraremos lo referente al movimiento constante (*aequabi-*

lem)* o uniforme; la segunda versará sobre el movimiento naturalmente acelerado; en la tercera se tratará del movimiento violento o sea de los proyectiles.

Del movimiento uniforme

Acerca del movimiento uniforme tenemos necesidad de una sola definición, que yo enunciaré del modo siguiente:

DEFINICIÓN

Entiendo por *movimiento uniforme* aquel cuyos espacios, recorridos por un móvil en cualesquiera (*quibuscunque*) tiempos iguales, son entre sí iguales.

ADVERTENCIA

Me ha parecido bien añadir a la antigua definición (que llama simplemente movimiento uniforme, a aquel en que espacios iguales son recorridos en tiempos iguales) el vocablo *"quib uscunque"*, o sea en tiempos cualesquiera iguales; porque puede suceder que el móvil recorra espacios iguales durante tiempos iguales, y que sin embargo no sean iguales los espacios recorridos durante algunas fracciones más pequeñas, aunque entre sí iguales, de esos mismos tiempos. De la definición precedente dependen cuatro axiomas, a saber:

---

* Galileo usa indistintamente los vocablos "aequabilis" (ecuable) y "uniformis" (uniforme) para designar el movimiento uniforme. A veces, como sucede en esta ocasión, usa los dos juntos: "aequabilis seu uniformis". En tales casos los traduciremos simplemente por uniforme. *(N. del T.)*

AXIOMA I

Tratándose de un mismo movimiento, uniforme, el espacio recorri-
do durante un tiempo más largo, es mayor que el espacio recorrido du-
rante un tiempo más breve.

AXIOMA II

Tratándose de un mismo movimiento uniforme, el tiempo, en que
un espacio mayor es recorrido, es más largo que el tiempo en que es re-
corrido un espacio menor.

AXIOMA III

Un espacio recorrido con mayor velocidad durante un mismo
tiempo, es mayor que el espacio recorrido con menor velocidad.

AXIOMA IV

La velocidad con que, durante un mismo tiempo, es recorrido un
espacio mayor, es mayor que la velocidad con que es recorrido un espa-
cio menor.

TEOREMA I — PROPOSICIÓN I

Si un móvil, que marcha con movimiento uniforme y con ve-
locidad constante, recorre dos espacios, los tiempos de los tra-
yectos son entre sí como los espacios recorridos.[1]

Sea un móvil que marche con movimiento uniforme y que
recorra con velocidad constante los dos espacios AB, BC; y sea
DE el tiempo del movimiento por AB; y el tiempo del movimiento por BC sea EF. Digo, que el espacio AB es al espacio
BC, como el tiempo DE es al tiempo EF. Extiéndanse en am-

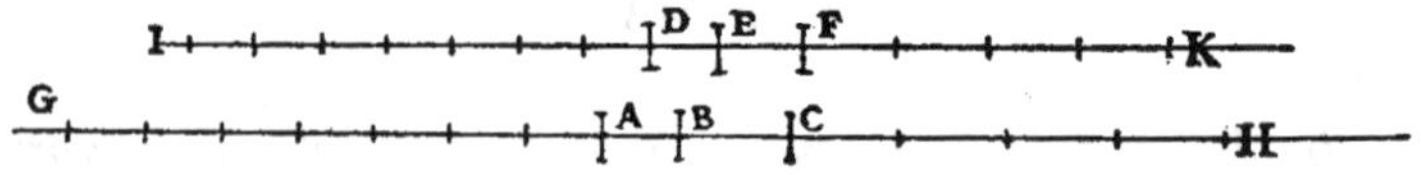

Fig. 41

bas direcciones los espacios y los tiempos hacia G, H e I, K, respectivamente; en AG tómese un número cualquiera de espacios iguales al mismo AB, y de modo semejante en DI un número igual de tiempos iguales al tiempo DE; en CH tómese también un número cualquiera de espacios iguales al mismo CB, y en FK un número idéntico de tiempos iguales al tiempo EF: en tal caso, el espacio BG y el tiempo EI serán múltiplos iguales (*aeque*) del espacio BA y del tiempo ED, tomados según factores cualesquiera, y del mismo modo el espacio HB y el espacio KE serán por igual múltiplos, en una multiplicación cualquiera, del espacio CB y del tiempo FE. Y como DE es el tiempo del recorrido por AB, toda la EI será el tiempo de toda la BG, dado que el movimiento se supone ser uniforme, y hay en EI tantos tiempos iguales al DE, como espacios iguales al BA hay en BG; de modo semejante se concluye que KE es el tiempo de traslación por HB. Y dado que se supone ser uniforme el movimiento, si el espacio GB fuera igual al BH, también el tiempo IE sería igual al tiempo EK; y si GB es mayor que BH, también IE será mayor que EK; y si es menor, menor. Hay, por consiguiente, cuatro cantidades, AB la primera, BC la segunda, DE la tercera, EF la cuarta; y de la primera y de la tercera, es decir del espacio AB y del tiempo DE, se han tomado como múltiplos iguales, según una multiplicación cualquiera, el tiempo IE y el espacio GB; y se ha demostrado que éstos o son a la vez (*una*) iguales, o a la vez menores o a la vez mayores que el tiempo EK y que el espacio BH, que son por igual múltiplos de la segunda y de la cuarta: luego la primera respecto a la segunda, es decir el espacio AB respecto al espacio BC, tiene la misma razón que la tercera y la cuarta, es decir el tiempo DE respecto al tiempo EF: que es lo que se quería demostrar.

[216]

Teorema II. – Proposición II

Si un móvil recorre dos espacios en tiempos iguales, esos espacios serán entre sí como las velocidades. Y si los espacios son como las velocidades, los tiempos serán iguales.[2]

Tornando, pues, a la figura anterior, sean dos espacios AB, BC, recorridos en tiempos iguales; pero el espacio AB con la velocidad DE, y el espacio BC con la velocidad EF. Digo que el espacio AB es al espacio BC, como la velocidad DE es a la velocidad DF. Tomados, pues, de una y otra parte, como se hizo antes, equimúltiplos para factores cualesquiera, tanto de los espacios como de las velocidades; es decir GB e IE de los AB y DE, e igualmente HB, KE de los BC, EF, se deducirá, del mismo modo que antes, que los múltiplos GB, IE o son a la vez mayores, o iguales, o menores, que los múltiplos por igual BH, EK. Por consiguiente, queda demostrado lo que pretendíamos.

Teorema III – Proposición III

Los tiempos de dos móviles que recorren un mismo espacio con velocidades desiguales, están en razón inversa con las velocidades.

Sean las velocidades desiguales, A la mayor, B la menor. Y según una y otra efectúese el movimiento por el mismo espacio CD. Digo, que el tiempo en que un móvil a la velocidad A recorre el espacio CD, es al tiempo en que a la velocidad B recorre el mismo espacio, como la velocidad B es a la velocidad A. Sea CD a CE como A es a B; será, pues, de acuerdo a lo que pre-

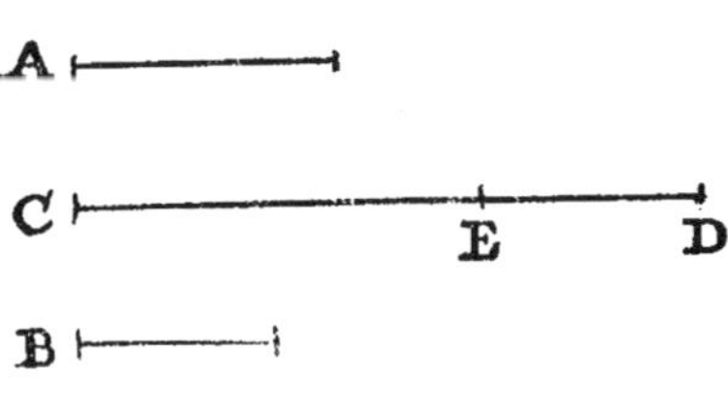

Fig. 42

cede, el tiempo, con que la velocidad A cumple CD, igual al tiempo con que la velocidad B cumple CE. Pero el tiempo con que a la velocidad B cumple CE, es al tiempo con que a la misma cumple CD, como CE es a CD; por consiguiente, el tiempo con que a la velocidad A recorre CD, es al tiempo con que a la velocidad B recorre el mismo CD, como CE es a CD, esto es, como la velocidad B es a la velocidad A: que era lo intentado.

Teorema IV – Proposición IV

Si dos móviles marchan con movimiento uniforme, pero con velocidades desiguales, los espacios recorridos por los mismos en tiempos desiguales tendrán una razón compuesta de la razón de las velocidades y de la razón de los tiempos.

Sean los móviles E, F que se mueven con movimiento uniforme, y la razón que tiene la velocidad del móvil E a la velocidad del móvil F, sea como A es a B; pero la razón entre el tiempo con que se mueve E, y el tiempo con que se mueve F, sea como C es a D. Digo, que el espacio recorrido por E con velocidad A en tiempo C, respecto al espacio recorrido por F con velocidad B en tiempo D, tiene la razón compuesta de la razón de la velocidad A a la velocidad B, y de la razón del tiempo C al tiempo D. Sea G el espacio recorrido por E con velocidad A en tiempo C; y sea G a I como la velocidad A es a la velocidad B: además, sea I a L como el tiempo C al tiempo D. Se infiere que I es el espacio por el que se mueve F durante el mismo tiempo en que E se mueve por G, dado que los espacios G, I son entre sí como las velocidades A, B. Y siendo I a L como el tiempo C es al tiempo D; al ser además, I el espacio recorrido por el móvil F en el

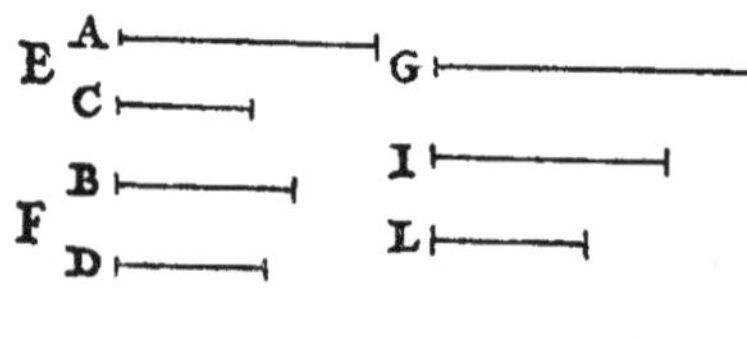

Fig. 43

tiempo C; será L el espacio recorrido por F en el tiempo D con velocidad B. Pero la razón de G a L se compone de las razones de G a I y de I a L, esto es de la razón de la velocidad A a la velocidad B, y de la del tiempo C al tiempo D: luego queda de manifiesto lo propuesto.

TEOREMA V. – PROPOSICIÓN V

Si dos móviles marchan con movimiento uniforme, pero son desiguales las velocidades y desiguales los espacios recorridos, la razón de los tiempos será igual a la razón de los espacios por la razón inversa de las velocidades.

Sean dos móviles A, B, y sea la velocidad de A a la velocidad de B como V a T; y los espacios recorridos sean como S a R. Digo, que la razón que hay entre el tiempo con que se ha

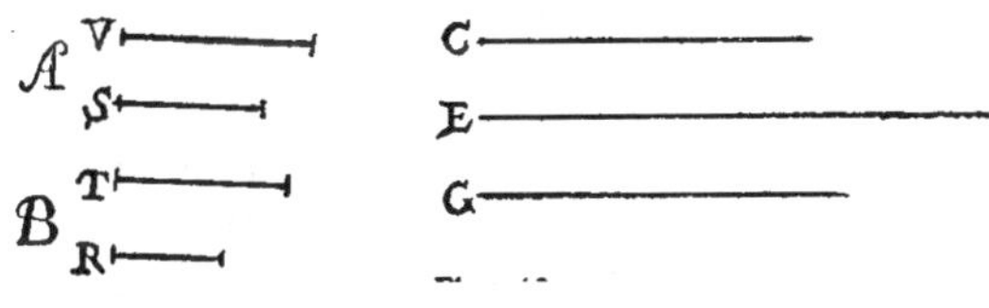

Fig. 44

movido A y el tiempo con que se ha movido B, es la razón compuesta de la velocidad T a, la velocidad V, y de la razón del espacio S al espacio R. Sea C el tiempo del movimiento A, y sea el tiempo C al tiempo E como la velocidad T es a la velocidad V; y al ser C el tiempo en que A con velocidad V recorre el espacio S, y siendo el tiempo C al tiempo E como la velocidad T del móvil B es a la velocidad V, será el tiempo E aquel en que el móvil B recorrería el mismo espacio S. Sea, ahora, el tiempo E al tiempo G como el espacio S es al espacio R: se deduce, que G es el tiempo en que B recorrería el espacio R. Y como la razón de C a G se compone de las razones de C a E y de E a G; y como la razón de C a E es idéntica con la razón de las velocidades de los móviles A, B tomadas inversa-

mente, esto es con la razón de T a V; y como la razón de E a
G es la misma que la razón de los espacios S, R; queda de manifiesto lo que nos proponíamos.

TEOREMA VI – PROPOSICIÓN VI

*Si dos móviles marchan con movimiento uniforme, la razón
de sus velocidades será igual a la razón compuesta de la razón
de los espacios recorridos y de la razón de los tiempos tomados
inversamente.*

Sean los móviles A, B, que marchan con movimiento uniforme; y estén los espacios recorridos por ellos en la razón de
V a T, y los tiempos estén como S a R. Digo, que la velocidad
del móvil A respecto a la velocidad del B, tiene una razón compuesta de la razón del espacio V al espacio T, y del tiempo R al
tiempo S. Sea la velocidad C aquella con que el móvil A recorre el espacio V en el tiempo S, y la velocidad C tenga respecto a E la misma razón que tiene el espacio V al espacio T; será
E la velocidad con que el móvil E recorre el espacio T en el
mismo tiempo S. Ahora bien, si la velocidad E es a la velocidad G como el tiempo R al tiempo S, será la velocidad G aquella con la cual el móvil B recorre el espacio T en el tiempo R.

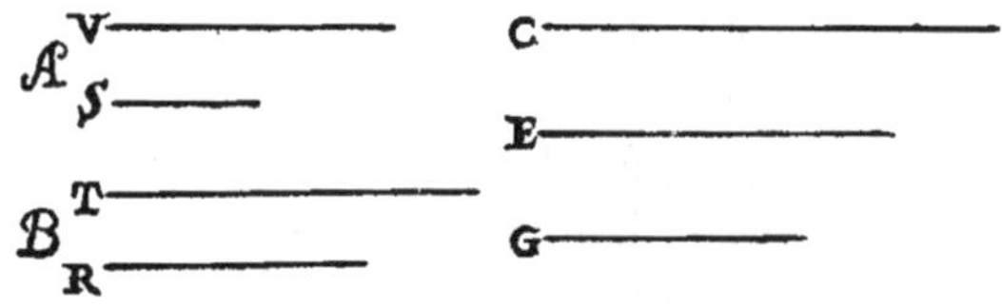

Fig. 45

Por consiguiente, tenemos la velocidad C, con la que el móvil
A recorre el espacio V en el tiempo S, y la velocidad G, con la
que el móvil B recorre el espacio T en el tiempo R; y la razón
de C a G está compuesta de las razones de C a E y de E a G;
y la razón de C a E es la misma que la del espacio V al espacio

T; y la razón de E a G es idéntica con la razón de R a S: por consiguiente, queda de manifiesto lo propuesto.

SALVIATI. Esto que hemos visto, es cuanto escribió nuestro Autor acerca del movimiento uniforme. Pasaremos, pues, a una nueva y más sutil disquisición acerca del movimiento naturalmente acelerado, al que por lo general están sometidos los móviles graves en descenso: he aquí el título y la introducción.

Del movimiento naturalmente acelerado

Las propiedades que se dan en el movimiento uniforme, han sido consideradas en la sección precedente. Ahora, vamos a tratar del movimiento acelerado.

Y en primer lugar, es conveniente averiguar y explicar la definición más apropiada al movimiento que se da en la naturaleza. Aunque no sea improcedente inventar a capricho alguna clase de movimiento y estudiar sus propiedades consiguientes (*consequentes*) (tal es el caso de aquellos que imaginaron las líneas hélices y concoides, originadas por ciertos movimientos, aunque nunca se valga de ellos la naturaleza, y demostraron laudablemente sus propiedades a partir de la hipótesis); sin embargo, ya que la naturaleza usa de cierta especie de aceleración en los graves que descienden, hemos resuelto escudriñar sus cualidades, si es que aconteciere que la definición que vamos a dar de nuestro movimiento acelerado, estuviera de acuerdo con la esencia del movimiento naturalmente acelerado. Lo que creemos, por fin, haber conseguido, después de constantes meditaciones. Nuestro aserto se funda principalmente en el hecho de que aquello, que los experimentos naturales ofrecen a nuestros sentidos, parece corresponder completamente y estar de acuerdo con las propiedades demostradas luego por nosotros. En último término, a la investigación del movimiento naturalmente acelerado, nos llevó como de la mano la observación de la costumbre y modo de proceder de la naturaleza misma en todas sus restantes obras, en cuya realización suele valerse de los medios más apropiados, simplícimos y en extremo fáciles. Pues creo que nadie habrá que piense que la natación o el vuelo puedan efectuarse de un modo más fácil que aquel con que lo hacen por instinto natural los peces y las aves.

Porque cuando yo observo que una piedra al descender de una altura, partiendo del reposo, adquiere continuamente nuevos incrementos de velocidad, ¿por qué no he de creer que tales aditamentos se efectúan según el modo más simple y más obvio para todos? Porque, si observamos con atención, ningún aditamento, ningún incremento hallaremos más simple que aquel que se sobreañade siempre del mismo modo. Lo veremos fácilmente si paramos mientes en la gran afinidad que hay entre el tiempo y el movimiento. Porque así como la uniformidad del movimiento se define y se concibe por medio de la uniformidad de los tiempos y de los espacios (pues al movimiento le llamamos uniforme, cuando espacios iguales son recorridos en tiempos iguales), así también, por medio de la igualdad, de los intervalos del tiempo, podemos concebir los incrementos de la velocidad simplemente agregados; entendiendo que ese movimiento es acelerado uniformemente y del mismo modo continuamente, siempre que en cualesquiera tiempos iguales se le vayan sobreañadiendo aditamentos iguales de velocidad. De modo que si, tomado un número cualquiera de intervalos iguales de tiempo, a contar desde el primer instante en que el móvil abandona el reposo y comienza el descenso, la velocidad, adquirida durante el primero más el segundo intervalo de tiempo, es doble de aquella que el móvil adquirió durante el primer intervalo solo; la velocidad que adquiere durante tres intervalos de tiempo, es triple; y la que adquiere en cuatro, cuádruple de la velocidad del primer tiempo. De modo que (para más clara comprensión), si el móvil continuara su movimiento uniformemente con la velocidad adquirida en el primer intervalo de tiempo,[3] este movimiento sería dos veces más tardo que aquel que hubiera alcanzado con la velocidad adquirida en dos intervalos de tiempo. Y así, no parece repugnar a la recta razón el admitir que el incremento de la velocidad se efectúa según la extensión del tiempo; de donde, la definición del movimiento que vamos a tratar, puede ser la siguiente: Llamo movimiento igualmente o *uniformemente acelerado* aquel que, a partir del reposo, va adquiriendo incrementos iguales de velocidad durante intervalos iguales de tiempo.

SAGREDO. Así como yo, sin gran fundamento, me opondría a una o a otra de las definiciones dadas por cualquier autor, puesto que todas son arbitrarias, así también puedo sin ofensa dudar de si esta definición, concebida y admitida en abstracto, se adapta, conviene, y se verifica, en aquella clase de movimiento acelerado, que realizan los graves al descender naturalmente. Y como parece que el Autor asegura que el movimiento natural de los graves es tal cual él lo ha definido, me gustaría aclarar algunas dudas que me perturban la mente, a fin de que con mayor atención pueda seguir las proposiciones subsiguientes, y sus respectivas demostraciones.

SALVIATI. Bien está que tú y Simplicio vayáis proponiendo vuestras dificultades; que me imagino que habrán de ser las mismas que se me ocurrieron también a mí, cuando por primera vez vi este tratado. El mismo Autor me las aclaró, con la prosecución de sus razonamientos, y algunas de ellas las resolví también yo, discurriendo por mí mismo.

SAGREDO. Cuando yo pienso que un móvil grave en descenso abandona el reposo, o sea la carencia de toda velocidad, y entra en movimiento, y que va durante éste adquiriendo velocidad en la proporción en que crece el tiempo del primer instante del movimiento, y veo que ha adquirido, por ejemplo, en ocho pulsaciones, ocho grados de velocidad, de la que durante la cuarta pulsación no había adquirido sino cuatro, en la segunda dos, y en la primera, uno; como el tiempo es subdivisible hasta lo infinito, se sigue que, al ir disminuyendo siempre, en tal razón, la velocidad que precede [en el tiempo], no hay ningún grado de velocidad tan pequeño, o si se quiere ningún retardo tan grande, por el que no haya pasado el mismo móvil después de su partida desde el infinito retardo, o sea desde el reposo. De tal modo que, si aquel grado de velocidad que él tuvo a las cuatro pulsaciones de tiempo, era tal que, de haberla mantenido constante, hubiera recorrido dos millas en una hora, y con el grado de velocidad que tuvo en la segunda pulsación hubiera hecho una milla por hora, es necesario decir que en los instantes de tiempo cada vez más próximos al primero de su partida desde el reposo hubiera sido tan tardo, que no habría recorrido (de continuar moviéndose con tan lenta velocidad) una milla en una hora, ni en un día, ni en un año, ni en mil; ni habría recorrido tampoco un solo palmo en mucho más tiempo; condición a la que me parece que la imaginación se acomoda con mucha dificultad, puesto que los sentidos nos muestran que un grave en descenso adquiere rápidamente gran velocidad.

SALVIATI. Dificultad es ésta, que al principio también a mí me dio bastante que pensar, pero que sin mayor tardanza pude resolver; y el resolverla fue efecto del mismo experimento que al presente la suscita en ti. Tú dices parecerte que la experiencia muestra que, apenas el grave ha abandonado el reposo, adquiere una velocidad notable; y yo digo que esta misma experiencia pone en claro que los primeros impulsos del grave en caída, aunque sea pesadísimo, son muy lentos y muy tardos. Posa tú un cuerpo sobre materia blanda, dejándolo hasta que oprima cuanto le sea posible con su simple y sola gravedad; es evidente que levantándolo un codo o dos, y dejándolo caer después sobre la misma materia, hará con el choque, una nueva presión mayor que la primera, hecha con el solo peso; el efecto estará ocasionado por el móvil que cae, al caer junto con la velocidad adquirida en la caída; efecto que será cada vez más grande, a medida que la altura de donde procede el choque sea mayor, o sea a medida que la velocidad del cuerpo que choca sea más grande. Por consiguiente, nosotros podemos, sin error, deducir de la calidad y cantidad del choque, la cantidad de velocidad de un grave en caída. Pero decidme, amigos: el mazo que dejado caer sobre una estaca, desde una altura de cuatro codos, la hinca en tierra, digamos cuatro dedos, si viniera de una altura de dos codos la clavaría mucho menos, y menos todavía si viniera de la altura de un codo, y menos todavía si viniera de la altura de un palmo; y finalmente, levantándolo un solo dedo, ¿qué más hará que sí, sin percusión, lo hubiésemos hecho descansar sobre ella? Ciertamente muy poco más. Y sería operación del todo imperceptible, si lo elevásemos tan sólo el grueso de una hoja. Y dado que el efecto de la percusión depende de la velocidad del mismo percuciente, ¿quién podrá dudar de que es muy lento el movimiento, y más que insignificante la velocidad, cuando su efecto es imperceptible? Ved ahora cuán grande es la fuerza de la verdad, que mientras la misma experiencia parecía a primera vista, demostrarnos una cosa, al ser mejor considerada, nos cerciora de lo contrario.

Pero sin reducirnos a tal experimento (que es sin duda muy concluyente), paréceme que no es difícil, con el solo razonamiento, penetrar en tal verdad. Supongamos una piedra pesada, sostenida en reposo en el aire; si libre del sostén, se deja en libertad, por ser más grave que el aire, va descendiendo hacia el suelo, no con movimiento uniforme, sino lento al principio y continuamente acelerado después. Dado que la velocidad puede ser aumentada y disminuida sin límite, ¿qué razón podrá persuadirme de que un tal móvil, al partir de una lentitud infinita (que no otra cosa es el reposo), entra inmediatamente en una velocidad de diez grados más bien que en una de cuatro, o en ésta con preferencia a una de dos, de uno, de medio o de un centésimo, o en suma, en todas las menores hasta lo infinito? Tened a bien oírme. Yo no creo que tengáis inconveniente en concederme, que la adquisición de los grados de velocidad de una piedra en caída desde el estado de reposo, pueda hacerse en el mismo orden que la disminución o pérdida de esos mismos grados, si una fuerza impelente la lanzara hacía arriba hasta una altura idéntica; pero aun cuando esto sucediese, no creo que se pueda dudar que, al ir disminuyendo la velocidad de la piedra ascendente, hasta extinguirse toda, dicha piedra no puede llegar al estado de reposo, sin antes haber pasado por todos los grados de lentitud.

SIMPLICIO. Pero si los grados de lentitud cada vez mayor son infinitos, jamás llegarán a consumirse todos; por consiguiente, tal grave ascendente jamás se reducirá al reposo, sino que se moverá infinitamente, retardándose siempre; cosa que no parece suceder.

SALVIATI. Sucedería esto, Simplicio, si el móvil fuese manteniéndose durante cada intervalo de tiempo en cada uno de los grados [de velocidad]; pero él pasa solamente, sin detenerse más de un instante; y como en cada intervalo de tiempo, por pequeño que sea, hay infinitos instantes, por ello son bastantes para corresponder a los infinitos grados de la velocidad disminuida. Que tal grave ascendente no permanezca por ningún tiempo finito en un mismo grado de velocidad, se hace manifiesto así: porque si, determinado un tiempo finito, nos halláramos con que el móvil tiene, tanto en el primer instante de tal tiempo como en el último, un mismo grado de velocidad, podría desde este segundo grado ser igualmente impulsado hacia arriba en un espacio igual, así como desde el primero pasó al segundo, y por la misma razón pasaría del segundo al tercero, y continuaría finalmente su movimiento uniforme hasta lo infinito.

SAGREDO. De este razonamiento, me parece que se podría sacar una prueba muy apropiada sobre la discusión debatida entre los filósofos acerca de cuál es la causa de la aceleración del movimiento natural de los graves. Porque, según me parece, en el grave lanzado hacia arriba, va disminuyendo continuamente la fuerza que le fue impresa por el que lo arrojó. Ésta, mientras fue superior a la contraria fuerza de la gravedad, lo impulsó hacia lo alto; pero una vez que ambas han llegado al equilibrio, el móvil cesa de subir y pasa por el estado de reposo, donde, el ímpetu impreso no es aniquilado, sino que en él se ha consumido solamente el exceso que antes tenía sobre la gravedad del móvil, y por medio del cual, mientras ella prevalecía; era empujado hacia arriba; continuando después la disminución de este ímpetu ajeno, y comenzando en consecuencia a estar la ventaja de parte de la gravedad, comienza también la caída, pero lenta por la oposición de la fuerza impresa, buena parte de la cual permanece todavía en el móvil; pero como ella va disminuyendo continuamente, siendo superada cada vez en mayor proporción por la gravedad, de ahí nace la continua aceleración del movimiento.

SIMPLICIO. Es un concepto agudo, pero es más sutil que firme; porque, aun siendo concluyente, no da razón sino de aquellos movimientos naturales a los que ha precedido un movimiento violento, en el que persista, todavía eficaz, una parte de la fuerza externa; pero allí donde no exista tal residuo, sino que el móvil parta desde un prolongado reposo, es nula la fuerza de todo este razonamiento.

SAGREDO. Creo que estás en un error, y que esta distinción, que haces tú, entre los dos casos, es superflua, o por mejor decir, es nula. Pero dime, ¿puede, en el proyectil, ser impresa por el que lo arroja, unas veces mucha energía y otras veces poca, de modo que pueda ser lanzado a lo alto cien codos o veinte, o cuatro, o uno?

SIMPLICIO. No hay duda de que sí.

SAGREDO. Y lo mismo podrá esta energía impresa superar la resistencia de la gravedad en tan pequeña proporción, que no sea capaz de alzarlo más de un dedo; y finalmente, puede la energía del que lo arroja ser solamente la necesaria para equilibrar la resistencia de la gravedad, de modo que el móvil no sea lanzado a lo alto, sino solamente sostenido. Por consiguiente, si tú sostienes en la mano una piedra, ¿qué otra cosa le haces, sino imprimirle tanta energía impelente hacia arriba, como es el poder de su gravedad, que la solicita hacia abajo? ¿Y no persistes, tú en conservarle impresa esta tu energía durante todo el tiempo que la sostienes en la mano? ¿Disminuye ella acaso durante la prolongada demora en que tú la sostienes? ¿Y qué importa que este sostenimiento, que impide la caída de la piedra, sea hecho más bien por tu mano, que por una tabla, o por una cuerda de la que esté suspendida? Ciertamente nada. Concluye, pues, Simplicio, que el que preceda a la caída de la piedra, un reposo breve, o largo, o instantáneo, no influye para nada, con tal de que la piedra no parta, mientras esté sometida a una fuerza contraria a su gravedad, y suficiente para tenerla en reposo.

SALVIATI. No me parece ocasión oportuna para entrar, al presente, en investigaciones sobre la causa de la aceleración del movimiento natural, en torno a la cual han sido diversas las opiniones emitidas por los filósofos, reduciéndola algunos a la atracción (*avvicinamento*) hacia el centro [de la Tierra], otros a que van quedando sucesivamente menos partes del medio que ha de ser hendido, otros a cierta impulsión de parte del medio ambiente, el que al volver a reunirse por detrás del móvil, lo va oprimiendo y empujando continuamente. Sería interesante, aunque de poca utilidad, ir examinando y resolviendo todas estas fantasías y otras más. Por ahora, a nuestro Autor le basta con que comprendamos que él quiere investigar y demostrar algunas propiedades de un movimiento acelerado (cualquiera que sea la causa de su aceleración), tal, que los aumentos de su velocidad vayan acrecentándose, después de su partida del reposo, en la misma simplicísima proporción en que crece la continuación del tiempo, que es lo mismo que decir que en tiempos iguales se lleven a cabo iguales aditamentos de velocidad; y si nos encontramos con que las propiedades que serán demostradas después, se verifican en el movimiento de los graves naturalmente descendentes y acelerados, podremos juzgar que la definición adoptada comprende un tal movimiento de los graves, y que es verdad que su respectiva aceleración va creciendo según crece el tiempo y la duración del movimiento.[4]

SAGREDO. Por lo que ahora viene a mi mente, me parece que tal vez con mayor claridad se lo hubiera podido definir, sin cambiar la idea, diciendo: Movimiento naturalmente acelerado es aquel en que la velocidad va creciendo a medida que crece el espacio que se va recorriendo; de modo que, por ejemplo, la velocidad adquirida por un móvil en una caída de cuatro codos, sería doble de la que tendría al caer de un espacio de dos, y éste doble del conseguido en el espacio del primer codo. Porque no creo que se pueda dudar de que el ímpetu que tiene y con el que golpea el grave que cae de una altura de seis codos, es doble del que tendría, si hubiese caído de tres codos, y triple del que tendría a los dos codos, y séxtuplo del adquirido en el espacio de uno.

SALVIATI. Mucho me consuela el haber tenido un tan grande compañero en el error; y más te diré: tu razonamiento tiene tanto de verosímil y de probable, que nuestro mismo Autor no me negó, cuando yo se lo propuse, que también él había estado durante algún tiempo en la misma equivocación. Pero lo que después me maravilló grandemente, fue el ver descubrir, con cuatro simplicísimas palabras, que dos proposiciones en apariencia tan verosímiles, que habiéndolas yo propuesto a muchos, no encontré siquiera uno que no me las admitiera libremente, eran no sólo falsas sino también imposibles.

SIMPLICIO. Sin duda alguna que yo sería uno del número de los que las conceden; y que un grave en descenso adquiera energía al caer (*vires acquirat eundo*), creciendo la velocidad en proporción al espacio, y que el efecto del choque del mismo grave sea doble viniendo de doble altura, me parecen proposiciones que se han de conceder sin repugnancia ni controversia.

SALVIATI. Sin embargo son tan falsas e imposibles, como el que el movimiento se efectúe instantáneamente; y he aquí su clarísima demostración. Si las velocidades están en la misma proporción que los espacios recorridos o a recorrerse, tales espacios son recorridos en tiempos iguales; por consiguiente, si las velocidades con las que el cuerpo en descenso recorrió el espacio de cuatro codos, fueron dobles de las velocidades con que recorrió los dos primeros codos (así como un espacio es doble del otro espacio), también en este caso los tiempos de tales recorridos son iguales. Pero el que un mismo móvil recorra los cuatro y los dos codos en el mismo tiempo, no puede tener lugar fuera del movimiento instantáneo. Sin embargo, nosotros vemos que el grave en descenso efectúa su movimiento en el tiempo, y que recorre los dos codos en menos tiempo que los cuatro; por consiguiente, es falso que su velocidad crezca como el espacio. Con la misma claridad se demuestra que la segunda proposición es también falsa. Porque, siendo uno mismo el móvil que choca, la diferencia y el *momentum* de los choques no puede determinarse si no es por la diferencia de la velocidad; por consiguiente, si el percuciente, viniendo de doble altura, efectuase un choque de doble *momentum*, sería necesario que chocase con doble velocidad; pero con doble velocidad recorre doble espacio en el mismo tiempo, y nosotros vemos que el tiempo de la caída desde doble altura es más largo.

SAGREDO. Extraordinaria evidencia, extraordinaria facilidad es ésta con que tú presentas estas conclusiones tan recónditas. Esta suma facilidad las hace de menor estima que cuando estaban bajo apariencia contraria. Yo pienso que el vulgo aprecia en menos los conocimientos adquiridos con poca fatiga, que aquellos sobre los cuales se han hecho largas e inextricables disputas.

SALVIATI. A aquellos que con gran brevedad y claridad muestran las falacias de proposiciones que el vulgo tiene comúnmente por verdaderas, sería injuria tolerable el tenerles desprecio en lugar de agradecimiento; pero muy desagradable y molesta es la aversión que suele a veces despertarse en algunos que, pretendiendo en la misma clase de estudios, por lo menos la paridad con cualquier otro, sea quien sea, se percatan de que han dejado pasar por verdaderas algunas conclusiones que otros después, con breve y fácil razonamiento, han comprobado v demostrado ser falsas. A tal aversión, yo no la llamaré envidia, la que suele convertirse después en odio y en ira contra los descubridores de tales falacias, pero sí la denominaré deseo y afán de pretender mantener errores inveterados, antes de permitir que se acepten las verdades recientemente descubiertas: afán que a veces los induce a escribir en contradicción con estas verdades, perfectamente reconocidas aún por ellos mismos en su fuero interno, sólo por rebajar, en el concepto del numeroso y poco inteligente vulgo, la reputación del otro. Un número no pequeño de semejantes conclusiones falsas y de facilísima refutación, aceptadas sin embargo como verdaderas, me han sido indicadas por nuestro Académico: y una gran parte de ellas las tengo además anotadas.

SAGREDO. Y no deberás privarnos de ellas, sino hacernos partícipes a su debido tiempo, aun cuando fuese necesario para ello tener una sesión especial. Por ahora, continuando el hilo de nuestro razonamiento, paréceme que con lo dicho hasta aquí damos por terminada la definición del movimiento uniformemente acelerado, del que se trata en las disertaciones siguientes; y es:

Llamamos movimiento igualmente o uniformemente acelerado aquel que, partiendo del reposo, va adquiriendo incrementos iguales de velocidad durante tiempos iguales.

SALVIATI. Sentada esta definición, el Autor postula y supone como verdadero un solo principio; es decir:

Acepto que las velocidades de un mismo móvil, adquiridas sobre diversos planos inclinados, son iguales, cuando las alturas de esos mismos planos son iguales.

Se entiende por altura de un plano inclinado, la perpendicular que desde el punto más alto de ese plano caiga sobre la línea horizontal trazada por el punto más bajo del mismo plano inclinado. Así, para mayor comprensión; siendo la línea AB la horizontal sobre la cual estén inclinados los planos CA, CD, el Autor llama altura

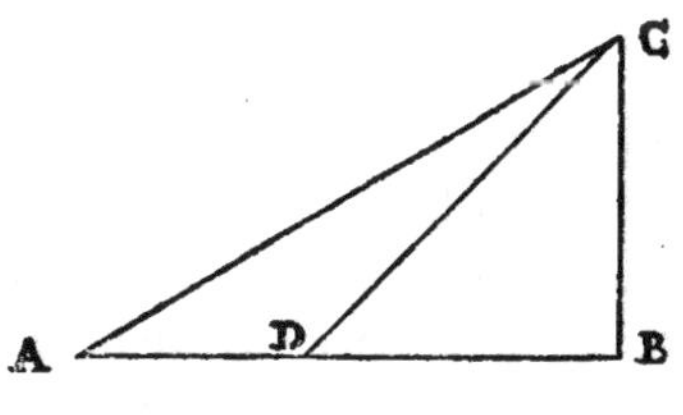

Fig. 46

de los planos CA, CD a la perpendicular CB que cae sobre la horizontal BA; y supone que las velocidades de un mismo móvil descendente por los planos inclinados CA, CD, alcanzadas en los extremos A, D, son iguales, por ser su altura la misma CB; y también se debe entender que esa velocidad es la que tendría en el extremo B, el cuerpo en caída desde el punto C.

SAGREDO. Ciertamente me parece que tal suposición tiene tanto de probable, que merece ser admitida sin controversia, pero sobrentendido, siempre que sean removidos todos los impedimentos accidentales y externos, y que los planos sean muy duros y tersos, y el móvil sea de figura perfectamente redonda, de modo que ni el plano ni el móvil tengan la más mínima aspereza. Removidos todos los impedimentos y oposiciones, la luz de la razón me dicta sin dificultad, que una bola pesada y perfectamente redonda, descendiendo por las líneas CA, CD, CB, alcanzaría los términos A, D, B con velocidades iguales.

SALVIATI. Tus razonamientos tienen mucho de probable; pero, además de la verosimilitud, quiero yo, con un experimento, acrecer tanto la probabilidad, que muy poco le falte para poder igualarse con una demostración necesaria. Figuraos que esta hoja de papel es una pared vertical, y que de un clavo fijo en ella pende una bola de plomo, de una onza o dos, suspendida

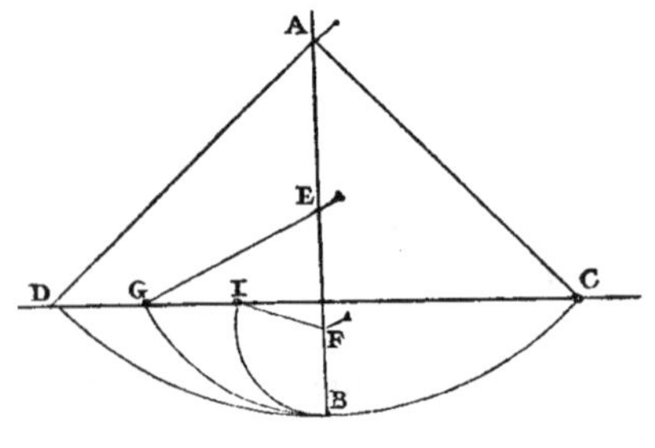

Fig. 47

del hilo finísimo AB, de dos o tres codos de largo, y vertical: trazad en la pared una línea horizontal DC, que corte en ángulo recto al perpendículo (plomada) AB, que estará distante de la pared unos dos dedos; trasladando luego el hilo AB con la bola hasta AC, dejad esa bola en libertad. La veréis descender primero, describiendo el arco CBD, y sobrepasar tanto el punto B, que, recorriendo el arco BD, subirá casi hasta la indicada horizontal CD, faltándole sólo un pequeñísimo espacio para alcanzarla realmente, impedida de llegar, precisamente por el obstáculo del aire y del hilo; de aquí podemos con toda verdad concluir que el ímpetu adquirido por la bola en el punto B, al descender por el arco CB, fue tan grande que le bastó para elevarse hasta la misma altura por el arco semejante BD. Hecha y reiterada muchas veces esta experiencia, quiero que fijemos en la pared, rayente a la vertical AB, un clavo, tal como en E o en F, que sobresalga cinco o seis dedos, a fin de que el hilo AC, al volver, como antes, a transportar la bola C por el arco CB, topando en el clavo E cuando la bola haya alcanzado el punto B, la obligue a marchar por la circunferencia BG, descrita en torno al centro E; con lo cual se verá lo que puede hacer el mismo ímpetu que, anteriormente considerado en el mismo punto B, elevó al mismo móvil por el arco BD hasta la altura de la horizontal CD. Ahora, amigos, vais a tener el gusto de ver subir la bola hasta la horizontal en el punto G, y una cosa parecida ocurriría si el tope se pusiese más abajo, tal como en F, en cuyo caso la bola describiría el arco BI, terminando siempre su ascenso precisamente en la línea CD; y si el tope del clavo estuviese tan abajo, que al pasar el hilo por debajo de él no pudiese subir hasta la altura CD (lo que sucedería en el caso de estar más próximo al punto B que a la intersección de la AB con la horizontal CD), entonces, el hilo subiría sobre el clavo y se enroscaría en él.

Este experimento aleja toda duda sobre la verdad del supuesto; porque, siendo los dos arcos CB, DB iguales, y ubicados de un modo semejante, el *momentum* adquirido en la caída a través del arco CB, es el mismo que el hecho durante el descenso por el arco DB; pero el *momentum* adquirido en B a través del arco CB es capaz de elevar el mismo móvil por el arco BD; por consiguiente, también el momento adquirido en la caída DB, es igual a aquel que eleva el mismo móvil por el mismo arco desde B hasta D; de modo que, en general, todo *momentum* adquirido por la caída en un arco, es igual a aquel que puede hacer volver a subir al mismo móvil por el mismo arco. Ahora bien, todos los *momenta* que hacen volver a subir la bola por los arcos BD, BG, BI son iguales, porque están hechos por el mismo idéntico *momentum* adquirido por la caída en CB, como muestra el experimento; por consiguiente, todos los *momenta* adquiridos por las caídas en los arcos DB, GB, IB son iguales.

SAGREDO. El razonamiento me parece muy concluyente y el experimento es tan apto para verificar la hipótesis, que será muy digno concederla, como si se hubiese demostrado.

SALVIATI. No quiero, Sagredo, que vayamos más allá de lo debido, y máxime que en este asunto nos serviremos principalmente de movimientos hechos sobre superficies planas, y no sobre curvas, donde la aceleración se efectúa con grados muy diferentes de aquellos con los que según veremos se efectúa en las planas. De modo que, si bien los experimentos realizados nos muestran que la caída por el arco CB confiere al móvil un *momentum* tal, que pueda volverlo a la misma altura por cualquier arco de los BD, BG, BI, no podemos nosotros con la misma evidencia demostrar que sucedería lo mismo, si una bola perfecta debiera descender por planos, inclinados según las inclinaciones de las cuerdas de estos mismos arcos; antes al contrario, es presumible que, al formar ángulos en el punto B esos planos rectos, la bola que ha descendido por el plano inclinado según la cuerda CB, al encontrar obstáculo en los planos ascendentes según las cuerdas BD, BG, BI, y al chocar con ellos, perdería parte de su ímpetu, y no podría, subiendo, llegar hasta la línea CD. Pero removido el obstáculo que se interpone en el experimento, me parece fácil de comprender que el ímpetu (que efectivamente adquiere fuerza con la cantidad de descenso) sería suficiente para volver el móvil a la misma altura. Por consiguiente, por ahora tomemos esto como postulado: ya después podremos ver establecida su verdad absoluta, cuando comprobemos que otras conclusiones, construidas sobre tales hipótesis, corresponden y se adaptan perfectamente con los experimentos.[5] El Autor, habiendo supuesto este único principio, pasa a las proposiciones, que deduce por demostración; entre ellas es la primera la siguiente.

Teorema I. – Proposición I

El tiempo, en que un móvil recorre un espacio con movimiento uniformemente acelerado a partir del reposo, es igual al tiempo en que el mismo móvil recorrería ese mismo espacio con movimiento uniforme, cuya velocidad fuera subdupla [mitad] de la mayor y última velocidad [final] del anterior movimiento uniformemente acelerado.

Representemos por la extensión AB el tiempo en que un móvil con movimiento uniformemente acelerado, a partir del reposo, recorre el espacio CD, y de entre los grados de velocidad, acrecentados durante los instantes del tiempo AB, el mayor y último esté representado por la línea EB, tal como está trazada sobre AB; y al unir AE, todas las líneas, trazadas desde cada uno de los puntos de la línea AB y paralelas a la BE, representarán los grados de la creciente velocidad, a partir del instante A. Dividida luego en dos partes la BE en el punto F, y trazadas FG, AG, paralelas a BA, BF, quedará constituido el paralelogramo AGFB, que es igual al triángulo AEB, y que, con su lado GF divide a la AE en dos partes iguales en I. Y silas paralelas del triángulo AEB, se extienden hasta la IG, tendremos que el conjunto de todas las paralelas contenidas en el cuadrilátero es igual al conjunto de las comprendidas en el triángulo AEB; pues las que están en el triángulo IEF son correspondientemente iguales a las contenidas en el triángulo GIA; y las contenidas en el trapecio AIFB son comunes. Y como a todos y cada uno de los instantes de tiempo AB corresponden todos y cada uno de los puntos de la línea AB, y como las paralelas trazadas por esos puntos y contenidas en el triángulo AEB, representan los grados crecientes de la velocidad en aumento, y las paralelas comprendidas en el paralelogramo, repre-

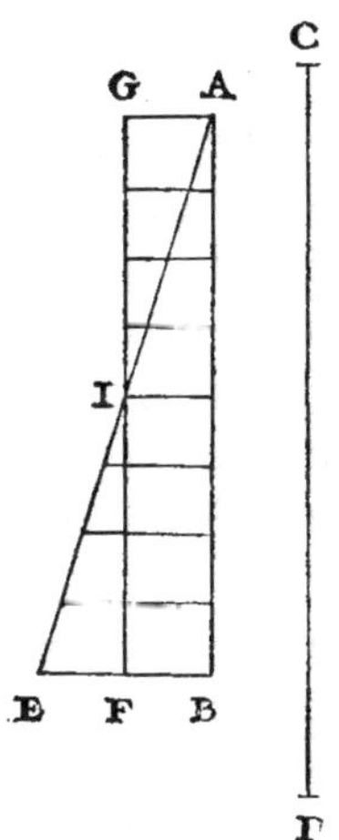

Fig. 48

sentan los mismos grados de velocidad no creciente, sino constante; es evidente que tantos son los *momenta* de velocidad tomados en el movimiento acelerado, de acuerdo a las crecientes paralelas del triángulo AEB, como en el movimiento uniforme según las paralelas del paralelogramo GB, pues lo que falta a los *momenta* en la primera mitad del movimiento acelerado (y faltan los *momenta* representados por las paralelas del triángulo AGI), es recompensado por los *momenta* representados por las paralelas del triángulo IEF. Es, pues, evidente, que serán iguales los espacios recorridos en un mismo tiempo por dos móviles, de los cuales uno se mueva con movimiento uniformemente acelerado, al partir del reposo, y el otro con movimiento uniforme, de velocidad subdupla (mitad) de la máxima velocidad del movimiento acelerado: lo que se intentaba demostrar.[6]

TEOREMA II – PROPOSICIÓN II

Si un móvil con movimiento uniformemente acelerado desciende desde el reposo, los espacios recorridos por él en tiempos cualesquiera, están entre sí como la razón al cuadrado de los mismos tiempos, es decir como los cuadrados de esos tiempos.[7]

Supongamos que el fluir del tiempo desde un primer instante A, está representado por la extensión AB, en la cual se toman dos tiempos cualesquiera AD, AE; y sea HI la línea por la que el móvil desde el punto H, como primer principio del movimiento, desciende con movimiento uniformemente acelerado; y sea el espacio HL recorrido en el primer tiempo AD, y sea HM el espacio por el que descendió durante el tiempo AE. Digo, que el espacio MH está, respecto a HL, en una razón que es la segunda potencia de la que tiene el tiempo AE respecto al tiempo AD; es decir, que los espacios MH, HL tienen la misma razón que tienen los cuadrados de AE, y AD.

Pongamos la línea AC formando un ángulo cualquiera con la AB; y desde los puntos D, E, trácense las paralelas DO, EP; de las cuales DO representará el máximo grado de velocidad adquirida en el instante D del tiempo AD; y PE el máximo grado de velocidad adquirida en el instante E del tiempo AE. Y puesto que hemos demostrado arriba, en lo referente a los espacios recorridos, que son iguales entre sí aquellos de los cuales uno es recorrido por el móvil con movimiento uniformemente acelerado a partir del reposo, y el otro es recorrido durante el mismo tiempo por el móvil que marcha con movimiento uniforme, cuya velocidad es subdupla [media] de la máxima velocidad adquirida en el movimiento acelerado; es evidente que los espacios HM, HL son los mismos que, con movimientos uniformes cuyas velocidades fueran como las mitades de PE, OD, serían recorridos en los tiempos EA, DA. Por consiguiente, si se demostrare que estos espacios HM, HL están en una razón que es la segunda potencia de la razón de los tiempos EA, DA, tendríamos demostrado lo que pretendíamos.

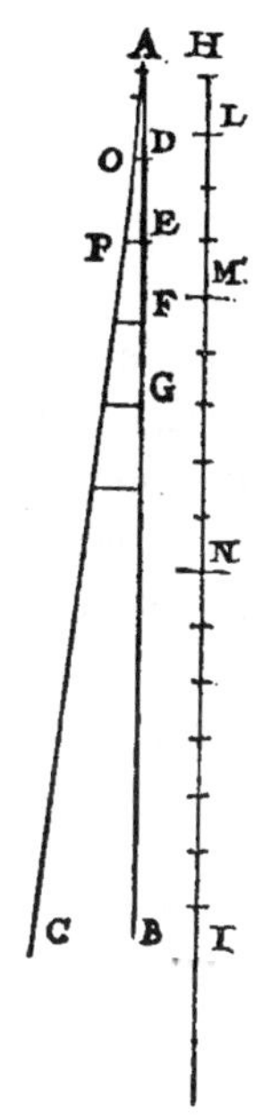

Fig. 48

Pero en la cuarta proposición del libro primero* se ha demostrado que los espacios, recorridos por móviles que marchan con movimiento uniforme, tienen entre sí una razón producto de la razón de las velocidades y de la razón de los tiempos; mas aquí la razón de las velocidades es idéntica con la razón de los tiempos (pues la misma razón que tiene la mitad de PE con relación a la mitad de OD, o toda la PE en relación a toda la OD, la tiene también la AE respecto a la AD: luego la razón de los espacios recorridos es como el cuadrado de la razón de los tiempos: que es lo que había que demostrar.

De aquí se deduce que la misma razón de los espacios es el cuadrado de la razón de los máximos grados de velocidad [final], es decir de las líneas PE, OD, siendo PE a OD como EA es a DA.[8]

* Se refiere al tratado "del Movimiento Uniforme" teorema IV, proposición IV, Jornada III, pág. 218. (N. del T.)

De aquí se deduce con toda evidencia que: *Si en tiempos iguales, tomados sucesivamente desde el primer instante o comienzo del movimiento, tales como AD, DE, EF, FG, se recorrieren los espacios HL, LM, MN, NI, estos espacios estarán entre sí, como los números impares a partir de la unidad; es decir, como 1, 3, 5, 7*; porque ésta es la razón de los excesos de los cuadrados de las líneas que van excediendo una de otras, y cuyo exceso es igual a la menor de ellas;* vale decir, es la razón de los excesos de los cuadrados consecutivos a partir de la unidad. Por consiguiente, mientras la velocidad se acrece, durante tiempos iguales, según la sucesión simple de los números, los espacios recorridos durante estos tiempos, reciben incrementos según la sucesión de los números impares, a contar de la unidad.

Sagredo. Ten la bondad de suspender por un momento la lectura, mientras yo voy discurriendo en torno a cierto concepto que se me ha ocurrido en este momento. Para su mejor explicación, y para que tanto yo como vosotros lo entendamos con más claridad, voy a trazar una figura. En ella represento con la línea AI la sucesión del tiempo a partir del primer instante en A; aplicando después en A, según el ángulo que se quiera, la recta AF, uno los puntos I, F; dividiendo el tiempo AI por medio en C, trazo la CB paralela a la IF. Al considerar luego la CB como máxima velocidad que, comenzando desde el reposo en el primer instante de tiempo A, fue aumentando según el acrecentamiento de las paralelas a la BC, trazadas en el triángulo ABC (que es lo mismo que crecer como crece el tiempo), admito sin controversia, por los razonamientos hechos hasta ahora, que el espacio recorrido por el móvil en caída con la velocidad acrecentada del modo dicho, sería igual al

---

* Se refiere a las líneas que representan los intervalos de tiempo. *(N. del T.)*

espacio que recorrería el mismo móvil, si se hubiese movido con movimiento uniforme durante el mismo tiempo AC y con velocidad que fuese igual al EC, mitad del BC. Prosiguiendo ahora, y figurándome que el móvil en caída con movimiento acelerado, al encontrarse en el instante C, tiene el grado de velocidad BC, es evidente que si continuase moviéndose con el mismo grado de velocidad BC, sin nueva aceleración, recorrería en el tiempo siguiente CI doble espacio del que recorrió en igual tiempo AC con el grado de velocidad uniforme EC, mitad del grado BC; pero como el móvil desciende con velocidad acrecentada siempre uniformemente en todos los tiempos iguales, añadirá al grado CB, en el siguiente tiempo CI, los mismos aumentos de velocidad creciente según las paralelas del triángulo BFG, igual al triángulo ABC. De modo que añadida, a la velocidad GI, la mitad de la velocidad FG, que es la máxima de las adquiridas en el movimiento acelerado, y de las determinadas por las paralelas del triángulo BFG, tendremos la velocidad IN, con que se había movido con movimiento uniforme durante el tiempo CI; y esta velocidad IN, por ser triple de EC, nos muestra que el espacio recorrido en el segundo tiempo CI debe ser triple del pasado en el primer tiempo CA. Y si suponemos que a la AI se le ha añadido otra parte de tiempo IO, y que se ha agrandado el tríangulo hasta APO, es evidente que si continuase el movimiento por todo el tiempo IO con la velocidad IF, adquirida en el movimiento acelerado durante el tiempo AI, siendo tal velocidad IF cuádruplo de EC, el espacio recorrido en el tiempo IO, será cuádruplo del recorrido en el primer tiempo igual, AC. Pero continuando el acrecentamiento de la aceleración uniforme en el triángulo FPQ, semejante al del triángulo ABC, que reduci-

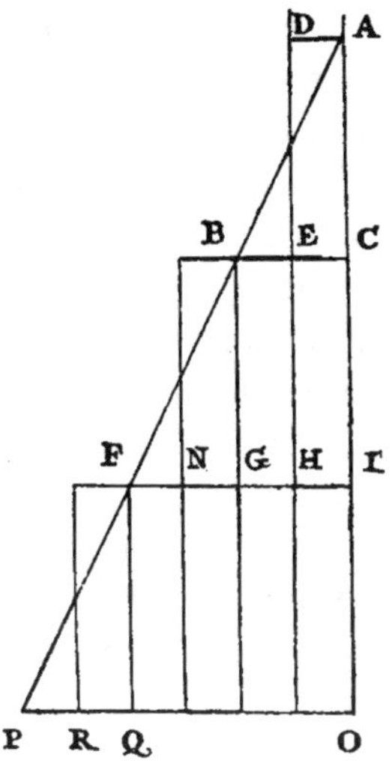

Fig. 50

do a movimiento uniforme añade un grado igual al EC; al añadir el QR igual al EC, tendremos que toda la velocidad constante desarrollada en el tiempo IO es quíntupla de la uniforme del primer tiempo AC, y por ello el espacio recorrido es quíntuplo del recorrido en el primer tiempo AC.

Se ve también en este simple cómputo, que los espacios recorridos en tiempos iguales por un móvil que, partiendo del reposo, va adquiriendo velocidad conforme al acrecentamiento del tiempo, son entre sí como los números impares a partir de la unidad 1, 3, 5; y tomados en conjunto los espacios recorridos, el recorrido en doble tiempo es cuádruple del recorrido en el subduplo; el recorrido en tiempo triple es nónuplo, y en suma, los espacios recorridos están en proporción de la segunda potencia de los tiempos, es decir son como los cuadrados de esos tiempos.

SIMPLICIO. En verdad he encontrado más placer en este simple y claro razonamiento de Sagredo, que en la demostración del Autor, mucho más obscura para mí; de modo que yo quedo convencido de que las cosas deben suceder así, establecida y aceptada la definición del movimiento uniformemente acelerado. Pero yo por ahora quedo en la duda de si la aceleración, de que se sirve la naturaleza en el movimiento de sus graves en descenso, es así o no; y por ello, para mejor comprensión mía y de otros semejantes a mí, me parece que sería oportuno en esta ocasión aducir algunos experimentos, de los que hemos dicho que tantos existen, que de diversos modos corroboren las conclusiones demostradas.

SALVIATI. Tú, como hombre de ciencia, haces una razonable propuesta; y así se acostumbra y es conveniente hacer en las ciencias que aplican demostraciones matemáticas a los fenómenos (*conclusioni*) naturales, como lo hacen los perspectivos, los astrónomos, los músicos y otros, quienes con experimentos sensibles confirman sus principios, que son los fundamentos de toda la siguiente estructura. Y por ello quiero que no os parezca superfluo el que con excesiva extensión discurramos sobre este primero y máximo fundamento, sobre el que se apoya la inmensa máquina de infinitas conclusiones, de las cuales solamente una pequeña parte tenemos aducida, en este libro, por el Autor, quien habrá hecho bastante con abrir el acceso y la puerta, cerrada hasta ahora a los ingenios estudiosos. Acerca de los experimentos, tampoco el Autor ha dejado de hacer lo posible; y a fin de asegurarnos de que la aceleración de los graves naturalmente en descenso se efectúa en la proporción antedicha, muchas veces me he hallado yo en su compañía, para efectuar las pruebas del modo siguiente:

En un cabrio o si se quiere en un tablón (*corrente*) de madera de unos doce codos de longitud, y de ancho, en un sentido, medio codo, y en el otro tres dedos, en esa menor anchura se había excavado un canalito, poco más ancho de un dedo; habiéndolo excavado muy derecho, y después de haberlo revestido, para que estuviera bien pulido y liso, con un pergamino tan pulido y lustrado como fue posible, hacíamos descender por él una bola de bronce, durísima, bien redonda y pulida; una vez colocado dicho tablón inclinado, por haber elevado sobre la horizontal uno de sus extremos, una braza o dos a capricho, se dejaba (como digo) descender por dicho canalito la bola, anotando, del modo que después diré, el tiempo que empleaba en recorrerlo todo, repitiendo el experimento muchas veces, para medir con toda exactitud el tiempo, en el cual jamás se encontraba una diferencia ni siquiera de la décima parte de una pulsación. Efectuada y establecida con toda precisión esta operación, hacíamos descender la misma bola solamente por la cuarta parte de la longitud de ese canal; y medido el tiempo de su caída, nos encontrábamos con que era siempre exactísimamente la mitad de la anterior. Y haciendo luego experimentos con otras partes, al cotejar después el tiempo de toda la longitud con el tiempo de la mitad, o de los dos tercios, o de los tres cuartos, o, en conclusión, con el tiempo de cualquier otra división, por medio de experiencias más de cien veces repetidas, nos encontrábamos siempre con que los espacios recorridos eran entre sí como los cuadrados de los tiempos, y esto en todas las inclinaciones del plano, o sea del canal por el cual se hacía descender la bola; ahí observamos también que los tiempos de las caídas por diversas inclinaciones mantienen perfectamente entre sí la proporción que les fue asignada y demostrada por el Autor, según veremos más adelante.[9] Para la medida del tiempo, teníamos un gran cubo de agua puesto en alto, el que por una finísima espita que tenía soldada en el fondo derramaba un hilillo de agua que íbamos recogiendo en un vasito, durante todo el tiempo que la bola descendía por el canal o por algunas de sus partes. Las pequeñas cantidades de agua, recogidas de este modo, eran pesadas de tiempo en tiempo con una sensibilísima balanza, de modo que las diferencias y las proporciones de sus pesos, nos daban las diferencias y las proporciones de los tiempos; y esto con tal exactitud, que como ya lo he dicho, tales operaciones repetidas muchísimas veces, jamás se diferenciaban de un modo apreciable.

SIMPLICIO. Gran satisfacción habría recibido de encontrarme presente en tales experimentos; pero estando seguro de la diligencia en efectuarlos y de tu fidelidad en referirlos, me conformo y los admito por segurísimos y verdaderos.

SALVIATI. Podemos, pues, continuar con nuestra lectura y seguir adelante.

COROLARIO II

Se deduce, en segundo lugar, que: *Si a partir del comienzo del movimiento, se toman dos distancias cualesquiera, recorridas en intervalos cualesquiera, los tiempos de los mismos serán entre sí, como cualquiera de ellos es a la distancia media proporcional entre las mismas.*[10] Tomados, pues, desde el comienzo del movimiento S, dos espacios ST, SV, cuyo medio proporcional sea SX, el tiempo de la caída por ST será al tiempo de la caída por SV, como ST a SX; vale decir, el tiempo por SV es al tiempo por ST, como VS es a SX. Pero habiendo sido demostrado que

Fig. 51

[242]

los espacios recorridos están en razón de la segunda potencia de los tiempos, o (lo que es igual) que son como los cuadrados de los tiempos, y siendo la razón del espacio VS al espacio ST segunda potencia de la razón de VS a SX, es decir, siendo la misma que la que tienen los cuadrados VS, SX; es evidente que la razón de los tiempos de los movimientos por SV, ST es como la de los espacios o de las líneas VS, SX.

ESCOLIO

Debe notarse que, lo demostrado acerca de las caídas efectuadas verticalmente, se cumple también en los planos inclinados con cualquier ángulo; pues admitamos que: *En los planos inclinados, los grados de aceleración aumentan en la misma razón [que en la caída vertical], es decir, en proporción al incremento del tiempo, o si se prefiere a la sucesión natural de los números.*[11]*

   * Era intención de Galileo [según dijimos particularmente en el Prólogo del Traductor] que cuando se volviesen a imprimir sus "Discorsi", después de este Escolio de la segunda Proposición, se insertase, en la primera edición, el siguiente agregado, que fue puesto en diálogo por Vicente Viviani:

SALVIATI. Quisiera, Sagredo, que se me permitiera, aunque tal vez con gran tedio por parte de Simplicio, diferir por un momento la presente lectura, a fin de poder yo explicar cuanto se me ocurre agregar ahora acerca de lo dicho y demostrado hasta aquí, así como acerca de los conocimientos de algunas conclusiones mecánicas, enseñados por nuestro Académico, para tener mejor confirmación de la verdad del principio que ya antes consideramos con razonamientos probables y experimentos; pero principalmente, y esto es lo que más importa, para deducirlo geométricamente, demostrando en primer lugar un solo lema, fundamental en el estudio de los movimientos (*impeti*). (Fin del agregado.)

SAGREDO. Si la adquisición es tal como tú prometes, no hay tiempo que yo con más gusto gastara, tratándose de con-

[243]

firmar y establecer enteramente estas ciencias del movimiento. Y en cuanto a mí, no sólo te concedo que procedas a tu entera satisfacción en este particular, sino que te ruego que satisfagas cuanto antes la curiosidad que con ello has despertado en mí. Y creo que Simplicio es del mismo parecer.

SIMPLICIO. No podría decir lo contrario.

SALVIATI. Contando, pues, con vuestra anuencia, comencemos por considerar, como hecho notísimo, que los momentos o las velocidades de un mismo móvil son diversas sobre diversas inclinaciones de planos, y que la máxima se efectúa por la línea elevada perpendicularmente sobre la horizontal, y que por las otras líneas inclinadas, va disminuyendo tal velocidad, a medida que se van alejando de la perpendicular, o sea a medida que se inclinan más oblicuamente; por ello el ímpetu, la disposición (*talento*), la energía, o si se quiere el *momentum* del descenso, es disminuido en el móvil por el plano infrapuesto, sobre el que ese móvil se apoya y desciende.

Y para explicarme mejor, supongamos la línea AB, elevada perpendicularmente sobre la horizontal AC. Supongamos, después, a la misma plegada en diversas inclinaciones hacia la horizontal, tales como en AD, AE, AF, etc.; digo que el ímpetu del grave, para descender, es máximo y total cuando éste desciende por la perpendicular BA, es menor que éste cuando desciende por la DA, y menor todavía cuando lo hace por la EA, y así va sucesivamente disminuyendo por la dirección más inclinada FA, hasta quedar por fin extinguido en la horizontal CA, donde el móvil se halla indiferente al movimiento o al reposo, y de por sí mismo no tiene tendencia a moverse hacia ninguna parte, ni tampoco ofrece resistencia a ser movido. Y porque así como es imposible que un cuerpo grave o un compuesto de va-

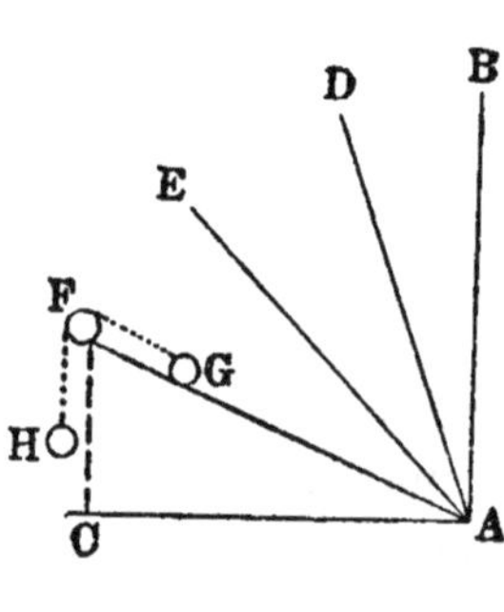

Fig. 52

rios de ellos se mueva naturalmente hacia arriba, alejándose del centro común a donde tienden todas las cosas graves, así también es imposible que él se mueva espontáneamente si con tal movimiento, su propio centro de gravedad no se acerca al antedicho centro común; por consiguiente, sobre la horizontal, que aquí se entiende ser una superficie por igual distante del mismo centro, y por ello completamente privada de inclinación, el ímpetu o *momentum* de dicho móvil será nulo.

Aclarado este cambio de ímpetu, me es menester explicar algo que en un antiguo tratado de mecánica, escrito en Padua por nuestro Académico, sólo para uso de sus discípulos, fue amplia y concluyentemente demostrado, con ocasión de estudiar el origen y la naturaleza del maravilloso instrumento llamado tornillo (*vite*). Se trata de saber en qué proporción se efectúa tal cambio de ímpetu según las inclinaciones de los planos; como por ejemplo, trazando la elevación, sobre la horizontal del plano AF, o sea la línea FC, por la cual es máximo el ímpetu de un grave y el momento de su descenso, se inquiere qué proporción tiene este *momentum* con respecto al *momentum* del mismo móvil por el plano inclinado FA; digo que tal proporción es la inversa de dichas longitudes. Y éste será el lema que habrá de preceder al teorema, que yo espero poder demostrar después.

Es evidente que el ímpetu de descenso de un grave será tan grande como sea la resistencia o fuerza mínima necesaria para impedirlo o contenerlo. Para tal fuerza y resistencia, así como para su medida, quiero servirme de la gravedad de otro móvil. Supongamos ahora, que sobre el plano FA descansa el móvil G, atado con un hilo que, pasando sobre F, lleve suspendido el peso H; vamos a ver que el espacio de la caída o ascenso de éste según la vertical es siempre igual a toda la subida o descenso del otro móvil G por el plano inclinado AF; pero no así a su ascenso o descenso vertical, en el cual, y sólo en él, ese móvil G (así como cualquier otro móvil) ejercita su acción. Todo esto es evidente; porque considerando que en el triángulo AFC, el movimiento del móvil G, por ejemplo, subiendo de A a F, está compuesto del componente horizontal AC y del vertical CF; y sucediendo que, en cuanto el horizontal, es nula la resistencia, según se ha dicho, que él mismo opone al movimiento (al no efectuar con tal movimiento pérdida ninguna ni ganancia respecto a la propia distancia del centro común de todos los graves, que en la horizontal es siempre la misma); queda, que solamente es necesario vencer la resistencia para ascender por la perpendicular CR. Por consiguiente, puesto que el grave G, moviéndose desde A a F, ofrece resistencia, al ascender, solamente en lo que significa el espacio perpendicular CF, y que el otro grave H desciende en perpendicular necesariamente todo lo que es el espacio FA, y que tal proporción de ascenso y descenso permanece siempre la misma, sea mucho o poco el movimiento de dichos móviles (por estar ligados entre sí); podemos asegurar categóricamente que, si se ha de dar equilibrio, es decir, reposo entre esos móviles, los momentos, las velocidades o su propensión al movimiento, o sea los espacios que ellos recorrerían en un mismo tiempo, deben corresponder inversamente a sus propias gravedades, según lo que se demuestra acerca de todos los casos de movimientos mecánicos.[12]

De modo que, para impedir la caída de G, bastará que H sea menos grave que él en la proporción que el espacio CF es menor que el espacio FA. Si hacemos, pues, que FA sea a FC, como el grave G es al grave H; entonces se seguirá el equilibrio, es decir, los graves H, G tendrán fuerzas iguales, y cesará el movimiento de dichos móviles. Y como hemos convenido en que el ímpetu, la energía, el *momentum* la tendencia al movimiento son tan grandes como es la fuerza o resistencia mínima que basta para inmovilizarlos; y como hemos concluido que el grave H es suficiente para impedir el movimiento del grave G, tenemos que el peso menor H que en la perpendicular FC ejercita su fuerza total, será la medida exacta de la fuerza parcial que el peso mayor G ejerce sobre el plano inclinado FA. Pero la medida de la fuerza total del mismo grave G es él mismo (porque para impedir la caída perpendicular de un grave se requiere el contrapeso de otro grave tan grande como él, que esté en libertad de moverse perpendicularmente); por consiguiente, el ímpetu parcial de G por el plano inclinado FA respecto al ímpetu máximo y total del mismo G por la perpendicular FC, será como el peso H es al peso G, es decir, por construcción, como esa perpendicular FC, elevación del plano inclinado, es al mismo plano inclinado FA: que es el lema que nos propusimos demostrar, y que nuestro Autor, como podéis ver, da por conocido en la segunda parte de la sexta proposición del presente tratado.

SAGREDO. De lo que tú has demostrado hasta aquí, paréceme que fácilmente se puede deducir, argumentando (*ex aequali con la proporzione perturbata*), que los momentos de un mismo móvil por planos diversamente inclinados, como FA, FI, que tienen una misma elevación, están entre sí en proporción inversa de las longitudes de esos planos.

SALVIATI. Certísima conclusión. Y terminado esto, pasaré en seguida a demostrar el teorema siguiente:

> *Los grados de velocidad de un móvil que desciende con movimiento natural desde una misma altura por planos como se quiera inclinados, al llegar a la horizontal son siempre iguales, si han sido suprimidos los obstáculos.*

Aquí debemos advertir, en primer lugar, que damos por sentado que en cualquier clase de inclinaciones, el móvil, desde su partida del reposo, va acrecentando la velocidad o la cantidad del impulso en la proporción del tiempo (según la definición dada por el Autor acerca del movimiento naturalmente acelerado); por consiguiente, como él lo ha demostrado en la proposición precedente, los espacios recorridos están en la proporción de los cuadrados de los tiempos, y por consiguiente de los grados de velocidad; los grados de velocidad, ganados en el mismo tiempo, serán proporcionalmente los mismos que fueron los impulsos en el primer movimiento, porque unos y otros crecen con la misma proporción en el mismo tiempo.

Sean, ahora; el plano inclinado, AB; su elevación sobre la horizontal, la perpendicular AC; y la horizontal la CB. Y como, según lo que se acaba de demostrar, el ímpetu de un móvil por la perpendicular AC, es al ímpetu del mismo por el plano inclinado AB, como AB es a AC, tómese en el plano inclinado AB, la AD, tercia proporcional de las AB, AC. El ímpetu, por consiguiente, por AC respecto al ímpetu por AB, o sea por la AD, es como la AC a la AD, y por ello el móvil, en el mismo tiempo que recorrería el espacio perpendicular AC, recorrerá también el espacio AD en el plano inclinado AB (siendo las fuerzas como las distancias); y la velocidad en C respecto a la velocidad en D, tendrá la misma proporción que la AC a la AD. Pero la velocidad en B, es, respecto a la misma en D, como el tiempo por AB es al tiempo por AD, por la definición del movimiento acelerado; y el tiempo por AB es al tiempo por AD, como la misma AC, media entre las BA y AD, es a la AD, por el último corolario de la segunda proposición; por consiguiente, las velocidades en B y en C respecto a la velocidad en D, tienen la misma proporción que la AC tiene a la AD, y por ello son iguales: que es el teorema que pretendíamos demostrar.[13]

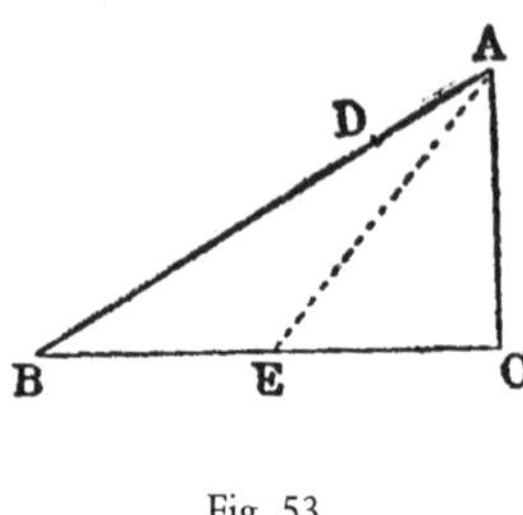

Fig. 53

Con esto podremos más concluyentemente demostrar la siguiente tercera proposición del Autor, en la cual él se vale de este principio: el tiempo por un plano inclinado, tiene respecto al tiempo por una perpendicular, la misma proporción que tienen el plano inclinado y la perpendicular. Porque decimos: Si BA es el tiempo por AB, el tiempo por AD será la media proporcional entre ellas, es decir, la AC, por el segundo corolario de la segunda proposición; pero si AC es el tiempo por AD, será también el tiempo por AC, por ser las AD, AC recorridas en tiempos iguales; y por ello si BA es el tiempo por AB, AC será el tiempo por AC; por consiguiente, como AB es a AC así el tiempo por AB es al tiempo por AC.

Con el mismo razonamiento se demostrará, que el tiempo por AC, es al tiempo por otro plano inclinado AE, como la AC es a la AE; por consiguiente (ex *aequali*), el tiempo por el pla-

no inclinado AB es al tiempo por el plano inclinado AE homó-
logamente como la AB es a la AE, etc.

También se podría, por ulterior desarrollo del teorema, como verá muy bien Sagredo, demostrar inmediatamente la sexta proposición del Autor. Pero baste por ahora con tal digresión, que tal vez ha resultado excesivamente tediosa, aunque,
sin duda alguna, de provecho en estas cuestiones del movimiento.

SAGREDO. Y también de mi mayor agrado, al mismo tiempo que completamente necesaria para la perfecta intelección
de aquel principio.

SALVIATI. Retomaré, pues, la lectura del texto. [Fin de la nota.]

TEOREMA III – PROPOSICIÓN III

*Si sobre un plano inclinado y sobre otro vertical, que tengan
la misma altura, marcha un mismo móvil, a partir del reposo, los tiempos de los descensos serán entre sí, como las longitudes del plano inclinado y del vertical.*[14]

Sea AC el plano inclinado, y AB la vertical, que tienen
idéntica altura sobre la horizontal CB, es decir la misma línea
BA; digo que el tiempo del descenso de un mismo móvil sobre el plano AC, respecto al tiempo del
descenso en la vertical, AB, tiene la misma
razón que la longitud del plano AC respecto a la longitud de AB. Supongamos, pues,
un número cualquiera de líneas DG, EI, FL
paralelas a la horizontal CB; consta, por lo
demostrado, que las velocidades del móvil,
a partir de A (punto de partida del movimiento), adquiridas en los puntos G, D,
son iguales, puesto que los acercamientos a

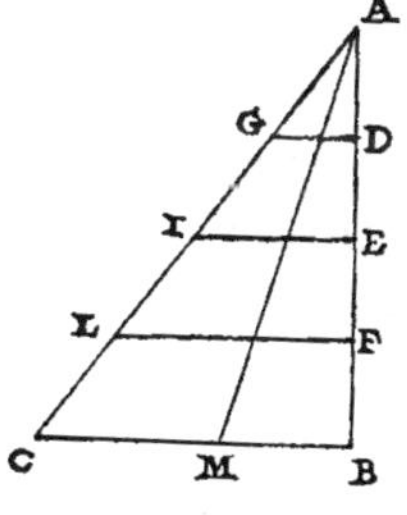

Fig. 54

la horizontal son iguales;* del mismo modo las velocidades en los puntos I, E serán iguales, así como las velocidades en L y F. Y si consideramos, no solamente estas paralelas, sino también las trazadas desde cualquiera de los puntos de la línea AB hasta sus correspondientes de la línea AC, los momentos o grados de velocidad en los extremos de cada una de las paralelas, serán siempre iguales entre sí. Por consiguiente, los dos espacios AC, AB son recorridos con los mismos grados de velocidad. Pero se ha demostrado, que si dos espacios son recorridos por un móvil que marcha con los mismos grados de velocidad, los tiempos de los trayectos tienen la misma razón que tienen esos espacios; luego el tiempo del descenso por AC, respecto al tiempo por AB, es como la longitud del plano AC a la longitud de la vertical AB: lo que se quería demostrar.

SAGREDO. Paréceme que con brevedad y claridad se podía concluir lo mismo, habiendo ya demostrado que el total (*somma*) del movimiento acelerado de los pasajes por AC, AB, es el mismo que en el movimiento uniforme, cuya velocidad sea subdupla de la máxima por CB; al ser pues recorridos los dos espacios AC, AB con el mismo movimiento uniforme, ya es evidente, por la proposición primera del [libro] primero** que los tiempos de los recorridos serán como los espacios mismos.

COROLARIO

De aquí se deduce que: *Los tiempos de los descensos sobre planos inclinados de diverso modo, con tal que tengan la misma altura, son entre sí como las longitudes de los mismos planos.* Si suponemos otro plano AM, prolongado desde A hasta la horizontal CB, se demostrará igualmente, que el tiempo del descenso por AM es al tiempo del descenso por AB, como la línea AM es a la AB;

---

* Quiere decir que en uno y otro caso es idéntica la caída en vertical. *(N. del T.)*

** Véase Jornada III "del Movimiento Uniforme", teorema I, proposición I, pág. 215. *(N. del T.)*

y tal como el tiempo AB es al tiempo por AC, así es la línea AB a la AC; por consiguiente (*ex aequali*), como AM es a AC así también el tiempo por AM es al tiempo por AC.

Teorema IV. – Proposición IV

Los tiempos de los descensos sobre planos de igual longitud, pero desigualmente inclinados, son entre sí como la raíz cuadrada de la razón inversa de las alturas de los mismos planos.[15]

Sean desde el mismo punto B los dos planos iguales pero desigualmente inclinados, BA, BC; y trazadas las horizontales AE, CD hasta la perpendicular BD, sea BE la altura del plano BA y sea BD la altura del plano BC; y sea BI media proporcional entre las alturas DB, BE. Se infiere que la razón de DB a BI es igual a la raíz cuadrada de la razón de DB a BE. Digo ahora, que la razón de los tiempos de las caídas o deslizamientos sobre los planos BA, BC es la misma que la razón de DB a BI, tomada inversamente, de modo que la altura del otro plano BC, es decir BD, sea homóloga del tiempo por BA, y BI sea homóloga del tiempo por BC.

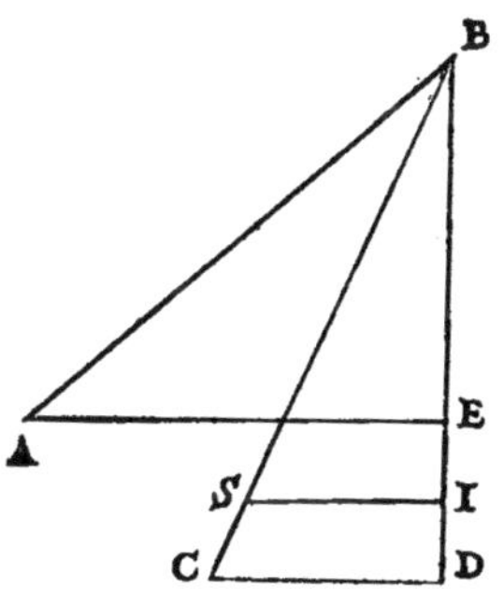

Fig. 55

Vamos a demostrar, por consiguiente, que el tiempo por BA es al tiempo por BC como DB es a BI.

Tómese IS paralela con DC; y como ya hemos demostrado que el tiempo del descenso por BA es al tiempo de la caída por la vertical BE, como la BA es a la BE, y el tiempo por BE es al tiempo por BD, como BE es a BI, y el tiempo por BD es al tiempo por BC, como BD es a BC, o sea BI a BS, tenemos (*ex aequali*) que el tiempo por BA será al tiempo por BC, como BA a BS, o sea como CB a BS; por consiguiente, CB es a BS como DB es a BI: en consecuencia, tenemos lo propuesto.

La razón de los tiempos de los descensos sobre planos, que tienen inclinaciones y longitudes diversas, así como alturas desiguales, se compone de la razón de las longitudes de los planos y de la raíz cuadrada de la razón de sus alturas, tomada inversamente.[16]

Sean los planos AB, AC inclinados de diverso modo, cuyas longitudes sean desiguales, y desiguales también las alturas. Digo que la razón del tiempo de la caída por AC, respecto al tiempo por AB, está compuesta de la razón de AC a AB y de la raíz cuadrada de la razón inversa de las alturas de los mismos. Trácese la vertical AD a la que encuentren las horizontales BG, CD, y sea AL media proporcional entre las alturas DA, AG; y

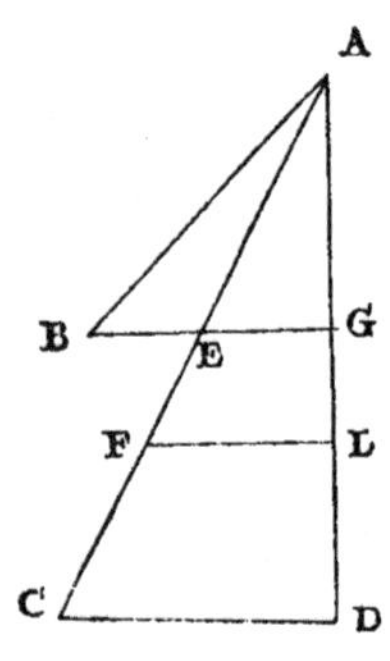

Fig. 56

desde el punto L, trácese una paralela a la horizontal, que encuentre al plano AC en F. Será también AF media proporcional entre CA, AE. Y como el tiempo por AC es al tiempo por AE, como la línea FA es a la AE, y el tiempo por AE es al tiempo por AB, como la AE es a la misma AB; es evidente que el tiempo por AC es al tiempo por AB, como AF es a AB. Hay, pues, que demostrar que la razón de AF a AB está compuesta de la razón de CA a AB y de la razón de GA a AL, que es la raíz cuadrada de la razón inversa de las alturas DA, AG. Esto es evidente, considerando la CA además de FA y AB; pues la razón de FA a AC es la misma que la razón de LA a AD, o sea de GA a AL, que es la raíz cuadrada de la razón de las alturas GA, AD; y la razón de CA a AB es la misma razón de las longitudes: luego tenemos lo propuesto.

Si desde el punto más alto o más bajo de un círculo vertical sobre la horizontal, se trazan algunos planos inclinados hasta tocar la circunferencia, los tiempos de los descensos por los mismos serán iguales.[17]

Sea un círculo vertical sobre la horizontal GH, y levántese el diámetro FA desde el punto más bajo de él o sea desde el contacto con la horizontal; y desde el punto más alto A, trácense, hasta la circunferencia, planos inclinados cualesquiera AB, AC. Digo que los tiempos de los descensos por los mismos son iguales. Trácense BD, CE perpendiculares al diámetro, y entre las alturas de los planos EA, AD sea media proporcional la AI. Y como los rectángulos FAE, FAD son iguales a los cuadrados de AC, AB, y como el rectángulo FAE es al rectángulo FAD como EA es a AD, tenemos que el cuadrado de CA es al cuadrado de AB, como la línea EA es a la línea AD. Pero como la línea EA es a la DA, así también el cuadrado de IA es al cuadrado de AD; por consiguiente, los cuadrados de las líneas CA, AB están entre sí como los cuadrados de las líneas IA, AD, y por consiguiente, la línea IA es a la AD como la CA es a la AB. Pero anteriormente se ha demostrado que la razón del tiempo de la caída por AC, respecto al tiempo de la caída por AB,

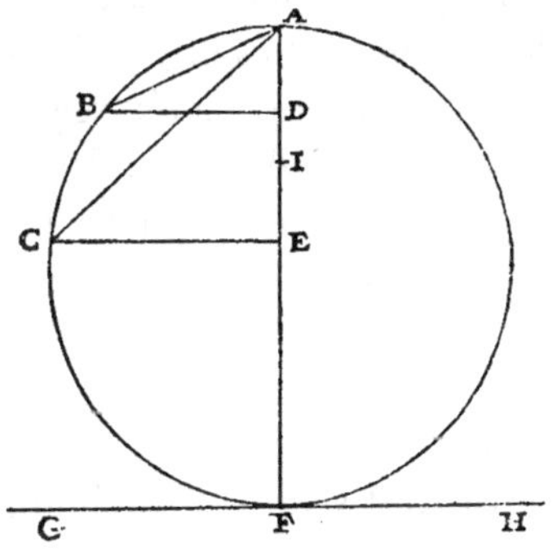

Fig. 57

se compone de las razones de CA a AB y de DA a AI, que es idéntica con la razón de BA a AC; por consiguiente, la razón del tiempo de la caída por AC, respecto al tiempo de la caída por AB, se compone de las razones de CA a AB y de BA a AC; por consiguiente, la razón de estos tiempos es razón de igualdad: luego tenemos lo propuesto.

Lo mismo se demuestra de otro modo por principios de mecánica (*ex mechanicis*) en la siguiente figura, que el móvil recorre CA, DA en tiempos iguales.

Sea BA igual a AD, y trácense las perpendiculares BE, DF; consta por los fundamentos mecánicos que el momento del peso* sobre el plano elevado según la línea ABC es a su momento total, como BE es a BA; y el momento del mismo peso sobre el plano inclinado AD es a su momento total, como DF es a DA o a BA; por consiguiente, el momento del mismo peso sobre el plano inclinado según DA es al momento sobre la inclinación según ABC, como la línea DF es a la línea BE; por consiguiente, los espacios que recorrerá el mismo peso en tiempos iguales sobre las inclinaciones CA, DA, estarán entre sí, como las líneas BE, DF, por la proposición segunda del libro primero.** Pero se demuestra que AC es a DA como BE es a DF; luego el mismo móvil en tiempos iguales recorrerá las líneas CA, DA.

Ahora bien; que CA es a DA, como BE es a DF, se demuestra así:

Únanse C y D, y por D y B, y paralelas a AF, trácense la BH y la DGL, secante de CA en el punto I. En tal caso, el ángulo ADI será igual al ángulo DCA, porque abarcan los arcos iguales LA, AD; y el ángulo DAC es común [de los triángulos CAD y DAI]. Por consiguiente, los lados de los triángulos equiángulos CAD, DAI, que están opuestos a ángulos iguales, serán proporcionales, y lo mismo que CA es a AD, así será DA

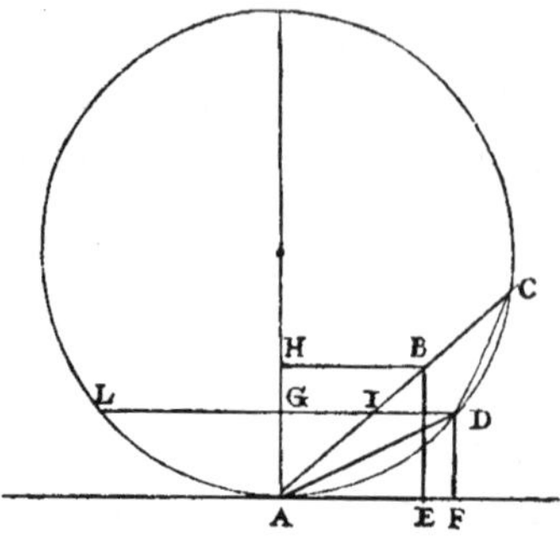

Fig. 58

* La relación se establece entre el *momentum ponderis* y el *momentum totale* de un mismo móvil. Entre el momento de su peso sobre un plano, y su momento en caída libre. (*N. del T.*)

** Véase pág. 235. (*N. del T.*)

a AI, es decir BA a AI, o sea HA a AG, vale decir BE a DF; que es lo que se quería demostrar.

Esto mismo podrá demostrarse más fácilmente de otro modo; es decir:

Sea un círculo vertical sobre la horizontal AB, y su diámetro CD sea perpendicular a la horizontal; desde el punto más alto D, trácese un plano inclinado DF hasta la circunferencia. Digo que el descenso de un mismo móvil por el plano DF, y su caída por el diámetro DC, se efectuarán en tiempos iguales. Paralela a la horizontal AB, trácese la FG que será perpendicular al diámetro DC, y únanse FC. Y puesto que el tiempo de la caída por DC es al tiempo de la caída por DG, como la media proporcional entre CD, DG es a la misma DG; y como la media entre CD, DG es DF, puesto que el ángulo DFC en el semicírculo es recto, y FG es perpendicular a DC; tenemos que el tiempo de la caída por DC es al tiempo de la caída por DG, como la línea FD es a la línea DG. Pero ya se ha demostrado que el tiempo del descenso por DF es al tiempo de la caída por DG, como la misma línea DF es a la DG; por consiguiente, el tiempo del descenso por DF y el de la caída por DC, respecto al mismo tiempo de la caída por DG, tiene una misma razón; en consecuencia, son iguales. Del mismo modo se demostrará que si desde el punto inferior C se eleva la cuerda CE, trazando EH paralela a la horizontal y uniendo E con D, el tiempo del descenso por EC es igual al tiempo de la caída por el diámetro DC.

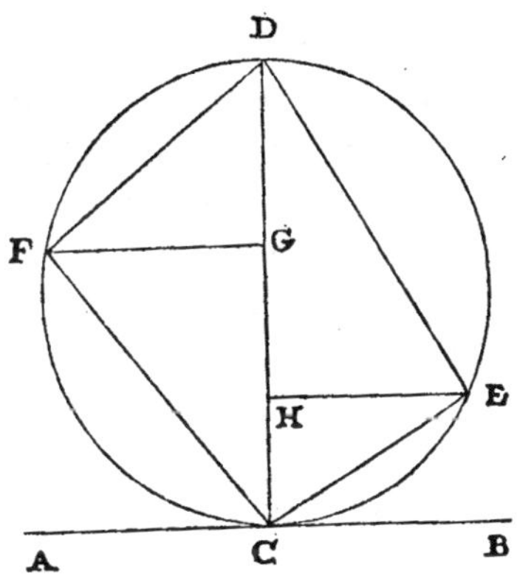

Fig. 59

Corolario I

De aquí se deduce, que: *Los tiempos de los descensos por todas las cuerdas, trazadas desde los puntos C o D, son iguales entre sí.*

Corolario II

Se deduce también, que: *Si desde el mismo, punto descienden una vertical y un plano inclinado, sobre los cuales se efectúan descensos en tiempos iguales, sus extremos están en un semicírculo, cuyo diámetro es la misma vertical.*

De aquí se deduce, que: *Son iguales los tiempos de las caídas sobre planos inclinados, cuando las elevaciones de las partes iguales de los mismos planos sean entre sí como las longitudes de los planos mismos.*[18] Pues se ha demostrado que los tiempos por CA, DA, en la penúltima figura, son iguales, con tal que la parte AB, que es igual a AD, tenga por elevación la línea BE, que es respecto a la elevación DF, como CA es a DA.

Sagredo: Ten la bondad de suspender por un momento la lectura de lo que sigue, hasta que yo pueda exponer una idea que en este momento viene a mi mente; que si no es una falacia, no está lejos de ser un entretenimiento (*scherzo*) gracioso, como son todos los de la naturaleza o del mundo de lo necesario.

Es evidente, que si desde un punto dado en un plano horizontal, se prolongan sobre el mismo plano infinitas líneas rectas en todas las direcciones, y suponemos que sobre cada una de ellas se mueve un punto con movimiento uniforme, comenzando a moverse todos en el mismo instante desde el punto indicado, y todos con velocidades iguales, esos puntos móviles pertenecerán sucesivamente a circunferencias de círculos cada vez mayores, todos concéntricos en torno al primer punto indicado; lo mismo que vemos suceder en las ondas de agua estantía, cuando desde lo alto se deja caer una piedrecita, cuyo choque sirve para dar principio al movimiento en todas direcciones, y queda como centro de todos los círculos cada vez mayores que forman esas onditas. Pero si nosotros suponemos un plano vertical sobre la horizontal, y en este plano un punto determinado en lo más alto, desde el cual partan infinitas líneas inclinadas según todas las inclinaciones, sobre las cuales nos imaginemos descender móviles graves, cada uno con movimiento naturalmente acelerado, y con la velocidad que conviene a cada una de las diversas inclinaciones; en el caso de que los móviles en descenso fuesen siempre visibles, ¿en qué clase de líneas los veríamos en cada instante dispuestos? Aquí nace mi asombro, porque las demostraciones precedentes me aseguran que se verán todos siempre en la misma circunferencia de círculos sucesivamente crecientes, a medida que los móviles, al descender, se van alejando sucesivamente más y más del punto más alto, donde estaba el comienzo de su caída. Y para explicarme mejor, señalemos el punto supremo A, del que desciendan líneas en todas las inclinaciones que se quiera AF, AH, y la perpendicular AB, en la cual, tomados los puntos C, D, se describirán en torno a ellos algunos círculos, que pasando por el punto A, corten las líneas inclinadas en los puntos F, H, B, E, G, I. Es evidente, por las demostraciones precedentes, que si en el mismo instante de tiempo parten desde el punto A los móviles que desciendan por esas líneas, cuando uno esté en E, el otro estará en G y el otro en I; y así, continuando el descenso, se hallarán en el mismo

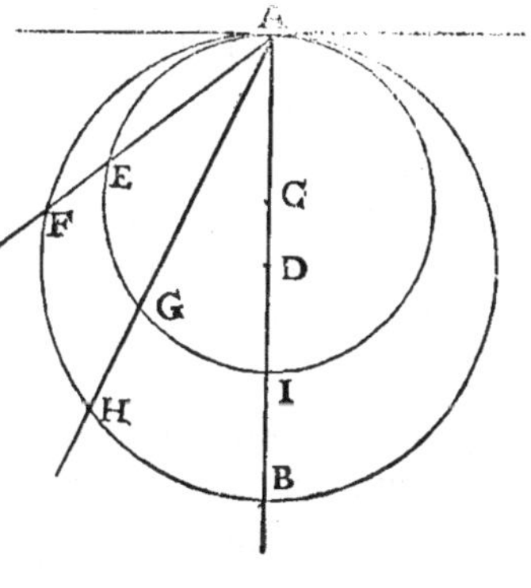

Fig. 60

momento de tiempo en F, H, B; y al continuar moviéndose éstos y otros infinitos por las diversas inclinaciones infinitas, se encontrarán siempre sucesivamente en las mismas circunferencias, que irán haciéndose cada vez mayores hasta lo infinito. Por consiguiente, de las dos especies de movimiento, de que se vale la naturaleza, nace, con una admirable diversidad correspondiente, una doble generación de infinitos círculos. Una se ubica como en su sede y principio originario, en el centro de infinitos círculos concéntricos; la otra se constituye en el contacto supremo de las infinitas circunferencias de círculos todos excéntricos entre sí. Aquéllos nacen de movimientos iguales y uniformes todos; éstos de los movimientos siempre variados en sí mismos, y todos desiguales uno del otro, que se realizan por las infinitas inclinaciones diferentes. Agreguemos, además, que si, desde los dos puntos indicados para los orígenes [del movimiento], suponemos que parten líneas, no solamente sobre dos superficies, horizontal y vertical, sino en todas direcciones; así como desde aquéllas, comenzándose desde un punto solo, se pasaba a la producción de círculos, del mínimo al máximo, así también aquí, comenzándose desde un solo punto, se irán produciendo infinitas esferas, vale decir una esfera que se irá ampliando en tamaños siempre crecientes; y esto de dos maneras: ya poniendo el origen en el centro, ya poniéndolo en la superficie de tales esferas.

SALVIATI. La reflexión es verdaderamente interesante, y propia del ingenio de Sagredo.

SIMPLICIO. En lo que a mí respecta, quedo en cierto modo satisfecho con la meditación sobre las dos maneras de producirse, por medio de los dos diferentes movimientos naturales, los círculos y las esferas, aun cuando no he entendido completamente la producción que depende del movimiento acelerado ni su demostración; pero sin embargo, ese poder elegir como lugar de tal origen tanto el centro ínfimo como la más alta superficie esférica, me hace pensar que podría ser que algún gran misterio estuviera encerrado en estas verdaderas y admirables conclusiones; misterio, digo, atinente tanto a la creación del universo, el que juzgamos ser de forma esférica, como a la residencia de la causa primera.

SALVIATI. Yo no tendría inconveniente en creer lo mismo. Pero semejantes estudios tan profundos pertenecen a otras disciplinas más elevadas que las nuestras. A nosotros debe bastarnos con ser aquellos más oscuros artífices, que arrancan y sacan de las canteras los mármoles, en los cuales después los artistas escultores hacen aparecer maravillosas imágenes, que se ocultaban debajo de una basta e informe exterioridad. Ahora, si os place, seguiremos adelante.

TEOREMA VII − PROPOSICIÓN VII

Si las elevaciones de dos planos tuvieran una razón que fuese como la segunda potencia de las que tienen las longitudes de los mismos planos, los descensos en ellos a partir del reposo, se efectuarán en tiempos iguales.[19]

Sean los planos desiguales y desigualmente inclinados AE, AB, cuyas elevaciones sean FA, DA; y la razón que tiene AE respecto a AB, téngala también, pero multiplicada por sí misma, FA respecto a DA. Digo, que los tiempos de los descensos sobre los planos AE, AB, a partir del reposo en A, son iguales. Trácense a la línea de las elevaciones EF y DB, paralelas horizontales, y DB corte a AE en G. Y como la razón de FA a AD es la segunda potencia de la razón de EA a AB, y puesto que FA es a AD, como EA es a AG, tenemos que la razón EA a AG es la segunda potencia de la razón de EA a AB; por consiguiente AB es media entre EA, AG. Y como el tiempo del descenso por AB es al tiempo por AG, como AB es a AG, y el tiempo del descenso por AG es al tiempo por AE como AG es a la media proporcional entre AG, AE, que es AB, tenemos (*ex aequali*), que el tiempo por AB es al tiempo por AE, como AB es a sí misma; luego los tiempos son iguales; que es lo que había que demostrar.

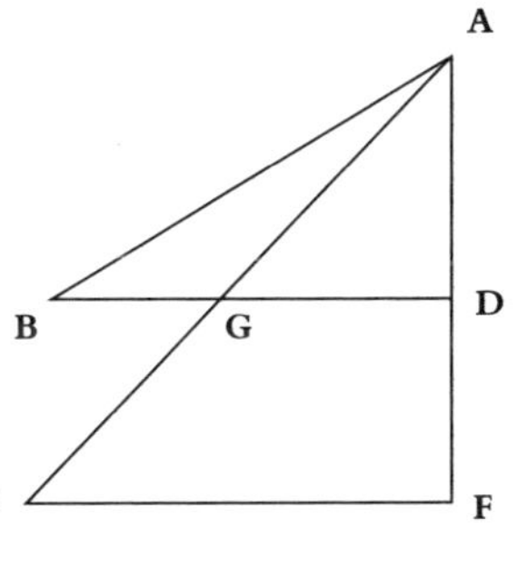

Fig. 61

TEOREMA VIII – PROPOSICIÓN VIII

De entre los planos trazados en un mismo círculo vertical e inclinados sobre la horizontal, en aquellos que concurren a un extremo del diámetro vertical, ya sea el inferior, ya el superior, los tiempos de los descensos son iguales al tiempo de la caída por el diámetro; pero en aquellos que no cortan al diámetro, los tiempos son más breves; y finalmente, en aquellos que lo cortan son más largos.

Sea AB el diámetro perpendicular del círculo vertical sobre la horizontal. En lo tocante a los planos trazados desde los puntos AB, hasta la circunferencia, ya tenemos demostrado que los tiempos de las caídas sobre ellos son iguales. Acerca del plano DF, que no corta al diámetro, se demostrará que el tiempo del descenso en él es más breve, con sólo trazar el plano DB, que será más largo y menos inclinado que DF; en consecuencia, el tiempo por DF es más breve que por DE, o sea más breve que por AB. En cuanto a un plano que corte al diámetro, como CO, resulta del mismo modo, que el tiempo de la caída en él es más largo; pues es también más largo y menos inclinado que CB. Luego tenemos lo propuesto.

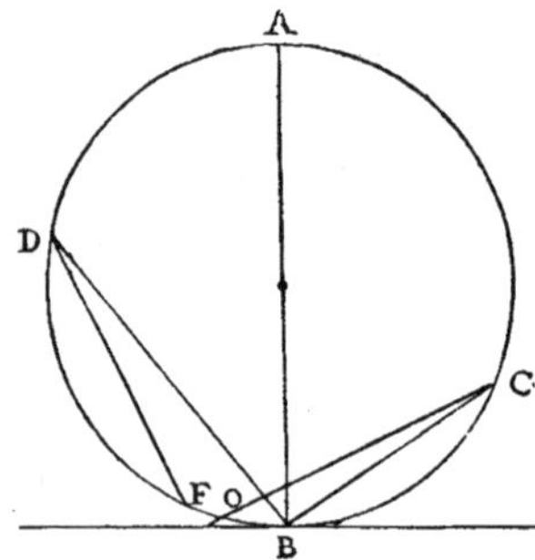

Fig. 62

TEOREMA IX – PROPOSICIÓN IX

Si desde un punto en una línea paralela a la horizontal, se trazan dos planos inclinados según cualquier inclinación, y se cortan por una línea que forme con ellos ángulos alternativamente (permutatim) iguales a los ángulos contenidos entre estos mismos planos y la horizontal, los descensos sobre las partes limitadas por dicha línea se efectúan en tiempos iguales.

Desde el punto C de la línea horizontal X, trácense los planos inclinados con cualquier inclinación CD, CE, y en un punto cualquiera de la línea CD constrúyase el ángulo CDF, igual al ángulo XCE; y la línea DF corte en F al plano CE, de modo que los ángulos CDF, CFD sean iguales a los ángulos XCE, LCD tomados inversamente. Digo que los tiempos de los descensos por CD, CF son iguales. Es evidente que (puesto el ángulo CDF igual al ángulo XCE), el ángulo CFD es igual al ángulo DCL. Porque, si se quita el ángulo común DCF de los tres ángulos del triángulo CDF, iguales a dos rectos, a los cuales son también iguales todos los ángulos construidos sobre la línea LX en el punto C, permanecen en el triángulo los dos CDF, CFD, iguales a los dos XCE, LCD; y como se ha puesto CDF igual a XCE, tenemos que el remanente CFD es igual al remanente DCL. Póngase [la longitud de] el plano CE igual al plano CD, y desde los puntos D, E trácense las perpendiculares DA, EB a la horizontal XL, y desde C hasta DF trácese la perpendicular CG; y como el ángulo CDG es igual al ángulo ECB, y como DGC, CBE son rectos, los triángulos CDG, CBE serán equiángulos semejantes,[20] y CE será a EB como DC es a CG; pero DC es igual a CE; luego CG será igual a BE. Y siendo los ángulos C, A de los triángulos DAC, CGF iguales a los ángulos F, G, será FC a CG como CD es a DA y (*permutando*), DA es a CG o sea a BE, como DC es a CR. Por consiguiente, la razón de las elevaciones de los planos iguales CD, CE es idéntica con la razón de las longitudes DC, CF; en consecuencia, según el corolario I de la proposición sexta precedente, los tiempos de los descensos en éstos serán iguales: que es lo que había que demostrar.

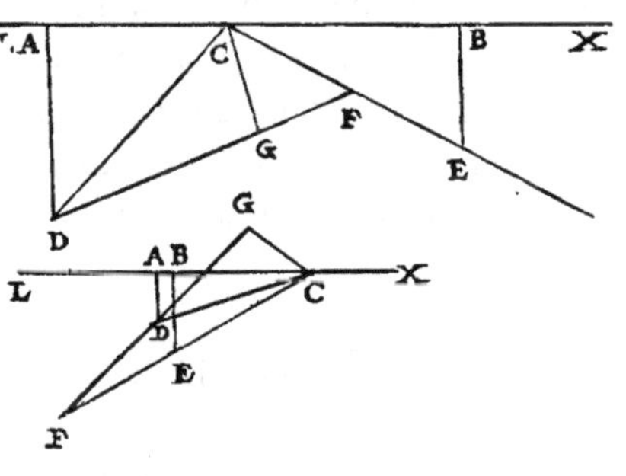

Fig. 63

Lo mismo de otro modo: trácese FS perpendicular a la horizontal AS. Como el triángulo CFS es semejante al triángulo DGC, GC será a CD como SF es a FC; y como el triángulo CFG es semejante al triángulo DCA, será CD a DA, como FC es a CG; luego (*ex aequali*) CG es a DA como SF es a CG; por consiguiente, CG es media proporcional entre SF, DA, y el cuadrado de DA es al cuadrado de

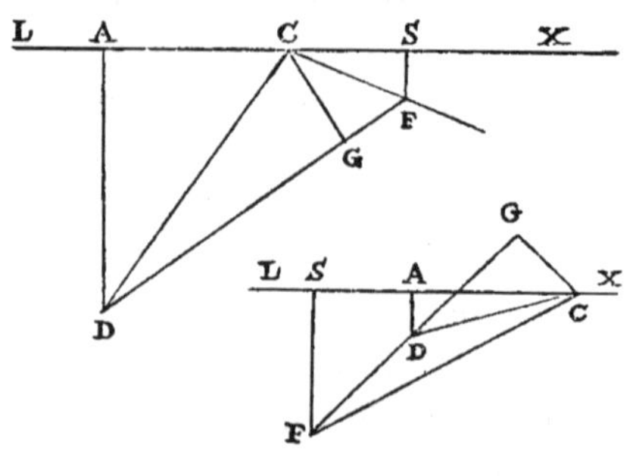

Fig. 64

CG, como DA es a SF. Además, siendo el triángulo ACD semejante al triángulo CGF, será GC a CF como DA es a DC, y (*permutando*), DC será a CF como DA es a CG, y el cuadrado de DC será al cuadrado de CF, como el cuadrado de DA es al cuadrado de CG; pero se ha demostrado que el cuadrado de DA es al cuadrado de CG, como la línea DA es a la línea FS; por consiguiente, la línea DA es a la FS, como el cuadrado de DC es al cuadrado de CF; por consiguiente, por la proposición séptima precedente, como las alturas DA, FS, de los planos CD, CF tienen una razón que es el cuadrado de la de los mismos planos, los tiempos de los descensos por éstos serán iguales.

TEOREMA X – PROPOSICIÓN X

Los tiempos de los descensos sobre planos diversamente inclinados, cuyas alturas sean iguales, están entre sí como las longitudes de esos planos, tanto si los descensos comienzan desde el reposo, como si están precedidos por descensos desde una misma altura.[21]

Sean los descensos por ABC y ABD hasta la horizontal DC, de tal modo que el descenso por AB preceda a los descen-

sos por BD y por BC. Digo, que el tiempo del descenso por
BD es al tiempo del descenso por BC, como la longitud BD es
a la longitud BC. Trácese AF paralela a la horizontal, y prolónguese hacia ella la DB hasta que la en-
cuentre en F, y sea FE media proporcional entre DF, y FB, y trazada EO
paralela a DC, será AO media entre CA,
AB. Y si suponemos que el tiempo por
AB es como AB, el tiempo por FB será
como FB, y el tiempo por toda la AC será como la media proporcional AO, y
por toda la FD será FE; por lo cual, el
tiempo por el resto BC será BO, y por

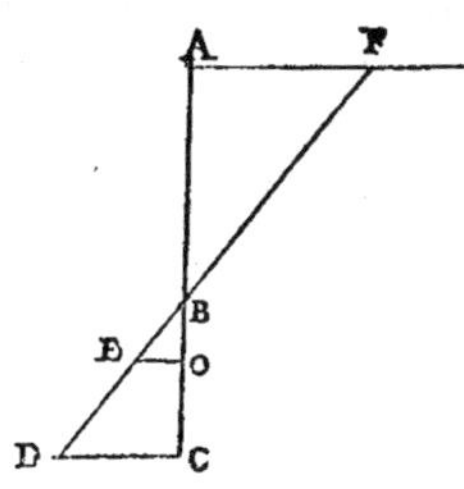

Fig. 65

el resto BD será BE. Pero BE es a BO como BD es a BC; luego los tiempos por BD, BC, después de la caída por AB, FB, o
lo que es lo mismo por la común AB, serán entre sí como las
longitudes BD, BC. Por otra parte, ya arriba hemos demostrado que el tiempo por BD es al tiempo por BC desde el reposo
en B, como la longitud BD es a BC. Por consiguiente, los tiempos de los descensos por planos diversos, cuyas alturas sean
iguales, son entre sí como las longitudes de los mismos planos,
ya sea que el movimiento en éstos se efectúe desde el reposo,
ya sea que otro descenso preceda, desde una misma altura, a estos descensos; que es lo que se quería demostrar.

TEOREMA XI − PROPOSICIÓN XI

*Si un plano, en el que se efectúa el movimiento desde el repo-
so, se divide a capricho, el tiempo del descenso por la primera
parte es al tiempo del descenso por la siguiente, como la misma primera parte es al exceso con que la media proporcional
entre todo el plano y esta primera parte, supera a la primera
parte.*

Desde el reposo en A, realícese el descenso por toda la AB,
que ha sido dividida en C, a voluntad; sea AF media propor-

cional entre toda la BA y la primera parte de AC; será
CF el exceso de la media proporcional FA sobre la parte AC. Digo que el tiempo del descenso por AC, es al
tiempo del siguiente descenso por CB, como AC es a
CF.[22] Esto es evidente, porque el tiempo por AC es al
tiempo por toda la AB, como AC es a la media proporcional AF; por consiguiente (*dividendo*), el tiempo por
AC será respecto del tiempo por la restante CB, como AC
es a CF. En consecuencia, si entende-
mos que el tiempo por AC es la misma AC, el tiempo por CB será CF;
que es lo propuesto.

Si el movimiento no se efectúa por
la línea recta ACB, sino por la quebrada ACD hasta la horizontal BD, a la
cual se ha trazado por F la paralela FE,
se demostrará igualmente que el tiempo por AC es al tiempo por
la inclinada CD, como AC es a CE. Pero dado que el tiempo por
AC es al tiempo por CB, como AC es a CF; y como ya se ha demostrado que el tiempo por CB después de AC es al tiempo por
CD después del mismo descenso por AC, como CB es a CD, o
sea como CF es a CE; tenemos (*ex aequali*) que el tiempo por AC
será al tiempo por CD, como la línea AC es a la CE.

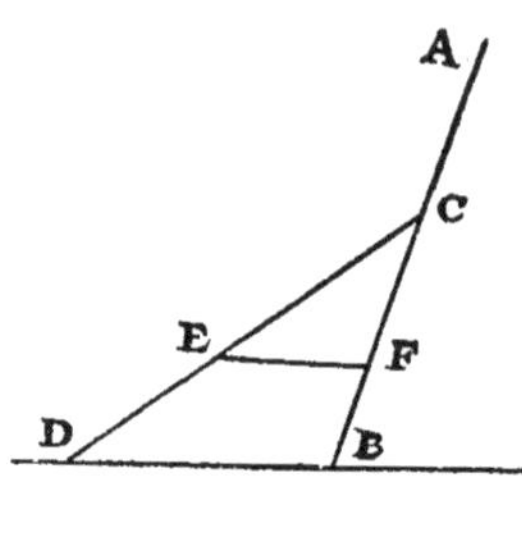

Fig. 67

Fig. 66

TEOREMA XII – PROPOSICIÓN XII

*Si una vertical y un plano como se quiera inclinado, están
cortados entre unas mismas horizontales, y se toman las medias proporcionales de los mismos y de sus partes comprendidas entre la sección común y la horizontal superior, el tiempo
del descenso por la vertical, tendrá respecto al tiempo del descenso por una línea formada por la parte superior de la vertical y seguida de la parte inferior del plano secante, la misma
razón que tiene toda la longitud de la vertical respecto a un
segmento compuesto de la media proporcional tomada en la*

Sean las horizontales superior AF, inferior CD, entre las cuales queden cortados en B, tanto la vertical AC como el plano inclinado DF, y sea AR media proporcional de toda la vertical CA y de la parte superior AB, y sea FS media de todo el DF y de la parte superior BF. Digo, que el tiempo de la caída por toda la vertical AC respecto al tiempo de descenso por su parte superior AB, seguida por la parte inferior del plano, es decir BD, tiene la misma razón que tiene AC respecto a la suma de la media de la vertical (o sea AR) y de SD, que es el exceso de todo el plano DF so-

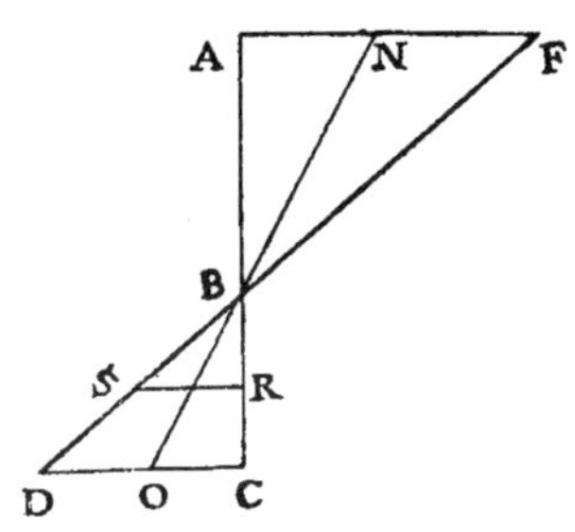

Fig. 68

bre su media proporcional FS.[23] Únanse RS y darán una línea paralela a las horizontales; y como el tiempo de caída por toda la AC, es al tiempo por la parte AB, como CA es a la media AR, si suponemos que AC representa el tiempo de la caída por AC, será AR el tiempo de la caída por AB, y RC por lo restante de BC. Ahora bien, si se supone, como lo hemos hecho, que el tiempo por AC, es representado por la misma AC, el tiempo por FD será FD, e igualmente se concluirá que DS es el tiempo por BD después de FB, o sea después de AB.

Por consiguiente, el tiempo por toda la AC es AR más RC; y por la quebrada ABD, será AR con SD: que es lo que había que demostrar.

Cosa idéntica sucedería, si en lugar de la vertical, se pusiera otro plano inclinado, como por ejemplo, NO; la demostración sería la misma.

Dado un segmento vertical, trazar con su misma altura un plano inclinado, en el cual se efectúe el descenso, después de la caída por el segmento, en el mismo tiempo en que se efectúa por aquél a partir del reposo.

Sea AB el segmento dado, igual al cual, prolongado hasta C, supongamos la parte BC, y trácense las horizontales CE, AG. Es necesario trazar un plano inclinado desde B hasta la horizontal CE, sobre el cual se efectúe el descenso, después de

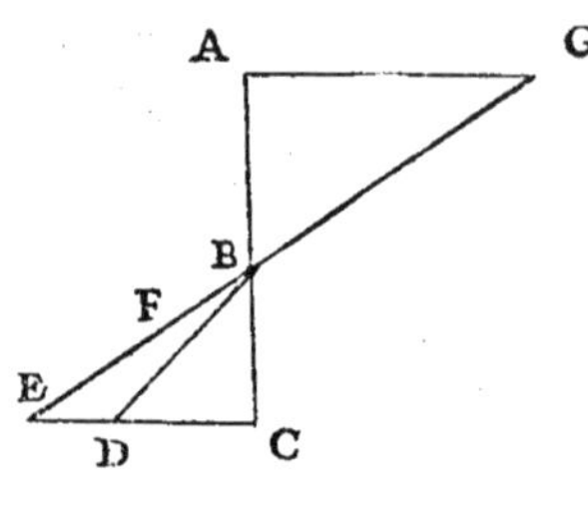

Fig. 69

la caída desde A, en el mismo tiempo en que se efectúa sobre AB, desde el reposo en A. Tomemos CD igual a CB, y trazada BD, descríbase BE igual a la suma de BD, DC. Digo que BE es el plano buscado.[24] Prolónguese EB, hasta encontrar la horizontal AG en G, y sea GF media entre EG, GB; será EF respecto a FB como EG es a GF y el cuadrado de EF será al cuadrado de FB, como el cuadrado de EG es al cuadrado de GF, o sea como la línea EG es a GB. Pero EG es doble de GB; por consiguiente, el cuadrado de EF es doble del cuadrado de FB. Pero el cuadrado de DB es también doble del cuadrado de BC; por consiguiente, la línea EF es a la FB como DB es a BC, y (*componendo et permutando*), BF es a BC como EB es al conjunto de las dos DB, BC. Pero BE es igual a la suma de DB, BC. Luego BF es igual a la BC o sea a la BA. Luego, si suponemos que AB es el tiempo de la caída por AB, será GB el tiempo por GB, y GF será el tiempo por toda la GE; luego BF será el tiempo por lo restante de BE, después de la caída desde G, o sea desde A: que era lo propuesto.

Dado un segmento vertical y un plano inclinado hacia él, hallar en el lado superior del segmento una parte que sea recorrida, a partir del reposo, en un tiempo igual a aquel en que es recorrido el plano inclinado después de la caída por la parte hallada en el segmento.

Sea el segmento DB, y el plano inclinado hacia él AC. Es necesario hallar en el trozo AD, la parte, que a partir del reposo, sea recorrida en un tiempo igual a aquel en que, después de la caída por ella, es recorrido el plano AC.[25] Trácese la horizontal CB, y sea CA respecto a AE como BA más dos veces AC es respecto de AC, y sea EA a AR como BA a AC, y desde R trácese la RX perpendicular a DB. Digo que X es el punto buscado. Y dado que CA es a AE como BA más dos veces AC es a AC, restando uno será CE a EA como BA más AC es a AC; pero por ser EA a AR como AB es a AC será sumando uno, ER a RA como BA más AC es a AC. Pero CE es a

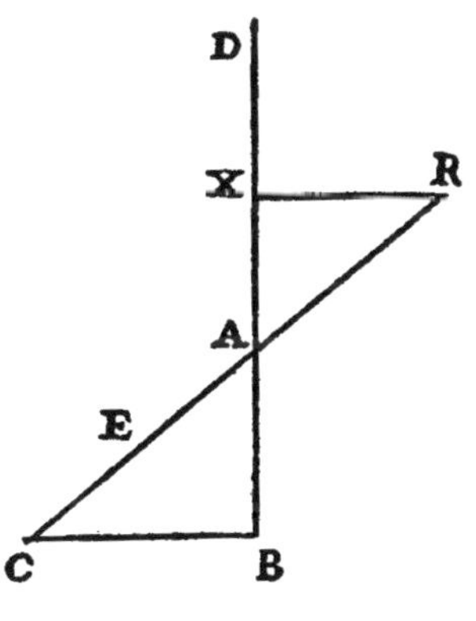

Fig. 70

EA como BA más AC es a AC. Luego ER es a RA como EC es a EA y como ambos antecedentes son a ambos consecuentes, o sea CR a RE. Por consiguiente CR, RE, RA forman proporción continua. Además, como se ha supuesto que EA es a AR, como BA es a AC, y por semejanza de triángulos, XA es a AR como BA es a AC; tenemos que XA es a AR como EA es a AR. Por consiguiente, EA, XA son iguales. Ahora si suponemos que el tiempo por RA es como RA, el tiempo por RC será como RE, media entre CR, RA, y será AE el tiempo por AC después de RA, o sea después de XA: pero el tiempo por XA es XA, mientras que RA es el tiempo por RA; y ya se ha demostrado que XA, AE son iguales: luego tenemos lo propuesto.

Dado un segmento vertical y un plano inclinado hacia él, hallar en la prolongación por el extremo inferior del segmento una parte que sea recorrida en el mismo tiempo que el plano inclinado después de la caída desde dicho segmento.

Sea el segmento AB, y BC el plano inclinado. Es necesario hallar en el segmento, prolongado por el extremo inferior, la parte que sea recorrida en descenso a partir de A, durante el mismo tiempo en que es recorrida BC en la misma caída desde A. Trácese la horizontal AD, a la que concurra CB prolongada hasta D, y sea DE media entre CD, DB, y póngase BF igual a BE; después sea AG tercia proporcional de BA, AF. Digo que BG es el espacio que, después de la caída por AB, es recorrido durante el mismo tiempo en que es recorrido el plano BC después de la misma caída. Porque si suponemos que el tiempo por AB es como AB, el tiempo por DB será como DB; y como DE es media entre BD, DC, la misma DE será el tiempo por toda la DC, y BE el tiempo por lo restante de BC, desde el reposo en D, o sea desde la caída por AB. Y del mismo modo se concluye, que BF es el tiempo por BG, después de la misma caída; mas BF es igual a BE: luego tenemos lo propuesto.[26]

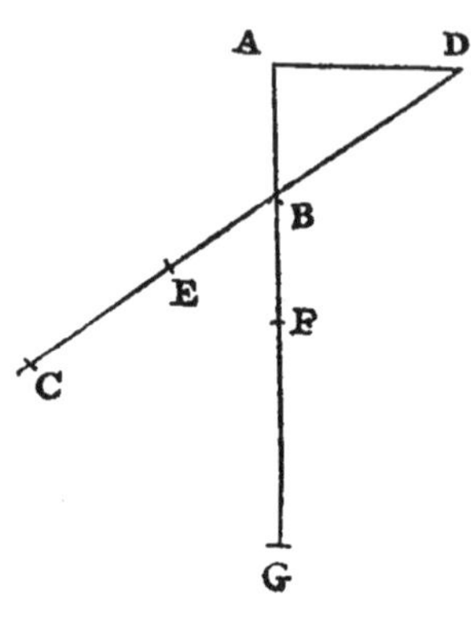

Fig. 71

Si un plano inclinado limitado y un segmento vertical en que los tiempos de descenso a partir del reposo son iguales, arrancan de un mismo punto, el móvil proveniente desde cualquier

Sea el segmento EB y el plano inclinado CE, que arrancan del mismo punto E, y sean iguales los tiempos del descenso por ellos a partir del reposo en E; y en el segmento prolongado, tómese un punto cualquiera superior A, desde el cual se dejen caer los móviles. Digo que en más breve tiempo será recorrido el plano inclinado EC, que el vertical EB, después de la caída por AE.[27] Únase CB, y trazada la horizontal AD, prolónguese CE, hasta que la encuentre en D; y sea DF media proporcional entre CD, DE, y sea AG media entre BA, AE, y trácense FG, DG. Y como los tiempos de las caídas por EC, EB, desde el reposo en E, son iguales, el ángulo C será recto, según el corolario segundo de la proposición sexta; y es también recto A, e iguales los ángulos de vértice en E; por consiguiente, los triángulos AED, CEB son equián-gulos y los lados opuestos a los án-

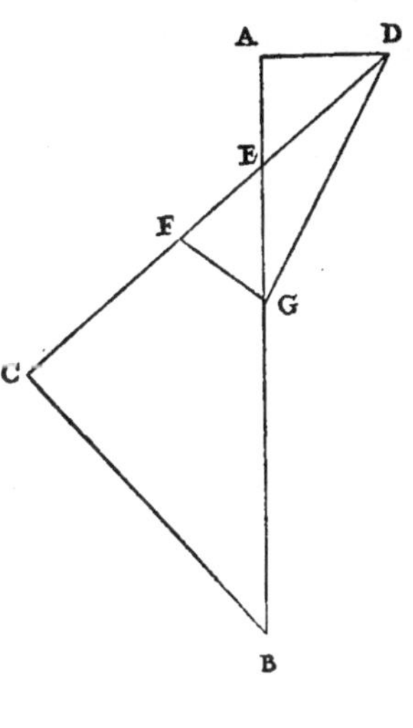

Fig. 72

gulos iguales son proporcionales; luego DE es a EA como BE es a EC. Luego el rectángulo BEA es igual al rectángulo CED; y como el rectángulo CDE supera al rectángulo CED en el cuadrado de ED, y el rectángulo BAE supera al rectángulo BEA, en el cuadrado de EA, el exceso del rectángulo CDE sobre el rectángulo BAE, es decir el cuadrado de FD sobre el cuadrado de AG, será idéntico con el exceso del cuadrado de DE sobre el cuadrado de AE; exceso que es el cuadrado de DA. Por consiguiente, el cuadrado de FD es igual a los dos cuadrados de GA, AD, a los que es también igual el cuadrado de GD; luego la línea DF es igual a la DG, y el ángulo DGF es igual al ángulo DFG y el ángulo EGF es menor que el ángulo EFG, y el lado opuesto EF es menor que el lado EG. Ahora, si suponemos que el tiempo de la caída por AE es como AE, el tiempo de la caída por DE será como DE; y como AG es media proporcional entre BA, AE el tiempo por toda la AB será AG, y lo restante de EG será el tiempo por lo restante de EB, a partir del reposo en A; y de modo semejante se concluirá que EF es el tiempo por EC,' después del descenso por DE, o sea después de la caída por AE; pero se ha demostrado que EF es menor que EG: luego tenemos lo propuesto.

Por esta proposición y por la precedente consta que el espacio que es recorrido en un segmento vertical después de la caída desde una parte más alta, durante el mismo tiempo en que es recorrido un plano inclinado, es un espacio menor que aquel que sobre el plano inclinado, es recorrido durante el mismo tiempo, no precediendo la caída desde una parte más alta; pero mayor que el tal plano inclinado. Como poco ha se ha demostrado que de dos móviles que vienen desde un punto superior A, el tiempo del que marcha por EC es más breve que el tiempo del que procede por EB, consta que el espacio que es recorrido por EB, durante un tiempo igual al tiempo por EC, es menor que todo el espacio EB. Que este espacio del segmento vertical sea mayor que EC, es manifiesto si se toma la figura de la proposición precedente, en la cual se ha demostrado que la parte del segmento BG es recorrida en el mismo tiempo que BC, después de la caída desde AB. Que esta BG es mayor que BC se

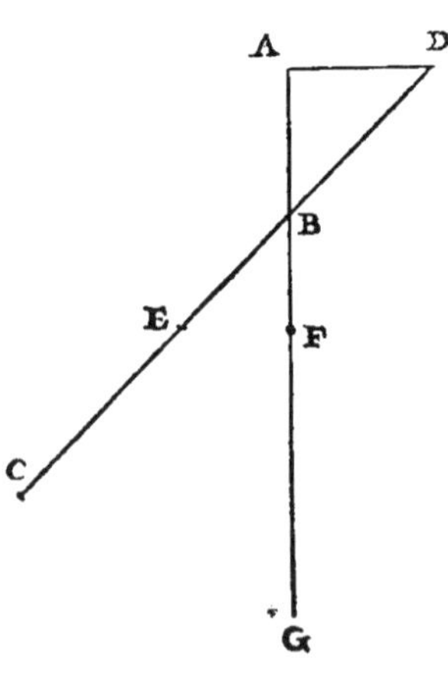

Fig. 73

demuestra así: como BE, FB son iguales, y BA menor que BD, FB tiene mayor razón respecto a BA que la que tiene EB respecto a BD, y sumando uno (*componendo*), FA tiene respecto a AB mayor razón que la que tiene ED respecto a DB; pero GF es a FB como FA a AB (pues AF es media entre BA, AG), y del mismo modo CE es a EB como ED es a BD; luego GB tiene mayor razón respecto a BF que la que tiene CB respecto a BE: por consiguiente, GB es mayor que BC.

PROBLEMA IV — PROPOSICIÓN XVII

Dado un segmento vertical y un plano inclinado al mismo, hallar en el plano dado la parte, en que después de la caída por el segmento, se efectúe el movimiento durante un tiempo igual a aquel en que el móvil recorre el segmento dado a partir del reposo.

Sea el segmento vertical AB, y el plano inclinado al mismo sea BE; es necesario señalar en BE el espacio por el cual el móvil, después de la caída en AB, se mueve con tiempo igual a aquel en que recorre el mismo segmento AB desde el reposo.

Sea la línea horizontal AD, a la que encuentra en D el plano prolongado, y tómese FB igual a BA y sea FD a DE como BD a DF. Digo, que el tiempo por BE, después de la caída en AB, es igual al tiempo por AB desde el reposo en A.[28] Porque si suponemos que AB es el tiempo por AB, será DB el tiempo por DB; y siendo FD a DE como BD a DF, DF se-

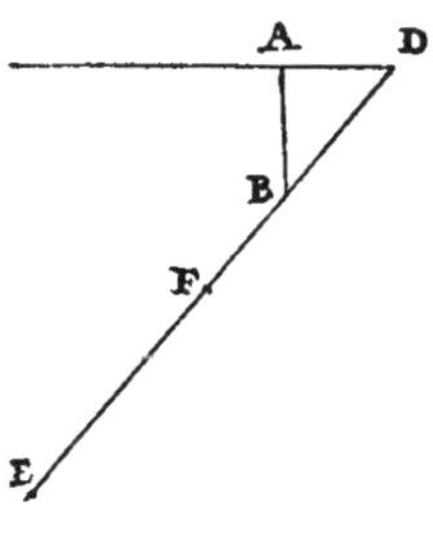

Fig. 74

rá el tiempo por todo el plano DE, y BF por la parte BE desde D. Pero el tiempo por BE después de DB, es el mismo que después de BA: luego el tiempo por BE después de AB será BF, vale decir igual al tiempo AB desde el reposo en A: luego tenemos lo propuesto.

Dado en un segmento vertical un espacio cualquiera que sea recorrido a partir del reposo en un tiempo dado, y dado cualquier otro tiempo menor, hallar en el mismo segmento otro espacio igual, que sea recorrido durante ese tiempo dado menor.

Sea el segmento A, en el que se dé el espacio AB, cuyo tiempo, desde el comienzo en A, sea AB; trácese la horizontal CBE, y dése un tiempo menor que el mismo AB, igual al cual señálese BC en la horizontal. Es necesario hallar en la vertical un espacio igual a AB que sea recorrido en el tiempo BC. Únase la línea AC y como BC es menor que BA, el ángulo BAC será menor que el ángulo BCA; constrúyase CAE igual a él, y la línea AE encuentre a la horizontal en el punto E; perpendicular a esta trácese la ED, que corte a la vertical A en D, y córtese la línea DF igual a la BA. Digo, que la misma FD es la porción de la vertical que será recorrida en el movimiento iniciado en A, durante el tiempo dado BC. Y puesto que en el triángulo rectángulo AED se ha trazado EB desde el ángulo recto E, perpendicular al lado opuesto AD, será AE media entre DA, AB, y será BE media entre DB, BA, o sea entre FA, AB (porque FA es igual a DB), y como se ha supuesto que AB es el tiempo por A, será AE o sea EC el tiempo por toda la AD, y EB el tiempo por AF; luego lo restante de BC será el tiempo por lo restante de FD: que es lo que se pretendía[29]

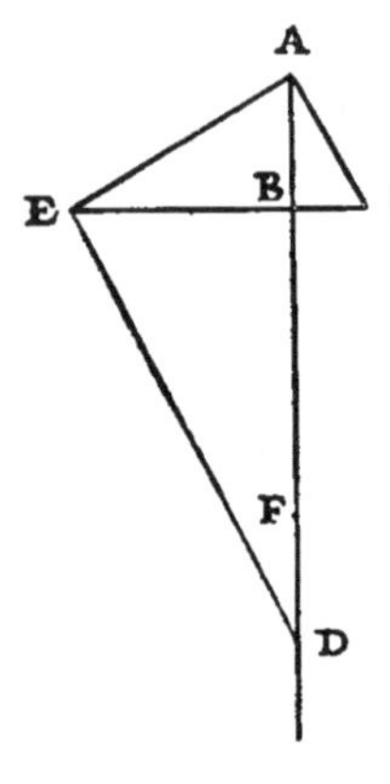

Fig. 75

Dado en un segmento vertical un espacio cualquiera recorrido desde el principio del movimiento, y dado el tiempo de la caí-

da, hallar el tiempo en que otro espacio igual, tomado en cualquier parte de la misma vertical, será recorrido consecutivamente por el mismo móvil.

Sea dado en el segmento AB un espacio cualquiera AC, tomado desde el principio del movimiento en A, al cual sea igual otro espacio DB tomado a voluntad; sea también dado el tiempo de descenso por AC, y sea él AC. Es necesario hallar el tiempo del descenso por DB, después de la caída desde A. Descríbase en torno a toda la AB el semicírculo AEB, y por C trácese a la AB la perpendicular CE, y únase AE, que será mayor que EC; córtese EF igual a EC. Digo, que lo restante, FA, es el tiempo de descenso por BD. Porque como AE es media proporcional entre BA, AC, y es AC el tiempo de la caída por AC, AE será el tiempo por toda la AB; y siendo CE media entre DA, AC (porque DA es igual a BC), CE o sea EF será el tiempo por AD; luego lo restante, AF, es el tiempo por lo restante de AB que es DB: que es lo propuesto.[30]

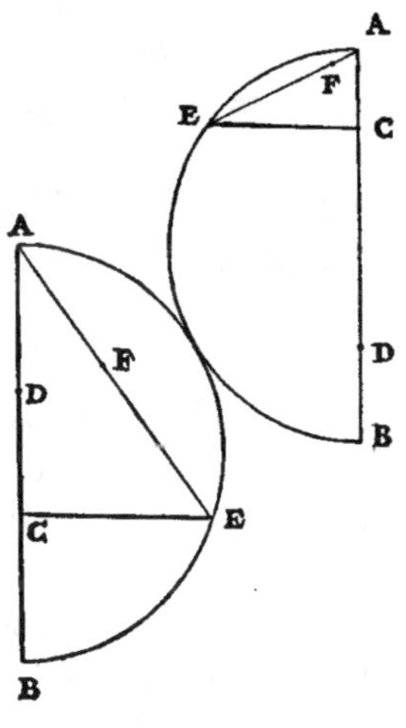

Fig. 76

COROLARIO

De aquí se deduce que: *Si el tiempo, del descenso por un segmento a partir del reposo, se supone ser el mismo segmento, el tiempo para recorrer el mismo después de haber recorrido otra distancia incrementada, será el exceso del medio proporcional entre la distancia incrementada con aquel segmento y el segmento mismo sobre el medio proporcional entre el primero y el incrementado.* Por ejemplo: dado que el tiempo por AB, a partir del reposo en A, sea AB, añadido S, el tiem-

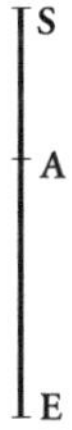

Fig. 77

po por AB después de SA, será el exceso del medio entre SB, BA, sobre el medio entre BA, AS.

Problema VII – Proposición XX

Dado un espacio cualquiera y una parte en él después del principio del descenso, hallar otra parte hacia el final, que sea recorrida en igual tiempo que la primera dada.

Sea el espacio CB, y en él la parte CD, dada a partir del principio del descenso en C. Es necesario hallar otra parte, hacia el final B, que sea recorrida en igual tiempo que la dada CD. Tómese la media proporcional entre BC, CD, y póngase BA igual a ella; y además, sea CE tercia proporcional entre BC, CA. Digo, que BE es el espacio que después de la caída desde C, es recorrido en el mismo tiempo que CD. Porque si suponemos que el tiempo por toda la CB es CB, será BA (o sea la media entre BC, CD), el tiempo por CD; y siendo CA media entre BC, CE será CA el tiempo por CE. Pero toda la BC es el tiempo por toda la CB; por consiguiente, lo restante, BA, será el tiempo por lo restante, EB, después de la caída desde C. Ahora bien, esta misma BA fue el tiempo por CD; luego en tiempos iguales son recorridas CD y EB desde el reposo en A: que es lo que se quería demostrar.[31]

Fig. 78

Teorema XIV – Proposición XXI

Si a partir del reposo se efectúa el descenso por la vertical, en la cual se toma, desde el principio del descenso, una parte recorrida en un tiempo cualquiera, después de la cual el movimiento haya de continuar en línea oblicua por algún plano como se quiera inclinado, el espacio que sobre tal plano es recorrido durante un tiempo igual al tiempo de la caída ya efec-

Por debajo de la horizontal AE trazo la vertical AB, en la que haya de efectuarse la caída desde el reposo en A y del cual se tome una parte cualquiera AC; y luego, desde C trácese, inclinado a capricho, el plano CG, sobre el cual se ha de continuar el movimiento después de la caída por AC. Digo que, el espacio recorrido con tal movimiento sobre CG, durante un tiempo igual al tiempo de la caída por AC, es más que el doble, pero menos que el triple del mismo espacio AC.[32] Póngase, pues, CF igual a AC, y extendido el plano GC hasta la horizontal en E, sea FE a EG como CE es a EF. Por consiguiente, si suponemos que el tiempo de la caída por AC es el segmento AC, será CE el tiempo por EC, y CF, o sea CA, será el tiempo del movimiento por CG; hay, pues, que demostrar que el espacio CG es mayor que el duplo y menor que el

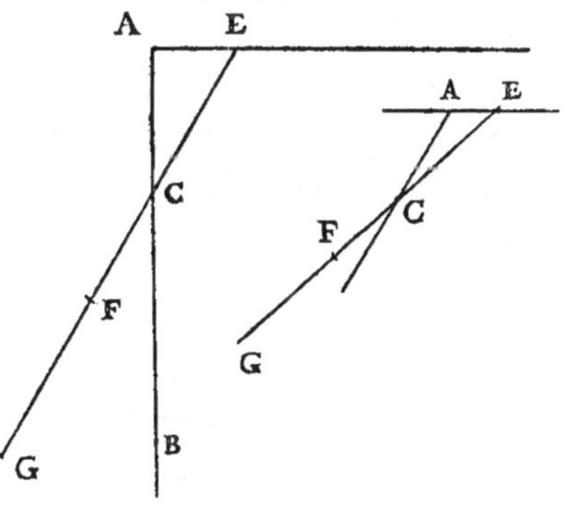

Fig. 79

triple del mismo CA. Siendo, pues, CE a EF como FE es a EG, será también como CF a FG; pero EC es menor que EF; por lo cual también CF será menor que FG, y CG mayor que el doble de FC o de AC. Y ahora, siendo FE menor que el doble de EC (porque EC es mayor que CA, o sea que CF), será también GF menor que el doble de FC, y GC menor que el triple respecto a CE, o sea CA: que es lo que se quería demostrar.

Podría esto ponerse con más universalidad; porque lo que sucede en la perpendicular y en el plano inclinado, sucede también, si después del movimiento sobre un plano cualquiera inclinado, se continúa [el movimiento] por otro más inclinado, como se ve en la segunda figura; y la demostración es la misma.

Problema VIII − Proposición XXII

Dados dos tiempos desiguales, y dado un segmento vertical que sea recorrido, a partir del reposo, durante el tiempo más breve de los dos dados, trazar un plano inclinado desde el extremo superior del segmento hasta la horizontal, que contiene al otro extremo, sobre el cual plano descienda el móvil en un tiempo igual al mayor de los dados.

De los tiempos desiguales sean A el mayor, y B el menor; y sea CD el segmento vertical que a partir del reposo es recorrido durante el tiempo B. Es necesario trazar un plano desde el punto C hasta la horizontal, que sea recorrido en el tiempo A. Sea B a A como CD es a otra línea cuya igual sea CX, que ha de descender desde el punto C hasta la horizontal. Es evidente que el plano CX es aquel sobre el que desciende el móvil durante el dado tiempo A. Se ha demostrado que el tiempo

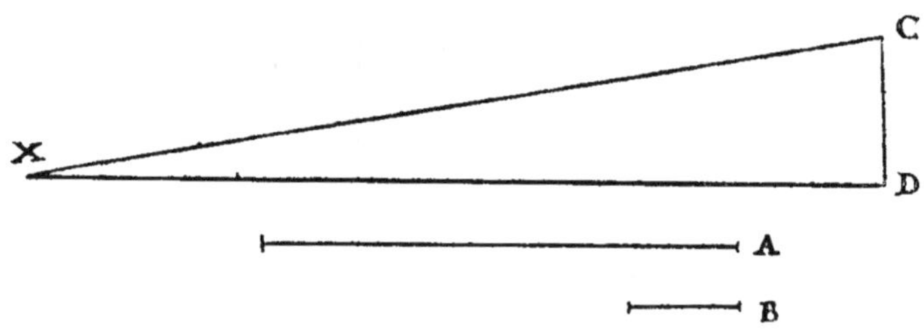

Fig. 80

de descenso por un plano inclinado, respecto al tiempo de descenso por su altura, tiene la misma razón que tiene la longitud del plano respecto a su altura; por consiguiente, el tiempo por CX es al tiempo por CD, como CX es a CD, esto es como el tiempo A es al tiempo B; pero el tiempo B es aquel en que es recorrido el segmento CD, a partir del reposo; luego el tiempo A es aquel en que es recorrido el plano CX.

Dado un segmento vertical recorrido en un tiempo cualquiera desde el reposo, trazar, desde su extremo inferior, un plano inclinado sobre el cual, después de la caída por el segmento, y durante el mismo tiempo, sea recorrido un espacio igual a cualquier otro espacio dado, pero que sea sin embargo mayor que el duplo y menor que el triplo del espacio recorrido en la vertical.

Sea el espacio AC el recorrido en la vertical AS durante el tiempo AC, a partir del reposo en A, y sea IR mayor que el duplo de éste y menor que el triplo. Es necesario trazar un plano desde el punto C, sobre el que un móvil recorra un espacio igual al IR, durante el tiempo AC y después de la caída por AC. Sean RN, NM iguales a la AC, y la misma razón que tiene el residuo IM respecto a MN, téngala también la línea AC respecto a otra, igual a la cual trácese CE que vaya desde C hasta la horizontal AE, y que se extienda hacia O; y tómense CF, FG, GO iguales a las RN, NM, MI. Digo que el tiempo sobre el plano inclinado CO, después de la caída por AC, es igual al tiempo AC, desde el reposo en A. Puesto que siendo FC a CE, como OG es a GF (*componendo*), sumando uno, será, FE a EC, como OF es a FG, o sea a FC; y lo mismo que uno de los antecedentes es a uno de los consecuentes, así es el todo al todo, o sea toda la OE es a la EF, como FE es a EC. Por consiguiente, OE, EF, EC son proporcionales en proporción continua.[33] Y en el supuesto de que el tiempo por AC sea AC, será CE el tiempo por EC, y EF el tiempo por toda la EO, y lo restante CF será el tiempo por lo restante CO; pero al ser CF igual a CA, tenemos lo que queríamos demostrar.

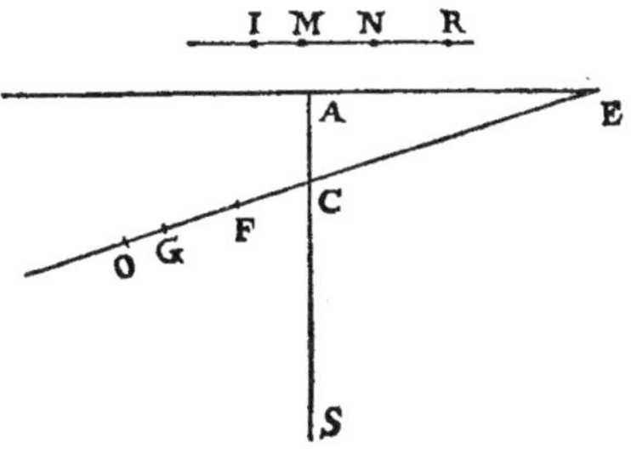

Fig. 81

Porque el tiempo CA es el tiempo de la caída por AC, desde el reposo en A, y CF (que es igual a CA) es el tiempo por CO, después del descenso por EC, o sea después de la caída por AC: que es lo propuesto.

Se ha de notar, sin embargo, que lo mismo sucederá, si el precedente descenso no se efectúa verticalmente, sino en un plano inclinado, como en la siguiente figura, en la que el movimiento precedente se haya efectuado por el plano inclinado AS por debajo de la horizontal AE; y la demostración es idéntica.

ESCOLIO

Si se observa atentamente, es manifiesto que cuanto menos dicha línea IR se diferencia (*déficit*) del triple de la AC, tanto más el plano inclinado, sobre el que se ha de hacer el segundo descenso, por ejemplo CO, se aproximará a la vertical, en la cual finalmente, durante un tiempo igual a AC, es recorrido un espacio triplo de AC. Pues si fuese IR casi igual al triplo de AC, será IM casi igual a MN; y siendo AC a CE, por construcción, como IM es a MN, se infiere que la misma CE habrá de ser muy poco mayor que CA, y por consiguiente, el punto E se hallará muy próximo al punto A, y CO con CS formarán un ángulo muy agudo, y casi coincidirán una con otra.

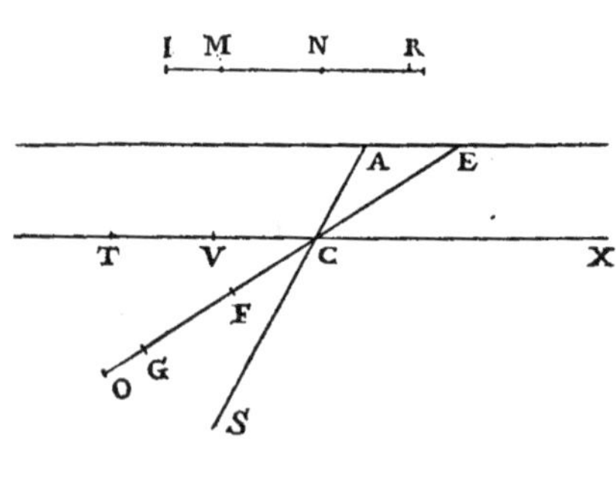

Fig. 82

Por el contrario, si dicha IR fuese muy poco mayor que el doble de la AC, sería IM una línea cortísima; de donde se seguirá que AC habrá de ser también muy pequeña respecto a CE que será larguísima y se acercará muchísimo a la horizontal trazada por C. De aquí podemos deducir que si, en la figura propuesta, después del descenso por el segmento AC se efectúa el movimiento (*reflexio*) por un plano horizontal, cual sería CT, el espacio por el cual se movería consiguientemente el móvil, en tiempo igual al tiempo del descenso por AC, sería doble exactamente del espacio AC. Parece que aquí puede aplicarse un razonamiento similar: porque se ve, desde que OE es a EF como FE es a EC, que la misma FC determina el tiempo por CO. Porque si la parte horizontal TC, doble de CA, se divide en dos partes iguales en V, y prolongada hacia X, se extendiera hasta lo infinito, mientras busca su concurrencia con la prolongación de AE, también la razón de la [longitud] infinita TX respecto a la [longitud] infinita VX, será idéntica con la razón de la [distancia] infinita VX respecto a la infinita [distancia] XC.

Esto mismo podríamos concluir por medio de otro procedimiento, valiéndonos de un razonamiento análogo al que hemos usado en la demostración de la primera proposición. Vamos a considerar el triángulo ABC, que para nosotros representa, en sus paralelas a la base BC, las velocidades, continuamente crecientes según los incrementos del tiempo; las cuales llenan, siendo infinitas, como infinitos son los puntos en la línea AC, y los instantes en cualquier tiempo, la superficie misma del triángulo. Si suponemos que el movimiento continúa por otro tanto tiempo, pero ya no con movimiento acelerado, sino uniforme, según la máxima velocidad adquirida, que se representa por la línea BC; con tales velocidades se formará un conjunto que llena el paralelogramo ADBC, que es doble del triángulo ABC. Por lo cual, el espacio recorrido con tales velocidades durante un mismo tiempo, será doble del espacio recorrido con las velocidades representadas por el triángulo ABC. Pero en un plano horizontal, el movimiento es uniforme, puesto que no hay allí causa ninguna de aceleración o retardación; luego se concluye que el espacio CD, recorrido en tiempo igual al tiempo AC, es doble del espacio AC; porque éste se efectúa con movimiento acelerado a partir del reposo, según las paralelas

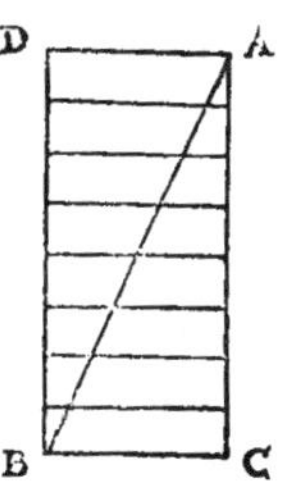

Fig. 83

del triángulo; aquél sin embargo, según las paralelas del paralelogramo, que siendo infinitas, son duplo de las infinitas paralelas del triángulo.

Es necesario considerar, además, que el grado de velocidad, cualquiera que sea el que se dé en el móvil, está por su propia naturaleza indeleblemente impreso en él, con tal que se eliminen todas las causas externas de aceleración o retardación, lo que sólo acontece en el plano horizontal; porque en los planos en declive descendente (*declivibus*) ya existe una causa de mayor aceleración, y en los en rampa ascendente (*acclivibus*) de retardación; de donde se sigue que el movimiento en el plano horizontal es también eterno, porque si es uniforme no se debilita ni disminuye ni mucho menos se extingue. Es más, si existe una velocidad adquirida por el móvil por descenso natural, que es por propia naturaleza indeleble y eterna, hay que considerar que, si después del descenso por un plano en declive descendente, se hace una sesgadura (*reflexio*) por otro plano en rampa ascendente, en éste se da ya causa de retardación, porque en tal plano el mismo móvil desciende naturalmente; por lo cual surge cierta mezcla de influencias contrarias, o sea el grado de velocidad adquirida en el descenso precedente, que de por sí conduciría al móvil uniformemente hasta lo infinito, y el de la natural propensión al movimiento hacia abajo, con cuya aceleración se mueve siempre. Por lo cual parece muy razonable que, si indagamos qué accidentes tienen lugar cuando un móvil, después del descenso por un plano inclinado sube (*reflectatur*) por otro plano en rampa ascendente, se nos contesta que el grado máximo adquirido en el descenso, se conserva idéntico siempre de por sí en el plano ascendente; pero sin embargo, en el ascenso le sobreviene una tendencia natural hacia abajo, que es el movimiento acelerado a partir del reposo según la proporción siempre admitida. Si por casualidad esto resultase oscuro, aparecerá más claro por medio de una figura.

Así pues, supongamos que el descenso ha sido hecho por el plano inclinado AB, desde el cual se continúe el movimiento reflejo por otro plano en rampa ascendente BC; y sean, en primer lugar, planos iguales y elevados en ángulos iguales sobre la horizontal GH. Consta de antemano que el móvil que a partir del reposo en A desciende por AB, adquiere grados de velocidad según el incremento del tiempo; y

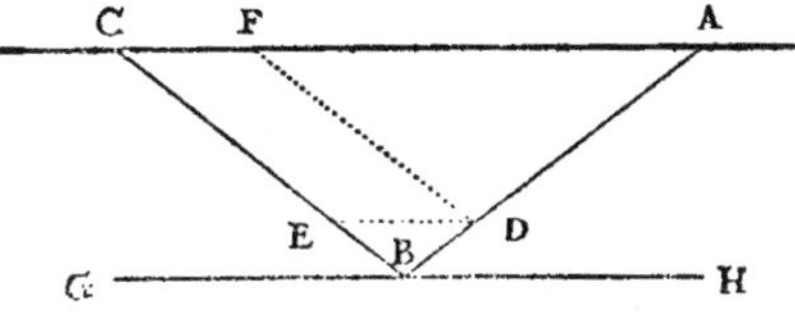

Fig. 84

que el grado en B es el mayor de los adquiridos, y por su propia naturaleza inmutablemente impreso, con tal que sean removidas las causas de una nueva aceleración o retardación: digo de aceleración, si el móvil continuara todavía marchando sobre el plano prolongado; y de retardación, en el caso de efectuarse la continuación sobre el plano BC en rampa ascendente. En la horizontal GH, el movimiento uniforme, según la velocidad adquirida desde A hasta B, se extendería hasta lo infinito; y la velocidad sería tal que en un tiempo igual al tiempo del descenso por AB, recorrería en la horizontal doble espacio del de AB. Ahora supongamos que el mismo móvil con el mismo grado de velocidad se mueve uniformemente por el plano BC, de tal modo que también en éste, durante un tiempo igual al tiempo del descenso por AB, recorrería sobre el BC prolongado, un espacio doble del de AB. Supongamos ahora que inmediatamente que comienza a ascender, por su propia naturaleza le sobreviene aquello que le acontecía a partir de A sobre el plano AB, o sea cierto descenso a partir del reposo según los mismos grados de aceleración, en virtud de los cuales, como acontece en AB, desciende durante el mismo tiempo sobre el plano ascendente otro tanto espacio como desciende por AB; es evidente que esta combinación de movimiento uniforme ascendente y acelerado descendente llevaría al móvil hasta el punto C sobre el plano BC, en virtud de los mismos grados de velocidad. De aquí se puede deducir que tomados a voluntad dos puntos D, E, igualmente distantes del ángulo B, el tránsito por DB se efectúa en tiempo igual al tiempo del ascenso por BE. Puesto que trazada la DF, paralela a la BC, consta que el descenso por AD hace reflexión por DF. Pero si después de D el móvil marcha por la horizontal DE, el impulso en E será idéntico al impulso en D; luego desde E ascenderá hasta C; por tanto la velocidad en D es igual a la velocidad en E.

Teniendo esto presente, podemos afirmar con toda lógica, que si el descenso se efectúa por algún plano inclinado, después del cual se sigue la reflexión por un plano ascendente, el móvil, por el impulso adquirido, ascenderá hasta la misma altura o elevación desde la horizontal; de tal modo que si se efectúa el descenso por AB, el móvil se elevará por el plano ascendente BC, hasta la horizontal ACD, no sólo si las inclinaciones de los planos son iguales, sino también si son desiguales, cual es la del plano BD. En efecto, anteriormente hemos postulado que son iguales las velocidades que se adquieren sobre planos desigualmente inclinados, mientras la altura de los mismos planos sobre la horizontal sea la misma; pero si, existiendo la misma inclinación de los planos EB, DB, el descenso por EB es capaz de impeler el móvil por el plano BD teniendo lugar tal impulso en razón del ímpetu de velocidad adquirido en el punto B, y como el ímpetu en B es el mismo, tanto si desciende el móvil por AB, como si desciende por EB, se deduce que el móvil será impulsado por BD, lo mismo después del descenso por AB, que después del descenso por EB. Pero sucede que el tiempo del ascenso por BD es más largo que por BC, en la misma medida en que también el descenso por EB se efectúa en tiempo más largo que por AB, pues ya se ha demostrado que la razón de estos últimos tiempos es la misma que las longitudes de los planos. Resta ahora investigar la proporción de los espacios recorridos en tiempos iguales sobre planos, cuyas inclinaciones sean diversas, pero iguales las elevaciones, es decir que estén comprendidas entre las mismas paralelas horizontales. Esto se efectúa según la siguiente razón.

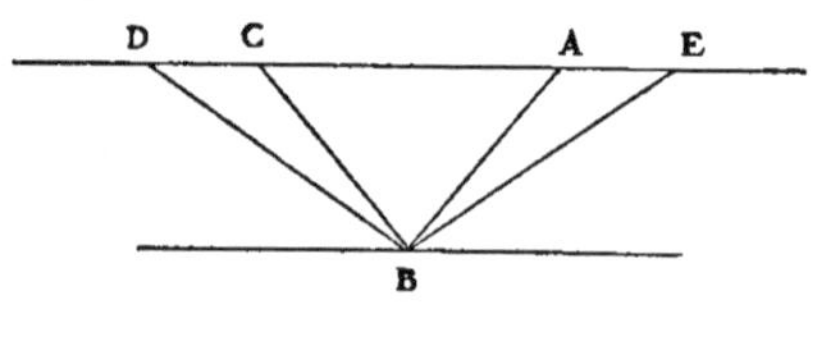

Fig. 85

Dado entre dos paralelas horizontales un segmento vertical y un plano en declive ascendente desde el extremo inferior de aquél; el espacio que recorre un móvil, después de la caída por el segmento, sobre el plano inclinado, durante un tiempo igual al tiempo de la caída, es mayor que el mismo segmento, pero menor que el doble.

Entre las dos paralelas horizontales BC, HG estén el segmento vertical AE y el plano en declive ascendente EB, sobre el cual, después de la caída por el segmento AE, se ha de efectuar el movimiento desde el punto E hacia B. Digo que el espacio por el que el móvil asciende en un tiempo igual al tiempo del descenso AE, es mayor que AE, pero es menor que el doble del mismo AE.[34] Póngase ED igual a AE y sea DB a BF como EB es a BD; se demostrará, en primer lugar, que el punto F es el hito adonde el móvil con movimiento reflejo (*reflexo*) por EB llegará durante un tiempo igual al tiempo AE; después [se demostrará] que EF es mayor que EA, y menor que el doble del mismo. Si suponemos que el tiempo del descenso por AE es como AE, el tiem-po del descenso por BE o del ascenso por EB se-rá como la misma línea BE; y al ser DB media entre EB, BF, y siendo BE el tiempo del descen-so por toda la BE, será

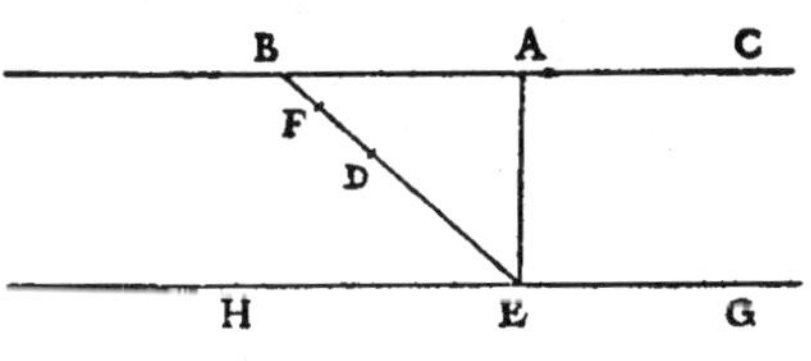

Fig. 86

BD el tiempo del descenso por BF, y lo restante de DE será el tiempo del descenso por lo restante de FE. Pero el tiempo por FE, a partir del reposo en B, es el mismo que el tiempo del ascenso por EF, siempre que se diera en E el grado de velocidad adquirido durante el descenso por BE o por AE. Por consi-guiente el tiempo DE será aquel en que el móvil, después de la caída desde A por AE, con movimiento reflejo por EB llega a la señal F; pues se ha puesto que ED es igual a AE: que es lo primero que había que demostrar. Y como el segmento DB es al segmento BF, como toda la EB es a toda la BD, el resto ED será al resto DF, como toda la EB es a toda la BD; pero EB es mayor que BD. Luego también ED es mayor que DF, y EF menor que el duplo de DE o de AE: que es lo que había que demostrar. Cosa idéntica sucedería, si el precedente movimiento no se hiciera verticalmente, sino en plano inclinado; la demostración es idéntica, con tal que el plano reflejo tenga menor declive ascendente, o lo que es igual, sea más largo que el plano en declive descendente.

TEOREMA XVI − PROPOSICIÓN XXV

Si después de la caída por un plano inclinado, continúa el movimiento por un plano horizontal, el tiempo de la caída por el plano inclinado, será al tiempo del movimiento por cualquier segmento horizontal como el duplo de la longitud del plano inclinado es al dado segmento horizontal.

Sea la línea horizontal CB, el plano inclinado AB, y después de la caída por AB, continúese el movimiento por la horizontal, en la que debe tomarse un espacio cualquiera BD: digo que el tiempo de la caída por AB es al tiempo del movimiento por BD, como el doble de AB es a BD. Porque tomando BC doble de la AB, consta por lo anteriormente demostrado, que el tiempo de la caída por AB es igual al tiempo del movimiento por BC; pero el tiempo del movimiento por BC es al tiempo del movimiento por DB, como el segmento CB es al segmento BD. Luego el tiempo del movimiento por AB es al tiempo por BD, como el duplo de AB es a BD: que es lo que había que demostrar.

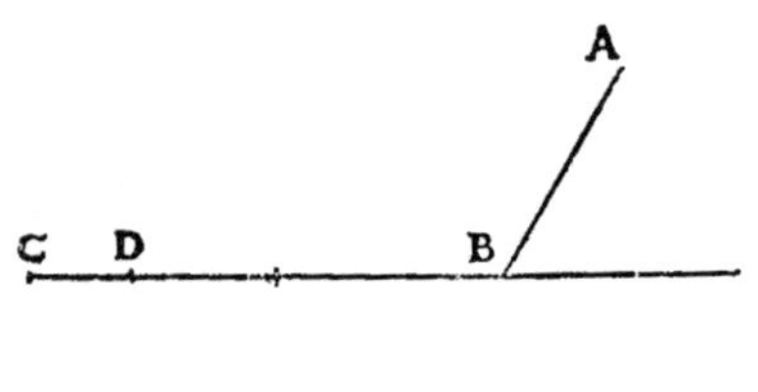

Fig. 87

Dado un segmento vertical entre líneas paralelas horizonta-les, y dado un espacio mayor que él, pero menos que el doble de éste, trazar desde el extremo inferior del segmento vertical un plano entre las paralelas, sobre el cual, con movimiento reflejo, después del descenso por aquél, recorra el móvil un espacio igual al dado y en un tiempo igual al tiempo del descenso vertical.

Sea el segmento vertical AB entre las paralelas horizontales AO, DC; y sea FE mayor que BA, pero menor que el doble de la misma. Es necesario trazar desde B un plano entre las horizontales, sobre el cual el móvil, después de la caída desde A hasta B, recorra en ascenso, con movimiento reflejo, en un tiempo igual al tiempo del descenso por AB, un espacio igual al EF. Supongamos ED igual a AB; el resto DF será menor, dado que toda la EF es menor que el doble de AB. Sea DI igual a DF, y sea EI a ID, como DF a la FX, y desde B trácese la recta inclinada BO igual a EX. Digo que el plano por BO es aquel sobre el cual, después de la caída por AB, el móvil, en un tiempo igual al tiempo de la caída por AB, recorre ascendiendo un espacio igual al espacio dado EF.[35] Pónganse las BR, RS iguales a las ED, DF. Y al ser DF a FX como EI a ID, será, sumando uno

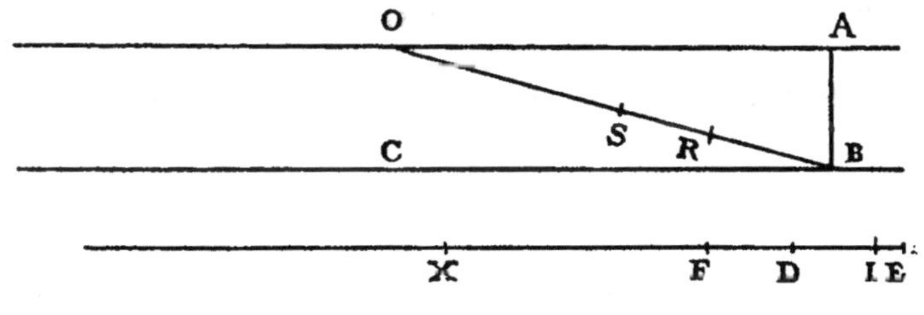

Fig. 88

(*componendo*), DX a XF como DE a DI; o sea DX es a XF, y EX es a XD, como ED es a DF; o sea RO es a OS, como BO es a OR. Y si suponemos que el tiempo por AB es AB, el tiempo por OB será la misma OB, y RO será el tiempo por OS, y la restante BR será el tiempo por la restante SB, descendiendo desde O hasta B. Pero el tiempo del descenso por SB, desde el reposo en O, es igual al tiempo de ascenso desde B hasta S, después del descenso por AB. Luego BO es el plano en declive ascendente desde B, sobre el cual, después del descenso por AB, es recorrido, durante el tiempo BR o BA, el espacio BS, igual al espacio dado EF: que es lo que había que demostrar.

TEOREMA XVII – PROPOSICIÓN XXVII

Si en planos desiguales, de la misma altura, desciende un móvil, el espacio que, en la parte inferior del más largo, es recorrido en tiempo igual a aquel en que es recorrido todo el plano más corto, es igual a un espacio compuesto del mismo plano más corto y de una parte, respecto a la cual, ese plano más corto tenga una razón igual a la que tiene el plano más largo respecto al exceso con que el más largo supera al más corto.

Sea el plano AC más largo, y AB más corto, cuya altura sea la misma AD, y de la parte inferior de AC tómese EC igual a AB, y tenga todo el CA respecto a AE, es decir respecto al exceso del plano CA sobre el AB, la misma razón que tiene CE a EF. Digo que el espacio FC es aquel que es recorrido, después de la partida desde A, en un tiempo igual al tiempo del descenso por AB.[36] Siendo todo el CA a todo el AE, como el segmento CE al segmento EF, será la restante EA a la restante AF, como todo el CA a todo el AE; por consiguiente, las tres CA, AE, AF son proporcionales en proporción continua. Pero si se supone que el tiempo por AB es AB, el tiempo por AC será AC; pero el tiempo por AF será AE, y el tiempo por el resto FC será EC, porque EC es igual a AB: luego tenemos lo propuesto.

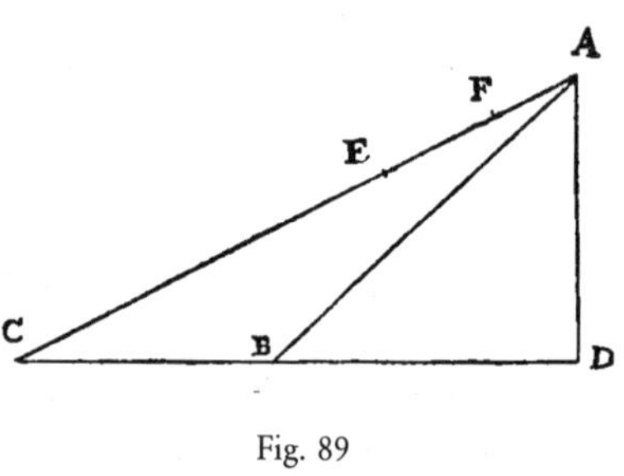

Fig. 89

[286]

Sea la horizontal AG tangente de un círculo y desde el punto de contacto parta el diámetro AB, y dos cuerdas cualesquiera AEB; hay que determinar la razón del tiempo de la caída por AB respecto al tiempo del descenso por ambas AEB. Prolónguese BE hasta la tangente en G y el ángulo BAE divídase en dos partes iguales, trazando la AF. Digo que el tiempo por AB respecto al tiempo por AEB es como AE a AEF. Pues siendo el ángulo FAB igual al ángulo FAE, y el ángulo EAG al ángulo ABF, todo el GAF será igual a los dos FAB, ABF; a los cuales es

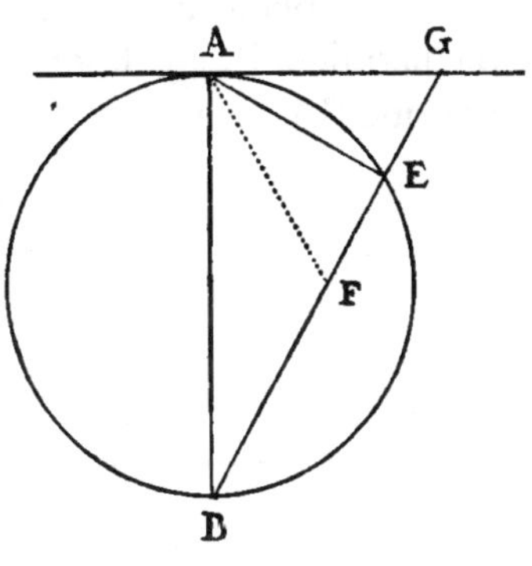

Fig. 90

también igual el ángulo FAG; por consiguiente, la línea GF es igual a la GA. Y como el rectángulo BGE es igual al cuadrado de GA, será también igual al cuadrado de GE y las tres líneas BG, GF, GE serán proporcionales. Y si suponemos que AE es el tiempo por AE, será GE el tiempo por GE, y GF el tiempo por toda la GB, y EF el tiempo por EB, después del descenso desde G, o sea desde A, por AE. Por consiguiente, el tiempo por AE o por AB respecto al tiempo por AEB es como AE a AEF: que es lo que había que demostrar.

De otro modo, con mayor brevedad. Córtese GF igual a GA; se infiere que GF es media proporcional entre BG, GE. Todo lo demás como antes.

TEOREMA XVIII – PROPOSICIÓN XXIX

Dado un espacio horizontal cualquiera desde cuyo extremo se haya levantado una vertical, en la que, se tome una parte igual a la mitad del espacio en la horizontal dada, el móvil

Sea un plano horizontal, en el que se haya dado un espacio cualquiera BC, y desde el extremo B levántese una vertical.
en la que BA sea la mitad de BC. Digo que el tiempo, en que
el móvil que parta desde A, habrá de recorrer ambos espacios AB, BC, es el más breve de todos los tiempos, durante los que podría ser recorrido el mismo espacio BC con una parte de la vertical, mayor o menor que la parte AB. Tómese una parte mayor, como en la primera figura, o menor

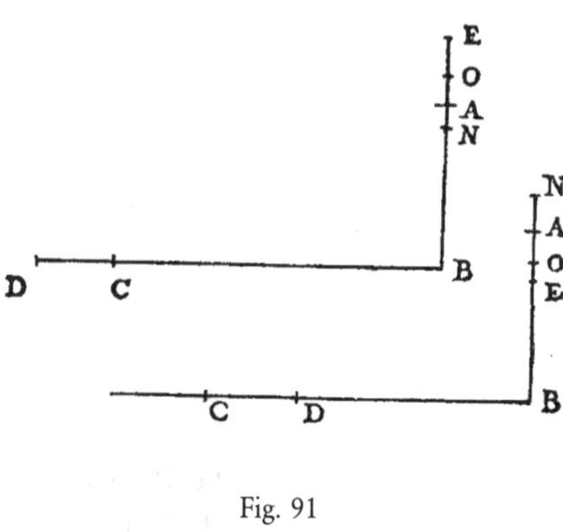

Fig. 91

como en la segunda, EB. Hay que demostrar que el tiempo en
que son recorridos los espacios EB, BC, es más largo que el
tiempo con que son recorridos AB, BC. Supongamos que el
tiempo por AB es AB, entonces él será también el tiempo del
movimiento en la horizontal BC, puesto que BC es doble de
AB; y el duplo de BA será el tiempo por ambos espacios ABC.
Sea BO media entre EB, BA; BO será el tiempo de la caída por
EB. Sea, además, el espacio horizontal BD doble del BE; se sigue que el tiempo de éste, después de la caída por EB, es el mismo BO. Sea OB a BN como DB a BC, o como EB a BA, y
siendo uniforme el movimiento en el plano horizontal, y siendo OB el tiempo por BD, después de la caída desde E; será NB
el tiempo por BC después de la caída desde la misma altura E.
De donde se deduce que OB con BN es el tiempo por EBC; y
como el duplo de BA es el tiempo por ABC, sólo queda por
demostrar que OB con BN forman un todo mayor que dos veces BA. Al ser OB media entre EB, BA, la razón de EB a BA;

es el cuadrado de la razón de OB a BA y siendo EB a BA como OB a BN, será también la razón de OB a BN el cuadrado de la razón de OB a BA; pero la razón de OB a BN se compone de las razones OB a BA y de AB a BN; luego la razón de AB a BN es idéntica con la razón de OB a BA. Por consiguiente, BO, BA, BN son tres proporcionales en proporción continua, y OB con BN un todo mayor que el doble de BA; luego tenemos lo propuesto.[37]

Teorema xix. — Proposición xxx

Si desde algún punto de una línea horizontal descendiere una vertical y desde otro punto, tomado en la misma horizontal se hubiere de trazar, hasta la vertical, un plano, por el que un móvil descienda, en el más breve tiempo, hasta aquélla, tal plano será el que separa en la vertical una parte igual a la distancia que media entre el punto tomado en la horizontal y el origen de la vertical.

Sea la vertical BD, que desciende desde el punto B de la línea horizontal AC, en la cual sea un punto cualquiera C; tómese en la vertical la distancia BE igual a la distancia BC; y trácese CE. Digo que de todos los planos inclinados desde el punto C hasta la vertical, es CE aquel sobre el cual, en el tiempo más breve de todos, se efectúa el descenso hasta la vertical. Por encima y por debajo respectivamente de CE trácense los planos inclinados CF, CG; y tangente en C al círculo des-

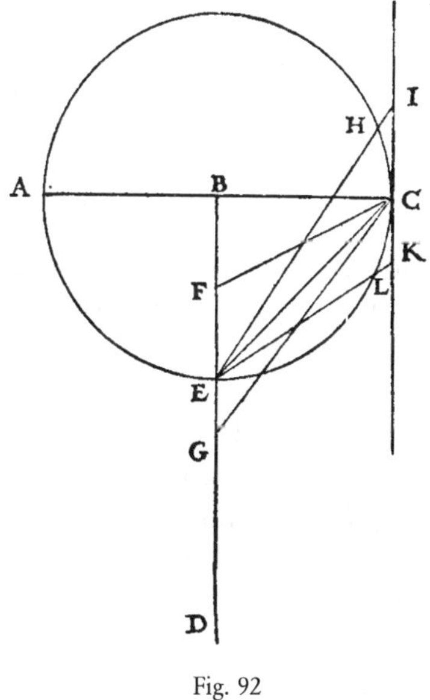

Fig. 92

[289]

cripto con radio BC, trácese la vertical IK; sea además la CF paralela a EK, que prolongada hasta la tangente, corte la circunferencia del círculo en L. Se sabe que el tiempo de la caída por LE es igual al tiempo de la caída por CE; pero el tiempo por KE es más largo que por LE, luego el tiempo por KE es más largo que por CE. Pero el tiempo por KE es igual al tiempo por CF, puesto que ellas son iguales y trazadas con la misma inclinación. De modo semejante, siendo CG e IE iguales e inclinadas con una misma inclinación, los tiempos de los movimientos por éstas serán iguales; pero el tiempo por HE, la que es más breve que la misma IE, es más breve que el tiempo por IE; luego también el tiempo por CE (que es igual al tiempo por HE) es más breve que el tiempo por IE; luego tenemos lo propuesto.

Teorema XX – Proposición XXXI

Si una línea recta estuviese inclinada al azar sobre la horizontal, el plano extendido desde un punto dado en la horizontal hasta la línea inclinada, en que el descenso se efectúe en el tiempo más breve de todos, es aquel que divide en dos partes iguales al ángulo de las dos perpendiculares trazadas desde dicho punto, una a la línea horizontal y otra a la inclinada.

Sea CD la línea inclinada al azar sobre la horizontal AB, y dado en la horizontal un punto cualquiera A, trácense desde él la AC perpendicular a AB, y la AE perpendicular a CD, y la línea FA divida en dos partes iguales al ángulo CAE. Digo que, de todos los planos inclinados desde cualesquiera puntos de la línea CD hasta el punto A, el extendido por FA es aquel en que, en el tiempo más breve de todos, se efectúa el descenso. Trácese FG paralela a la AE; serán los ángulos GFA, FAE alternos internos iguales; además EAF es igual a FAG; luego los lados FG, GA del triángulo serán iguales. Por consiguiente, si se describe un círculo con centro G y radio GA, pasará por F, y será tangente a la horizontal y a la inclinada en los puntos A,

F; porque el ángulo GFC es recto, puesto que GF es paralela a AE; de donde se deduce que todas las líneas, trazadas hasta la inclinada desde el punto A, se extienden fuera de la circunferencia, y como consecuencia, los descensos por éstas se efectúan en tiempo más largo que por FA: que es lo que había que demostrar.

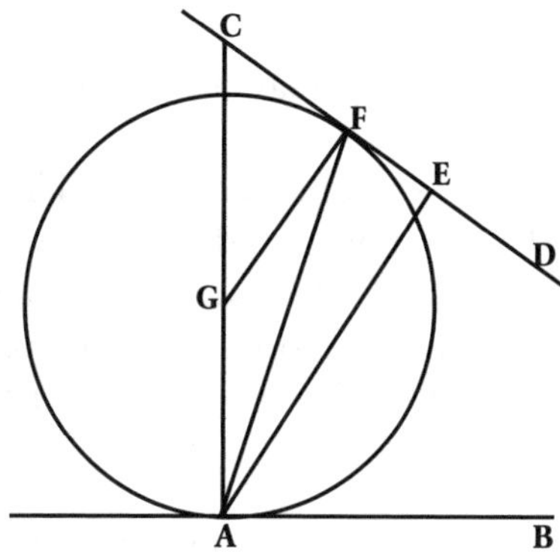

Fig. 93

LEMA

Si dos círculos, uno interior a otro, son tangentes, y una recta cualquiera es tangente al interno de ellos, y secante del externo, las tres líneas trazadas desde el punto de contacto de los círculos hasta los tres puntos de la recta tangente, es decir hasta el contacto con el círculo interno y hasta los puntos de intersección con el externo, formarán ángulos iguales en el contacto de los círculos.

Sean tangentes por la parte interior en el punto A dos círculos, cuyos centros sean, B el del menor, C el del mayor. Al círculo interior sea tangente la recta FG en el punto H, y corte al mayor en los puntos F, G; únanse las tres líneas AF, AH, AG. Digo que los ángulos FAH, GAH, contenidos por ellas, son iguales. Prolónguese AH hasta la circunferencia en I, desde los centros trácense BH, CI; y por los mis-

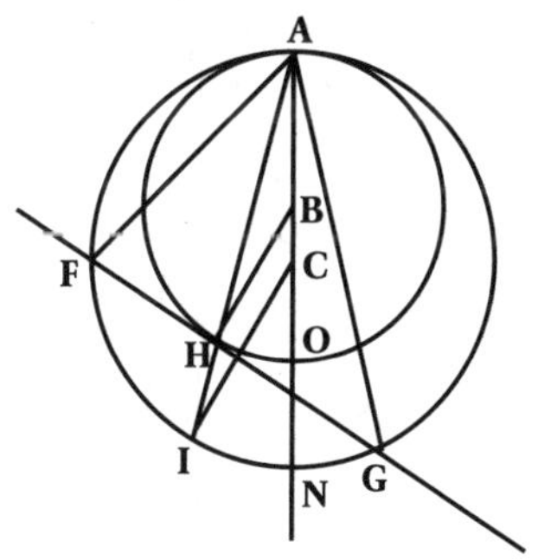

Fig. 94

mos centros trácese BC, que prolongada llegará al punto de contacto A y a las circunferencias de los círculos en O y en N. Y como los ángulos ICN, HBO son iguales, ya que cualquiera de ellos es doble del ángulo IAN, las líneas BH, CI serán paralelas. Y como BH, desde el centro hasta el contacto, es perpendicular a FG, también CI será perpendicular a ésta, y el arco FI será igual al arco IG; y como consecuencia, el ángulo FAI igual al ángulo IAG: que es lo que había que demostrar.

Teorema XXI – Proposición XXXII

Si en una horizontal se toman dos puntos, y desde cualquiera de ellos se traza una línea inclinada hacia el otro, y desde éste se traza hasta la inclinada, una recta que separe en ella una parte igual a la que está comprendida entre los puntos de la horizontal, la caída por esta línea así trazada se efectuará más rápidamente que por cualesquiera otras rectas trazadas desde el mismo punto hasta la misma inclinada. En las demás que, formando ángulos iguales, vayan separándose de ésta por uno y otro lado, los descensos se efectúan en tiempos iguales entre sí.

Sean en la horizontal dos puntos A, B, y desde B trácese la recta inclinada BC, en la cual desde el extremo B tómese BD,

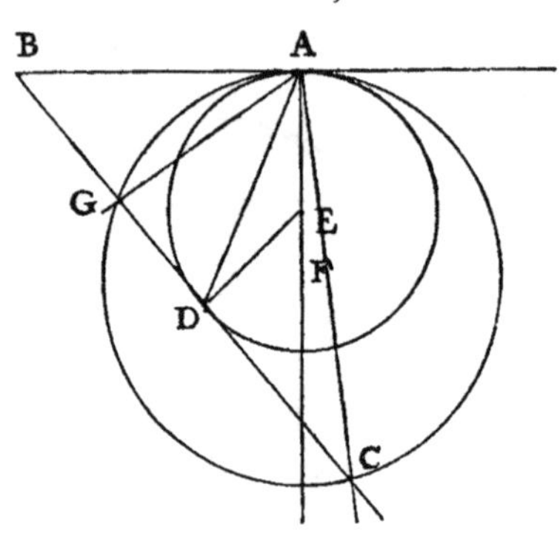

Fig. 95

igual a la BA y únase AD. Digo que la caída por AD se efectúa más velozmente que por cualquier línea trazada desde A hasta la inclinada BC. Desde los puntos A, D trácense las AE, DE que se corten en E y que sean perpendiculares a las BA, BD; y como en el triángulo isósceles ABD, los ángulos BAD, BDA son iguales, serán iguales sus complementos DAE, EDA; luego el círculo descrito con centro E y con distancia EA pasará también por D, y tocará las líneas BA, BD, en los puntos A, D. Y siendo A el extremo de la vertical AE, la caída por AD se efectuará con más rapidez que por cualquier otra línea extendida desde el mismo extremo A hasta la línea BC, más allá de la circunferencia del círculo: que es lo primero que había que demostrar.

Y si, prolongando el segmento AE, se toma en él un centro F, y con la distancia FA se describe AGC que corte a la línea tangente en los puntos G, C; unidas AG, AC, se separarán por medio de ángulos iguales de la media AD, según lo anteriormente demostrado; y sobre ellas se efectuarán los descensos en tiempos iguales, ya que van a parar desde el punto más alto A hasta la circunferencia del círculo AGC.

PROBLEMA XII – PROPOSICIÓN XXXIII

Dado un segmento vertical y un plano inclinado, cuyas alturas sean las mismas, y uno mismo el punto supremo, hallar en el segmento, un punto sobre el origen común, desde el cual, al partir un móvil que, después se dirija por el plano inclinado, recorrerá el plano durante el mismo tiempo que recorrería el segmento de vertical a partir del reposo.

Sean un segmento vertical AB y un plano inclinado AC, cuya altura sea la misma. En el segmento, prolongado desde la parte A, es necesario hallar un punto, desde el cual un móvil en descenso recorra el plano AC durante el mismo tiempo en que recorre dicho segmento AB, desde el reposo en A. Trácese DCE en ángulos rectos con AC, y córtese CD igual a AB y únase AD. El ángulo ADC será mayor que el ángulo CAD (pues CA es mayor que AB o CD). Sea el ángulo DAE igual al ángulo ADE, y sea EF perpendicular a la AE, de modo que encuentre en F al plano inclinado; y prolongado éste en ambas direcciones, sean la AI y la AG iguales a la CF; además, por G,

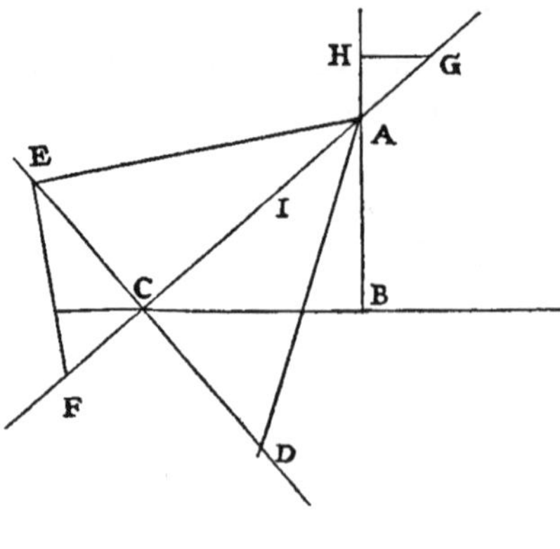

Fig. 96

trácese GH, paralela a la horizontal; digo que H es el punto buscado.

Supongamos que el tiempo de la caída por el segmento AB es AB el tiempo por AC, desde el reposo en A será la misma AC. Y como en el triángulo rectángulo AEF, desde el ángulo recto E, se ha trazado EC perpendicular a la hipotenusa AF, será AE media entre FA, AC; y CE media entre AC, CF o sea entre CA, AI. Y como AC es el tiempo de la misma AC desde A, será AE el tiempo de toda la AF, y EC el tiempo por AI. Y como en el triángulo isósceles AED, el lado AE es igual al lado ED, el tiempo por AF será ED; y el tiempo por AI es EC; por consiguiente CD, o sea AB será el tiempo por IF, desde el reposo en A; que es lo mismo que decir que AB es el tiempo por AC desde G, o desde H: que es lo que había que demostrar.

PROBLEMA XIII − PROPOSICIÓN XXXIV

Dado un plano inclinado y un segmento vertical, que tengan común el punto supremo, hallar en el segmento prolongado, el punto más alto, desde el cual partiendo el móvil, y marchando luego por el plano inclinado, los recorra a ambos durante el mismo tiempo que al solo plano inclinado desde el reposo en su punto supremo.

Sean el plano inclinado AB y el segmento vertical AC, cuyo origen A sea el mismo. Es necesario hallar en el segmento prolongado más allá de A, el punto supremo, desde el cual descendiendo el móvil y marchando luego por el plano inclinado

[294]

AB, recorra la parte tomada del segmento y al plano AB durante el mismo tiempo que al solo plano AB desde el reposo en
A. Sea la línea horizontal BC, y córtese AN igual a AC; y sea

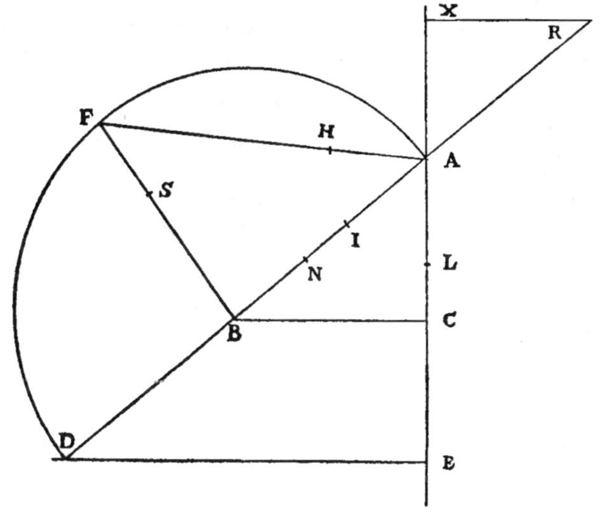

Fig. 97

AB a BN como AL a LC; y póngase AI igual a AL, y sea CE,
tomada en la prolongación del segmento AC, tercia proporcional de las AC, BI. Digo que CE es el espacio buscado, de modo que, extendido el segmento sobre A, y tomada la parte AX
igual a la CE, el móvil desde X recorrerá uno y otro espacio
XAB en un tiempo igual a aquel en que recorrería al solo AB
desde A.

Supongamos la horizontal XR paralela a BC, que encuentra en R a la BA prolongada; después, prolongada AB hasta D,
trácese ED paralela a CB, y sobre AD descríbase un semicírculo, y por B levántese BF perpendicular a DA, hasta la circunferencia.[38] Es evidente que FB es media proporcional entre AB,
BD, y que la FA resulta media proporcional entre DA, AB. Supongamos que BS es igual a BI, y que FH es igual a FB. Y puesto que AC es a CE, como AB es a BD, y es BF media entre AB,
BD, y BI media entre AC, CE, será FB a BS como BA a AC;

y siendo FB a BS, como BA a AC o a AN será (*per conversionem rationis*), BF a FS como AB a BN, esto es como AL a LC. Por consiguiente, el rectángulo bajo FB, CL es igual al rectángulo bajo AL, SF; sin embargo, este rectángulo AL, SF es el exceso del rectángulo bajo AL, FB o AI, BF sobre el rectángulo AI, BS o AIB; pero el rectángulo FB, LC es el exceso del rectángulo AC, BF sobre el rectángulo AL, BF; sin embargo, el rectángulo AC, BF es igual al rectángulo ABI (porque FB es a BI como BA es a AC). Por consiguiente, el exceso del rectángulo ABI sobre el rectángulo AI, BE o AI, FH es igual al exceso del rectángulo AI, FH sobre el rectángulo AIB; luego dos rectángulos AI, FH son un todo igual a los dos ABI, AIB, o sea dos AIB más el cuadrado de BI. Agréguese el cuadrado de AI; los dos rectángulos AIB con los dos cuadrados de AI, y de BI, o sea el cuadrado de AB, serán igual a ambos rectángulos AI, FH con el cuadrado de AI. Agregando nuevamente en común el cuadrado BF, los dos cuadrados de AB, BF, o sea el único cuadrado de AF será igual a ambos rectángulos AI, FH con los dos cuadrados de AI, FB, es decir de AI, FH. Pero el mismo cuadrado AF es igual a dos rectángulos AHF con los dos cuadrados de AH, HF; por lo tanto, dos rectángulos AI, FH con los cuadrados de AI, FH son iguales a dos rectángulos AHF con los cuadrados de AH, HF; y quitando el cuadrado de FH, que es común a ambos miembros, dos AI, FH con el cuadrado de AI serán iguales a dos rectángulos AHF con el cuadrado de AH. Y como FH es lado común de todos los rectángulos, la línea AH será igual a la línea AI; porque si fuera o mayor o menor, también los rectángulos FHA y el cuadrado de HA serían mayores o menores que los rectángulos FH, IA y que el cuadrado de IA; contra lo que hemos demostrado. Ahora, si suponemos que el tiempo de la caída por AB, es AB, el tiempo por AC será AC; y la IB, media entre AC, CE, será el tiempo por CE o por XA, desde el reposo en X. Y siendo AF media entre DA, AB, o RB, BA; y siendo BF, igual a BH, media entre AB, BD esto es entre RA, AB, el exceso AH será, por lo hasta aquí demostrado, el tiempo por AB desde el reposo en R, o después de la caída desde X, mientras que el tiempo de la misma AB, desde el reposo en A, sería AB. Por consiguiente, el tiempo por XA es IB; y por AB, después de RA, o sea después de XA, es AI; por consiguiente, el tiempo por XAB será como AB, es decir, será idéntico con el tiempo por sola la AB, desde el reposo en A. Que era lo propuesto.

Problema XIV − Proposición XXXV

Dada una línea inclinada hacia un segmento vertical dado, hallar en la línea inclinada una parte en sólo la cual, desde el reposo, se efectúe el movimiento durante el mismo tiempo que en el segmento más dicha parte.

Sea el segmento vertical AB, y BC la línea inclinada hacia éste. Es necesario hallar en BC una parte, en sólo la cual, a partir del reposo, se efectúe el movimiento en el mismo tiempo que en el segmento AB más dicha parte. Trácese la horizontal AD, a la que encuentre en E la inclinada CB prolongada, y póngase BF igual a BA, y con centro en E y distancia EF descríbase el círculo FIG, y prolónguese FE hasta hallar la circunferencia en G, y sea BH a HF como GB a BF, y la HI sea tangente al círculo en I; después, desde B, y perpendicular a FC, trácese BK, a la que encuentre en L la línea EIL; finalmente, trácese a EL la perpendicular LM que corte a BC en M.

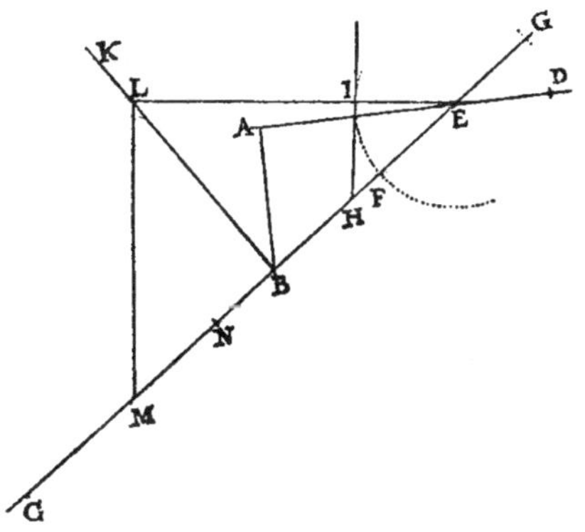

Fig. 98

Digo que, en la línea BM, desde el reposo en B, se efectúa el movimiento durante el mismo tiempo que desde el reposo en A por las dos AB, BM.[39] Supongamos que EN es igual a EL; y siendo BH a HF como GB es a BF (*permutan-*

do), BF será a FH como GB es a BH y restando uno (*dividendo*), GH a HB como BH a HF; por lo cual el rectángulo GHF será igual al cuadrado de HB. Pero el mismo rectángulo es igual también al cuadrado de HI; por consiguiente, BH es igual a HI. Y como en el cuadrilátero ILBH los lados HB, HI son iguales, y los ángulos B, I son rectos, también el lado BL será igual a LI; y por otra parte EI es igual a EF. Luego toda la LE o la NE es igual a las dos LB, EF. Quítese la común EF, y la restante FN será igual a la LB; pero hemos puesto la FB igual a la BA; luego la LB es igual a las dos AB, BN. Ahora bien, si suponemos que el tiempo por AB es la misma AB, el tiempo por EB será igual a EB; y el tiempo por toda la EM será la EN, que es media entre ME, EB; por lo cual el tiempo de la caída restante BM, después de EB o después de AB, será la misma BN. Pero se ha puesto que el tiempo por AB es AB; luego el tiempo de la caída por ambas ABM es ABN. Pero al ser EB el tiempo por EB, desde el reposo en E, el tiempo por BM, desde el reposo en B, será la media proporcional entre BE, BM; y ésta es BL; por consiguiente, el tiempo por ambas ABM, desde el reposo en A, es ABN. Pero el tiempo por BM sola, desde el reposo en B, es BL; se ha demostrado que BL, es igual a las dos AB, BN; por consiguiente, tenemos lo propuesto.

De otro modo y más expeditamente.

Sea BC un plano inclinado y AB un segmento vertical. Trazada por B una perpendicular a EC, y prolongada por ambos extremos, supongamos a BH igual al exceso de BE sobre BA, y póngase el ángulo HEL igual al ángulo BHE; y la misma EL, prolongada, encuentre a la BK en L, y desde L trácese a EL la perpendicular MN, cortando a BC en M. Digo, que BM es el espacio buscado en el plano BC. Y como el ángulo MLE es recto, BL será media en-

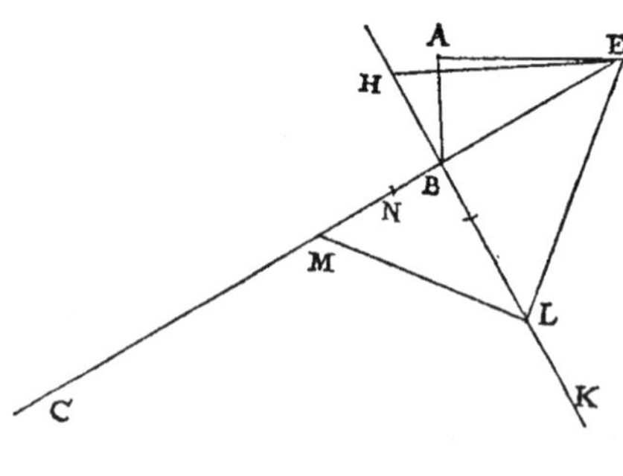

Fig. 99

tre ME, EB; y tomando EN igual a EL habrá tres líneas iguales; las NE, EL, LH, y será AB el exceso de NE sobre BL. Pero la HB es también el exceso de NE sobre NB más BA; luego sumadas las dos NB, BA son iguales a BL. Y si se supone que EB es el tiempo por EB, será BL el tiempo por BM, desde el reposo en B; que es lo que se quería demostrar.

LEMA

Sea DC perpendicular al diámetro BA, y desde el extremo B trácese al azar BED, y únase FB. Digo que FB es media entre DB, BE. Únase EF y trácese por B la tangente BG, que será paralela a la CD; por lo cual el ángulo DBG será igual al ángulo FDE; pero también el ángulo EFB es igual al GBD, en posición alterna; luego los triángulos FBD, FEB son semejantes, y FB es a BE como BD es a BF.

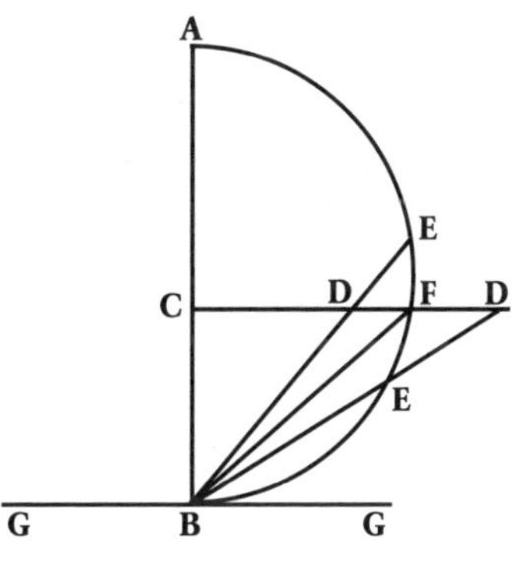

Fig. 100

LEMA

Sea la línea AC mayor que la DF, y tenga AB respecto a BC mayor razón que DE a EF. Digo que la AB es mayor que DE. Y puesto que AB tiene respecto a BC mayor razón que DE a EF; la misma razón que tiene AB a BC, tendrá DE a una menor que EF. Téngala a EG y ya que AB es a BC como DE es a EG, será invirtiendo y sumando uno (*componendo et per conversio-*

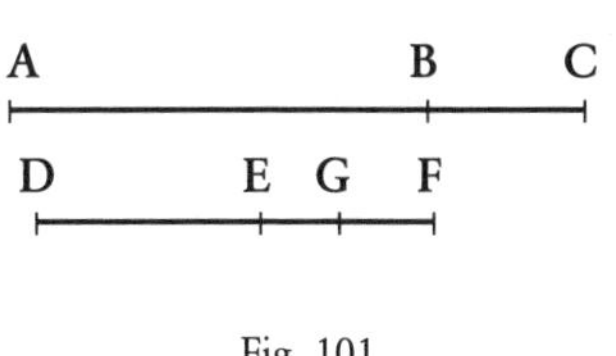

Fig. 101

[299]

nem rationis), GD a DE como CA a AB; y como CA es mayor
que GD, se sigue que también BA será mayor que DE.

Lema

Sea ACB el cuadrante de un círculo; y desde B, trácese paralela a AC, la BE; y tomando en ella un punto cualquiera, que

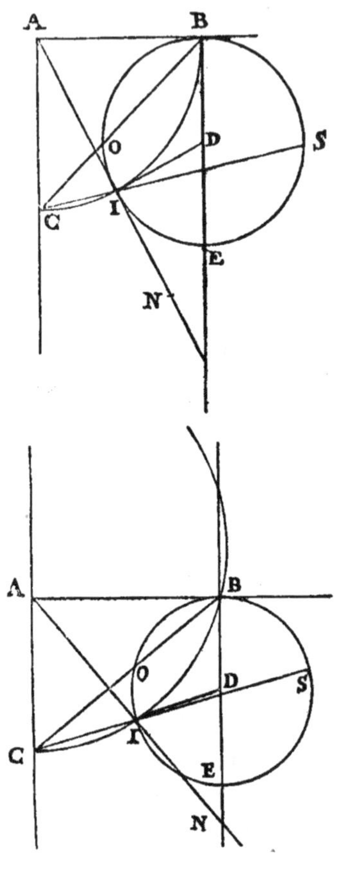

sirva de centro, descríbase el círculo BOES, que es tangente en B a AB y que corta en I a la circunferencia del cuadrante. Digo que la línea CI es siempre menor que la CO. Únase AI, que será tangente al círculo BOE, pues DI es igual a DB; y puesto que DB, es tangente al cuadrante, también lo será DI y por tanto perpendicular al radio AI; por cuya razón también la AI tocará en I al círculo BOE. Y como el ángulo AIC es mayor que el ángulo ABC, dado que subtiende mayor arco, tenemos que también el ángulo SIN es mayor que el ABC. Por lo cual la porción IES es mayor que la porción BO, y la línea CS, más próxima al centro es mayor que la BC. Por ello también la CO es mayor que la CI, porque SC es a CB como OC a CI.

Lo mismo sucedería, y con mayor razón, si (como en la segunda figura) BIC fuese menor que un cuadrante. Porque la perpendicular DB cortará al círculo CIB; DI será también igual a DB; y el ángulo DIA será ob-

Fig. 102

tuso, y por lo tanto, AIN cortará también al círculo BIE. Pero como el ángulo ABC es menor que el ángulo AIC, que es igual al mismo SIN; y como ése es todavía menor que el formado por la línea SI con la tangente en I; tenemos que la porción SEI es mucho mayor que la porción BO; de donde etc. Que es lo que se quería demostrar.[40]

Teorema XXII. — Proposición XXXVI

Si desde el punto inferior de un círculo vertical se eleva un plano que subtienda un [arco de] circunferencia no mayor que un cuadrante, y desde los extremos de ese plano se trazan otros dos planos inclinados hasta cualquier punto de la circunferencia, el descenso por ambos planos inclinados se efectuará en más breve tiempo que por el solo primer plano elevado, o que por sólo el segundo de los dos, es decir por el inferior.

Sea el arco de circunferencia CBD desde el punto inferior C de un círculo vertical, no mayor que un cuadrante, en el que se haya elevado, el plano CD y dos planos desde los extremos D, C inclinados hasta cualquier punto B, tomado en la circunferencia. Digo que el tiempo de descenso por ambos planos DBC es más breve que el tiempo de descenso por sólo DC, o únicamente por BC desde el reposo en B. Trácese por D la horizontal MDA, a la que CB, prolongada, encuentre en

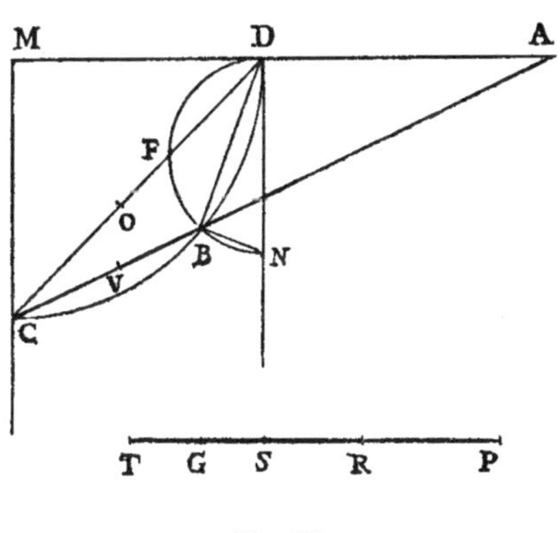

Fig. 103

A; sean perpendiculares las DN, MC a MD, y BN a BD, y en torno al triángulo rectángulo DBN descríbase el semicírculo DFBN, que corte a DC en F; y sea DO media proporcional de

[301]

las CD, DF; y sea AV media de las CA, AB.[41] Sea PS el tiempo en que es recorrida toda la DC, o BC (pues sabemos que ambas son recorridas en un mismo tiempo), y la razón que tiene CD a DO sea la misma que tiene SP a PR. El tiempo PR será aquel en que el móvil desde D recorre DF; y RS será aquel en que recorre a la restante FC. Pero siendo también PS el tiempo en que un móvil desde B, recorre BC, si SP es a PT como BC es a CD, será PT el tiempo de la caída desde A hasta C, al ser CD media entre AC, CB, según lo anteriormente demostrado [lema primero]. Por fin sea TP a PG como CA a AV; será PG el tiempo con que el móvil va desde A hasta B, y GT el tiempo empleado en recorrer BC, después del movimiento desde A hasta B. Y habiendo sido trazada DN, diámetro del círculo DFN, vertical sobre la horizontal, los segmentos DF y DB serán recorridos en tiempos iguales [teorema VI]. Por lo cual, si demostraremos que el móvil recorre a BC, después de la caída por DB, en menor tiempo que a FC después de recorrida DF, tendremos lo propuesto. Pero el móvil recorre a BC si viene desde D por DB con la misma celeridad que si viniera desde A por AB, puesto que tanto en uno como en otro de los descensos DB, AB adquiere el móvil la misma velocidad; luego hay que demostrar que BC es recorrida después de AB en tiempo más breve que FC después de DF. Pero ya queda demostrado que el tiempo, en que es recorrida BC después de AB, es GT; y el tiempo de la FC después de DF, es RS. Resta, pues, por demostrar que RS es mayor que GT. Se demuestra así: dado que CD es a DO como SP a PR, será (*per conversionem vationis et convertendo*), OC a CD como RS es a SP; pero DC es a CA como SP a PT; y al ser CA a AV como TP es a PG (*per conversionem rationis*) será también AC a CV como PT a TG; luego (*ex aequali*) OC es a CV como RS es a GT; pero OC es mayor que CV, como en seguida demostraremos. Luego el tiempo RS es mayor que el tiempo GT: que es lo que había que demostrar. Siendo CF mayor que CB, y DF menor que BA, CD tendrá respecto a DF mayor razón que CA a AB; pero CD es a DF como el cuadrado de CO es al cuadrado de OF, por ser CD, DO, DF proporcionales. Análogamente, CA es a

AB como el cuadrado de CV es al cuadrado de VB; luego CO tiene respecto a OF mayor razón, que CV a VB. Por consiguiente, según un lema anterior, CO es mayor que CV. Resulta, además, que el tiempo por DC es al tiempo por DBC como DOC a DO con CV.[42]

ESCOLIO

De todo lo que hemos demostrado hasta aquí, parece poder deducirse que el movimiento más veloz de todos, desde un punto a otro, no se efectúa por la línea más breve, es decir por la recta, sino por una porción de círculo. En el cuadrante BAEC, cuyo lado BC sea perpendicular a la horizontal, divídase el arco AC en cualquier número de partes iguales AD, DE, EF, FG, GC, y desde C trácense rectas hasta los puntos A, D, E, F, G, y únanse también las rectas AD, DE, EF, FG, GC; es evidente que el movimiento por las dos ADC se efectúa con más rapidez que por sola la AC, o por DC, desde el reposo en D, aunque desde el re-

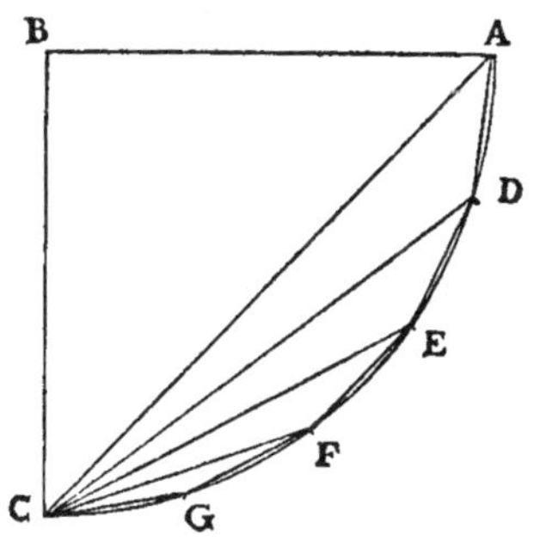

Fig. 104

poso en A se efectúa con más rapidez por DC que por las dos ADC. Pero por las dos DEC, desde el reposo en A, es verosímil que se cumpla el descenso con más rapidez que por sólo CD. Luego el descenso por las tres ADEC se cumple con más rapidez que por las dos ADC. Pero de modo semejante; procediendo el descenso por ADE, el movimiento se efectúa con más rapidez por las dos EFC que por sola la EC; por consiguiente, por las cuatro ADEFC el movimiento se efectúa con más rapidez que por las tres ADEC. Y finalmente, por las dos, FGC, después del precedente descenso por ADEF, el movimiento se efectúa con mayor rapidez que por sola la FC; luego por las cinco ADEFGC se efectuará el descenso todavía en más breve tiempo que por las cuatro ADEFC. En consecuencia, cuanto más nos acercamos a la circunferencia por los polígonos inscriptos, tanto más rápidamente se efectúa el movimiento entre los dos puntos indicados A, C.[43]

Lo que acabamos de explicar sobre el cuadrante, acontece también en [el arco de], circunferencia menor que el cuadrante; y el razonamiento es idéntico.

PROBLEMA XV − PROPOSICIÓN XXXVII

Dado un segmento vertical y un plano inclinado, cuya elevación sea la misma, hallar en el plano inclinado una parte, igual al segmento, que sea recorrida durante el mismo tiempo que el segmento.

Sea AB el segmento vertical y AC el plano inclinado; es necesario hallar en el plano inclinado una parte igual al segmento AB, que, a partir del reposo en A, sea recorrida en un tiempo igual al tiempo en que es recorrido el segmento. Supongamos que AD es igual a AB, y la restante DC sea dividida en dos partes iguales en I; y sea AC a CI como CI a otra AE, igual a la cual supongamos DG. Es evidente que EG es igual a AD y a AB. Digo, además, que esta EG es aquella que es recorrida por el móvil, que parte desde el reposo en A, durante un

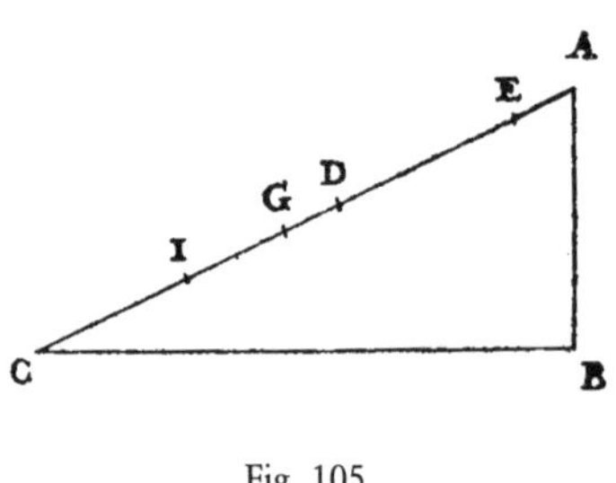

Fig. 105

tiempo igual al tiempo en que el móvil cae por AB. Y puesto que lo mismo que AC es a CI así también CI es a AE, o ID a DG, será (*per conversionem ratonis*), DI a IG como CA a AI; y puesto que el segmento CI igual a DI es al segmento IG, como toda la CA es a toda la AI, la diferencia IA será a la diferencia AG como toda la CA es a toda la AI. Por consiguiente, la AI es media entre CA y AG, y la CI media entre CA, AE. Por consi-

[304]

guiente, si suponemos que el tiempo por AB es AB, será AC el tiempo por AC, y CI o ID, el tiempo por AE; y siendo AI media entre CA, AG, y siendo CA el tiempo por toda la AC, AI será el tiempo por AG, y el resto IC será el tiempo por el resto GC; pero sabemos que DI era el tiempo por AE. Por consiguiente, DI, IC son los tiempos por ambas AE, CG. Luego el resto DA será el tiempo por EG, es decir igual al tiempo por AB. Que es lo que había que demostrar.[44]

COROLARIO

De aquí se deduce, que el espacio buscado está comprendido entre las partes anterior y posterior, que son recorridas en tiempos iguales.[45]

PROBLEMA XVI – PROPOSICIÓN XXXVIII

Dados dos planos horizontales cortados por un segmento vertical, es necesario hallar en el segmento el punto más alto desde donde los móviles en caída y en reflexión por los planos horizontales, recortan sobre los tales planos horizontales, o sea sobre el superior y sobre el inferior, durante tiempos iguales a los tiempos de los descensos, espacios que tengan entre sí una cierta razón dada, menor que uno.

Sean los planos horizontales CD, BE cortados por la vertical ACB y sea la razón dada de menor a mayor, N a FG. Es necesario hallar en la vertical AB el punto más alto desde el cual cayendo el móvil y en reflexión por el plano CD, recorra, en un tiempo igual al tiempo de su caída un espacio, que tenga respecto a otro espacio recorrido por otro móvil procedente desde el mismo punto superior, durante un tiempo igual al tiempo de su caída, con movimiento en reflexión por el plano EB, una razón idéntica a la dada N a FG. Supóngase GH igual a N; y sea BC a CL como FH a HG; digo que L es el punto

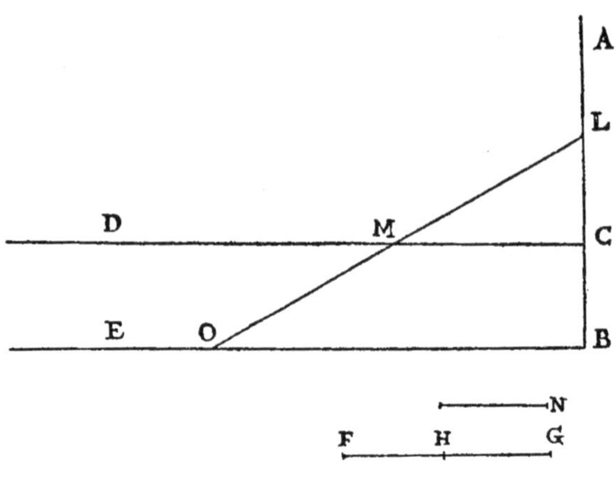

Fig. 106

más alto buscado. Tomada CM doble de CL, trácese LM que encuentre en O al plano BE; será BO doble de BL; y puesto que FH es a HG como BC es a CL (*componendo et convertendo*), será CL a LB o sea CM a BO como HG o sea N es a GF. Siendo CM doble respecto a LC, es evidente que el espacio CM es aquel que es recorrido sobre el plano CD por un móvil proveniente desde L, después de la caída por LC; y por la misma razón BO es aquel que es recorrido después de la caída por LB durante un tiempo igual al tiempo de la caída por LB, ya que BO es doble respecto a BL. Luego tenemos lo propuesto.

SAGREDO. Paréceme en verdad que se puede conceder a nuestro Académico, el que sin jactancia se haya podido atribuir en el principio de éste su tratado, el haber creado una nueva ciencia en torno de un asunto antiquísimo. Y al ver con qué facilidad y claridad deduce él de un principio solo y simplicísimo las demostraciones de tantas proposiciones, me hace maravillar no poco sobre cómo tal materia no ha sido tratada por Arquímedes, Apolonio, Euclides y tantos otros matemáticos e ilustres hombres de ciencia, y máxime siendo tantos y tan grandes los volúmenes escritos acerca del movimiento.

SALVIATI. Hay un fragmento de Euclides sobre el movimiento, pero allí no se descubre el menor vestigio de que él se encaminase a investigar la proporción de la aceleración y su diversidad sobre diferentes inclinaciones. De modo que en verdad puede decirse que es ésta la primera vez que se ha abierto la puerta a un estudio nuevo, lleno de conclusiones infinitas y admirables que podrán merecer, andando el tiempo, la consideración de parte de otros ingenios.*

SAGREDO. Yo creo ciertamente, que así como aquellas pocas propiedades (diré por vía de ejemplo) del círculo, demostradas por Euclides en el tercer libro de sus Elementos, son el ingreso a otras innumerables y más recónditas, del mismo modo, las aducidas y demostradas en este breve tratado, cuando haya llegado a manos de otros ingenios especulativos, servirán de camino para otras muchas y más maravillosas; y es de creer que así sucederá dada la excelencia de la materia sobre todos los demás asuntos naturales.

Larga y por demás laboriosa ha sido la jornada de hoy, durante la cual más he gustado de las simples proposiciones que de sus respectivas demostraciones, muchas de las cuales, para ser completamente entendidas, creo que me llevarán más de una hora cada una. Estudio que me reservo para cuando pueda hacerlo con tranquilidad, si tú dejas en mis manos el libro, después que hayamos visto la parte que falta referente a los movimientos de los proyectiles; lo que será, si te parece bien, en el próximo día.

SALVIATI. No dejaré de estar con vosotros.

FIN DE LA JORNADA TERCERA

* Ya se dijo que son muchas las cacofonías del original; y este párrafo puede servir de exponente. *(N. del T.)*

Notas de la Tercera Jornada

[1] Si v es la velocidad constante del movimiento, e_1 y e_2 los espacios recorridos en tiempos t_1, t_2, respectivamente, serán

$$e_1 = v \cdot t_1 \ , \ e_2 = v \cdot t_2 \ ; \text{ de donde:}$$

$$\frac{e_1}{e_2} = \frac{vt_1}{vt_2} = \frac{t_1}{t_2}$$

Habituados al simbolismo algebraico, la demostración de Galileo parece innecesariamente complicada. Pero es útil analizarla, para darse cuenta de cuántas nociones están implícitas en dicho simbolismo.

Sean n_1 y n_2 números enteros *cualesquiera,* formemos:

$$E_1 = n_1 \cdot e_1 \ , \ T_1 = n_1 \cdot t_1 \ ,$$
$$E_2 = n_2 \cdot e_2 \ , \ T_2 = n_2 \cdot t_2 \ .$$

Serán E_1 y E_2 los espacios recorridos en los tiempos T_1 y T_2, respectivamente, y por lo tanto, resultará:

(a) $\qquad\qquad E_1 \lessgtr E_2$ según sea, respectivamente: $T_1 \lessgtr T_2$.

Si existen números enteros n_1 y n_2 para los cuales se da el caso de la igualdad, resulta inmediatamente:

$$n_1 e_1 = n_2 e_2 \ ; \ n_1 t_1 = n_2 t_2 \text{ luego } \frac{e_1}{e_2} = \frac{t_1}{t_2} \qquad\qquad \text{(b)}$$

Pero, puede suceder que no existan números enteros n_1 y n_2 que nos den en (a) el caso de la igualdad; e_1 y e_2 son entonces inconmensurables entre sí. En tal caso, del cumplirse las dos desigualdades (a) simultánea y correspondientemente, *cualesquiera* sean n_1 y n_2, concluye Galileo la (b), siguiendo una forma de demostración que se remonta a Euclides, y que es la *definición* misma de la proporcionalidad.

[2] El lector habituado al simbolismo algebraico deducirá inmediatamente todas las proposiciones que siguen (hasta la VI, inclusive) de la fórmula $e = v \cdot t$, y puede saltear las demostraciones correspondientes.

[308]

[3] Mediante esta consideración elude Galileo la definición de la velocidad en el movimiento variado, que exige un pasaje al límite; pero ella no es sino una tautología, porque al decir: *si continuara… con la velocidad adquirida*, presupone que esta velocidad ha sido definida. La consideración de Galileo es admisible en la dinámica, si se presupone el principio de inercia y se imagina la prosecución del movimiento en ausencia de fuerzas; pero no lo es en la cinemática.

[4] En este párrafo, uno de los más admirables de toda la obra, está resumida la posición netamente científica de Galileo, en sentido moderno: *no intentar la investigación de las causas antes de poseer el conocimiento de las leyes cuantitativas*, lo que sería ocuparse en dilucidar "fantasías" de "poca utilidad". Deducir las consecuencias (matemáticas) de determinados supuestos plausibles y confrontarlos con la experiencia; si ésta los confirma cuantitativamente, aceptar las hipótesis que sirvieron para demostrarlas (véase la nota siguiente) .

Los comentarios sobre el método científico, de todos los filósofos posteriores, no han agregado una sola adquisición fundamental a esta página de Galileo.

Descartes, comentando estos diálogos, dijo (*Oeuvres*, edición *Adam-Tannery;* tomo II, pág. 379 y sigs.): "Todo lo que dice (Galileo) sobre la velocidad de los cuerpos que descienden en el vacío, etc., está edificado sin fundamento, porque hubiera debido previamente determinar qué es la pesantez. . ."; posición diametralmente opuesta a la de Galileo, que ninguna disquisición acerca del método puede aproximar. El racionalismo cartesiano nos hubiera impedido, hasta hoy, conocer las leyes de la caída de los cuerpos, porque la cuestión planteada por él (*determinar qué es la pesantez*), supuesto que tenga sentido, no ha sido aún resuelta; y con ello hubiera sido íniposible fundar la mecánica y edificar toda la ciencia física moderna, que se apoya en aquélla.

[5] Es decir con el método comentado en la nota anterior.

[6] Si partiendo del reposo, un móvil alcanza con movimiento uniformemente acelerado después de un tiempo t la velocidad (final) v será, por lo tanto, en virtud de lo demostrado aquí:

$$e = \frac{v}{2} \cdot t = \frac{1}{2} v \cdot t.$$

Si el espacio e se divide en dos, e_0, e_1 recorridos en tiempos sucesivos t_0 y t_1, será para el primero de ellos:

$$e_0 = \frac{1}{2} v_0 \cdot t_0 = \frac{1}{2} v_0 (t_0 - t_1)$$

Restando de la anterior:

$$e_1 = e - e_0 = \frac{1}{2} [(v - v_0) t + v_0 \cdot t_1]$$

[309]

Pero:

$$\frac{v}{t} = \frac{v_0}{t_0} = \frac{v - v_0}{t - t_0} = \frac{v - v_0}{t_1} \quad ; \quad (v - v_0)\, t = v \cdot t_1$$

y sustituyendo en la anterior:

$$e_1 = \frac{v_0 + v}{2}\, t_1$$

Si en ésta se pone: $v = v_0 + a \cdot t_1$ (*a = aceleración*):

(a)
$$e_1 = v_0\, t_1 + \frac{1}{2}\, a \cdot t_1^{\,2}$$

[7] Si los espacios e_1 y e_2 han sido recorridos en tiempos t_1 y t_2 partiendo del reposo y son v_1 y v_2 las velocidades (finales) respectivamente alcanzadas, será según la nota anterior:

$$e_1 = \frac{1}{2}\, v_1\, t_1 \quad ; \quad e_2 = \frac{1}{2}\, v_2\, t_2 \quad \therefore \quad \frac{e_1}{e_2} = \frac{v_1\, t_1}{v_2\, t_2} = \frac{v_1}{v_2} \times \frac{t_1}{t_2}$$

Pero en el movimiento uniformemente acelerado es, por definición:

$$\frac{v_1}{v_2} = \frac{t_1}{t_2} \quad ; \quad \text{luego} \; : \quad \frac{e_1}{e_2} = \left(\frac{t_1}{t_2}\right)^2 \quad \text{(a)} \quad \text{c. d. d.}$$

Y también:

$$\frac{e_1}{e_2} = \left(\frac{v_2}{v_2}\right)^2$$

[8] Si en la nota anterior es $t_2 = t_n = n \cdot t_1$ será:
$$e_n = n^2 \cdot e_1 \quad ; \quad \text{y análogamente:} \quad e_n - 1 = (n - 1)^2\, e_1.$$
Luego el espacio Δe_n recorrido en el enésimo intervalo de tiempo es:
$$\Delta e_n = e_n - e_{n-1} = [n^2 - (n - 1)^2]\, e_1 = (2n - 1)\, e_1 \quad ;$$
y haciendo sucesivamente $n = 1, 2, 3, 4, \ldots$, los sucesivos
$$\Delta e_n \text{ resultan: } e_1; 3e_1; 5e_1; 7e_1; \ldots ; \text{c.d.d.}$$

[9] Teorema IV, proposición IV.

[10] En efecto se tiene sucesivamente, según nota 7:

$$\frac{t_1}{t_2} = \sqrt{\frac{e_1}{e_2}} = \sqrt{\frac{e_1\, e_1}{e_2\, e_1}} = \frac{e_1}{\sqrt{e_2\, e_1}} = \frac{\sqrt{e_1\, e_2}}{e_2} \quad ; \quad \text{c.d.d.}$$

[11] Era intención de Galileo intercalar aquí, en ediciones posteriores, como lo hacemos en ésta, otras consideraciones acerca del principio antes enunciado (pág. 229). En diciembre de 1639, estando ya casi ciego escribió, o hizo escribir, una carta dirigi-

da a B. Castelli: *La oposición que hace meses me expresó este joven* –dice, refiriéndose a V. Viviani– *actualmente mi huésped y discípulo, contra aquel principio ... me indujo a pensar tanto en ello que obtuve, si no me equivoco, la demostración concluyente ... De ésta hizo él una relación para mí que estando privado de los ojos me habría tal vez confundido con las figuras y caracteres necesarios. Escrita en diálogo podría agregarse después del Escolio de la segunda proposición..., como teorema especialísimo.*

En la "relación" que menciona esta carta, demuestra correctamente Galileo la *ley del equilibrio sobre un plano inclinado*, fundándose en el principio de las velocidades virtuales; "y puesto que según hemos convenido –agrega– que tanto es el ímpetu, la energía o el momento del movimiento del móvil cuanto es la fuerza o resistencia mínima suficiente para inmovilizarlo, concluimos que el ímpetu por la inclinada está respecto al ímpetu máximo por la vertical, como esta vertical, esto es la altura del plano inclinado, es a la longítud de la oblicua..." "Y aquí debe advertirse que, puesto que en cualesquiera inclinaciones el móvil, partiendo del reposo, va aumentando su velocidad en proporción del tiempo, y en consecuencia con la cantidad del ímpetu, los grados de velocidad ganados en un mismo tiempo serán tales como fueron los ímpetus en el principio del movimiento, puesto que éstos y aquéllos crecen con la misma proporción en el tiempo."

Se advierte cuál fue aquí la confusión de Galileo: en el primer párrafo el ímpetu corresponde a nuestra noción de *fuerza* pues lo iguala con la fuerza o resistencia necesaria para equilibrar el cuerpo; en el segundo corresponde a nuestra noción de *impulso o cantidad de movimiento*, pues admite que es proporcional a la velocidad, ya que supone que varía respecto, del tiempo en la misma proporción que aquélla. Y esta confusión invalida el raciocinio aun cuando la conclusión es verdadera.

La redacción del diálogo que sigue, hasta el teorema III, es de Viviani y posiblemente posterior a la muerte de Galileo. Hizo manifestar a Salviati, según en seguida se lee, la intención de "deducirlo" (a dicho principio) geométricamente, demostrando en primer lugar un lema elemental respecto de los ímpetus.

Excedió con ello, tal vez, las intenciones de Galileo, e incurrió en error. El principio de que se trata es independiente de la afirmación de que el movimiento de caída (libre o sobre un plano inclinado) es uniformemente acelerado, y no puede ser, por lo tanto, deducido "geométricamente" de ésta: importa suponer que la aceleración es proporcional a la inclinación del plano, lo cual, aún después de admitida aquella afirmación, debe ser demostrado experimentalmente.

Los experimentos de Galileo con el plano inclinado, conducen, pues, a dos resultados recíprocamente independientes, a saber: 1°) el movimiento de caída libre o sobre un plano inclinado, es uniformemente acelerado; 2°) las aceleraciones en planos de diferentes inclinaciones (relación de la altura a la longitud) son proporcionales a éstas (equivalente del principio galileano que comentamos).

La primera redacción de este diálogo es, pues, la única correcta y no debiera ser modificada con la intercalación posterior, cuya redacción, hecha por Viviani, es además de factura literaria muy inferior a los escritos de Galileo, como puede apreciarse de inmediato. Porque el principio en cuestión sólo puede ser admitido fundándose en sus consecuencias experimentales, como lo díce el primitivo texto; y porque aún en el supuesto de que Viviani hubiera interpretado exactamente el pensamiento de su maestro, bien puede concedérsle a éste la gracia de excusarle un error casi póstumo, en que pudo incurrir estando ya achacoso y ciego.

No obstante, el diálogo escrito por Viviani, en lo que tiene de correcto, permite sustituir en el segundo de los resultados posteriores, es decir en, la proposición III y su corolario, las "inclinaciones de los planos" por las "fuerzas actuantes", dando así a los resultados dinámicos de Galileo su forma definitiva; y esto justifica su intercalación (véase también nota 13 y sig.) .

[12] Esto parece contradecir los fundamentos de la dinámica de Galileo; pero téngase en cuenta que no es suya la redacción de esta parte.

[13] Se ha tomado AD tal que $\dfrac{AB}{AC} = \dfrac{AC}{AD}$

Por otra parte, si P es el peso de un cuerpo ("ímpetu según AC") y F la fuerza paralela al plano, necesaria para equilibrarlo estando sobre él ("ímpetu según AB") es "según lo que acaba de demostrarse":

$$\frac{P}{F} = \frac{AB}{AC} \quad \text{y resulta:} \quad \frac{P}{F} = \frac{AC}{AD}$$

Admitiendo ahora que los espacios recorridos en tiempos iguales (y por lo tanto, las aceleraciones) están entre sí, como las fuerzas (supuesto que habría que demostrar), se tendría:

$$\frac{P}{F} = \frac{v_C \cdot t}{v_D \cdot t} \quad ; \quad \text{de donde:} \quad \frac{v_C}{v_D} = \frac{AC}{AD} \qquad \text{(a)}$$

Pero, por la definición de movimiento uniformemente acelerado:

$$\frac{v_C}{v_D} = \frac{t_{AB}}{t_{AD}} \quad ,$$

y además, por el segundo corolario anterior:

$$\frac{t_{AB}}{t_{AD}} = \frac{AC}{AD} \quad ,$$

de las cuales resulta:

$$\frac{v_B}{v_D} = \frac{AC}{AD} \quad ;$$

y finalmente, comparando con la (a):

$$v_C = v_D \quad ; \quad \text{c.d.d.}$$

[14] Si *l* y *h* son la longitud, y la altura, *t* y *t'* los respectivos tiempos de descenso, y v la velocidad final común, según el principio admitido (pág. 229), se tendrá (nota 6):

$$l=\frac{1}{2}\,v\cdot t\;;\qquad h=\frac{l}{2}\,v\cdot t'\qquad \text{de donde}\qquad \frac{h}{l}=\frac{t'}{t}\qquad \text{c.d.d.}$$

Ésta es, por otra parte, la demostración que en seguida expondrá Sagredo.

[15] Sean t_1 y t_2 los tiempos de descenso cuando las alturas de los planos son h_1 y h_2, respectivamente; t'_1 y t'_2 los tiempos de caída por la vertical desde las alturas h_1 y h_2. Si l es la longitud común de los planos se tiene (nota 14):

$$\frac{t_1}{t'_1}=\frac{l}{h_1}\;;\;\frac{t_2}{t_2}=\frac{l}{h_2}\;;\text{ de donde: }\frac{t_1}{t_2}=\frac{t_1{'}}{t_2{'}}\cdot\frac{h_2}{h_1}$$

Pero en virtud del teorema II (nota 7) :

$$\frac{t'_1}{t'_2}=\sqrt{\frac{h_1}{h_2}}\;.\quad \text{Luego: }\quad \frac{t_1}{t_2}=\sqrt{\frac{h_2}{h_1}}\;;\qquad\qquad \text{c.d.d.}$$

Habiendo sido experimentalmente comprobada esta proposición (página 240) queda establecida la validez del principio que sirvió para deducirla, según se prometió antes (pág. 232).

[16] Sean h_1, l_1 y $h_2, l_2 > l_1$ las longitudes y las alturas de ambos planos; t_1 y t_2 los respectivos tiempos de descenso; y sea t el tiempo de descenso por un plano de longitud l_2 y altura h_1. Por el corolario, de la proposición III, y por la proposición IV serán, respectivamente:

$$\frac{t_1}{t}=\frac{l_1}{l_2}\;\text{ y }\;\frac{t}{t_2}=\sqrt{\frac{h_2}{h_1}}\;;\;\text{ de donde: }\frac{t_1}{t_2}=\frac{l_1}{l_2}\sqrt{\frac{h_2}{h_1}}\;;\qquad \text{c.d.d.}$$

[17] Sean t_1 y t_2 los tiempos de descenso por AB y AC, respectivamente. Por la proposición anterior es:

$$\frac{t_1}{t2}=\frac{AB}{AC}\sqrt{\frac{AE}{AD}}$$

Pero, por un conocido teorema de geometría:

$$\frac{AD}{AB}=\frac{AB}{AF}\;\text{ y }\;\frac{AE}{AC}=\frac{AC}{AF}$$

de donde, dividiendo y trasponiendo:

$$\frac{AE}{AD}=\left(\frac{AC}{AB}\right)^2$$

que reemplazada en la primera nos da: $t_1=t_2$ \qquad c.d.d.

[18] Sean h'_1 y h'_2 las elevaciones de partes iguales, l, de ambos planos. Por semejanza de triángulos será:

$$\frac{h_1}{h'_1} = \frac{l_1}{l} \ , \ \frac{h_2}{h'_2} = \frac{l_2}{l} \ ; \qquad \text{dividiendo:}$$

$$\frac{h_2}{h_1} = \frac{h'_2}{h'_1} \frac{l_2}{l_1} \ ; \quad \text{pero por hipótesis:} \quad \frac{h_2}{h'_1} = \frac{l_2}{l_1}$$

y por tanto $\dfrac{h_2}{h_1} = \left(\dfrac{l_2}{l_1}\right)^2$; que sustituida en la fórmula final de la nota 16 nos da:

$$t_1 = t_2 \ ; \qquad \text{c.d.d.}$$

[19] Resulta inmediatamente de la proposición V (véase la nota 16): Si fuera $h_2/h_1 = (l_2/l_1)^2$, resultaría $t_1 = t_2$ c.d.d.

[20] De la semejanza de los dos pares de triángulos, resulta:

$$\frac{DA}{DC} = \frac{CG}{CF} \quad \text{y} \quad \frac{CE}{BE} = \frac{DC}{CG}$$

Multiplicando ordenadamente y teniendo en cuenta $DC = CE$, se tiene:

$$\frac{DA}{BE} = \frac{DC}{CF}$$

Luego los tiempos de descenso por DC y CF son iguales, por el corolario III de la proposición VI (nota 18).

[21] Se tiene, según la proposición segunda y nota 7:

$$\frac{FD}{FB} = \left(\frac{t_{PD}}{t_{FB}}\right)^2 \qquad \frac{AC}{AB} = \left(\frac{t_{AC}}{t_{AB}}\right)^2$$

Pero los primeros miembros son iguales, y por tanto:

$$\frac{t_{FD}}{t_{AC}} = \frac{t_{FB}}{t_{AB}} = \frac{t_{FD} - t_{FB}}{t_{AC} - t_{AB}} = \frac{t_{FD} - t_{FB}}{t_{BC}}$$

El último numerador es igual al tiempo t_{BD}, cayendo desde A; porque el móvil llegará a B con la misma velocidad que cayendo desde F según FB, por el principio fundamental (pág. 229) ; es decir:

$$\frac{t_{FD}}{t_{AC}} = \frac{t_{BD}}{t_{BC}} \ .$$

Pero, por el corolario de la proposición II:

$$\frac{t_{FD}}{t_{AC}} = \frac{FD}{AC} = \frac{BD}{BC}$$

Igualando con la anterior resulta lo que desea demostrarse.

^{22} Según teorema II, corolario II, y nota 10:

$$\frac{t_{AB}}{t_{AC}} = \sqrt{\frac{AC \cdot AB}{AC}} = \frac{AF}{AC} \; ;$$

y restando la unidad a ambos miembros:

$$\frac{t_{AB} - t_{AC}}{t_{AC}} = \frac{t_{CB}}{t_{AC}} = \frac{AF - AC}{AC} = \frac{CF}{AC}$$

de donde, invirtiendo, resulta el teorema.

En la segunda parte, por el corolario de la proposición III es:

$$\frac{t_{CD}}{t_{CB}} = \frac{CD}{CB} = \frac{CE}{CF}$$

Multiplicando ordenamente por la anterior e invirtiendo:

$$\frac{t_{AC}}{t_{CD}} = \frac{AC}{CE} \; ; \qquad\qquad \text{c.d.d.}$$

^{23} Según teorema II, corolario II y nota 10 se tiene:

a) $\dfrac{t_{AB}}{t_{AC}} = \sqrt{\dfrac{AB \cdot AC}{AC}} = \dfrac{AR}{AC}$, y : $\dfrac{t_{FD}}{t_{FB}} = \dfrac{FD}{\sqrt{FD \cdot FB}} = \dfrac{FD}{FS}$

De la segunda resulta:

$$\frac{t_{FD} - t_{FB}}{t_{FD}} = \frac{FD - FS}{FD} \; ; \quad \text{o sea} : \quad \frac{t_{BD}}{t_{FD}} = \frac{DS}{FD} \qquad\qquad \text{(b)}$$

Pero además, por la proposición III:

$$\frac{t_{FD}}{t_{AC}} = \frac{FD}{AC} \; , \quad \text{que multiplicada por la (a) da:}$$

(c) $$\frac{t_{BD}}{t_{AC}} = \frac{SD}{AC} \; .$$

Sumando ésta ordenadamente con la (a), e invirtiendo:

$$\frac{t_{AC}}{t_{AB} + t_{BD}} = \frac{AC}{AR + SD} \qquad\qquad \text{c.d.d.}$$

Hay que tener en cuenta que, el tiempo del descenso por BD será el mismo, ya provenga el móvil de F o de A, según el teorema X, como lo dijimos en la nota 21. La demostración geométrica de Galileo es más intuitiva.

^{24} En la figura *anterior*, para que fuera $t_{AB} = t_{BD}$ deberá ser, según las (a) y (c):

(a) $$\sqrt{AB \cdot AC} = SD = FD - \sqrt{FD \cdot FB}$$

Es decir, en nuestra figura deberá ser, por BC = AB y BG = BE:

$$\sqrt{AB \cdot 2AB} = 2BE - \sqrt{2BE \cdot BE} = BE\,(2 - \sqrt{2}\,);$$

de donde: $\sqrt{2\,AB} = (2 - \sqrt{2}\,)\,BE = \sqrt{2}\,(\sqrt{2} - 1)\,BE$

o sea, en virtud de $(\sqrt{2} - 1)(\sqrt{2} + 1) = 2 - 1 = 1$:

$$BE = \frac{AB}{\sqrt{2} - 1} = AB\,(\sqrt{2} + 1) = \sqrt{2} \cdot AB + AB = BD + BC\ ;\quad \text{c.d.d.}$$

La sencillez de la solución de Galileo es admirable.

[25]   La condición del problema es nuevamente la (a) de la nota anterior, que dividida por su primer miembro da:

(b) $$1 = \frac{FD}{\sqrt{AB \cdot AC}} - \sqrt{\frac{FD}{AC} \cdot \frac{FB}{AB}}$$

Pero (véase la figura del teorema XII) :

(c) $$\frac{FD}{AC} = \frac{FB}{AB} = \frac{BD}{BC}\ ,\quad \text{y}\quad \sqrt{AB \cdot AC} = AC\,\sqrt{\frac{AB}{AC}}$$

Sustituyendo en la primera:

$$1 = \frac{BD}{BC}\left[\sqrt{\frac{AC}{AB}} - 1\right] = \frac{BD}{BC}\left[\sqrt{1 + \frac{BC}{AB}} - 1\right]\ ;$$

de donde: $$\frac{BC}{BD} + 1 = \sqrt{1 + \frac{BC}{AB}}\ .$$

Cuadrando y simplificando:

$$\frac{BC}{BD}\left[\frac{BC}{BD} + 2\right] = \frac{BC}{AB}\ ;\quad \frac{BD}{AB} = \frac{BC + 2 \cdot BD}{BD}$$

Con las notaciones del problema (fig. 69) será, pues:

$$\frac{AC}{AX} = \frac{AB + 2 \cdot AC}{AC}\ ;$$

que es la solución del texto, pues en ella resulta AE = AX, en virtud de:

$$\frac{EA}{AR} = \frac{BA}{AC} = \frac{AX}{AR}\ .$$

[26]   La solución geométrica de Galileo es, en este caso, más sencilla que la algebraica.

[27]   En la caída, partiendo del reposo en E es (nota 6), fórmula (a):

$$EB = \frac{1}{2}\, gt^2, \quad EC = \frac{1}{2}\, at^2, \quad ; \quad \frac{EB}{EC} = \frac{g}{a} > 1$$

siendo a la aceleración de descenso sobre el plano y g la de caída libre.

Si v_0 es la velocidad adquirida en E cayendo desde A, y t_{EB} y t_{EC} los subsiguientes tiempos de descenso por EB y EC, será (ídem):

$$\frac{EB}{EC} = \frac{v_0\, t_{EB} + \frac{1}{2}\, gt^2{}_{EB}}{v_0\, t_{EC} + \frac{1}{2}\, gt^2{}_{EC}} > 1$$

Los dos términos del numerador son, simultáneamente, menores 0 mayores que los correspondientes del denominador; para que el quebrado sea mayor que 1 (según lo demostrado antes) deben ser, pues, ambos mayores, es decir, $t_{EB} > t_{EC}$; c.d.d.

[28] La condición del problema es, nuevamenter, la (a) de la nota 24, que se transforma en la (b) de la nota 25. En ésta se trata de eliminar AC, mediante la primera parte de la (c) de la misma nota, con lo cual se obtiene:

$$\frac{AB + FB}{FD} = \frac{FB}{AB + FB}$$

que es la solución de Galileo, cambiando las letras (compárese la fig. 67 con la 73, en que AB = BF).

[29] Para la solución analítica del problema, sea $t' = k\, t_{AB}$ el tiempo en que debe ser recorrido FD, y sea dado $k < 1$. Se tendrá, llamando AF = x (nota 7, fórm. a):

$$\frac{t_{AF}}{t_{AB}} + \sqrt{\frac{x}{AB}}\, , \quad \left(\frac{t_{AD}}{t_{AB}}\right)^2 = \left(\frac{t_{AF} + kt_{AB}}{t_{AB}}\right)^2 = \frac{x + AB}{AB} = \left(\frac{t_{AF}}{t_{AB}} + k\right)^2$$

o sea:

(a) $$\frac{x}{AB} + 1 = \left(\sqrt{\frac{x}{AB}} + k\right)^2 = \frac{x}{AB} + 2k\sqrt{\frac{x}{AB}} + k^2;$$

de la cual se obtiene fácilmente:

(b) $$x - \frac{AB}{4}\left(\frac{1}{k} - k\right)^2$$

La solución de Galileo coincide con ésta. En efecto, por construcción se tiene: AE = EC, y

$$AD = x + AB = \frac{AE^2}{AB} = \frac{(EB + BC)^2}{AB} = \frac{(\sqrt{AB \cdot x} + BC)^2}{AB}$$

puesto, que x = AF = BD. Dividiendo ambos miembros por AB y teniendo en cuenta que por construcción es BC/AB = k, se obtiene precisamente la (a).

Se advierte ahora que la construcción geométrica de Galileo es sumamente elegante y sencilla, así como su razonamiento para justificarla.

[30] La resolución analítica exige resolver una ecuación de segundo grado, pues en la (b) de la nota anterior se da ahora x = AD, y en cambio de AB se tiene AC, también dado; se trata de calcular k.

[31] Debiendo ser $t_{EB} = t_{CD}$ se tiene: $t_{CB} = t_{CE}, + t_{CD}$. Y como los tiempos de caída desde C son proporcionales a las raíces cuadradas de los respectivos espacios:

$$\sqrt{CB} = \sqrt{CE} + \sqrt{CD} \; ; \quad \text{de donde:} \quad CE = (\sqrt{CB} - \sqrt{CD})^2$$

La solución de Galileo coincide con ésta, pues ha tomado: $BA^2 = BC\,CD$ y $CA^2 = BC \cdot CE$. De donde:

$$\left(\frac{BA}{CA}\right)^2 = \frac{CD}{CE} = \left(\frac{BC - CA}{CA}\right)^2 = \left(\frac{BC}{CA} - 1\right)^2 = \left(\sqrt{\frac{BC}{CE}} - 1\right)^2 =$$

$$= \frac{(\sqrt{BC} - \sqrt{CE})^2}{CE} \; ;$$

de donde resulta la solución anterior.

[32] Si v es la velocidad alcanzada en C, desde A, será: AC vt/2. Si el plano CG fuera horizontal, el movimiento en él sería uniforme, y en el mismo tiempo t el espacio recorrido sería e = vt = 2AC. Si en cambio fuera vertical, el espacio recorrido en el mismo tiempo sería 3AC, según teorema II, corolario I (y nota 8). Entre ambos estará el espacio recorrido en un plano inclinado como se quiera; c.d.d. Galileo utiliza la proporción:

$$\frac{CE}{EF} = \frac{FE}{EG} = \frac{CE + EF}{EF + EG} = \frac{CF}{FG}$$

[33] En efecto, se ha tomado:

$$CF = AC; \quad \frac{IR - 2 \cdot AC}{AC} = \frac{AC}{EC} \; ; \quad CO \text{ - } IR$$

Sumando la unidad a la segunda, y después sumando antecedentes y consecuentes resulta:

$$\frac{IR - AC}{AC} = \frac{AC + EC}{EC} = \frac{IR + EC}{AC + EC} = \frac{CO + EC}{FC + CE} = \frac{EO}{EF}$$

$$\frac{AC + EC}{EC} = \frac{EO}{EF} = \frac{EF}{EC} \; .$$

[34] En igual tiempo t que el de descenso por AE, la velocidad no llega a anularse, ascendiendo por EB, pues la aceleración (negativa) en éste es menor que la de caída libre. Sea F el punto alcanzado con velocidad v', y v la velocidad en E; será:

$$AE = \frac{1}{2} \, vt \; , \; EF = \frac{1}{2} \, (v + v') \, t$$

y con $0 < v' < v$ resulta: $AE < EF < 2 \, . \, AE$; c.d.d.
Galileo construye F tomando: $ED = AE$, y

(a)
$$\frac{EB}{BD} = \frac{BD}{DF} = \frac{EB - BD}{BD - BF} = \frac{ED}{BF} = \frac{AE}{DF}$$

[35] El primero y el último miembro de la (a) de la nota anterior, invirtiendo y cambiando las notaciones dan para construir EX:

(b)
$$\frac{EX - AB}{EX} = \frac{EF - AB}{AB} = 1 - \frac{AB}{EX}$$

de donde:

(c)
$$\frac{AB}{EX} = \frac{2 \, AB - EF}{AB} = \frac{EF - AB}{EX - AB}$$

Galileo construye en cambio:
$$DI = DF = EF - AB, \; EI = AB - (AF - AB) = 2AB - EF, \; FX = EX - EF$$

$$\frac{2AB - EF}{EF - AB} = \frac{EF - AB}{EX - EF} = \frac{AB}{EX - AB}$$

donde hemos sumado antecedentes y consecuentes. Esta, alternada, coincide con la (c) lo que justifica la construcción.

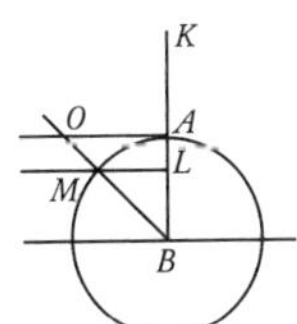

La primera parte de la (c) nos dice que EX es tercia proporcional entre 2AB — EF y AB. De aquí la siguiente construcción: en la prolongación superior de BA tómese AK = BA, y luego hacia abajo KL = EF, con lo cual LB = 2AB — EF. Trácese por L una horizontal, que es cortada en el punto M por la circunferencia de centro B y radio BA. Será BM el plano pedido.

[36] Como resulta, inmediatamente, del primero y último miembro de la (a) de la nota 34, válida también si AE es oblicuo (teorema XV, al final).

[37] Se funda en la siguiente propiedad: si $a \, . \, b = c^2$ será $|a + b| \gtreqless 2|c|$, valiendo el signo igual si, y sólo sí, es: $a = b = c$. En efecto, se tiene: $0 < (a - b)^2 = a^2 - 2ab + b^2$; o sea: $a^2 + b^2 > 2c^2$. Sumando a ésta ordenadamente la identidad $(a + b)^2 = a^2 + b^2 + 2c^2$ y simplificando: $(a + b)^2 > 4c^2$; y, finalmente, extrayendo la raíz cuadrada se obtiene lo propuesto.
Galileo ha tomado:

[319]

$$BC = 2 \cdot BA \quad , \quad BD = 2 \cdot BE \quad ,$$

(a)
$$\frac{EB}{BO} = \frac{BO}{AB} \quad , \quad \frac{OB}{BN} = \frac{DB}{BC} = \frac{EB}{BA}$$
(b)

De la (a) resulta, teniendo, después en cuenta la (b):

$$\frac{EB}{AB} + \left(\frac{BO}{AB}\right)^2 = \frac{OB}{BN} = \frac{OB}{BA} \cdot \frac{BA}{BN} \; ; \; \text{luego:} \quad \frac{OB}{AB} = \frac{AB}{BN}$$

$$OB \times BN = AB^2 \quad ; \quad \text{de donde:} \; OB + BN > 2 \cdot AB$$

Analíticamente puede resolverse el problema así: el tiempo t_1 de descenso por la vertical de altura x es: $t_1 = \sqrt{2x/g}$. y llega al pie de ésta con la velocidad $v = \sqrt{2gx}$. El tiempo t_2 en que subsiguientemente recorrerá el espacio $2a = 2.AB$, en el plano horizontal, será por tanto: $t_2 = 2a/v = a\sqrt{2/gx}$; y el tiempo total es:

$$t = t_1 + t_2 = \sqrt{\frac{2x}{g}} + a\sqrt{\frac{2}{gx}}$$

Si $x = a$ resulta:

$$ta = 2\sqrt{\frac{2a}{g}}$$

Por otra parte es:

$$t_1 \cdot t_2 = \frac{2a}{g} = \left(\frac{ta}{2}\right)^2 \; ;$$

y por lo tanto, según lo demostrado al principio: $t_1 + t_2 > 2t_a/2 = t_a$; c.d.d.

[38] Para que pueda seguirse más fácilmente la demostración, la reproducimos con notación algebraica.

Se ha tomado:

a) $\quad AN = AC$, b) $\dfrac{AB}{BN} = \dfrac{AL}{LC}$, c) $\quad AI = AL$

d) $\quad BI^2 = AC \cdot CE$, e) $\quad AX = CE$

Por la construcción auxiliar es:

f) $FB^2 = AB \cdot BD$, g) $FA^2 = AB \cdot AD$, h) $BS = BI$, i) $FH = FB$;

y por semejanza (véase la figura):

j) $\qquad \dfrac{AB}{AC} = \dfrac{BD}{CE}$

Dividiendo f) por d) y teniendo en cuenta h) , j) , a)

$$\frac{FB^2}{BS^2} = \frac{AB}{AC} \cdot \frac{BD}{CE} = \frac{AB^2}{AC^2} \; ; \; \text{k)} \; \frac{FB}{BS} = \frac{AB}{AC} = \frac{AB}{AN} \, ;$$

de donde:

$$\frac{FB}{FB-BS}=\frac{AB}{AB-AN} \quad , \quad \frac{FB}{FS}=\frac{AB}{BN}=\frac{AL}{LC} \qquad \text{(según b)}$$

Por consiguiente:

$$CL \cdot FB = AL \cdot FS,$$

que puede ponerse, teniendo en cuenta c):

$$(AC - AL)\, FB = AI\, (BF - BS)$$
$$AC \cdot BF - AI \cdot FB = AI \cdot FB - AI \cdot BS = AB \cdot BI - AI \cdot FB;$$

(según k). De donde:

$$2 \cdot AI \cdot FB = AB \cdot BI + AI \cdot BI = (BI + AI)\, BI + AI \cdot BI$$
$$2\, AI \cdot FB = 2\, AI \cdot BI + BI^2$$

Sumando a ambos miembros $AI^2 + FB^2$

$$2\, AI \cdot FB + AI^2 + FB^2 = (AI + IB)^2 + FB^2 = AB^2 + FB^2 = AF^2$$

(por el teorema de Pitágoras). Poniendo $AF = AH + FH = AH + FB$:

$$2\, AI \cdot FB + AI^2 + FB^2 = 2\, AH \cdot FB + AH^2 + FB^2$$
$$2\, AI \cdot FB + AI^2 = 2\, AH \cdot FB + AH^2 \; ;$$

de donde:

$$1) \quad AI = AH,$$

porque la anterior puede escribirse:

$$0 = AI^2 - AH^2 + 2FB\,(AI - AH) = (AI - AH)\,(AI + AH + 2\,FB)$$

que sólo puede ser nula si se cumple 1.

Según e) , d) , c) , la solución de Galileo es, poniendo:

$$AX = x \; , \quad AB = b \; , \quad AC = c$$

$$x = CE = \frac{BI^2}{AC} = \frac{(AB - AI)^2}{AC} = \frac{(AB - AL)^2}{AC}$$

Pero según b) invertida (véase la figura) :

$$\frac{AB - AC}{AB} = \frac{AC - AL}{AL}$$

Sumando 1 :

$$\frac{2\,AB - AC}{AB} = \frac{AC}{AL} = \frac{2\,(AB - AC)}{AB - AL} \; ; \quad \frac{2\,b - c}{b} = \frac{2\,(b - c)}{AB - AL}$$

Sacando de aquí AB-AL queda, finalmente:

$$x = \frac{4\,b^2\,(b - c)^2}{c\,(2\,b - c)^2}$$

Galileo pudo hallar esta complicada solución, sin el auxilio del álgebra, gracias a su genial procedimiento de representar los tiempos por segmentos. La solución analítica es como sigue: Sea tx el tiempo de caída por XA, t_b, el de caída por AB, partiendo del reposo en A, y t' el tiempo de caída por AB partiendo del reposo en X. La condición del problema es:

$$tx + t' = \hat{t_b} \quad \text{o sea} \quad 1 + \frac{t'}{\hat{t_x}} = \frac{\hat{t_b}}{\hat{t_x}} \qquad \text{(a)}$$

Pero:

$$\frac{t_b}{t_x} = \frac{t_b}{t_c} \cdot \frac{t_c}{t_x} = \frac{b}{c} \sqrt{\frac{c}{x}} = \frac{b}{c} \sqrt{z}, \ (b) \quad \text{siendo } z = \frac{c}{x} \qquad (c)$$

$$\frac{t'}{t_x} = \frac{t_{RB} - t_{RA}}{t_x} = \frac{t_{RA}}{t_x}\left(\frac{t_{RB}}{t_{RA}} - 1\right) = \frac{RA}{x}\left(\sqrt{\frac{RB}{RA}} - 1\right) =$$

$$= \frac{b}{c}\left(\sqrt{\frac{x+c}{x}} - 1\right) = \frac{b}{c}\left(\sqrt{1+z} - 1\right) \ ;$$

de donde:

$$\frac{c}{b} + \frac{t'}{t_x} = \frac{b}{c}\sqrt{1+z}$$

Restando la (a) y substituyendo la (b):

$$\frac{b-c}{b} = \sqrt{1+z} - \sqrt{z} \quad ; \quad \frac{(b-c)^2}{b^2} = 1 + 2z - 2\sqrt{z(1+z)}$$

$$1 - \frac{(b-c)^2}{b^2} + 2z = \frac{c(2b-c)}{b^2} - 2z = 2\sqrt{z(1+z)}$$

Dividiendo por 2 y cuadrando nuevamente:

$$\frac{c^2(2b-c)^2}{4b^2} + \frac{zc(2b-c)}{b^2} = z$$

De donde:

$$(d) \qquad z = \frac{c^2(2b-c)^2}{4b^2(b-c)^2} = \frac{c}{x} \ ;$$

y por tanto, se obtiene el valor de x antes escrito, según la solución de Galileo. Tomando $\sqrt{z}$ de la (d), sustituyendo en la (b) y ésta en la (a) resulta la interesante relación:

$$\frac{t'}{t_x} = \frac{c}{2(b-c)} \quad , \quad y \ : \quad \frac{t_b}{t_x} = \frac{2b-c}{2(b-c)}$$

$$^{39} \ a) \qquad \frac{BH}{HF} = \frac{GB}{BF} \ ; \qquad EN \text{ - } EL \ ; \ FB = BA \ .$$

De la (a), permutando y restando 1:

$$\frac{BF}{FH} = \frac{GB}{BH} \quad , \quad \frac{BF-FH}{FH} = \frac{GB-BH}{BH} \quad , \quad \frac{BH}{FH} = \frac{GH}{BH}$$

De donde: $FH \cdot GH = BH^2$; pero: $FH \cdot GH = HI^2$; $BH = HI$; y en el cuadrilátero birrectángulo BHIL:

$$BL = LI \ ;$$

pero, además: $\qquad\qquad\qquad$ EF = IE ;

luego: $\qquad\qquad\qquad\qquad$ BL + EF = LE = EN

$$BL = EN - EF = FN = FB + BN = AB + BN$$

$$LB = AB + BN$$

^{40} $\quad$ AB + BC > DG + GF $\qquad$ y $\qquad \dfrac{AB}{BC} > \dfrac{DE}{EF}$

De la primera:

$$AB \left[1 + \frac{BC}{AB} \right] > DG \left[1 + \frac{GF}{DG} \right]$$

Pero por la segunda el paréntesis del primer miembro es menor que el del segundo; luego: AB > DG.

Por tanto en ambos casos se ha demostrado:

$$CS > CB \quad , \quad CO > CI \quad , \quad IS > OB$$

^{41} $\quad$ Utilizando la notación algebraica, de que no disponía Galileo, su demostración puede seguirse más fácilmente. Ello nos mostrará con cuánto ingenio Galileo suple su falta, representando los tiempos mediante segmentos de recta.

Dado el arco DBC, tangente al horizonte en C, se trata de demostrar que el tiempo de caída según la quebrada DISC es menor que según DC y también menor que según BC (partiendo de B), pues estos dos últimos son iguales por el teorema VI:

$$t_{DBC} < t_{DC} \; ; \quad (t_{DC} = t_{BC}).$$

Hecha la construcción como indica el texto, nos bastará demostrar que:

$$t_{DBC} - t_{DF} < t_{DC} - t_{DF}.$$

Pero, siendo por el teorema VI, $t_{DF} = t_{DB}$ el primer miembro, $t_{DBC} - t_{DF} = t_{DBC} - t_{DB}$, es el tiempo empleado en recorrer BC, después de caer por DB; igual por otra parte al tiempo que emplearía en recorrer aquél después de caer por AB, pues en ambos casos llegaría a B con la misma velocidad, por el principio fundamental; es decir:

$$t_{DBC} - t_{DF} = t_{AC} - t_{AB} \qquad\qquad\qquad (a)$$

Luego, debemos demostrar que:

$$t_{AC} - t_{AB} < t_{DC} - t_{DF} \; ; \qquad \text{o sea} \; \frac{t_{DC} - t_{DF}}{t_{AC} - t_{AB}} > 1$$

Ahora bien, por el cor. II del teorema II es

$$\frac{t_{AC}}{t_{AB}} = \frac{AC}{\sqrt{AB \cdot AC}} = \frac{AC}{CV} \quad , \quad \frac{t_{DC}}{t_{DF}} = \frac{DC}{\sqrt{DC \cdot DF}} = \frac{DC}{DO} \qquad (b)$$

siendo *AV* la media proporcional entre *AB* y *AC* (y por tanto: $AB < AV < AC$) y *DO* la media de *DC* y *DF* (con $DF < DO < DC$): los puntos O y V pertenecen, pues, respectivamente a los segmentos *CF* y *CB*, como han sido dibujados.

De las dos anteriores se obtiene:

$$\frac{t_{AC}}{t_{AC}-t_{AB}}=\frac{AC}{CV} \quad , \quad \frac{t_{DC}-t_{DF}}{t_{DC}}=\frac{CO}{DC};$$

y además, del corolario del teorema III:

$$\frac{t_{CD}}{t_{AC}}=\frac{DC}{AC}\ .$$

Multiplicando ordenadamente las tres últimas resulta:

$$\frac{t_{DC}-t_{DF}}{t_{AC}-t_{AB}}=\frac{CO}{CV}\ ; \qquad\qquad (c)$$

y por lo tanto el teorema quedará demostrado si se demuestra que
$$CO > CV.$$

Y para ello, se tiene, como en el texto:
$$CF > CB \ (lema\ tercero),\ FD < AB;$$

luego:

$$\frac{CF}{FD}>\frac{CB}{BA}\ ,\ \frac{CF+FD}{FD}>\frac{CB+BA}{BA}\ ;$$

o sea:

$$(d) \qquad\qquad \frac{CD}{FD}>\frac{CA}{BA}\ .$$

Pero de $DO^2 = CD \cdot DF$, se obtiene:

$$\frac{CD}{DF}=\left(\frac{DO^2}{DF}\right)2\ ; \quad \frac{DO}{DF}=\frac{CD}{DO}=\frac{DC-DO}{DO-DF}=\frac{OC}{OF}$$

Luego, sustituyendo en la anterior:

$$\frac{CD}{DF}=\left(\frac{OC}{OF}\right)^2\ ; \quad y\ análogamente: \quad \frac{CA}{AB}=\left(\frac{CV}{VB}\right)^2$$

Reemplazando en la (d) resulta:

$$\frac{CO}{OF}>\frac{CV}{VB}\ ;$$

y como además, según el lema tercero, es $CF > CB$, será, según el lema segundo:
$$CO > CV,$$
como deseábamos demostrar.

Léase ahora el siguiente comentario sobre esta demostración:

"La genialidad de Galileo brilla de tal modo en la deducción de este teorema, que deseamos requerir insistentemente del lector el estudio de la cuestión. Resuélvasela analíticamente; dará mucho trabajo, en comparación con el método admirable de nuestro Autor. El análisis da para el tiempo de caída según DC o BC, igual al tiempo de caída según el diámetro (= 2r) vertical del arco DBC (teorema VI; véase nota 6, fórmula a):

$$t_{DC} = t_{BC} = 2 \sqrt{\frac{r}{g}} \; \text{»},$$

"Si BD = a y su altura es h, será

$$t_{DB} = \frac{2a}{\sqrt{2\,g\,h}} = 2 \sqrt{\frac{r}{g}} \; \frac{a}{\sqrt{2\,r\,h}} \; \text{»}$$

[el móvil llega a B con la misma velocidad como si hubiera caída la altura h, es decir: $\sqrt{2gh}$; luego, teorema I: etc.] .

"Si la altura de BC es h' y ponemos h + h' = MC = H, el tiempo t' empleado en caer BC partiendo de D es:

$$t' = 2 \sqrt{\frac{r}{g}} \; \frac{\sqrt{H} - \sqrt{h}}{\sqrt{h'}} \; \text{»}.$$

[En efecto, dicho tiempo es el mismo que emplearía en recorrer BC partiendo de A, es decir: $t' = t_{AC} - t_{AB}$. Pero, teorema II:

$$\frac{t_{AC}}{t_{AB}} = \sqrt{\frac{AC}{AB}} = \frac{\sqrt{H}}{\sqrt{h}} \quad ; \quad \frac{t_{AC} - t_{AB}}{t_{AC}} = \frac{\sqrt{H} - \sqrt{h}}{\sqrt{h'}} \; .$$

Por otra parte, si t_{BC} es el tiempo en recorrer BC partiendo de B, será

$$\frac{t_{AC}}{t_{AB}} = \frac{\sqrt{H}}{\sqrt{h'}} \quad ; \quad t_{AC} = 2 \sqrt{\frac{r}{g}} \; \frac{\sqrt{H}}{\sqrt{h'}}$$

substituyendo en la anterior se obtiene $t' \; t_{AC} - t_{AB}$].

"La demostración de que $t_{DB} + t'$ es menor que t_{DC} resulta así muy complicada, porque hay que expresar *a* en función de *r*, *h* y *h'*, mientras que la construcción geométrica de los tres tiempos es fácil de realizar. Verdad es que Galileo hizo preceder de tres lemas la demostración, por lo cual ésta *parece* más breve". (A. v. Oettingen; Ostw. Klass., Nº 24).

42 De la (b) de la nota anterior resulta:

$$\frac{t_{DF}}{t_{DC} - t_{DF}} = \frac{DO}{CO} \quad ;$$

multiplicando por la (c) :

$$\frac{t_{DF}}{t_{DF} - t_{AB}} = \frac{DO}{CV} \quad ;$$

de donde:

$$\frac{t_{DF} + (t_{AC} - t_{AB})}{t_{DF}} = \frac{DO + CV}{DO} \; .$$

El antecedente de la primera razón es t_{DBC}, según la (*a*), eliminando después t_{DF} con la (*b*) resulta:

$$\frac{t_{DC}}{t_{DBC}} = \frac{DC}{DO + CV} \quad ,$$

que es la afirmación del texto.

43 Se dice frecuentemente que Galileo dio una solución errónea del problema de la bachistocrona: Dados dos puntos A y B, de los cuales el primero está a mayor altura, reunirlos por una curva de tal modo que un punto pesado abandonado en A y deslizándose por la curva, llegue a B en el menor tiempo posible. La curva que resuelve el problema es una cicloide. Pero Galileo nunca abordó esta cuestión, a pesar de que la primera frase de este párrafo pudiera sugerirlo y ha inducido al respecto en error. Él comparó los tiempos de caída según diversas poligonales inscriptas en un mismo arco de círculo; y no era necesario que lo repitiera en el escolio, porque ya estaba dicho en el enunciado del teorema, y está, por otra parte explícitamente repetido en la última frase que hemos transcripto. No es, pues, exacto que Galileo abordara el problema de la bachistocrona; y menos aún que diera de él una solución equivocada. *(N. de T. I.)*

44 Resolvemos analíticamente, poniendo:
$$AE = x, \quad EG = AB = h, \quad AC = l.$$
La condición del problema es: $t_{EG} = t_h$, y se tiene:

$$\frac{t_{\hat{x}} + t_{\hat{h}}}{t_{\hat{x}}} = \sqrt{\frac{h + x}{x}} \quad , \quad 1 + \frac{t_h}{t_x} = \sqrt{1 + \frac{h}{x}}$$

a)
$$\frac{t_x}{t_x} = \frac{t_h}{t_l} \cdot \frac{t_l}{t_x} = \frac{t_h}{l} \sqrt{\frac{l}{x}}$$

Por tanto:

$$1 + \frac{h}{l} \sqrt{\frac{h}{x}} = \sqrt{1 + \frac{h}{x}}$$

Cuadrando y reduciendo se obtiene:

$$\frac{2}{\sqrt{l}} = \frac{1}{\sqrt{x}} \left(1 + \frac{h}{l} \right) \; ;$$

de donde:

b)
$$x = \frac{1}{l} \left(\frac{l - h}{2} \right)^2 \; ,$$

que coincide con la solución de Galileo, como se verifica fácilmente, pues según (b):
$$x = AE \text{ es tercia proporcional entre } l = AC \text{ y } (l - h)/2 = CI :$$

$$\frac{AC}{CI} = \frac{CI}{AE} \quad ,$$

que es la construcción de Galileo.

[45] Pues se ha demostrado que IC es el tiempo de caída por AE y por GC (cayendo desde A). También resulta de la solución analítica de la nota anterior, pues de la (a) con la (b) se obtiene:

$$t_{AE} = t_x = t_h \frac{l-h}{2h} \;;\; \text{por tanto:}\; t_x + t_h \frac{l+h}{2l} \;;\; y:$$

$$t_{GC} = t_l - t_{AG} = t_h \frac{l}{h} - \left(t_x + t_h\right) = t_h \frac{l-h}{2h} = t_x = t_{AE} \;;\; \text{c.d.d.}$$

Jornada cuarta

En la cual continúa el discurso sobre los movimientos locales

Interlocutores:
SALVIATI, SAGREDO, SIMPLICIO

SALVIATI. A tiempo llega también nuestro amigo Simplicio; por ello, sin más tardanza, pasemos a tratar el movimiento. Y he aquí el texto de nuestro Autor.

De los movimientos de los proyectiles

Hemos considerado antes las propiedades que tienen lugar en el movimiento uniforme, y también en el movimiento naturalmente acelerado sobre cualesquiera inclinaciones de planos. En este estudio, que comienzo ahora, me esforzaré por presentar y fundamentar con sólidas demostraciones algunas propiedades principales y dignas de saberse que tienen lugar cuando el móvil se mueve con un movimiento compuesto de otros dos movimientos, a saber, uno uniforme y otro naturalmente acelerado. Tal parece ser el movimiento que llamo de los proyectiles; cuya génesis estatuyo como sigue.

Me imagino un móvil lanzado sobre un plano horizontal, libre de todo impedimento. Sabemos, por lo que hemos dicho profusamente en otra parte, que el movimiento de aquél ha de ser uniforme y perpetuo sobre el mismo plano, si el plano se extiende infinitamente; pero si lo suponemos limitado y en declive, el móvil, que supongo dotado de gravedad, al continuar su marcha, después de llegar al borde del plano, añadirá, a su primer movimiento uniforme e indestructible, aquella propensión hacia abajo que tiene por su propia gravedad, y de ahí surgirá un movimiento compuesto del uniforme horizontal y del naturalmente acelerado hacia abajo, al que llamo proyección. Demostraremos algunas de sus propiedades, de las cuales será la primera:

TEOREMA I – PROPOSICIÓN I

Mientras un proyectil marcha con movimiento compuesto de horizontal uniforme y de naturalmente acelerado hacia abajo, describe, en su marcha, una semiparábola.

SAGREDO. Es forzoso, Salviati, como deferencia para conmigo y creo que también para con Simplicio, hacer aquí una pequeña pausa; sucede que yo no he profundizado mucho en la geometría, de modo que sobre Apolonio no he hecho más estudios que los suficientes para saber que trata de las parábolas y otras secciones cónicas, sin el conocimiento de las cuales, así como de sus respectivas propiedades, no creo que puedan entenderse las demostraciones de otras proposiciones a ellas subordinadas. Y como ya en la interesante proposición primera nos ha sido propuesta por el Autor la necesidad de demostrar que la línea descrita por un proyectil es parabólica, me estoy imaginando que, al tener que tratar de tales líneas, es absolutamente necesario poseer un perfecto conocimiento, si no de todas las propiedades de esas figuras demostradas por Apolonio, al menos de aquellas que son necesarias para la presente ciencia.

SALVIATI. Te humillas demasiado al querer presentarte como desconocedor de todos aquellos conocimientos que no hace mucho admitiese como bien sabidos, cuando en el tratado de las resistencias tuvimos necesidad del conocimiento de cierta proposición de Apolonio, sobre la cual no promoviste dificultad.

SAGREDO. Pudo ser, o que yo la supiese por casualidad, o que yo la supusiese por una vez solamente que de ella tuve necesidad en todo el tratado; pero aquí, donde me imagino tener que asentir a todas las demostraciones acerca de tales líneas, no es justo, como suele decirse, "ir al tuntún", perdiendo el tiempo y el trabajo.

SIMPLICIO. Además, en lo que a mí respecta, si bien creo que Sagredo está bien provisto para todas sus necesidades, a mí comienzan ya a presentárseme como nuevos, aun los primeros términos; porque si bien nuestros filósofos han tratado esta materia de los movimientos de los proyectiles, no tengo memoria de que se hayan detenido a definir cuáles son las líneas que aquéllos describen, salvo decir en general que son líneas siempre curvas, excepto en los movimientos verticales hacia arriba. Por ello, si lo poco de geometría de Euclides que yo aprendí desde que comenzamos a llevar a cabo las otras disertaciones, no fuera bastante para hacerme poseedor de los conocimientos necesarios para la comprensión de las siguientes demostraciones, me veré obligado a contentarme con proposiciones sólo creídas, pero no sabidas.

SALVIATI. Antes al contrario, yo tengo interés en que las conozcáis gracias al mismo Autor de la obra, quien, al concederme ver este su trabajo, dado que yo entonces en aquella ocasión no tenía a mano los libros de Apolonio, se ingenió para demostrarme dos propiedades principalísimas de la parábola, sin ningún otro conocimiento previo, las únicas que necesitamos en el presente tratado. Ellas están bien demostradas por Apolonio, pero después de muchas otras, lo que sería muy largo de ver; y yo quiero que acortemos en lo posible el viaje, deduciendo la primera inmediatamente de la pura y simple generación de la parábola, y de ésta, después, también

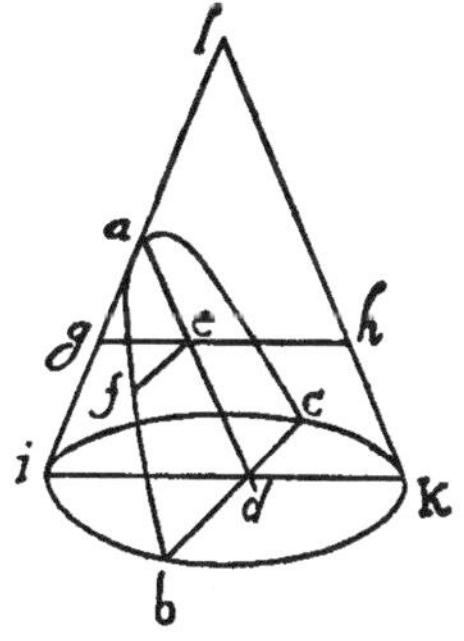

Fig. 107

inmediatamente, la demostración de la segunda. Comencemos pues con la primera:

Con el circulo *ibkc* como base, y como vértice el punto *l*, supongamos un cono recto, en el cual, cortado con un plano paralelo al lado *lk*, se origine la sección *bac*, llamada parábola; y la base de ésta, *bc*, corte en ángulos rectos al diámetro *ik* del círculo *ibkc*, y sea el eje de la parábola *ad* paralelo al lado *lk*; y tomado un punto cualquiera *f* en la línea *bfa*, trácese la recta *fe* paralela a la *bd*. Digo que el cuadrado de la *bd* respecto al cuadrado de la *fe* tiene la misma proporción que el eje *da* respecto a la parte *ae*. Supóngase que por el punto *e* pasa un plano paralelo al círculo *ibkc*, que hará en el cono una sección circular, cuyo diámetro será la línea *geh*. Y como sobre el diámetro *ih* del círculo *ibh* la *bd* es perpendicular, el cuadrado de la *bd* será igual al rectángulo formado con las partes *id*, *dk*; y de modo seme-

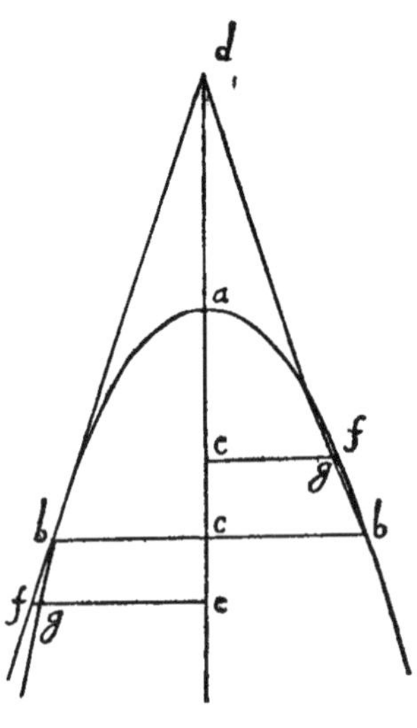

jante, en el círculo superior que se supone pasar por los puntos *g*, *f*, *h*, el cuadrado de la línea *fe* es igual al rectángulo de las partes *geh*; por consiguiente, el cuadrado de la *bd* en relación al cuadrado de la *fe* guarda la misma proporción que el rectángulo *idk* al rectángulo *geh*. Y como la línea *ed* es paralela a la *hk*, la *eh* será igual a la *dk*, que también son paralelas. Y por ello el rectángulo *idk* respecto al rectángulo *geh* tendrá la misma proporción que la *id* a la *ge*, esto es, que la *da* a la *ae*; por consiguiente, el rectángulo *idk* respecto al rectángulo *geh*, o sea el cuadrado *bd* respecto al cuadrado *fe*, tiene la misma proporción que el eje *da* a la parte *ae*: que es lo que había que demostrar.

La otra proposición, también necesaria para el presente tratado, se demuestra del siguiente modo. Describamos la parábo-

Fig. 108

la, cuyo eje *ca* sea prolongado afuera, hasta *d*, y tomado un punto cualquiera *b*, supóngase prolongada por él la línea *bc*, paralela a la base de la parábola; y puesta la *da* igual a la parte del eje *ca*, digo que la recta trazada por los pun*tos d, b* no cae dentro de la parábola, sino fuera, de modo que sólo la toca en el mismo punto *b*. Porque supongamos si es posible, que cae dentro, cortándola arriba, o que al ser prolongada, la corta abajo; y tomando en ella un punto cualquiera *g*, hágase pasar por él la recta *fge*. Como el cuadrado de *fe* es mayor que el cuadrado de *ge*, mayor proporción guardará ese cuadrado de *fe* con el cuadrado de *bc* que el cuadrado de *ge* con el de *bc*; y como, por la proposición precedente, el cuadrado de *fe* está respecto al cuadrado de *bc*, como está la *ea* respecto a la *ac*, tenemos que mayor proporción guarda la *ea* a la *ac* que el cuadrado de *ge* al cuadrado de *bc*, o sea que el cuadrado de *ed* al cuadrado de *dc* (puesto que en el triángulo *dge*, la *ge* es a la paralela *bc*, como *ed* es a *dc*); pero la línea *ea* tiene respecto a *ac* o sea a *ad* la misma proporción que 4 rectángulos *cad* a 4 cuadrados de *ad*, o sea al cuadrado de *cd* (que es igual a 4 cuadrados de *ad*). Por consiguiente, 4 rectángulos *ead* tendrán respecto al cuadrado de *cd* mayor proporción que el cuadrado de *ed* al cuadrado de *dc*. Por consiguiente, 4 rectángulos *ead* serán mayores que el cuadrado de *ed*; lo que es falso, porque son menores; porque las partes *ad, ea* de la línea *ed* no son iguales. Por consiguiente, la línea *db* toca la parábola en *b*, y no la corta: que es lo que se quería demostrar.[1]

SIMPLICIO. Tú avanzas en tus demostraciones a grandes pasos, y siempre estás suponiendo, por lo que yo veo, que todas las proposiciones de Euclides me son tan familiares y obvias como los mismos primeros axiomas; cosa que no sucede así. Y precisamente ahora al presentarme tú tan de improviso que 4 rectángulos *ead* son menores que el cuadrado de *de*, porque las partes *ea, ad* de la línea *ed* no son iguales, no me tranquiliza, sino que me deja suspenso.

SALVIATI. Sin duda alguna que los matemáticos no vulgares suponen que el lector tiene conocimiento cabal al menos de los Elementos de Euclides. Y aquí para suplir tu necesidad, bastará recordar una proposición del Segundo Libro en la que se demuestra que cuando una línea está cortada en dos partes iguales o desiguales, el rectángulo de las partes desiguales, es tanto menor que el rectángulo de las partes iguales (o sea que el cuadrado de la mitad), cuanto es el cuadrado de la línea comprendida entre los dos segmentos; de donde se deduce que el cuadrado de toda la línea, el que contiene 4 cuadrados de la mitad, es mayor que 4 rectángulos de las partes desiguales.[2] Estas dos proposiciones demostradas, tomadas de los elementos cónicos, deben estar siempre en nuestra memoria, para la intelección de las cosas siguientes del presente tratado. Porque solamente de éstas, y de ninguna más, se sirve el Autor. Ahora, podemos retomar el texto, para ver de qué manera va él demostrando su primera proposición, con la que intenta probar que la línea, descripta por un móvil grave que desciende con movimiento compuesto de uniforme horizontal y de naturalmente descendente, es una semiparábola.

Supongamos una línea horizontal o un plano *ab* puesto en alto, sobre el que marche un móvil con movimiento uniforme desde *a* hasta *b*; y al faltar el punto de apoyo del plano en *b*, sobrevenga al móvil, por su propia gravedad, un movimiento naturalmente hacia abajo según la vertical *bn*.[3] Supóngase, además, la línea *be*, continuación en línea recta del plano *ab*, como transcurso o medida del tiempo, y sobre ella váyanse notando a voluntad cualesquiera partes iguales de tiempo, *bc, cd, de;* y desde los puntos *b, c, d, e,* supongamos trazadas líneas paralelas a la vertical *bn*. En la primera de ellas tómese una parte cualquiera *ci;* en la segunda tómese *df,* cuádruplo de aquélla; en la tercera tómese *eh,* nónuplo de aquélla; y así sucesivamente en las restantes, según

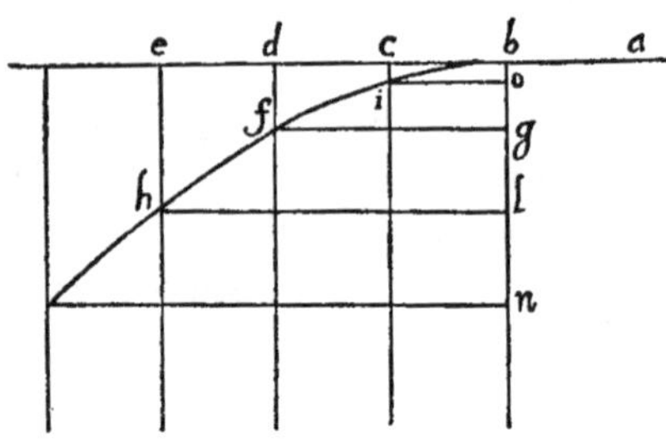

Fig. 109

la razón de los cuadrados de las mismas *cb, db, eb*, vale decir en razón de la segunda potencia de las mismas líneas. Y si suponemos un descenso vertical según la cantidad *ci*, sobreañadido al móvil que marcha con movimiento uniforme más allá de *b*, hasta *c*, nos encontraremos con que se ha colocado en el punto *i* durante el tiempo *bc*, y continuando el movimiento durante el tiempo *db*, doble del *bc*, el espacio del descenso hacia abajo será cuádruplo del primer espacio *ci*; pues ya demostramos en el primer tratado, que los espacios recorridos por un grave con movimiento naturalmente acelerado, están en razón de la segunda potencia de los tiempos. Y de modo semejante, en consecuencia, el espacio *ek*, recorrido durante el tiempo *be*, será a *ci* como *g*; de modo que con toda claridad se deduce que los espacios *eh, df, ci* son entre sí como los cuadrados de las líneas *eb, db, cb*. Trácense ahora desde los puntos *i, f, h*, las rectas *io, fg, hl*, paralelas a la *eb;* serán las líneas *hl, fg, io* iguales respectivamente a las líneas *eb, db, cb;* así como las *bo, bg, bl*, serán iguales a las *ci, df, eh;* y será el cuadrado de *hl* al cuadrado de *fg* como la línea *lb* a *bg*, y el cuadrado de *fg* al cuadrado de *io* como *gb* a *bo;* luego los puntos *i, f, h*, están en una misma línea parabólica. Y de modo semejante se demostrará, tomadas iguales algunas partículas de tiempo de cualquier magnitud, que las posiciones de un móvil que marcha con semejante movimiento compuesto, durante tales tiempos, se encuentran en una misma línea parabólica. Luego tenemos lo propuesto.

Salviati. Esta conclusión se deduce, por el absurdo, de la primera de las dos proposiciones arriba indicadas. Porque, descrita por ejemplo, la parábola por los puntos *b, h*, si alguno de los 2 *fi* no estuviese en la línea parabólica descripta, estaría dentro o fuera, y por consiguiente, la línea *fg* sería o mayor o menor que aquella que fuese a terminar en la línea parabólica; de donde el cuadrado de la *hl* respecto al cuadrado no de la *fg*, sino respecto a otro mayor o menor, tendría la misma proporción que tiene la línea *lb* respecto a la *bg*; pero ella la tiene respecto al cuadrado de la *fg*; por consiguiente, el punto *f* está en la línea parabólica: y así todos los demás, etcétera.

SAGREDO. No se puede negar que el raciocinio sea nuevo, ingenioso y concluyente, argumentando según la hipótesis, esto es suponiendo que el movimiento transversal se mantenga siempre uniforme y que, del mismo modo, el natural hacia abajo permanezca por su tenor de ir siempre acelerándose según la proporción de la segunda potencia de los tiempos, y que tales movimientos y sus respectivas velocidades, al mezclarse, no se alteren, perturben o impidan,[4] de modo que finalmente la línea del proyectil no vaya, con la prosecución del movimiento, a degenerar en alguna de otra especie: cosa que considero imposible. Porque dado que el eje de nuestra parábola, según el cual suponemos que se efectúa el movimiento natural de los graves, al ser perpendicular a la horizontal, va a terminar en el centro de la Tierra; y dado que la línea parabólica se va siempre alejando de su eje; ningún proyectil iría ya jamás a terminar en el centro [de la Tierra], o si fuera, como parece necesario, la línea del proyectil degeneraría en otra completamente diversa de la parabólica.

SIMPLICIO. A éstas añado yo otras dificultades; una de las cuales es que nosotros suponemos que el plano horizontal, que no esté en declive ni ascendente ni descendente, es una línea recta, como si una línea semejante estuviera en todas sus partes igualmente distante del centro [de la Tierra], lo que no es verdad; porque, a partir del medio, va hacia los extremos alejándose cada vez más del centro y por ello ascendiendo siempre; de donde se saca en consecuencia que es imposible que el movimiento se perpetúe, y lo que es más, ni siquiera se mantenga uniforme por algún espacio, sino que más bien va continuamente languideciendo. Además, a mi modo de ver, es imposible esquivar el impedimento del medio, de modo que no impida la uniformidad del movimiento transversal y la ley de aceleración de los graves en caída. Por causa de todas estas dificultades se hace muy improbable que las cosas demostradas con tales hipótesis inestables puedan después verificarse con experimentos en la práctica.

SALVIATI. Todas las dificultades y objeciones promovidas están tan bien fundadas, que estimo imposible el resolverlas, y yo por mi parte las admito todas, como creo que también nuestro Autor mismo las admitiría; y concedo que las conclusiones así en abstracto demostradas se alteran en lo concreto y que se adulteran hasta tal punto que ni el movimiento transversal es uniforme, ni la aceleración del natural se efectúa en la proporción supuesta, ni la línea del proyectil es parabólica, etc.; de todos modos exijo, por otra parte, que no se le niegue a nuestro Autor aquello que otros grandes hombres han supuesto, aunque fuere falso. Puede aquietar a cualquiera la sola autoridad de Arquímedes, que en sus Mecánicas y en la primera cuadratura de la parábola toma como principio verdadero, que la barra de la balanza o romana es una línea recta por igual en cada uno de sus puntos distante del centro común de los graves, y que las cuerdas, de las que están suspendidos los graves, son entre sí paralelas; licencia que disculpan algunos, porque en nuestros experimentos los instrumentos de que disponemos y las distancias que nosotros usamos son tan pequeños en comparación de nuestra gran lejanía del centro del globo terrestre, que bien podemos tomar un minuto de arco de un círculo máximo, como si fuese una línea recta, y dos plomadas que pendiesen de sus extremos, como si fuesen paralelas. Porque si en los hechos prácticos hubieran de tenerse en cuenta tales minucias, sería necesario comenzar por reprender a los arquitectos, quienes suponen alzar, con el auxilio de la plomada, altísimas torres entre muros equidistantes. Añado, aquí, que nosotros podemos decir que Arquímedes y los demás supusieron en sus especulaciones hallarse alejados del centro por infinita lejanía, en cuyo caso sus hipótesis no eran falsas, y sus conclusiones eran absolutamente correctas. Después, cuando nosotros queremos practicar en distancia limitada las conclusiones demostradas, suponiendo lejanía inmensa, debemos quitar de la verdad demostrada aquello que importa el no ser nuestra distancia del centro realmente infinita, sino más bien tal que se puede llamar inmensa en comparación con la pequeñez de los artefactos usados por nosotros; el mayor de los cuales será el tiro de los proyectiles y de entre éstos el de cañón, cuyo alcance por grande que sea no pasará de cuatro millas, mientras que nosotros estamos alejados del centro [de la Tierra] casi otros tantos millares; y yendo éstos a terminar en la superficie del globo terrestre, bien podrían alterar sólo insensiblemente la figura parabólica, la cual concedemos que se alteraría grandemente al ir a terminar en el centro.

En cuanto a la perturbación procedente de la resistencia del medio, ésta es el más considerable, y, por su múltiple variedad, incapaz de ser comprendida bajo reglas firmes y expresada en principios científicos; dado que, si tomamos en consideración el solo impedimento que trae el aire a los movimientos considerados por nosotros, nos hallaremos con que éste los perturba a todos, y los perturba de infinitos modos, según que de infinitos modos varían las figuras, las gravedades y las velocidades de los móviles. Porque, en cuanto a la velocidad, a medida que ésta vaya siendo mayor, mayor será la oposición que le ocasiona el aire, el cual también impedirá más a los móviles a medida que vayan siendo menos graves; de modo que si bien el grave descendente debería ir acelerándose en proporción de la segunda potencia de la duración de su movimiento, sin embargo por gravísimo que fuere el móvil, al proceder de inmensas alturas, el impedimento del aire será tal, que le quitará el poder de acrecentar más su velocidad, y lo reducirá a un movimiento uniforme; y esta adecuación se obtendrá en menores alturas y tanto más pronto, cuanto menos grave sea el móvil. Aun ese movimiento que en el plano horizontal, removidos todos los otros obstáculos, debería ser uniforme y perpetuo, será alterado por el impedimento del aire y finalmente anulado y aquí también tanto más pronto cuanto más ligero sea el móvil. De estos accidentes de gravedad, de velocidad y también de forma, por ser variables de infinitos modos, no se puede hacer ciencia segura. Por ello, para poder tratar científicamente tal materia, es necesario prescindir de ellos, y una vez halladas y demostradas las conclusiones, con prescindencia de los impedimentos, servirnos de ellas, en los casos particulares, con las limitaciones que nos vaya enseñando la experiencia. Esto nos será de no poca utilidad, porque se elegirán los materiales y sus figuras menos sujetas a los impedimentos del medio, cuales son las muy pesadas y redondas, y los espacios y las velocidades por lo general no serán tan grandes, que no puedan con fácil rectificación ser reducidas convenientemente; todavía más, en los proyectiles usados por nosotros, que sean de materias graves y de figura redonda, y aun en los de materias menos graves y de figura cilíndrica, como saetas, lanzados con hondas o con arcos, el desvío de su respectivo movimiento de la exacta figura parabólica será casi insensible. Además (y voy a tomarme una pequeña libertad), con los experimentos puedo yo poner de manifiesto que la pequeñez de los artefactos que nosotros podemos utilizar, hace que sean muy poco notables los impedimentos externos y accidentales, entre los cuales es el del medio el más considerable. Voy a hacer algunas consideraciones sobre los movimientos que se efectúan en el aire, pues de ellos en modo principal nos ocupamos, y contra ellos el aire ejercita su fuerza de dos modos: la primera es, impidiendo más a los móviles menos graves que a los más graves; la segunda consiste en resistir más contra la velocidad mayor que contra la menor de un mismo móvil. En cuanto al primero, al mostrarnos la experiencia que dos bolas de igual tamaño, pero 10 a 12 veces más pesada una que la otra, como serían por ejemplo, una de plomo y otra de roble, descendiendo de una altura de 150 a 200 brazas, llegan a tierra con muy pequeña diferencia de velocidad, nos da la certeza de que el impedimento o retardo del aire en ambas a dos es poco; porque si, al partir de lo alto en el mismo momento la bola de plomo y la de madera, aquélla fuese poco retardada y ésta mucho, debería el plomo, al llegar a tierra, dejar atrás un gran trecho a la madera, puesto que es 10 veces más pesado; sin embargo, no sucede así, sino que por el contrario, su anticipación no será ni siquiera la centésima parte de toda la altura; y entre una bola de plomo y otra de piedra, que pese la tercera parte o la mitad de aquélla, apenas sería observable la diferencia del tiempo de su arribada a tierra. Ahora, como el impulso, que adquiere una bola de plomo al caer de una altura de 200 brazas (que es tan grande que, de continuarlo con movimiento uniforme, recorrería 400 brazas en otro tanto tiempo, como fue el de su caída) es asaz considerable respecto a la velocidad, que nosotros, con arcos u otras máquinas, conferimos a nuestros proyectiles (dejando de lado los impulsos provenientes del fuego), podemos sin error notable concluir y reputar como absolutamente verdaderas las proposiciones que se demostraren sin tener en cuenta la alteración [proveniente] del medio. En cuanto a la segunda parte que hay que demostrar, el siguiente experimento nos suministra sólida certeza de que el impedimento, que un mismo móvil recibe del aire, mientras se mueve con gran velocidad, no es mucho mayor que el que se le opone al moverse lentamente. Suspéndanse de dos hilos de igual longitud que sea de 4 a 5 brazas, dos bolas de plomo iguales, y sujetos en alto los dos hilos, desvíense ambas bolas de la posición vertical; pero una aléjase 80 grados o más, y la otra 4 o 5; de modo que, puestas en libertad, una descienda, y pasando más allá de la vertical, describa grandes arcos de 160, 150, 140 grados, etcétera, disminuyéndolos poco a poco; pero la otra, partiendo libremente, recorra pequeños arcos de 10, 8, 6, etc. grados, disminuyéndolos también ella poco a poco. En primer lugar, digo que en tanto tiempo recorrerá la primera sus 180, 160, etcétera grados, como la otra recorrerá los 10, 8, etc. suyos. De donde resulta evidente que la velocidad de la primera bola será 16 y 18 veces mayor que la velocidad de la segunda; de modo que si la velocidad mayor debiera recibir de parte del aire más impedimento que la menor, menos frecuentes deberían ser las oscilaciones en los grandes arcos de 180 o 160 grados, etc., que en los muy pequeños de 10, 8, 4 y aun de 2 y de 1; pero esto repugna a la experiencia; porque si dos compañeros se ponen a contar las oscilaciones, uno las grandes y otro las pequeñas, verán que enumeran no sólo decenas, sino también centenares, sin discordar en una sola, ni siquiera en un solo punto. Esta observación os da conjuntamente la seguridad de las dos proposiciones, o sea que las oscilaciones, tanto máximas como mínimas se efectúan todas y cada una durante tiempos iguales, y que el impedimento y retardo del aire no influye más en los movimientos muy veloces que en los muy tardos; contra aquello que antes comúnmente juzgábamos nosotros.

SAGREDO. Antes al contrario, como no se puede negar que el aire impide éstos y aquéllos, puesto que tanto éstos como aquéllos van languideciendo y terminan por extinguirse, es necesario decir que tales retardos se efectúan con la misma proporción en una y en otra operación. ¿Pero qué? El tener que ofrecer mayor resistencia en una ocasión que en otra ¿de qué otra cosa depende, si no del ser sometido (*assalito*) en un caso a impulso y velocidad mayor, y en otro a menor? Y si esto es así, la cantidad misma de la velocidad del móvil es causa y simultáneamente medida de la cantidad de la resistencia. Por consiguiente, todos los movimientos, sean tardos o veloces, son retardados o impedidos en la misma proporción; dato éste, a mi parecer, no despreciable.

SALVIATI. Podemos, por tanto, concluir también en este segundo caso, que los errores, en las conclusiones que se puedan demostrar haciendo abstracción de los accidentes externos, son en nuestros artefactos de poca consideración, respecto a los movimientos de gran velocidad (de los cuales generalmente se trata), y de las distancias que no son sino pequeñísimas en relación al grandor del radio de los círculos máximos del globo terrestre.

SIMPLICIO. Yo oiría de buen grado el motivo por el que tú haces distinción entre los proyectiles lanzados por acción del fuego, o sea según creo, por la fuerza de la pólvora, y los otros proyectiles lanzados con ondas, arcos o ballestas, en lo tocante a no estar del mismo modo sujetos a la alteración e impedimento del aire.

SALVIATI. Muéveme a ello la excesiva y, por decirlo así, sobrenatural violencia con la que tales proyectiles son lanzados; porque muy bien me parece que sin hipérbole se puede llamar sobrenatural a la velocidad con que la bala es lanzada fuera de un mosquete o de un cañón. Porque al descender naturalmente por el aire, desde cualquier altura inmensa, una tal bala, su velocidad, en virtud de la oposición del aire, no irá acreciéndose perpetuamente; sino que, aquello que se ve suceder con los cuerpos poco graves descendentes en no mucho trayecto, quiero decir, eso de reducirse finalmente a movimiento uniforme, sucederá también, después de la caída por algunos millares de brazas, en una bala de hierro o de plomo; y esta definitiva y última velocidad puede decirse que es la máxima que naturalmente puede obtener tal grave por el aire. Y yo juzgo que esta velocidad es mucho menor que aquella que la pólvora inflamada imprimió a la misma bala. De ello puede darnos seguridad un experimento adecuado. Dispárense desde una altura de cien o más brazas un arcabuz con bala de plomo perpendicularmente hacia abajo sobre un pavimento de piedra, y tírese con el mismo contra una piedra similar con distancia de una o dos brazas, y véase después cuál de las dos balas se halla más aplanada; porque si la que procede de lo alto se halla más aplastada que la otra, será indicio de que el aire le habrá impedido o disminuido la velocidad que le fue conferida por el fuego al principio del movimiento, y que, por consiguiente, el aire no permitiría a una tan grande velocidad aumentar ya más, por más grande que sea la altura de donde venga; porque si la velocidad que le ha sido impresa por el disparo no excediese a la que por sí misma, descendiendo naturalmente, podría adquirir, el choque hacia abajo debería ser más fuerte, y no menos. Yo no he hecho tal experimento, pero me inclino a creer que una bala de arcabuz o de cañón, cayendo de una altura todo lo grande que se quiera, no hará el mismo impacto que hace en una muralla desde pocas brazas de distancia, es decir, desde tan pocas, que el breve desgarramiento o hendidura a producirse en el aire, no sea suficiente para impedir el exceso de la violencia sobrenatural que le fue impresa por el fuego. Este inmenso impulso de tales tiros violentos, puede ocasionar alguna deformación en la línea del proyectil, haciendo el principio de la parábola menos inclinado y curvo que el final; pero esto poco o nada perjudica a nuestro Autor en las operaciones prácticas, entre las cuales es la principal la composición de una tabla para los tiros que llaman por elevación, que contengan las distancias de las caídas de las balas disparadas según todas las diversas elevaciones; y como tales tiros se hacen con morteros, y con no mucha carga, al no ser sobrenatural en ellos el impulso, los tiros señalan sus respectivas trayectorias muy exactamente.

Pero en tanto prosigamos adelante en el tratado, donde el Autor quiere introducirnos en la contemplación e investigación del ímpetu del móvil, cuando se mueve con un movimiento compuesto de otros dos; y en primer término del compuesto de dos uniformes, horizontal el uno y el otro vertical.

TEOREMA II – PROPOSICIÓN II

Si un móvil se mueve con un doble movimiento uniforme, horizontal y vertical, el cuadrado, del impulso o momentum, [velocidad] de esta traslación compuesta de uno y otro movimiento, será igual a la suma de los cuadrados de los momenta [velocidades] de los primeros movimientos.

Muévase, pues, un móvil uniformemente con doble movimiento, y corresponda a la traslación vertical el espacio *ab*, y al movimiento horizontal efectuado durante el mismo tiempo correspóndale *bc*. Siendo, pues, recorridos con movimientos uniformes y en un mismo tiempo los espacios *ab*, *bc*, las velocidades de estos movimientos serán entre sí como las mismas *ab*, *bc*; y el móvil que se mueve de acuerdo a estas dos traslaciones, describe la diagonal *ac*; siendo el *momentum* de su velocidad

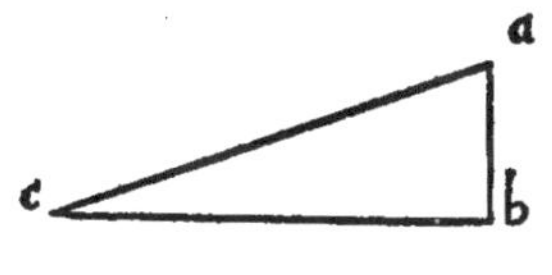

Fig. 110

como *ac*. Mas el cuadrado de *ac* iguala a la suma de los *ab*, *bc*; luego la velocidad o el *momentum* compuesto de ambos *momenta ab*, *bc* es igual a los de éstos, tomados conjuntamente. Que es lo que había que demostrar.

SIMPLICIO. Es necesario que se me resuelva una pequeña

dificultad que aquí se me ocurre, pues me parece que esto que ahora se concluye, repugna con otra proposición del anterior tratado, en la que se afirmaba que el impulso del móvil que viene desde *a* hasta *b* es igual al del que viene desde *a* hasta *c*; y ahora se concluye que el ímpetu en *c* es mayor que en *b*.

SALVIATI. Las proposiciones, Simplicio, son ambas a dos verdaderas, pero muy diversas entre sí. Aquí se habla de un solo móvil, movido con un solo movimiento, pero compuesto de dos, ambos a dos uniformes; y allá se hablaba de dos móviles, movidos con movimientos naturalmente acelerados, uno por la perpendicular *ab*, y el otro por la inclinada *ac*. Además, los tiempos allá no se supusieron iguales, sino que el tiempo por la inclinada *ac* es mayor que el tiempo por la perpendicular *ab*; pero en el movimiento de que hablamos ahora, los movimientos por las *ab, bc, ac,* se suponen iguales y efectuados en el mismo tiempo.

SIMPLICIO. Disculpadme, y sigamos adelante, que ya quedo conforme.

SALVIATI. Continúa el Autor dedicándose a considerar qué sucede respecto al impulso de un móvil movido también por un movimiento compuesto de dos, o sea uno horizontal y uniforme, y el otro vertical, pero naturalmente acelerado, de los cuales finalmente está compuesto el movimiento del proyectil, [y en virtud de los cuales] se describe la línea parabólica.

Intentaremos determinar cuán grande es el impulso del proyectil en cada uno de los puntos de esta línea. Para mejor entender esto nos demuestra el Autor el modo, o si se quiere el método, de regular y calcular un tal impulso sobre la misma línea en que se efectúa el movimiento del grave en descenso, con movimiento naturalmente acelerado, a partir del reposo, diciendo:

Efectúese el movimiento por la línea *ab* desde el reposo en *a*, y tómese en ella un punto cualquiera *c*; supóngase que la *ac* es el tiempo, o la medida del tiempo de la caída del mismo por el espacio *ac*, así como la medida del impulso o *momentum* en el punto *c*, adquirido en el descenso por *ac*. Ahora, tómese en esta misma línea *ab* cualquier otro punto, tal como *b*, en el cual habrá que determinar el impulso adquirido por el móvil en el descenso por *ab*, en razón del impulso que obtuvo en *c*, cuya medida pusimos ser *ac*. Supóngase *as* media proporcional entre *ba*, *ac*; demostraremos que el impulso en *b* es al impulso en *c*, como la línea *sa* es a la *ac*. Tómense las horizontales *cd*, doble de la *ac*, y *be* doble de la *ba*; sabemos, por lo demostrado, que el móvil en caída por *ac*, en reflexión por la horizontal *cd*, y marchando con movimiento uniforme, según el impulso adquirido en *c*, recorre el espacio *cd* en el mismo tiempo en que, con movimiento acelerado, recorrió el *ac*; igualmente consta que *be* es recorrido en el mismo tiempo que *ab*; pero el tiempo del descenso por *ab* es *as*; luego la horizontal *be* es recorrida en tiempo *as*. Sea el espacio *sa* al tiempo *ac*, como *eb* es a *bl*; y como el movimiento por *be* es uniforme, el espacio *bl* será recorrido en el tiempo *ac*, según el grado de velocidad en *b*. Pero en el mismo tiempo *ac* es recorrido el espacio *cd*, con la velocidad adquirida en *c*; ahora bien, los momentos de velocidad están entre sí como los espacios que según esos momentos son recorridos durante un mismo tiempo; luego el grado de velocidad en *c* es al grado o momento de velocidad en *b* como *dc* es a *bl*. Y *dc* es a *be* como son sus mitades, es decir como *ca* es a *ab*; pero *ba* es a *as* como *eb* es a *bl*; luego *ca* es a *as* como *dc* es a *bl*; esto es, así como el momento de velocidad en *c* es al momento de velocidad en *b*, así también *ca* es a *as*, es decir el tiempo por *ca* al tiempo por *ab*.

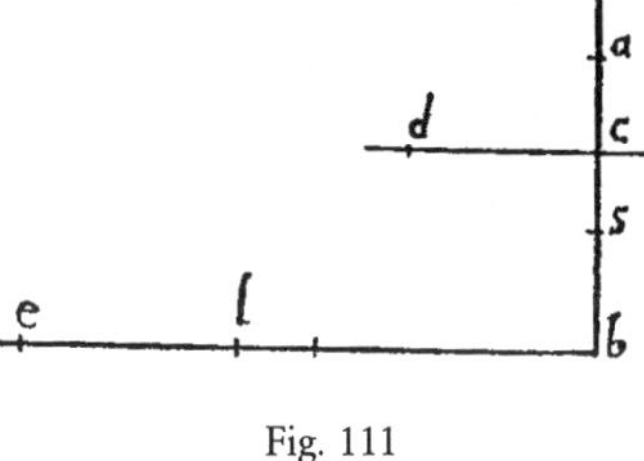

Fig. 111

Queda pues de manifiesto el modo de calcular el impulso o momento de velocidad sobre la línea en que se efectúa el movimiento de descenso; que se admite ir aumentando en razón del tiempo.[5]

Sin embargo aquí, antes de continuar adelante, es necesario advertir que, cuando hayamos de tratar del movimiento compuesto del uniforme horizontal y del naturalmente acelerado hacia abajo (pues en virtud de tal composición se origina y se describe la línea del proyectil, es decir la parábola), tenemos necesidad de definir alguna medida común, por medio de la cual nos sea posible medir la velocidad, el impulso o el *momentum* de uno y otro movimiento; y puesto que los grados de velocidad del movimiento uniforme pueden ser innúmeros, y de entre ellos, no uno cualquiera al azar, pero sí uno de esos innumerables, tiene que ser comparado y compuesto con el grado de velocidad adquirido por un movimiento naturalmente acelerado, ningún camino más fácil puede seguirse para elegirlo y determinarlo, que tomar otro de su mismo género. Sin embargo, para explicarme con más claridad, entiéndase que *ac* es una perpendicular a la horizontal *cb;* y que *ac* es la altura y *cb* la amplitud de la semiparábola *ab*, que es descripta por la composición de dos movimientos, de los cuales uno es el del móvil descendente por *ac* con movimiento naturalmente acelerado, desde el reposo en *a*, y el otro es el movimiento transversal uniforme según la horizontal *ad*. El impulso adquirido en *c* por el descenso *ac* está determinado por la misma altura *ac*; porque el impulso del móvil que cae desde la misma altura es siempre uno y el mismo; pero en el horizontal, no es uno, sino que son innúmeros los grados de velocidad de los movimientos uniformes que pueden imprimirse. Y de entre toda esta multitud, para poder yo separar de los demás, y mostrar como con el dedo, aquel que eligiere, extenderé hacia arriba la altura *ca*, en la cual, en la medida que fuere necesario, determinaré la cantidad *ae*, e imaginaré al móvil cayendo desde ella a

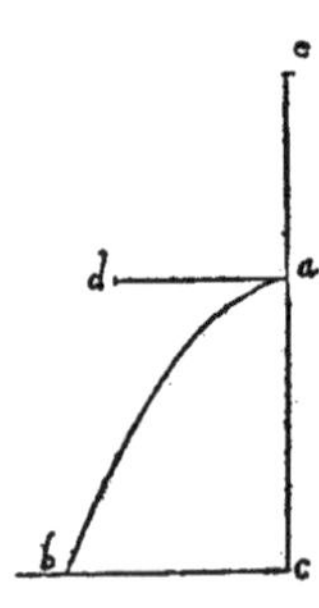

Fig. 112

partir del reposo en *e*, de modo que el impulso adquirido por el móvil en el punto *a* sea el mismo con que yo concebiría que el mismo móvil se deslizara desviado por la horizontal *ad*; y es evidente que el grado de velocidad del mismo será aquel con que, en el tiempo del descenso por *ea*, recorrería, en la horizontal, doble espacio del mismo *ea*. Necesario me pareció explicar por anticipado todo esto.

Nótese, además, que yo llamo "amplitud" de la semiparábola *ab* a la horizontal *cb*;

> *y "altura" al eje* ac *de la misma parábola: y a la línea* ea, *por medio de cuyo descenso se determina el ímpetu horizontal, la llamo "sumidad" ("sublimitatem").*

Declarado esto y definido, paso a la demostración.

SAGREDO. Espera, por favor, porque aquí me parece que conviene abonar este pensamiento del Autor con la conformidad de la concepción platónica, sobre la determinación de las diversas velocidades de los movimientos uniformes de las conversiones de los movimientos celestes. El cual habiendo tenido tal vez el concepto, de que ningún móvil puede pasar del reposo a un grado determinado de velocidad, en el que deba después continuar perpetuamente con movimiento uniforme, sino después de haber pasado por todos los otros grados menores de velocidad, o si se quiere mayores de retardo, que se interponen entre el grado indicado y el mayor de retardo o sea el del reposo, dijo que Dios, después de haber creado los cuerpos móviles celestes, para asignarles aquellas velocidades con las cuales deberían después moverse perpetuamente con movimiento circular uniforme, los hizo mover, partiendo del reposo, por determinados espacios en línea recta y con ese movimiento natural, con que nosotros vemos sensiblemente moverse nuestros móviles acelerándose sucesivamente desde el estado de reposo; y añade que, habiéndoles hecho alcanzar aquel grado en que le agradaba que continuaran después moviéndose perpetuamente, convirtió su respectivo movimiento rectilíneo en circular, que es el único apto para conservarse uniforme, girando siempre sin aproximarse a un cierto punto fijo al que ellos tienden. La idea es verdaderamente digna de Platón, y es tanto más de apreciarse, cuanto que los fundamentos pasados en silencio por aquél, y descubiertos por nuestro Autor, con sólo quitarles la máscara o el ropaje poético, lo presentan en su aspecto de verdadera historia. Y paréceme muy increíble, que teniendo nosotros por medio de las doctrinas astronómicas muy cabal conocimiento del tamaño de las órbitas de los planetas y de sus respectivas distancias del centro en torno al cual giran, así como de sus respectivas velocidades, pueda nuestro Autor (para quien no era desconocido el concepto platónico) haber tal vez tenido, por curiosidad, la idea de dedicarse a investigar, si podría señalarse una determinada sumidad *(sublimitá)*, partiendo de la cual, como del estado de reposo, las moles de los planetas, y moviéndose por ciertos espacios con movimiento rectilíneo y naturalmente acelerado, transformando después en movimientos uniformes la velocidad adquirida, nos encontrásemos con que correspondía a los tamaños de sus respectivas órbitas y a los tiempos de sus respectivas revoluciones.

SALVIATI. Me parece recordar que él ya me indicó haber hecho en cierta ocasión el cómputo y haber hallado también que respondía perfectísimamente a las observaciones, pero no haber querido hablar, teniendo en cuenta que las verdades en extremo nuevas descubiertas por él y que ya le habían concitado el odio de muchos, podrían atizar nuevamente el fuego.[6] Pero si alguno tuviere tal deseo, podrá por sí mismo, con la doctrina del presente tratado, satisfacer sus deseos. Mas sigamos nuestro tema, que es demostrar:

PROBLEMA I – PROPOSICIÓN IV

Cómo se haya de determinar el impulso en cada uno de los puntos de una parábola dada, descripta por un proyectil.

Sea la semiparábola *bec*, cuya amplitud sea *cd*, y la altura *db*, que prolongada hacia arriba encuentre en *a* a la *ca*, tangente a la parábola; y por el vértice *b*, sea *bi* paralela a la horizontal *cd*. Y como la amplitud *cd* es igual a toda la altura *da*, será *bi* igual a *ba* y a *bd*; y si suponemos que *ab* es la medida del tiempo de la caída por *ab* y del momento de la velocidad adquirido en *b* por el descenso *ab*, desde el reposo en *a*, será *dc* (doble de *bi*) el espacio que en virtud del ímpetu *ab*, desviado por la horizontal, recorrerá durante el mismo tiempo. Pero en el mismo tiempo el móvil en caída por *bd*, desde el reposo en *b*, recorrerá la altura *bd;* por consiguiente, el móvil en caída desde el reposo en *a*, desviado por *ab* con impulso *ab*, recorre por la horizontal un espacio igual a *dc*. Pero si la caída se efectúa por *bd*, recorre la altura *bd* y se describe la parábola

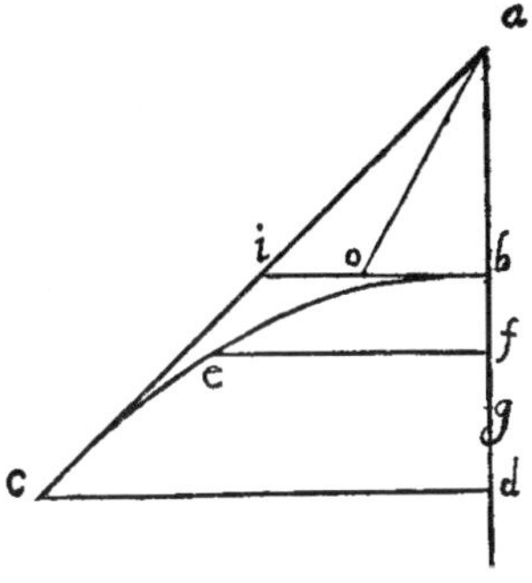

Fig. 113

bc, cuyo impulso en el punto *c* está compuesto del uniforme transversal, cuyo *momentum* es como *ab*, y de otro *momentum* adquirido por el descenso *bd* en el término *d*, o en el *c*; momento en que son iguales. Por consiguiente, si suponemos que *ab* es la medida de uno de los dos, por ejemplo del transversal uniforme, y que *bi*, que es igual a la *bd*, es la medida del impulso adquirido en *d*, o en *c*; la subtensa *ia*, será la cantidad del momento compuesto de ambos. Por consiguiente, será la cantidad o medida del *momentum*, íntegro con que el proyectil, que viene por la parábola *bc*, llega a *c*. Teniendo esto en cuenta, tómese en la parábola un punto cualquiera *e*, en el cual se haya de determinar el impulso del proyectil. Trácese la horizontal *ef,* y tómese *bg* media proporcional entre *bd*, *bf;* y como hemos puesto que *ab*, o *bd*, es la medida del tiempo y del *momentum* de la velocidad en la caída *bd*, desde el reposo en *b*, será *bg* el tiempo o medida del tiempo y del impulso en *f,* cayendo desde *b*. Por consiguiente, si suponemos que *bo* es igual a *bg*, la diagonal resultante de unir *ao*, será la cantidad del impulso en el punto *e*; porque hemos supuesto que *ab* determina el tiempo y el ímpetu en *b*, que, desviado por la horizontal, se conserva siempre el mismo; y *bo* determina el impulso en *f* o en *e* por el descenso desde el reposo en *b*, en la altura *bf*; y el cuadrado de *ab* más *bo* es igual al de *ao*. Queda pues de manifiesto lo que se pretendía.

SAGREDO. El estudio de la composición de estos diversos impulsos y de la cantidad del impulso que resulta de tal composición, es tan nuevo para mí, que deja mi mente en no pequeña confusión. No me refiero a la composición de dos movimientos uniformes, aunque desiguales entre sí, efectuados uno por la línea horizontal, y el otro por la vertical, porque en cuanto a éstos quedo muy conforme en que componen un movimiento cuyo cuadrado es igual a la suma de los cuadrados de los dos componentes; sino que mi confusión finca en la mezcla del horizontal uniforme, y del vertical naturalmente acelerado. Por ello me gustaría que, al mismo tiempo, profundizáramos más en este punto.

SIMPLICIO. Y a mí me es aún más necesario, porque mi mente no está todavía completamente satisfecha, como sería necesario, acerca de las proposiciones que son como los primeros fundamentos de todas las otras que les siguen después. Quiero sugerir que aun en la composición de los dos movimientos uniformes, vertical y horizontal, desearía comprender mejor el porqué de la potencia del compuesto. Ahora, Salviati, ya te haces cargo de nuestra necesidad y deseo.

SALVIATI. El deseo es muy razonable, y procuraré ver si el haber yo pensado sobre él durante mucho tiempo, puede facilitar vuestra comprensión. Mas será necesario tolerarme y excusarme, si durante el raciocinio voy repitiendo buena parte de las cosas ya dichas por el Autor.

No podemos discurrir terminantemente acerca de los movimientos y sus respectivas velocidades o impulsos, sean uniformes o naturalmente acelerados, sin determinar primero no sólo la unidad de que deseamos valernos para medir tales velocidades, sino también la unidad del tiempo. En cuanto a la unidad del tiempo, poseemos ya la comúnmente aceptada por todos, de las horas, minutos, segundos, etc.; y así como para medida del tiempo, disponemos de la antedicha unidad común, aceptada por todos, así también es necesario determinar una para las velocidades, que sea por todos comúnmente entendida y aceptada, es decir que sea la misma para todos. Como ya se ha dicho, el Autor ha juzgado ser apta para tal uso, la velocidad de los graves que descienden naturalmente, cuyas velocidades crecientes observan el mismo tenor en todas las partes del mundo; de modo que el grado de velocidad que adquiere (por ejemplo) una bola de plomo de una libra, al descender, partiendo del reposo, perpendicularmente por un espacio como la altura de una pica, es siempre y en todas partes el mismo, y por ello muy a propósito para expresar la cantidad del impulso que deriva de la caída natural. Resta, pues, hallar el modo de expresar también la cantidad del impulso en un movimiento uniforme, a fin de que todos aquellos que acerca de él discurran, se formen el mismo concepto de su magnitud y velocidad, y de modo que no se lo figuren unos más veloz, y otros menos, de manera que después, al unir y mezclar este movimiento, de por sí concebido como uniforme, con el estatuido acelerado, los diversos hombres formen diversos conceptos de las diversas magnitudes de los ímpetus. Para determinar y representar un tal impulso y velocidad particular, no ha encontrado nuestro Autor otro medio más apropiado, que el servirse del impulso que va adquiriendo el móvil en el movimiento naturalmente acelerado, pues un *momentum* cualquiera adquirido por él, convertido en movimiento uniforme, conserva precisamente su velocidad limitada, y tanta, que en un tiempo igual al de la caída, recorre doble espacio de la altura desde donde ha caído. Pero puesto que esto es un punto principal en la materia de que tratamos, estará bien hacerse entender perfectamente con un ejemplo concreto.

Volvamos, pues, a tomar la velocidad y el impulso adquiridos por un grave en caída, como decimos, desde la altura de una pica, velocidad que queremos tomar como unidad para medir otras velocidades e impulsos en otros casos; y admitido, por ejemplo, que el tiempo de tal caída sea cuatro segundos, para hallar por medio de esta medida cuán grande haya de ser el impulso del cuerpo en caída desde cualquier otra altura mayor o menor, no debemos argumentar y concluir, de la proporción que esta otra altura guarda con la altura de una pica, la cantidad del impulso adquirido en esta segunda altura; juzgando, por ejemplo, que el cuerpo en descenso desde cuádruple altura, haya adquirido cuádruple velocidad, pues esto es falso; porque la velocidad en el movimiento naturalmente acelerado no crece ni mengua según la proporción de los espacios, sino más bien según la de los tiempos, respecto a la cual, la de los espacios es mayor en razón de la segunda potencia, como ya se ha demostrado. Por ello, si tuviésemos señalada en una recta una parte como unidad de la velocidad, y también del tiempo y del espacio recorrido en ese tiempo (porque en gracia de la brevedad todas estas tres magnitudes están muchas veces representadas por una misma línea), al pretender encontrar la cantidad del tiempo y el grado de velocidad que el móvil mismo habría adquirido en otra distancia, lo obtendremos no inmediatamente de esta segunda distancia, sino de una línea que fuese media proporcional entre las dos distancias. Me explicaré mejor con un ejemplo. En la línea *ac* perpendicular a la horizontal, supongamos que la parte *ab* es un espacio recorrido por un grave naturalmente descendente con movimiento acelerado; pudiendo yo representar el tiempo de este tránsito por medio de cualquier línea, quiero, por brevedad, imaginar que es la misma línea *ab*, e igualmente pongo también la misma línea *ab*, como medida del impulso y de la velocidad de tal modo adquirida; de manera que la parte *ab* sea la medida de todas las magnitudes que en el transcurso del raciocinio se han de considerar. Establecidas a nuestro arbitrio, bajo un solo grandor *ab* estas tres medidas de tan diversos géneros de cantidad, o sea de espacios, de tiempos y de impulsos, propongámonos determinar, en el indicado espacio y altura *ac*, cuánto haya de ser el tiempo de la caída del cuerpo que desciende desde *a* hasta *c*, y cuánto el impulso que tal cuerpo ha adquirido en ese punto *c*, en relación al tiempo y al impulso representados por la

Fig. 114 *ab*. Una y otra pregunta se satisfarán tomando la media proporcional *ad* entre las dos líneas *ac, ab,* afirmando que el tiempo de la caída por todo el espacio *ac* es tanto como el tiempo *ad* en relación al tiempo *ab,* puesto al principio por cantidad del tiempo en la caída *ab.* Diremos igualmente que el impulso o grado de velocidad que adquirirá en el punto *c* el móvil en caída, en relación al impulso que tenía en *b,* es como la misma línea *ad* en relación a la *ab,* dado que la velocidad crece en la misma proporción que crece el tiempo; conclusión que si bien fue tomada como postulado en la Proposición tercera, sin embargo, quiso el Autor explicarla mejor con este ejemplo.

Bien comprendido y establecido este punto, procedamos a la consideración del impulso que deriva de dos movimientos compuestos; uno de los cuales esté compuesto del horizontal siempre uniforme, y del vertical también uniforme; mientras el otro esté compuesto del horizontal uniforme y del vertical naturalmente acelerado. Si ambos a dos son uniformes, ya se ha visto que el cuadrado del impulso resultante de la composición de los dos es igual a la suma de los cuadrados de éstos, como para mayor claridad expondremos en el siguiente ejemplo. Supongamos que un móvil, descendente por la perpendicular *ab,* tiene, por ejemplo, tres grados de impulso uniforme, pero que trasladado por la *ab* hasta *c,* su velocidad e impulso sería de cuatro grados, de modo que en el mismo tiempo en que descendiendo, recorriera en la perpendicular, v. gr., tres brazas, en la horizontal recorrería cuatro; pero en el compuesto de ambas velocidades pasa, en el mismo tiempo, desde el punto *a* hasta el punto *c,* marchando siempre por la diagonal *ac,* que no tiene siete de largo, como sería la compuesta de las dos, *ab* tres y *bc* cuatro, sino cinco; el cual cinco es, en su cuadrado, igual al de los dos 3 y 4. Porque, hallados los cuadrados de 3 y de 4, que son 9 y 16, y sumados éstos, hacen 25 por cuadrado de *ac,* el cual es igual a los dos cuadrados de *ab* y de *bc;* de donde la *ac* será como el cuadrado o si se quiere, como la raíz del cuadrado 25, que es 5. Por consiguiente, como regla firme y segura, cuando se

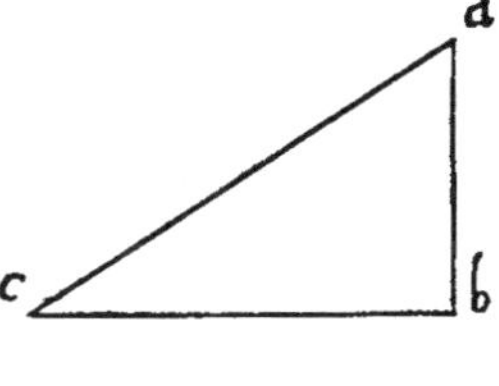

Fig. 115

quiera determinar la cantidad del impulso resultante de 2 impulsos dados, uno horizontal y el otro vertical y ambos a dos uniformes, se debe hallar el cuadrado de ambos, y tomándolos en conjunto, extraer la raíz cuadrada de la suma, la que nos dará la cantidad del impulso compuesto de aquellos dos. Y así en el ejemplo propuesto, el móvil que en virtud del movimiento perpendicular habría chocado sobre la horizontal con 3 grados de fuerza, y con movimiento sólo horizontal habría chocado en *c* con 4 grados, chocando con ambos impulsos juntos, el choque será como el del percuciente que se mueve con 5 grados de velocidad y de fuerza; y ese choque sería del mismo valor en todos los puntos de la diagonal *ac*, por ser siempre los mismos los impulsos compuestos, sin aumentar ni disminuir.[7]

Veamos ahora lo que acontece al componer el movimiento horizontal uniforme con un movimiento perpendicular a la horizontal, que, comenzando en el reposo, vaya naturalmente acelerándose. Es ya sabido que la diagonal, que es la línea del movimiento compuesto de estos dos, no es una línea recta, sino semiparabólica, como se ha demostrado; en la cual va creciendo siempre el impulso, merced al continuo acrecentamiento de la velocidad del movimiento vertical. Por tal motivo, para determinar cuál es el impulso en un determinado punto de esa diagonal parabólica, en primer término, es necesario determinar la cantidad del impulso uniforme horizontal; y después, investigar cuál es el impulso del móvil en caída en el punto elegido; el que no se puede determinar sin la consideración del tiempo transcurrido desde el principio de la composición de los 2 movimientos; consideración de tiempo, que no se requiere en la composición de los movimientos uniformes, cuyas velocidades e impulsos son siempre los mismos; pero aquí, donde entra en la composición un movimiento que, comenzando en el sumo retardo, va acrecentando la velocidad conforme a la duración del tiempo, es necesario que la cantidad del tiempo nos determine la cantidad del grado de velocidad en el punto elegido. Por lo demás, sólo resta, después, que el impulso compuesto de estos 2 sea (como en los movimientos uniformes) igual, en su cuadrado, a los de ambos componentes. Pero aquí me explicaré también mejor con un ejemplo. Tómese en *ac*, perpendicular a la horizontal, una parte cualquiera *ab*, la que supongo que sirve como medida del espacio del movimiento natural hecho en esa perpendicular, y que es igualmente medida del tiempo y también del grado de velocidad o, si se prefiere, de los impulsos. Del mismo modo es manifiesto que, si el impulso del cuerpo hasta *b* desde el reposo en *a*, se convierte sobre la *bd*, paralela a la horizontal, en movimiento uniforme, su velocidad será tanta, que en el tiempo *ab* recorrerá doble espacio *ab*; al que representará la línea *bd*. Puesta, pues, la *bc* igual a la *ba* y trazada *ce* paralela a la *bd*, e igual a ella, describiremos por los puntos *b*, *e* la línea parabólica *bei*. Y como en el tiempo *ab*, con impulso *ab*, se recorre la horizontal *bd* o *ce*, doble de la *ab*, y en otro tanto tiempo se recorre también la perpendicular *bc* con la adquisición de un impulso en *c* igual al mismo horizontal; tenemos que el móvil, en un tiempo igual a *ab*, pasará de *b* hasta *e* por la parábola *be* con un impulso compuesto de dos, cada uno de ellos igual al impulso *ab*. Y como uno de ellos es horizontal y el otro vertical, el impulso compuesto de éstos será, en su cuadrado, igual a los de ambos o sea doble que el cuadrado de cualquiera de ellos; de donde, puesta la *bf* igual a la *ba* y trazada la diagonal *af*, el impulso y el choque hecho en *e* será mayor que el choque que hace en *b* el cuerpo que caiga desde la altura *a*, o lo que es lo mismo, mayor que el choque del impulso horizontal por la *bd*, según la proporción de la *af* a la *ab*. Pero si, reteniendo siempre la *ba* como medida del espacio

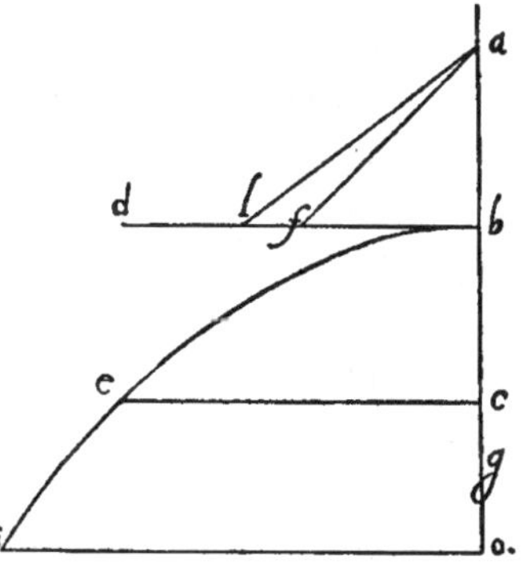

Fig. 116

de la caída desde el reposo en *a* hasta *b*, y como medida del tiempo y del impulso del cuerpo en caída adquirido en *b*, la altura *bo* no fuese igual, sino mayor que la *ab*, al tomar la *bg* media proporcional entre las *ab*, *bo*, sería esa *bg* medida del tiempo y del impulso en *o*, para la caída en la altura *bo*, adquirido en *o*; y el espacio por la horizontal, que recorrido con el impulso *ab* en el tiempo *ab*, sería doble del *ab,* será durante toda la duración del tiempo *bg* tanto mayor, cuanto la *bg* es, en proporción, mayor que la *ba.* Por consiguiente, puesta la *lb* igual a la *bg*, y trazada la diagonal *al,* tendremos en ella la cantidad compuesta de los 2 impulsos horizontal y perpendicular, en virtud de los cuales es descripta la parábola; de éstos el horizontal y uniforme es el adquirido en *b* por la caída *ab*, y el otro es el adquirido en *o*, o si se quiere en *i*, por la caída *bo*, cuyo tiempo era *bg,* así como la cantidad de su *momentum.* Con un raciocinio similar investigaríamos el impulso en el comienzo de la parábola, cuando su altura fuese menor que la sumidad (*sublimitâ*) *ab*, tomando la media proporcional entre las dos; la cual, puesta en la horizontal en lugar de la *bf*, y añadiéndole una diagonal, como *af,* obtendremos de ella la cantidad del impulso en un punto del comienzo de la parábola.

A todo lo que hasta aquí hemos considerado acerca de estos impulsos, golpes, o si se quiere choques, de tales proyectiles, conviene añadir otra consideración muy necesaria; y es que no basta fijar la atención en la sola velocidad del proyectil, para determinar bien la fuerza y energía del choque, sino que conviene tener también en cuenta el estado y condición de aquello que recibe el choque, pues tiene, en muchos respectos, una gran participación e influencia en la eficacia de éste. Y en primer lugar, no hay quien no entienda que el objeto golpeado, en tanto sufre violencia por la velocidad del percuciente, en cuanto se le opone y frena en todo o en parte el movimiento de aquél. Porque si el golpe fuera sobre un objeto tal que cediera a la velocidad del percuciente sin resistencia alguna, tal golpe sería nulo; y aquel que corre para herir con una lanza a su enemigo, si en el darle alcance sucediera que aquél se mueve, durante la huida, con igual velocidad, no podrá herirlo y la acción será un simple tocar sin ofender. Pero si el choque fuese recibido por un objeto que no cede en todo al percuciente, sino, solamente en parte, el choque dañará, pero no con todo el impulso, sino sólo con el exceso de la velocidad de ese, percuciente sobre la velocidad del retroceso y cedencia del percutido. De modo que, si por ejemplo, el percuciente llegare con 10 grados de velocidad sobre el percutido, el cual, cediendo, en parte se retirara con 4 grados, el ímpetu y el choque sería de 6 grados. Y finalmente, el choque será completo y máximo, por parte del percuciente, cuando el percutido no ceda nada sino, que se oponga enteramente, y detenga todo el movimiento del percuciente; si es que esto puede suceder. Y he dicho por *parte del percuciente*, porque si el percutido se moviese con movimiento contrario hacia el percuciente, el golpe y el encuentro sería más violento, en la misma proporción en que 2 velocidades contrarias son mayores que sólo la del percuciente. Además, conviene también advertir que el ceder más o menos puede derivar no solamente de la cualidad de la materia más o menos dura, como sería el hierro, el plomo, o la lana, etc.; sino también de la posición del cuerpo que recibe el choque. Esta posición, si fuese tal que el movimiento del percuciente la embista en ángulo recto; el ímpetu del golpe será el máximo; pero si el movimiento fuese oblicuo y, como decimos nosotros al sesgo, el golpe será más débil y tanto más, cuanto mayor sea la oblicuidad; porque en un objeto de tal modo situado, aunque sea de materia solidísima, no se agota ni detiene todo el impulso y movimiento del percuciente, que se desvía y prosigue su marcha, continuando su movimiento a lo menos por algún trecho, sobre la superficie del cuerpo resistente opuesto. Por consiguiente, al hablar arriba acerca de la grandeza del impulso del proyectil en la extremidad de la línea parabólica, nos hemos referido al choque recibido sobre una línea en ángulo recto con esa línea parabólica, o también a la tangente de la parábola en dicho punto; porque si bien ese movimiento está compuesto de uno horizontal y otro perpendicular, el impulso, ni sobre el horizontal ni sobre el plano perpendicular es el máximo, siendo recibido oblicuamente sobre ambos.

SAGREDO. Al recordar tú estos golpes y estos choques se ha despertado en mi mente un problema, o si se quiere una cuestión mecánica, cuya solución no he encontrado hasta ahora en ningún autor, ni cosa que amengüe mi asombro o aquiete al menos en parte mi intelecto. Mi duda y mi estupor consiste en no ser capaz [de averiguar] de dónde pueda proceder, y de qué principio pueda depender la energía y la fuerza inmensa que vemos tener lugar en el choque, cuando con el simple golpe de un martillo, cuyo peso no sea mayor de 8 o 10 libras, vemos vencer resistencias tales que no cederían al peso de un grave que, sin choque, las presionara solamente apretando y oprimiendo, aun cuando la gravedad de éste pese muchos centenares de libras. Yo quisiera encontrar el modo de medir la fuerza de este choque; la cual no creo que sea infinita, sino que más bien juzgo que ha de tener su límite, de modo que se pueda equilibrar y finalmente regular con otras fuerzas de gravedad pesantes, ya de palancas, ya de tornillos o de otros instrumentos mecánicos, acerca de los cuales yo no tengo la menor duda de que pueden multiplicar las respectivas fuerzas.

SALVIATI. No estás tú solo en el asombro acerca del efecto y en la oscuridad de la causa de tan estupenda particularidad. Yo he pensado en ello, en vano durante algún tiempo, creciendo siempre mi confusión hasta que finalmente, me encontré con nuestro Académico, del cual recibí un doble consuelo: primero, al ver que también él había estado durante mucho tiempo en las mismas tinieblas; y segundo al revelarme que, después de haber gastado en su vida horas sin cuento especulando y filosofando, había conseguido algunos conocimientos distantes de nuestros primeros conceptos, y por ello nuevos, y por la novedad admirables. Y como ahora sé que tu curiosidad escucharía con mucho gusto esos pensamientos que se alejan de lo opinable, no esperaré tu pedido, sino que te doy palabra de que, una vez que hayamos terminado la lectura de este tratado sobre los proyectiles, te explicaré todas las fantasías o si quieres extravagancias, que de las disertaciones del Académico me han quedado en la memoria. Mientras tanto, sigamos con las proposiciones del Autor.

Proposición v – Problema

En el eje prolongado de una parábola dada, hallar el punto supremo, desde el cual debe caer un cuerpo, para describir dicha parábola.

Sea la parábola *ab*, cuya amplitud sea *hb*, y *el* eje prolongado *he*, en el cual se haya de hallar la "sumidad" desde la cual el móvil en caída, y desviando hacia la horizontal el impulso adquirido en *a*, describa la parábola *ab*. Trácese la horizontal *ag*, que será paralela a la *bh*, y puesta la *af* igual a la *ah*, trácese la recta *fb*, que será tangente a la parábola en *b* y cortará a la horizontal *ag* en *g*; tómese *ae* tercia proporcional de las *fa* y *ag*; digo que *e* es el punto supremo buscado, desde el cual un cuerpo en caída, a partir del reposo en *e*, y desviando, hacia la horizontal el impulso adquirido en *a*, añadiéndosele el impulso, del descenso en *h*, a partir del reposo en *a*, describirá la parábola *ab*. Porque si suponemos que *ea* es la medida del tiempo del descenso desde *e* hasta *a*, así como del impulso adquirido en *a*, lo será *ag* (que es media proporcional entre *ea*, *af*) del tiempo y del impulso proveniente desde *f* hasta *a*, o desde *a* hasta *h*; y como el cuerpo que viene desde *e*, en el tiempo *ea*, con impulso adquirido en *a*, recorre en el movimiento horizontal, con movimiento uniforme, el duplo de *ea*, luego también, marchando con el mismo impulso, recorrerá en el tiempo *ag* el duplo de *ga*, es decir dos veces la mitad de *bh* (pues los espacios, recorridos con un mismo movimiento

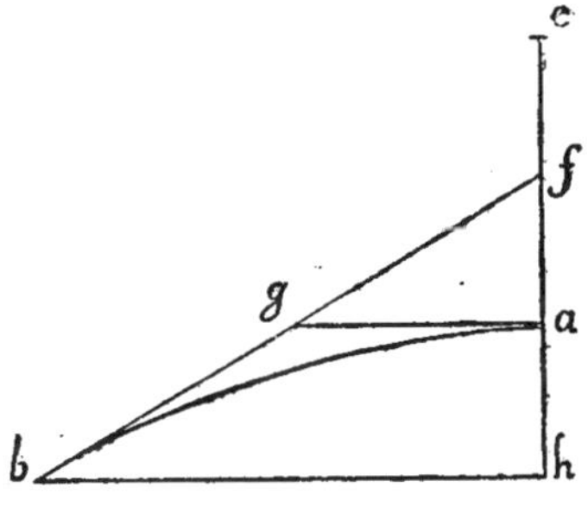

Fig. 117

uniforme, son entre sí como los tiempos de sus movimientos), y en el movimiento perpendicular desde el reposo, en el mismo tiempo *ga* es recorrida *ah*; luego en el mismo tiempo son recorridas por el móvil la amplitud *hb* y la altura *ah*. Luego la parábola *ab* es descripta por un cuerpo que cae desde la "sumidad" *e*: que es lo que se quería demostrar.[8]

Corolario

De aquí se deduce que la mitad de la base o amplitud de la semi-parábola (que es la cuarta parte de la amplitud de toda la parábola) es media proporcional entre su altura y la "sumidad" desde la cual el móvil en caída describe dicha parábola.

Proposición VI – Problema

Dada la "sumidad" (sublimitate) y altura de una semipará-bola, hallar la amplitud.

Sea perpendicular a la línea horizontal *dc* la *ac*, en la que esté dada la altura *cb* y la "sumidad" *ba*; es necesario hallar en la horizontal *cd* la amplitud de la semiparábola que se describe desde la "sumidad" *ba*, con la altura *bc*. Tómese la media proporcional entre *cb*, *ba*, doble de la cual sea *cd*. Digo que *cd* es la amplitud buscada. Esto es manifiesto de acuerdo a lo precedente.

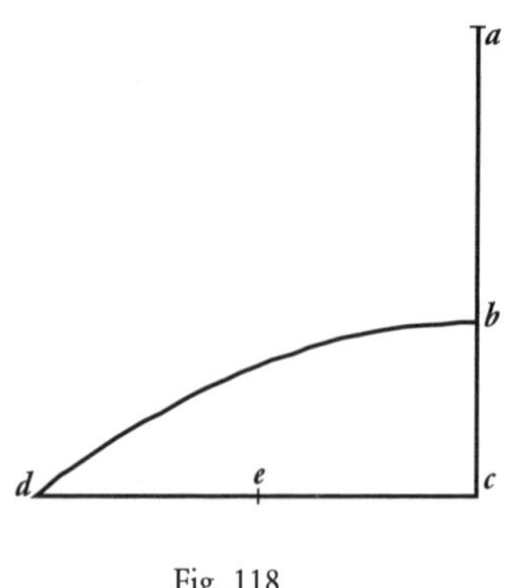

Fig. 118

Teorema – Proposición VII

Entre los proyectiles que describen semiparábolas de una misma amplitud, menor impulso que cualquier otro, adquiere el que describe aquella cuya amplitud sea doble de su altura.[9]

Sea pues la semiparábola *bd*, cuya amplitud *cd* es doble de su altura *cb*, y en el eje, prolongado por la parte superior, póngase *ba* igual a la altura *bc* y únase *ad*, que tocará la semiparábola en *d* y cortará en *e* a la horizontal *be*, y *be* será igual a la *bc* o a la *ba*. Es evidente que ella es descripta por un proyectil, cuyo ímpetu uniforme horizontal sea como es, en *b*, el del móvil cayente desde el reposo en *a*, y el ímpetu natural hacia abajo sea como es el del móvil que viene hasta *c* desde el reposo en *b*; de donde resulta que el ímpetu compuesto de éstos y que va a parar en el punto *d* es como la diagonal *ae*, es decir igual a ambos, en el cuadrado. Sea ahora cualquier otra semiparábola *gd*, cuya amplitud sea la misma *cd*, y la altura *cg* mayor o menor que la altura *bc*; y sea *hd* tangente a ésta, cortando en el punto *k* a la horizontal trazada por *g*; y sea *kg* a *gl* como *hg* a *gk*. De lo demostrado se deduce que es la altura *gl* aquella desde la cual, al caer un cuerpo, describirá la parábola *gd*. Entre *ab* y *gt* sea media proporcional *gm*; *gm* será el tiempo y el *momentum* o ímpetu del móvil que cae desde *l* hasta *g* (pues se ha puesto que *ab* es la medida del tiempo y del ímpetu). De nuevo sea entre *bc*, *cg* media proporcional la *gn*, que será la medida del tiempo y del ímpetu del móvil que caiga desde *g* hasta *c*. Por consiguiente, si se une *mn*, ella será la medida del ímpetu del proyectil por la parábola *dg*, que va a cho-

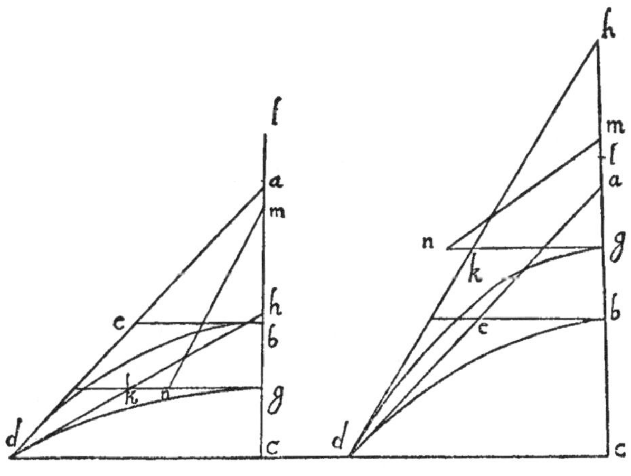

Fig. 119

car en el punto *d*. Digo que este ímpetu es mayor que el ímpetu del proyectil por la parábola *bd*, cuya cantidad era como *ae*. Y como hemos dicho que *gn* es media entre *bc*, *cg*, y como *bc* es igual a *be*, o sea a *kg* (pues cada una de ellas es subdupla de *dc*), *ng* será a *gk* como *cg* es a *gn*, y como *cg* o *hg* es a *gk* así será el cuadrado de *ng* al cuadrado de *gh*; y puesto que se ha hecho que *kg* sea a *gl* como *hg* a *gh*; tenemos que *kg* es a *gl* como *ng* es al cuadrado de *gk*. Pero el cuadrado de *kg* es al cuadrado de *gm* como *kg* es a *gl*; porque *gm* es media entre *kg*, *gl*. Por consiguiente, los tres cuadrados *ng*, *kg*, *gm* son proporcionales en proporción continua, y los dos extremos *ng*, *gm* tomados simultáneamente, es decir el cuadrado de *mn*, es mayor que el duplo del cuadrado de *kg*, y doble de éste es el cuadrado de *ae*; luego el cuadrado de *mn* es mayor que el cuadrado de *ac*, y la línea *mn* es mayor que la línea *ea*: que es lo que se quería demostrar.

COROLARIO

De aquí se deduce que, a la inversa, para lanzar un proyectil desde el punto *d* por la semiparábola *db*, se requiere menor impulso que por cualquier otra que tenga una elevación mayor o menor que la elevación de la semiparábola *bd*, cuya tangente *ad*, forma un ángulo semirrecto sobre la horizontal. Y siendo esto así, se deduce que, si con un mismo impulso se efectúan tiros desde el punto *d*, con diversas elevaciones, el tiro de mayor alcance, o la amplitud de la semiparábola o de toda la parábola, será el que sea arrojado con la elevación del ángulo semirrecto; y las restantes, efectuadas según mayores o menores ángulos, serán menores.

SAGREDO. Llena al mismo tiempo de asombro y de placer la fuerza de las demostraciones necesarias, cuales son únicamente las matemáticas. Ya sabía yo, por fe prestada a las relaciones de gran número de artilleros, que de todos los tiros por elevación de cañón, o de mortero, el máximo, es decir el que lanza la bala a mayor distancia, era el practicado con elevación de medio ángulo recto, que ellos llaman de sexto punto de la escuadra; pero el entender la razón de donde esto provenga, supera en grado sumo a la simple noticia obtenida de las aseveraciones de los demás, y aun a la obtenida de muchos reiterados experimentos.

SALVIATI. Discurres con mucho acierto. El conocimiento de un solo efecto por sus causas dispone nuestro entendimiento para que comprendamos y tengamos seguridad de otros efectos, sin necesidad de recurrir a experimentos, como precisamente sucede en el presente caso, donde, adquirida por razonamiento demostrativo la certeza de que el mayor de todos los tiros por elevación es el de la elevación del ángulo semirrecto, el autor nos demuestra lo que acaso nunca ha sido observado por la experiencia; esto es, que de todos los demás tiros, son entre sí iguales a aquellos, cuyas elevaciones son mayores o son menores que un semirrecto en ángulos iguales. De modo que las balas disparadas desde la horizontal, una de ellas según una elevación de 7 puntos, y la otra de 5, irán a caer sobre la horizontal en distancias iguales, de modo que los tiros de 8 y de 4 puntos serán iguales, así como lo serán los de 9 y de 3, etc. Ahora veamos la demostración.

Teorema v – Proposición viii

Las amplitudes de las parábolas descriptas por proyectiles disparados con un mismo impulso, según las elevaciones que difieren del semirrecto en ángulos iguales, por encima y por debajo, son iguales entre sí.

Sean iguales la horizontal *bc*, y la perpendicular *cm*, del triángulo *mcb* en torno al ángulo recto *c*; así el ángulo *mbc* será semirrecto; y extendida *cm* hasta *d*, trácense en *b*, por encima y por debajo de la diagonal *mb*, dos ángulos iguales, *mbe*, *mbd*. Hay que demostrar que son iguales las amplitudes de las parábolas descriptas por los proyectiles disparados con el mismo impulso desde el punto *b*, según las elevaciones de los ángulos

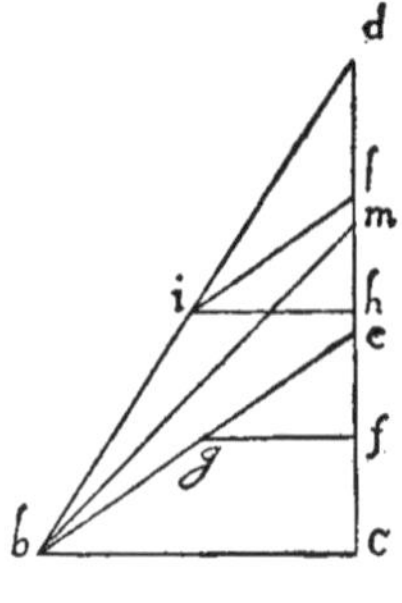

Fig. 120

ebc, dbc.[10] Puesto que el ángulo externo *bmc* es igual a los internos *mdb, dbm,* también será igual a ellos el ángulo *mbc,* y si en lugar del ángulo *dbm,* ponemos *mbe,* el mismo *mbc* será igual a los dos *mbe, bdc;* y quitando el común *mbe,* el restante *bdc* será igual al restante *ebc;* por consiguiente los triángulos *dcb, bce* son semejantes. Divídanse las rectas *dc, ec* en dos partes iguales en *b* y en *f,* y trácense *hi, fg* paralelas a la horizontal *cb,* y sea *ib* a *bl,* como *dh* a *hi;* será el triángulo *ibl* semejante al triángulo *ihd,* semejante al cual es también *egf;* y siendo iguales *lb, gf* (pues son mitades de la *bc*), *fe* o sea *fc* será igual a *bl;* y añadiendo la común *fb,* será *cb* igual a la *fl.* Por consiguiente, si suponemos que está descripta por *h* y *b* una semiparábola, cuya altura sea *hc,* y la sumidad *bl,* su amplitud será *cb,* que es doble de *hi,* o sea media entre *dh* o *cb* y *hl;* tangente a ella será *dh,* siendo iguales *cb, hd.* Y si, de nuevo, concebimos descripta por *fb* una parábola desde la sumidad *ft,* con altura *fc,* cuya media proporcional es *fg,* doble de la cual es la horizontal *cb,* igualmente será *cb* su amplitud, y la cortará *eb,* siendo *ef, fc* iguales. Y los ángulos *dbc, ebc* (que son las elevaciones de aquéllas) distan por igual de un semirrecto: luego tenemos lo propuesto.

PROPOSICIÓN IX – TEOREMA

Son iguales las amplitudes de las parábolas, cuyas alturas y sumidades se corresponden inversamente.[11]

Tenga la altura *gf* de la parábola *fb,* respecto a la altura *cb* de la parábola *bd,* la misma razón que la sumidad *ba* a la sumidad *fe.* Digo que la amplitud *hg* es igual a la amplitud *dc.* Porque al tener la primera *gf,* respecto a la segunda *cb,* la misma razón que la tercera *ba* a la cuarta *fe,* el rectángulo *gfe* de la primera y de la cuarta será igual al rectángulo *cba* de la segunda y de la tercera luego los cuadrados, que son iguales a estos rectángu-

[366]

los, serán iguales entre sí. Y el cuadrado de la mitad de *gh* es igual al rectángulo *gfe*; y el cuadrado de la mitad de *cd* es igual al rectángulo *cba;* luego estos cuadrados y sus lados y el duplo de sus lados serán iguales. Pero éstas son las amplitudes *gh*, *ed*: luego tenemos lo propuesto:

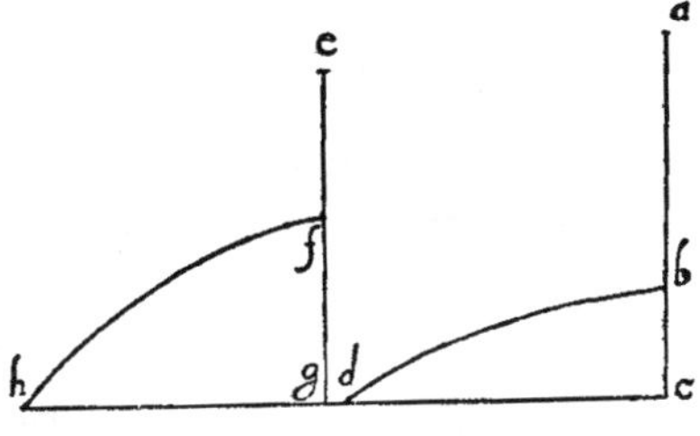

Fig. 121

LEMA PREVIO A LA SIGUIENTE

Si una línea recta se corta al azar, los cuadrados de las medias proporcionales entre toda la línea y sus partes son iguales al cuadrado de toda la línea.[12]

Sea la línea *ab* cortada al azar en *c*. Digo que los cuadrados de las líneas medias entre toda la *ab* y las partes *ac*, *cb*, tomados en conjunto, son iguales al cuadrado de toda la *ab*. Esto se pone de manifiesto describiendo un semicírculo sobre toda la *ba*, y levantando desde *c* la perpendicular *cd*, y uniendo *da*, *db*. Porque *da* es media entre *ba*, *ac*, y es *db* media entre

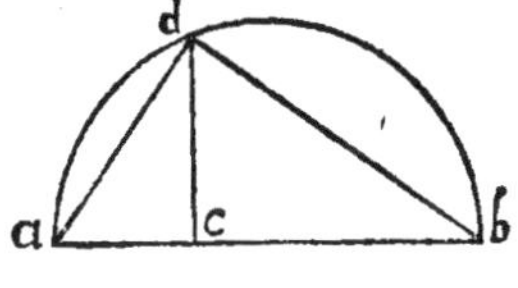

Fig. 122

ab, *bc*; y son los cuadrados de las líneas *da*, *db*, tomadas en conjunto, iguales al cuadrado de toda la *ab*, por ser recto el ángulo *adb* en el semicírculo. Luego tenemos lo propuesto.

PROPOSICIÓN X − TEOREMA

El impulso o momentum *de, cualquier semiparábola es igual al* momentum *de un cuerpo, que cae naturalmente en vertical por una longitud igual a la compuesta de la sumidad más la altura, de la semiparábola.*[13]

Sea la semiparábola *ab* cuya sumidad sea *da*, y la altura *ac*, de las cuales se compone la perpendicular *dc*. Digo que el impulso de la semiparábola en *b* es igual al *momentum* del cuerpo naturalmente en caída desde *d* hasta *c*. Póngase la misma *dc* como medida del tiempo y del impulso, y tómese *cf* igual a la media proporcional entre *cd*, *da*; además, sea *ce* media entre *dc*, *ca*. Entonces, será *cf* la medida del tiempo y del *momentum* del cuerpo que cae por *da* desde, el reposo en *d*; y será *ce* el tiempo y el *momentum* del cuerpo que cae por *ae* desde el reposo en *a*; y la diagonal *ef* será el *momentum* compuesto de éstas, es decir el de la semiparábola en *b*. Y como *dc* ha sido cortada al azar

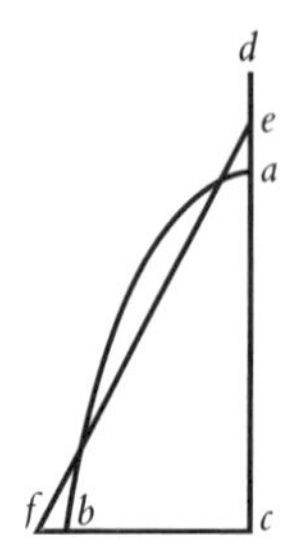

Fig. 123

en *a*, y son *cf*, *ce* medias entre toda la *cd* y las partes *da*, *ac*, los cuadrados de éstas serán, tomados en conjunto, iguales al cuadrado de toda la línea, por el lema anterior. Pero igual a estos cuadrados es también el cuadrado de la *ef*; luego también la línea *ef* es igual a la *dc*. De donde se deduce que los *momenta* por *dc* y por la semiparábola *ab*, en *c* y en *b* son iguales: que es lo que se quería demostrar.

COROLARIO

De aquí se deduce que son iguales los impulsos de todas las semiparábolas, cuyas alturas, sumadas con las sumidades, sean iguales.

PROPOSICIÓN XI — PROBLEMA

Dado el impulso y la amplitud de una semiparábola, hallar su altura.

El impulso dado esté determinado por *ab*, perpendicular sobre la horizontal; y la amplitud en la horizontal sea *bc*. Es necesario hallar la "sumidad" de la semiparábola, cuyo impulso sea *ab* y la amplitud *bc*. Consta, por lo ya demostrado, que la mitad de la amplitud *bc* habrá de ser media proporcional entre la altura y la sumidad de la semiparábola, cuyo impulso, según la proposición precedente, es idéntico con el impulso del cuerpo que cae desde el reposo en *a* por toda la *ab*; además, hay que cortar la *ba* de modo que el rectángulo contenido por sus partes sea igual al cuadrado de la mitad de *bc*, que es *bd*. De aquí se deduce que es necesario que la *db* no supere a la mitad de la *ba*; porque de entre los rectángulos contenidos por esas partes, el máximo se dará cuando toda la línea se divida en partes iguales. Divídase, pues, la *ba* en dos partes iguales en *e*; y si la *bd* es igual a la *be*, tendremos resuelto el problema, y será *be* la altura de la semiparábola, y la sumidad será *ea* (y aquí tenemos que la amplitud de la parábola con elevación en ángulo semirrecto es, como hemos demostrado arriba, la mayor de todas las descriptas con el mismo impulso). Pero sea *bd* menor que la mitad de *ba*, que se ha de cortar de tal modo que el rectángulo contenido bajo sus partes sea igual al cuadrado de *bd*. Sobre *ea* descríbase

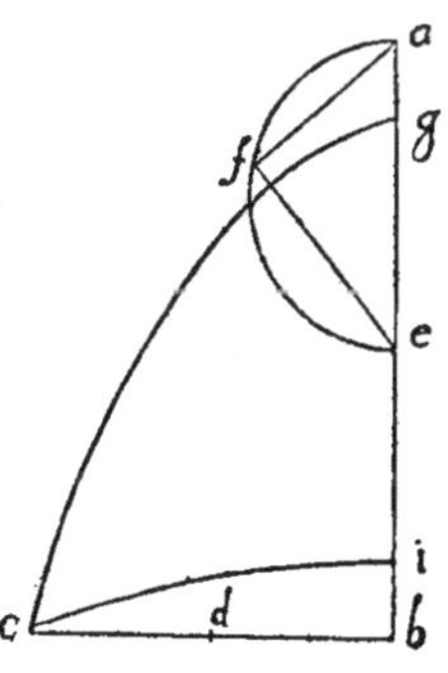

Fig. 124

un semicírculo, en el cual desde a tómese *af*, igual a *bd* y únase *fe*, igual a la cual córtese la parte *eg*.[14] Ahora el rectángulo *bga* con el cuadrado de *eg* será igual al cuadrado de *ea*, al cual es también igual la suma de los dos cuadrados de *af*, y de *fe*. Quitados por consiguiente, los cuadrados de *ge*, *fe* iguales, queda el rectángulo *bga* igual al cuadrado de *af*, es decir de *bd*, y la línea *bd*, media proporcional entre *bg*, *ga*. De donde resulta que la altura de la semiparábola, cuya amplitud es *bc* y el impulso es *ab*, es *bg* y la "sumidad" es *ga*. Y si en la parte inferior ponemos *bi* igual a *ga* ella será la altura, y la *ia* la "sumidad" de la semiparábola *ic*. Con lo demostrado hasta aquí podemos resolver el siguiente:

PROPOSICIÓN XII – PROBLEMA

Reunir en un cómputo y disponer en tablas las amplitudes de todas las semiparábolas, que son descriptas por proyectiles, disparados con un mismo impulso.

Consta, por lo anteriormente demostrado, que las parábolas son descriptas por proyectiles con un mismo impulso, cuando sus "sumidades" juntamente con sus alturas forman segmentos verticales iguales; luego estos segmentos deben estar comprendidos entre unas mismas paralelas horizontales. Por consiguiente, póngase la perpendicular *ba* igual a la horizontal *cb* y únase la diagonal *ac*; el ángulo *acb* será semirrecto, de 45°; y dividida la perpendicular *ba* en dos partes iguales en *d*, la semi parábola *dc* será aquella que se describa desde la "sumidad" *ad* con la altura *db*, y su ímpetu en *c* será tan grande como es en *b* el del móvil que cae desde el reposo en *a* por la línea *ab*; y si se traza *ag* paralela de *bc*, las alturas de todas las demás semiparábolas, cuyo ímpetu será el mismo, según el modo explicado, sumadas a sus "sumidades" deben ser iguales al espacio entre las paralelas *ag*, *bc*. Además, como ya se ha demostrado que las amplitudes de las semiparábolas, cuyas tangentes distan por igual, ya sea por exceso ya sea por defecto, de la elevación semirrecta, son iguales, el cálculo que hemos compilado para las elevaciones mayores, servirá también para las menores. Vamos a elegir, además, diez mil, 10.000, como número de partes para la mayor amplitud de proyección de la semiparábola, efectuada según la elevación de 45°. Por consiguiente, hemos de suponer que otra tanta es la longitud de la línea *ba* y la amplitud de la semiparábola *bc*. Elegimos el número 1000,

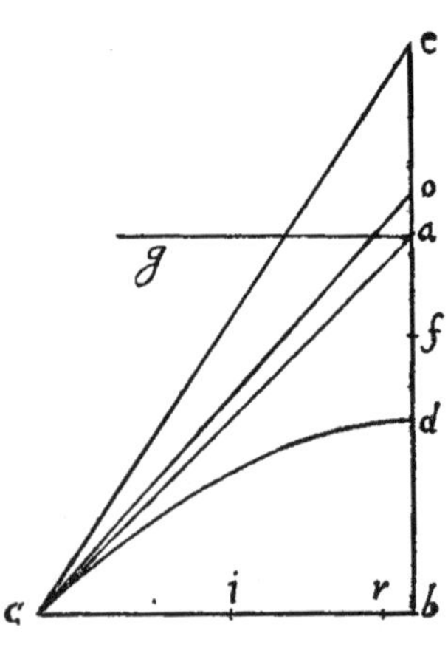

Fig. 125

porque en los cálculos usamos la tabla de tangentes, y en ella ese número coincide con la tangente de 45°. Y ahora, yendo a nuestro propósito, trácese *ce* que comprenda el ángulo *ecb* mayor que el ángulo *acb* (pero agudo, sin embargo); se trata ahora de describir la semiparábola a la que sea tangente la línea *ec*, y cuya "sumidad", junto con la altura, sea igual a la misma *ba*. Tómese de la tabla de tangentes, para el ángulo dado *bce*, la tangente *be*, y divídasela en dos partes iguales en *f**; después hállese de las *bf*, *bi* (mitad de *bc*) la tercia proporcional, que necesariamente será mayor que *fa*. Sea ella *fo*. Hemos hallado, por consiguiente, la altura *bf* y la sumidad *fo* de la semiparábola inscripta en el triángulo *ecb*, según, la tangente *ce*, y cuya amplitud es *cb*. Pero toda la *bo* se levanta por sobre las dos paralelas *ag*, *cb*, mientras que nos sería necesario que estuviera contenida entre las dos; pues, tanto esa semiparábola como la *bc* tienen que ser descriptas por los proyectiles disparados desde *c* con un mismo ímpetu. Luego es necesario hallar otra semejante a ésta (pues son innumerables las mayores y menores que pueden ser trazadas semejantes entre sí dentro del ángulo *bce*), cuya sumidad sumada con la altura (homóloga de la *bc*) sea igual a la *ba*. Por consiguiente, sea *bo* a *ba* como la amplitud *bc* a *cr*, y se hallará que *cr* es la amplitud de la semiparábola según la elevación del ángulo *bce*, y cuya sumidad sumada con la altura es igual al espacio contenido entre las paralelas *ga*, *cb*: que es lo que se pretendía demostrar. El procedimiento es el siguiente:

Sea un ángulo dado *bce*, y trácese a él una tangente a cuya mitad se ha de añadir *fo*, que es la tercia proporcional de dicha mitad y de la mitad de *bc*; después sea *ob* a *ba*, como *bc* a otra, que será *cr*, o sea la amplitud buscada.[15]

Pongamos un ejemplo. Sea el ángulo *ecb* de 50°; su tangente será 11918, cuya mitad o sea *bf* es 5959; la mitad de *bc* es 5000; la tercia proporcional de estas dos mitades 4195, que añadida a la *bf*, suma 10154 para la *bo*. Sea, además, *ob* a *ba*, es decir 10154 a 10000, como *bc* o sea 10000 (pues una y otra son

---

*   En latín: Ex tabula tangentium, per angulum datum *bce* tangens ipsa *be* accipiatur, quœ bifariam dividitatur in *f*. *(Nota del T.)*

tangentes de 45°) a la otra, y tendremos la amplitud buscada *rc* de 9848 unidades, de las cuales *bc* (que es la máxima de las amplitudes) vale 10000. Las amplitudes de las parábolas íntegras o sea 19696 y 20000 son doble de éstas; otra tanta es la amplitud de una parábola según la elevación de 40°, puesto que dista igualmente de los 45°.

SAGREDO. Me falta, para la comprensión completa de esta demostración, saber cómo puede ser cierto que la tercia proporcional de las *bf*, *bi* sea (como dice el Autor) necesariamente mayor que la *fa*.

SALVIATI. Creo que tal consecuencia puede deducirse del modo siguiente. El cuadrado de la media de tres líneas proporcionales es igual al rectángulo formado por las otras dos; de donde, el cuadrado de la *bi* o de su igual *bd* debe ser igual al rectángulo de la primera *fb* y la tercia que se ha de hallar; tercia que tiene que ser mayor que la *fa*, porque el rectángulo de la *fb* y la *fa* es menor que el cuadrado de *bd*, y la diferencia es el cuadrado de la *df*, tal como lo demuestra Euclides en la 1ª [Proposición] del Segundo [Libro].[16] Debe advertirse también que el punto *f*, que divide por el medio a la tangente *eb*, caerá una vez en el mismo punto *a*, y todas las demás caerán cerca del punto *a*; en cuyos casos es sabido, de por sí, que la tercia proporcional de la mitad de la tangente y de la *bi* (que da la "sumidad") está toda cerca de *a*. Pero el Autor ha tomado el caso en que no era evidente que dicha tercia proporcional fuese siempre mayor que la *fa*, y que por ello, extendida sobre el punto *f*, pasase más allá de la paralela *ag*. Ahora prosigamos.

No será inútil, con el auxilio de esta tabla, componer otra, que comprenda las alturas de las semiparábolas descriptas por los proyectiles disparados con un mismo impulso. La construcción será la siguiente.*

---

* Hay una nota en la cual, los que cuidaron de la Edición Regia, explican la trasposición de algunos párrafos, introducida por ellos, sobre la *Edición de Leydem. (N. del T.)*

Amplitudes de las semiparábolas descritas con un mismo impulso.

Alturas de las semiparábolas cuyo impulso es el mismo.

Gr.		Gr.
45	10000	
46	9994	44
47	9976	43
48	9945	42
49	9902	41
50	9848	40
51	9782	39
52	9704	38
53	9612	37
54	9511	36
55	9396	35
56	9272	34
57	9136	33
58	8989	32
59	8829	31
60	8659	30
61	8481	29
62	8290	28
63	8090	27
64	7880	26
65	7660	25
66	7431	24
67	7191	23
68	6944	22
69	6692	21
70	6428	20
71	6157	19
72	5878	18
73	5592	17
74	5300	16
75	5000	15
76	4694	14
77	4383	13
78	4067	12
79	3746	11
80	3420	10
81	3090	9
82	2756	8
83	2419	7
84	2079	6
85	1736	5
86	1391	4
87	1044	3
88	698	2
89	349	1

Gr.		Gr.	
1	3	46	5173
2	13	47	5346
3	28	48	5523
4	50	49	5698
5	76	50	5868
6	108	51	6038
7	150	52	6207
8	194	53	6379
9	245	54	6546
10	302	55	6710
11	365	56	6873
12	432	57	7033
13	506	58	7190
14	585	59	7348
15	670	60	7502
16	760	61	7649
17	855	62	7796
18	955	63	7939
19	1060	64	8078
20	1170	65	8214
21	1285	66	8346
22	1402	67	8474
23	1527	68	8597
24	1685	69	8715
25	1786	70	8830
26	1922	71	8940
27	2061	72	9045
28	2204	73	9144
29	2351	74	9240
30	2499	75	9330
31	2653	76	9415
32	2810	77	9493
33	2967	78	9567
34	3128	79	9636
35	3289	80	9698
36	3456	81	9755
37	3621	82	9806
38	3793	83	9851
39	3962	84	9890
40	4132	85	9924
41	4302	86	9951
42	4477	87	9972
43	4654	88	9987
44	4827	89	9998
45	5000	90	10000

PROBLEMA. — PROPOSICIÓN XIII

De las amplitudes dadas de las semiparábolas, dispuestas en la tabla precedente, y conservando, el mismo impulso común con que cada una de ellas es descripta, deducir las alturas de cada una de las semiparábolas.

Sea la amplitud dada *bc*; y medida del ímpetu, que se supone ser siempre el mismo, sea *ob*, es decir, la suma de la altura y de la "sumidad"; hay que hallar y determinar la altura misma, lo que conseguiremos, dividiendo a *bo*, de modo que el rectángulo contenido bajo sus partes sea igual al cuadrado de la mitad de la amplitud *bc*. Caiga tal división en *f*, y tanto la *ob*, como la *bo* sean cortadas en dos partes iguales en *d*, *i*. En tal caso el cuadrado *ib* es igual, al rectángulo *bfo*, y el cuadrado de *do* igual al mismo rectángulo más el cuadrado *fd*; por consiguiente, si del cuadrado de *do* se quita el cuadrado de *bi*, que es igual al rectángulo *bfo*, quedará el cuadrado de *fd*, cuyo lado *df* añadido a la línea *bd* dará la altura buscada *bf*.

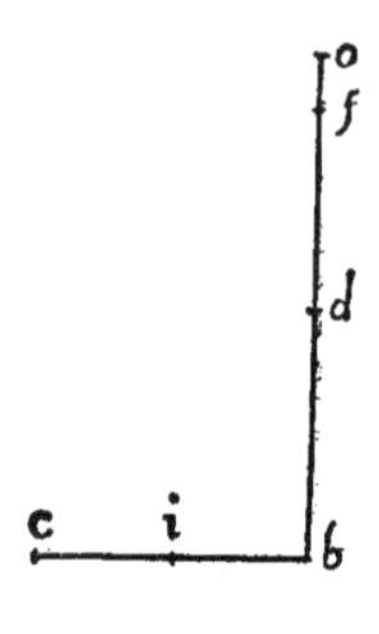

Fig. 126

bf. Es decir, que según los datos, se construye así:

Del cuadrado de la mitad de la dada *bo*, quítese el cuadrado de *bi*, igualmente dada; tómese la raíz cuadrada del residuo, y súmese a la dada, *db*: se obtendrá la altura buscada *bf*.[17]

Ejemplo: Se trata de hallar la altura de una semiparábola descripta con 55° de elevación. La amplitud según la tabla precedente es de 9396; su mitad es 4698; el cuadrado de la misma 22071204; quitado éste del cuadrado de la mitad de *bo*, que es siempre el mismo, o sea 25000000, el residuo es 2928796, cuya raíz cuadrada es 1710 aproximadamente. Ésta, añadida a la mitad de *bo*, o sea 5000, dará 6710; tal es la altura de *bf*.

No estará de más, componer una tercera tabla, que contenga las "alturas" y sumidades de las semiparábolas, cuya amplitud habrá de ser la misma.

[374]

SAGREDO. Yo la veré con mucho gusto, puesto que por ella podré venir en conocimiento de la diferencia de los impulsos y de la fuerza que se necesita para lanzar el proyectil a la misma distancia con los tiros que llamamos por elevación; diferencia que, según tengo entendido, es enorme, según las diversas elevaciones. De modo que, por ejemplo, si uno quisiera, con una elevación de 3 o de 4 grados, o de 87 o de 88, hacer caer la bala allí donde fue lanzada con 45° de elevación (caso en que según lo demostrado se requiere el impulso mínimo) creo que se requeriría un exceso inmenso de fuerza.

SALVIATI. Estás en lo cierto; y verás que para completar la obra para todas las elevaciones, es necesario marchar a grandes pasos hacia el impulso infinito. Ahora veamos la construcción de la tabla que va en la página siguiente.

PROPOSICIÓN XIV

En parábolas, cuyas amplitudes sean iguales, hallar las alturas y "sumidades" para cada grado de elevación.

Todo esto lo conseguimos por medio de una fácil operación. Puesta la amplitud de la parábola siempre de 10000 partes, la mitad de la tangente de cualquier grado de elevación nos dará la altura.[18] Como, por ejemplo, en una parábola, cuya elevación sea de 30° y la amplitud, como suponemos, de 10000 partes, la altura será 2887; tal es aproximadamente la mitad de la tangente. Una vez hallada la altura, deduciremos la sumidad del siguiente modo. Como hemos demostrado que la mitad de la amplitud de la semiparábola es la media proporcional entre la altura y la "sumidad"[19] y estando ya hallada la altura y siendo la mitad de la amplitud siempre la misma, o sea de 5000 partes, si dividimos el cuadrado de ésta por la altura dada, obtendremos la "sumidad" buscada. Como, por ejemplo, la altura hallada fue 2887, el cuadrado de partes 5000 es 25000000, que dividido por 2887, da 8659 aproximadamente para la altura buscada.

Tabla con las alturas y sumidades de las semiparábolas, cuyas amplitudes sean las mismas o sea de 1000 partes, calculada para cada grado de elevación.

Gr.	Alt.	Sum.	Gr.	Alt.	Sum.
1	87	286533	46	5177	4828
2	175	142450	47	5363	4662
3	262	95802	48	5553	4502
4	349	71531	49	5752	4345
5	437	57142	50	5959	4196
6	525	47573	51	6174	4048
7	614	40716	52	6399	3906
8	702	35587	53	4635	3765
9	792	31565	54	6882	3632
10	881	28367	55	7141	3500
11	972	25720	56	7413	3372
12	1063	23518	57	7699	3247
13	1154	21701	58	8002	3123
14	1246	20056	59	8332	3004
15	1339	18663	60	8600	2887
16	1434	17405	61	9020	2771
17	1529	16355	62	9403	2658
18	1624	15389	63	9813	2547
19	1722	14522	64	10251	2438
20	1820	13736	65	10722	2331
21	1919	13024	66	11230	2226
22	2020	12376	67	11779	2122
23	2123	11778	68	12375	2020
24	2226	11230	69	13025	1919
25	2332	10722	70	13237	1819
26	2439	10253	71	14521	1721
27	2547	9814	72	15388	1624
28	2658	9404	73	16354	1528
29	2772	9020	74	17437	1433
30	2887	8659	75	18660	1339
31	3008	8336	76	20054	1246
32	3124	8001	77	21657	1154
33	3247	7699	78	23523	1062
34	3373	7413	79	25723	972
35	3501	7141	80	28356	881
36	3633	6882	81	31569	792
37	3768	6635	82	35577	702
38	3906	6395	83	40222	613
39	4049	6174	84	47572	525
40	4196	5959	85	57150	437
41	4346	5752	86	71503	349
42	4502	5553	87	95405	262
43	4662	5362	88	143181	174
44	4828	5177	89	286499	87
45	5000	5000	90		

SALVIATI. Ahora aquí se ve, en primer lugar, que es muy cierto el concepto indicado antes, de que para las diversas elevaciones, cuanto más se alejan de la media, ya sea en las más altas ya en las más bajas, tanto mayor impulso o violencia se requiere para lanzar el proyectil a la misma distancia. Porque, consistiendo el impulso en la composición de los dos movimientos, horizontal uniforme y vertical naturalmente acelerado; y viniendo a ser unidad de tal impulso la suma de la altura y de la "sumidad", se ve por la propuesta tabla, que tal suma es mínima en la elevación de 45°, donde la altura y la sumidad son iguales, o sea de 5000 cada una, y la suma de ambas de 10000. Porque si eligiéramos otra altura mayor, como por ejemplo, de 50°, nos hallaremos con que la altura es de 5959, y la sumidad 4196, que tomadas en conjunto suman 10155, y hallaremos igualmente que otro tanto es el impulso bajo 40°, estando tanto ésta como aquella elevación igualmente distantes de la media. En segundo término debemos aquí notar, que es cierto que iguales impulsos son menester para cada una de dos elevaciones distantes por igual de la media, con esta curiosa alternativa además, que las alturas y las "sumidades" de las elevaciones mayores se corresponden inversamente con las sumidades y alturas de las menores; de modo que en el ejemplo propuesto, en la elevación de 50°, la altura es de 5959 y la "sumidad" de 4196, en la elevación de 40° sucede por lo contrario que la altura es 4196 y la "sumidad" 5959. Y exactamente igual sucede en todas las demás sin ninguna otra diferencia más que, para rehuir el tedio del cálculo, no se han tenido en cuenta algunas fracciones, las cuales en cantidades tan grandes no son de importancia ni de perjuicio ninguno.

SAGREDO. Yo voy observando que de los dos impulsos horizontal y vertical, en los tiros, cuanto más altos son, tanto menos se da del horizontal y tanto más del vertical; por el contrario, en los de poca elevación es necesario que el impulso horizontal sea grande, puesto que a muy poca altura debe lanzar el proyectil. Mas, si comprendo perfectamente, que en la elevación total de 90°, para lanzar el proyectil a un solo dedo de distancia de la perpendicular, no basta toda la fuerza del mundo, sino que necesariamente él debe volver a caer en el mismo lugar de donde fue disparado; no por ello podría afirmar, con la misma seguridad, que también en la elevación nula, o sea en la línea horizontal, no habría ninguna fuerza, a no ser infinita, que pudiese lanzar el proyectil a alguna distancia, de manera que, por ejemplo, ni siquiera una culebrina sería capaz de lanzar una bala de hierro horizontalmente, como dicen, de punto blanco, o sea de punto nulo, que es donde no se da elevación. Digo que en este caso quedo con alguna duda. Y no niego resueltamente el hecho, porque me lo impide otro fenómeno, que parece no menos extraño, pero del cual tengo una demostración que concluye necesariamente. El fenómeno consiste en que no es posible tender una cuerda de modo que quede rectamente tensa y paralela a la horizontal; sino que siempre hace comba y se dobla, sin que haya fuerza capaz de tenderla rectamente.

Salviati. De modo, Sagredo, que en este caso de la cuerda, cesa en ti el asombro acerca de lo extraño del efecto, porque posees la demostración; pero si reflexionamos un poco, quizás hallemos alguna correspondencia entre el fenómeno de la cuerda y el del proyectil. La curvatura de la línea del proyectil horizontal parece depender de las dos fuerzas, una de las cuales (que es la del proyectante) lo lanza horizontalmente, y la otra (que es la de la propia gravedad) lo empuja a plomo hacia abajo. Y en el tender la cuerda están las fuerzas de quienes la estiran horizontalmente, y hay también el peso de la misma cuerda, que naturalmente lleva hacia abajo. Por consiguiente, estos dos fenómenos son muy similares. Y si tú concedes al peso de la cuerda tanto poder y energía, como para poder contrarrestar y vencer toda fuerza, que pretenda tenderla rectamente, por inmensa que ella sea, ¿por qué quieres negársela al peso de la bala? Pero te diré más, causándote al mismo tiempo asombro y placer, que la cuerda así tensa, y más o menos estirada, se comba en líneas que se aproximan mucho a las parabólicas; y es tanta la semejanza, que si tú señalares en una superficie plana y perpendicular a la horizontal una línea parabólica, y teniéndola invertida, es decir con el vértice hacia abajo, y con la base horizontal, haciendo pender una cadenilla, sostenida en los extremos de la base de la parábola trazada, verías que aflojando más o menos dicha cadenita, se curva y se adapta a la dicha parábola, y que la adaptación es tanto más precisa cuanto menos curva sea esa parábola, es decir cuanto más extendida; de modo que en las parábolas descriptas con elevaciones menores de 45°, la cadenilla se adapta casi exactamente (*quasi ad unguem*) sobre la parábola.

SAGREDO. Por consiguiente, con una cadena semejante sutilmente pulida, se podrían en un instante delinear muchas líneas parabólicas sobre una superficie plana.

SALVIATI. Se podría, y aun con mucha utilidad, como diré en seguida.

SIMPLICIO. Pero antes de pasar adelante, quisiera yo también quedar seguro al menos acerca de aquella proposición de la que tú dices haber demostraciones necesariamente concluyentes; me refiero a eso de que es imposible, por medio de cualquier fuerza aun inmensa, hacer estar tensa rectamente una cuerda paralela a la horizontal.

SAGREDO. Vamos a ver si recuerdo la demostración; pero para entenderla, Simplicio, es necesario que supongas como cierto lo que en todos los instrumentos mecánicos se verifica, no sólo con experimentos, sino que también se demuestra; y es que la velocidad del móvil, aunque de fuerza débil, puede superar la resistencia aunque sea grandísima, de un cuerpo resistente que con lentitud se mueva, lo cual sucede siempre que la velocidad del motor tenga mayor proporción respecto a la del resistente, que la que tiene la resistencia del que debe ser movido respecto a la fuerza del motor.[20]

SIMPLICIO. Esto me es muy conocido y fue demostrado por Aristóteles en sus Questiones Mecánicas; y con toda claridad se ve en la palanca y en la romana, donde un pilón que no pese más de 4 libras, equilibrará un peso de 400, con tal que la distancia de ese pilón hasta el centro sobre el que gira la romana sea más de cien veces mayor que la distancia del mismo centro hasta el punto del que pende el peso grande. Y esto sucede porque, en su descenso, el pilón recorre un espacio más de cien veces mayor que el espacio por el cual sube en el mismo tiempo el peso grande; lo que es lo mismo que decir que el pequeño pilón se mueve con velocidad más de cien veces mayor que la velocidad del gran peso.

SAGREDO. Discurres muy acertadamente, y no tengas duda ninguna en conceder que por pequeña que sea la fuerza del motor, superará cualquier gran resistencia con tal de que él gane en velocidad más de lo que pierde en fuerza y gravedad. Ahora vengamos al caso de la cuerda, y trazada una figura, suponed por ahora, que esta línea *ab*, pasando sobre los dos puntos fijos y estables *a*, *b*, tiene suspendidos de sus extremos, como veis, dos inmensos pesos *c*, *d*, los cuales solicitándola con gran fuerza, la hacen estar verdaderamente tensa y recta, siendo ella una simple línea, sin ninguna gravedad. Ahora aquí añado y digo que si, del medio de ella, que vamos a suponer que es el punto *e*, vosotros suspendiereis cualquier peso pequeño, cual sería el *b*, la línea *ab* cederá, *e* inclinándose hacia el punto *f*, y en consecuencia alargándose, obligará a los dos gravísimos pesos *c*, *d*, a ir hacia arriba; lo que demostraré del modo siguiente. En torno a los dos puntos *a*, *b*, como centros, describo dos cua-

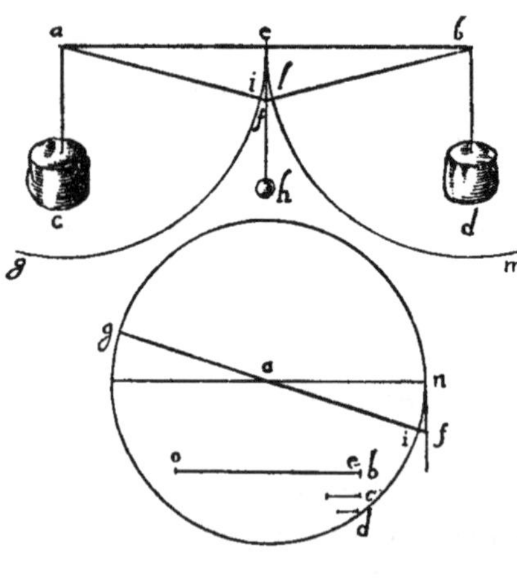

Fig. 127

drantes, *eig, elm*; y dado que los dos radios *ai, bl* son iguales a las dos *ae, eb*, los sobrantes *fi, fl* serán la cantidad de los alargamientos de las partes *af, fb* sobre las *ae, eb*, y en consecuencia, determinan las subidas de los pesos *c, d*, siempre, empero, que el peso *h* haya tenido poder para alcanzar el punto *f*; lo que sólo podrá darse en el caso de que la línea *ef*, que es la cantidad de la caída del peso *h*, tenga mayor proporción respecto a la línea *fi*, que determina la subida de los dos pesos *c, d*, que la que tiene la gravedad de los dos pesos respecto a la gravedad del peso *h*. Pero esto necesariamente sucederá aun en el caso de que la gravedad de los pesos *c, d* sea máxima, y sea mínima la de *h*; porque no es tan grande el exceso de los pesos *c, d* sobre el peso de *h*, que no pueda ser mayor en proporción el exceso de la tangente *ef* sobre la parte de la secante *fi*. Lo probaremos así. Sea el círculo cuyo diámetro es *gal*; y la misma proporción que tienen los pesos *c, d* respecto al peso de *h*, téngala también la línea *bo* respecto a otra, que sea *c*, menor que la cual es *d*, de modo que mayor proporción tendrá la *bo*, a la *d* que a la *c*. Tómese la tercia proporcional *be* de las *ob, d*, y hágase el diámetro *gi* (prolongándolo) respecto a *if*, como *oe* es a *eb*; y desde el punto *f* trácese la tangente *fn*; y como se ha hecho que *gi* sea a *if*, como *oe* es a *eb*, será sumando uno, *ob* a *be* como *gf* a *fi*, pero entre *ob* y *be* es media la *d*, y entre la *gf, fi* es media la *nf*; por consiguiente, *nf* tiene respecto a *fi* la misma proporción que tiene la *ob* a la *d*, proporción que es mayor que la de los pesos *c, d* al peso *h*.[21] Teniendo, pues, mayor proporción la caída o velocidad del peso *h* a la subida o velocidad de los pesos *c, d*, que la que tiene la gravedad de esos pesos *c, d* a la gravedad del peso *h*, es evidente que el peso *h* descenderá, o sea la línea *ab* abandonará la rectitud horizontal. Y lo que sucede a la recta *ab* privada de gravedad, cuando se suspende en *e* cualquier mínimo peso *h*, sucede a la misma cuerda *ab*, compuesta de materia pesada, sin la adición de ningún otro grave; porque se suspende el peso mismo de la materia que compone esa cuerda *ab*.

SIMPLICIO. Quedo plenamente tranquilo. Pero podrá Salviati, conforme a lo prometido, explicarnos cuál es la utilidad que de semejante cadenita se puede derivar, y después de esto, mostrarnos las investigaciones que nuestro Académico ha hecho en torno a la fuerza del choque.

SALVIATI. Por hoy nos hemos entretenido mucho con las investigaciones pasadas. La hora, que no es poco avanzada, no nos sería suficiente sin duda para desembarazarnos de la materia indicada. Por ello diferiremos la reunión para tiempo más oportuno.

SAGREDO. Coincido con tu parecer, porque de distintas conversaciones, habidas con íntimos amigos de nuestro Académico, he deducido que esta materia de la fuerza del choque es oscurísima, sin que haya habido hasta ahora de entre todos los que la han tratado, quien haya penetrado en sus reconditeces, llenas de tinieblas y ajenas en todo y por todo a la imaginación humana. Y entre las conclusiones que he oído proferir, me queda en la memoria una muy extraña, a saber, que la fuerza del choque es indeterminada, por no decir infinita. Esperaremos, pues, la mayor comodidad de Salviati. Pero entre tanto, dime qué materias son éstas de las que ha escrito después del tratado de los proyectiles.

SALVIATI. Éstas son algunas proposiciones referentes al centro de gravedad de los sólidos, las que en su juventud fue averiguando nuestro Académico, pareciéndole que lo que en tal materia había escrito Federigo Comandino, no carecía de ciertas imperfecciones. Cree, pues, que con estas proposiciones que aquí veis escritas, se podrá suplir lo que se echaba de menos en el libro de Comandino. Ciñóse a este estudio a instancias del Ilustrísimo Señor Marqués Guid'Ubaldo Dal Monte, gran matemático de sus tiempos, como lo demuestran sus diversas obras publicadas; a este señor le dio una copia, con intención de continuar sus investigaciones también sobre algunos otros sólidos no tratados por Comandino. Pero habiéndose hallado, después de algún tiempo, con el libro del señor Luca Valerio, máximo geómetra, y viendo cómo él resuelve todo lo concerniente a esta materia sin dejar nada por resolver, no prosiguió, aun cuando sus pasos sigan caminos muy distintos de los del señor Valerio.

SAGREDO. Mucho me gustaría que durante este tiempo que se interpone entre nuestras reuniones pasadas y las futuras, dejaras tú en mis manos el libro, porque así yo iré viendo y estudiando las proposiciones por el mismo orden en que han sido escritas.

SALVIATI. Con todo gusto accedo a tu petición, y espero que hallarás solaz en tales proposiciones.

FIN DE LA JORNADA CUARTA

Notas de la Cuarta Jornada

[1] En virtud de FE > GE será:

$$\frac{FE^2}{BC^2} > \frac{GE^2}{BC^2} \quad ; \quad \text{pero:} \quad \frac{FE^2}{BC^2} = \frac{EA}{AC} :$$

luego:

$$\frac{EA}{AC} > \frac{GE^2}{BC^2} \quad y \quad \frac{EA}{AC} > \frac{ED^2}{DC^2} \qquad\qquad \text{(a)}$$

pues, por semejanza es:

$$\frac{GE}{BC} = \frac{ED}{DC} .$$

Por otra parte, en virtud de AD = AC:

$$\frac{EA}{AC} = \frac{EA}{AD} = \frac{4\ EA \times AD}{4\ AD \times AD} = \frac{4\ EA \times AD}{DC^2}$$

Sustituyendo en a) resultará:

$$4\ EA \times AD > ED^2$$

lo que es falso, según la nota siguiente.

La proposición demostrada es, por lo tanto: El vértice A de la parábola es punto medio del segmento DC determinado en su eje por la tangente (punto D) y la perpendicular al mismo desde el punto de tangencia (punto C).

[2] Si M es el punto medio de ED y EA < AD se tiene:

$$EA \times AD = (EM - AM)\ (EM + AM) = EM^2 - AM^2$$
$$EM^2 = EA \times AD + AM^2$$
$$4.EM^2 = 4.EA \times AD + 4.AM^2$$

^{3} Si x es la abscisa de B hacia E e y la ordenada, hacia abajo, será:

$$x = vt \quad , \quad y = {}^1\!/_2\, at^2$$

siendo a la aceleración descendente en el tiro, igual a g. Tomando t de la primera y sustituyendo en la segunda:

(a)
$$y = \frac{a}{2v_0^2}\, x^2$$

que es la ecuación de una parábola de vértice B y eje vertical.

^{4} Éste es el principio galileano denominado de "independencia de los movimientos" que frecuentemente se confunde con el principio de "independencia de acción de las fuerzas". Este último se refiere al caso en que sobre un mismo cuerpo actúen simultáneamente dos o más fuerzas, cuestión que nunca abordó Galileo y que no tiene aplicación en el problema del movimiento de los proyectiles (en el vacío, etc.). El principio de Galileo puede enunciarse, generalizándolo, en la siguiente forma: El movimiento curvo de un cuerpo bajo la acción de una fuerza transversal, puede interpretarse como el resultado de la superposición (en cada instante) de dos movimientos rectilíneos que se realizan independientemente: uno uniforme, tangente a la trayectoria (inercia) y otro paralelo a la dirección de la fuerza y en su sentido.

Mediante este principio, Galileo simplificó notablemente el problema del movimiento curvo, aparentemente muy complicado y en que todos sus predecesores habían fracasado; lo que le permitió resolverlo. La simplicidad de la solución es otra muestra de su genio analítico. En la enseñanza elemental debiera prestarse preferente atención al principio galileano.

^{5} En el movimiento uniformemente acelerado es, según nota 7, III jornada:

$$\frac{e_1}{e_2} = \frac{v_1\, t_1}{v_2\, t_2} \quad y \quad \frac{v_1}{v_2} = \frac{t_1}{t_2} \quad ; \quad \text{luego:}$$

$$\frac{e_1}{e_2} = \frac{v_1^2}{v_2^2} \text{, de donde:} \quad \frac{v_1}{v_2} = \sqrt{\frac{e_1}{e_2}} = \sqrt{\frac{e_1}{e_1\, e_2}} \ .; \text{q.d.d.}$$

^{6} Alusión al proceso que le siguiera el Santo Oficio por las ideas expuestas en sus "Diálogos sobre los máximos sistemas tolomeico y copernicano".

^{7} Aquí incurre nuevamente Galileo en la confusión de "impulso" con "fuerza", de que ya hemos hablado. Las afirmaciones del texto son correctas y precisas respecto del primero; pero no lo son para la segunda.

^{8} Analíticamente, sea $x^2 = 2py$ la ecuación de la parábola dada, es decir,

(a)
$$y = \frac{1}{2p}\, x^2$$

que comparada con la (a) nota (3) nos da, siendo s la "sumidad":

$$p = \frac{v_0{}^2}{a} = \frac{2as}{a} = 2s \quad ; \quad s = {}^P/_2. \qquad p = 2s \; ;$$

que resuelve el problema. La ecuación de la parábola queda:

(b) $$\left(\frac{x}{2}\right)^2 = sy \, ,$$

que expresa el siguiente corolario.

[9] La velocidad horizontal es $v_0{}^2 = 2as$; la vertical es $v'^2 = 2ay$; y por lo tanto la velocidad en un punto cualquiera de la parábola es: $v^2 = 2a\,(s + y)$. Se trata de hallar el mínimo de $(s + y)$ para un x dado, es decir, según la (b) de la nota anterior, para $s\,y$ = cont. Sabemos que se obtiene cuando $s = y$; y por consiguiente, según la misma (b)

$$\left(\frac{x}{2}\right)^2 = y2 \quad , \quad y = \frac{x}{2} \; ; \quad \text{q.d.d.}$$

[10] El vértice de la parábola cuya tangente es BD será H, punto medio de DC (véase la nota l). Para obtener el punto L, extremo de la "sumidad" correspondiente agregamos LH tal que, según fórmula (b) de la nota 8, con y = CH = HD, y x/2 = HI = BC/2:

(a) $$\frac{HD}{HI} = \frac{HI}{LH}$$

Análogamente, el vértice de la parábola cuya tangente es BE será F, punto medio de CE. Se trata de demostrar que L es también el extremo de la "sumidad" correspondiente, es decir que:

(a') $$\frac{FE}{FG} = \frac{FG}{FL} \, , \text{ puesto que: FG = BC/2.}$$

Desde luego es: FG = HI = BC/2. Nos basta demostrar que:

(b) $$FE = HL$$

pues entonces, sumando a esta FH resultará:

FE + FH = CF + FH = CH = HD = HL + FH = FL   ;   HD = FL (b') ;

y con las (b) y (b') , la (a) se transforma en la (a').

Para demostrar la (b) se invocan sucesivamente la semejanza de los triángulos: CBD y CEB, cuyos ángulos agudos difieren en más o en menos de un semirrecto en cantidades iguales;

HLI y HID, en virtud de la a) ;

Luego son semejantes, sucesivamente:

HLI, HID, CBD, CEB, FEG; es decir: HLI y FEG;

pero siendo, FG = HI, resulta la b) y el teorema queda demostrado.

La demostración analítica del teorema exige consideraciones de trigonometría; y se advierte así la utilidad de la noción de "sumidad", introducida por Galileo.

[11] Resulta inmediatamente de la (b) de la nota 8: Si $s/s' = y'/y$. será: $sy = s'\,y'$, y por tanto, según aquélla, $x = x'$.

[12]
$$\text{Si } a + b = c \quad y \quad m_1{}^2 = ac \ , \ m_2{}^2 = bc, \text{ resulta:}$$
$$(a + b)\,c = c^2 = m_1{}^2 + m_2{}^2.$$

[13] En la caída libre desde el reposo es $v^2 = 2gh$. La velocidad (horizontal), después de caer s es, por tanto: $v_0{}^2 = 2gs$: y la velocidad vertical después de haber caído la altura y de la parábola será, $v_1{}^2 = 2gy$. Luego, en el movimiento parabólico: $v^2 = v_0{}^2 + v'^2 = 2g\,(s + y)$; que es la velocidad que adquiriría cayendo verticalmente la altura. $H = s + y$; c. d. d.

[14] Si BD BC/2 debe ser, según la (b) de la nota 8: $BD^2 = sy$ y además: $s + y = BA$. Según la construcción es: $BE = EA$, y:
$$BG \times GA = (BE + EG)\,(EA - EG) = (EA + EG)\,(EA - EG) =$$
$$= EA^2 - EG^2 = AF^2 + FE^2 - EG^2 = AF^2$$
$$BG \times GA = BD^2$$
Luego puede tomarse: $BG = y$ y $GA = s$; o: $BJ = BG = y$, $JA = s$; que son las dos soluciones del problema.

Analíticamente, el problema conduce a una ecuación de segundo grado. Si $BC = b$ y $AB = v^2/2g = i$, deberá ser:

$$s \cdot y = b^2/4 \ , \quad s + y = i \ ; \quad y\,(i - y) = b^2/4 = yi - y^2 \ ; \quad y^2 - iy + \frac{b^2}{4} = 0$$

(a) $\qquad y = \dfrac{i}{2} \pm \sqrt{\left(\dfrac{i}{2}\right)^2 - \left(\dfrac{b}{2}\right)^2} = AE \pm \sqrt{AE^2 - AF^2} = AE \pm EF$

[15] Siendo $BCE = \alpha$ será, sucesivamente, llamando al impulso $i = BA = BC$:

$$BF = BE/2 = \frac{i}{2}\,\text{tang}\,\alpha \ ; \quad FO = \left(\frac{BC}{2}\right)^2 \div BF = i/2\ \text{tang}\,\alpha$$

$$BO - BF + FO = \frac{i}{2}\left(\text{tang}\,\alpha + \frac{1}{\text{tang}\,\alpha}\right) = \frac{i\,(1 + \text{tang}^2\alpha)}{2\ \text{tang}\,\alpha} :$$

$$CR = i^2/BO = \frac{2i\ \text{tang}\,\alpha}{1 + \text{tang}^2\alpha} \ ; \text{ que es la solución de Galileo.}$$

La solución se simplifica utilizando la tabla de senos, en cambio de la de tangentes. La componente vertical de la velocidad inicial del proyectil disparado en C, v sen. α, debe anularse en el tiempo t en que alcanza el vértice de la parábola; luego:

(a) $$v \text{ sen. } \alpha - gt = 0$$

La componente horizontal, v cos. α, se mantiene constante; luego:

(b) $$CR = t. \, v \cos. \alpha$$

Eliminando t, y teniendo en cuenta que $v^2/2g = i$, resulta:

(c) $$CR = 2i \text{ sen. } \alpha \cos. \alpha = i \text{ sen. } 2\alpha.$$

La anterior solución se conduce a ésta poniendo tang. α = sen. α/cos. α.

[16] Véase la (a) de la nota 2.

[17] Esta construcción corresponde a la fórmula (a) de la nota 14.

[18] Según la proposición enunciada en la nota 1. Resulta también de las fórmulas de la nota 15. El espacio vertical recorrido en el tiempo *t*, necesario para alcanzar el vértice de la parábola, con velocidad vertical inicial v sen. α es (eliminando después *t* con la *a*) :

$$h = v \text{ sen. } \alpha. \, t - \frac{1}{2} gt2 = \frac{v2\text{sen. } 2\alpha}{2g} = i \text{ sen. } 2\alpha$$

Eliminando ahora i con la (c) :

$$h = CR. \frac{\text{tang. } \alpha}{2} \quad ; \quad (CR = \text{amplitud}).$$

[19] Nota 8, fórmula (b).

[20] Éste es el denominado "principio de las velocidades virtuales", cuya generalización es el actual "principio de los trabajos virtuales".

[21] Galileo toma sucesivamente:

$$\frac{BO}{C} = \frac{P}{p} \quad ; \quad D < C \, ; \quad \frac{D}{BE} = \frac{OB}{D} > \frac{P}{p} \quad ; \quad \frac{OE}{EB} = \frac{GI}{IF}$$

Sumando 1 a esta última se obtiene:

$$\frac{GF}{FI} = \frac{OB}{BE} \quad ; \quad \text{o sea:} \quad \frac{GF}{OB} = \frac{FI}{BI} \tag{a}$$

Pero:

$$NF^2 = GF . FI \quad y \quad D^2 = OB \text{ x } BE$$

Luego, dividiendo y teniendo en cuenta la (a) :

$$\frac{NF^2}{D^2} = \frac{GF}{OB} \frac{FI}{BE} = \frac{FI^2}{BE^2} \quad ; \quad \frac{NF}{FI} = \frac{D}{BE} > \frac{P}{p} \quad ; \text{ c.d.d.}$$

Analíticamente es:

$$\frac{\text{tag. }\alpha}{\text{sec. }\alpha - 1} = \text{cotg. }\frac{\alpha}{2}\ ;$$

y, para α suficientemente pequeño, el segundo miembro sobrepasa cualquier número prefijado, tal como P/p.

Índice de las cosas más notables

Índice

Impreso en el mes de febrero de 2021
en Primera Clase Impresores, California 1231,
Buenos Aires, Argentina